Betrieb und Anwendung von Leistungs- und Regeltransformatoren

Von

Dipl.-Ing. Fritz Andé
Berlin

Mit 208 Abbildungen

Springer-Verlag
Berlin / Göttingen / Heidelberg
1954

Softcover reprint of the hardcover 1st edition 1954

ISBN 978-3-642-49468-0 ISBN 978-3-642-49751-3 (eBook)
DOI 10.1007/978-3-642-49751-3

Vorwort.

Dieses Buch beschränkt sich auf die Beschreibung der Wirkungsweise, die Bauart, die Verwendbarkeit und des Betriebes von Leistungs- und Regeltransformatoren.

Für die technisch einwandfreie und wirtschaftliche Betriebsführung und Revision von Transformatorenanlagen sind heute vielerlei Kenntnisse und Erfahrungen Voraussetzung. Dies gilt besonders für die Betriebseigenschaften, die Arbeitsweise, die wirtschaftliche Ausnutzung, die Behandlung und die Pflege.

Das Buch soll dem in der Praxis tätigen Ingenieur und Techniker das bringen, was er braucht, um Transformatoren beurteilen und um einen sicheren wirtschaftlichen und geordneten Betrieb durchführen zu können. Auch der Studierende wird viele nützliche Hinweise in ihm finden. Berechnungen und einfache Ableitungen von Gleichungen wurden nur soweit herangezogen, als sich dies als unbedingt nötig erwies.

Jeder Abschnitt ist in sich abgeschlossen und kann daher zu Nachschlagezwecken benutzt werden. Wer sich über den Rahmen dieses Buches hinaus mit Teilgebieten vertraut machen will, findet Hinweise in dem beigefügten Literaturverzeichnis. Das Buch dürfte sich bei der Ausarbeitung von Betriebsanweisungen und Betriebsvorschriften in Kraft- und Umspannwerken, in Verteilungs- und Industrieanlagen als nützlich erweisen. Das Hauptgewicht wurde auf Transformatoren mit Stufenregulierung gelegt, die sich nach Entwicklung der Hochspannungs-Lastregelschalter zunehmend durchgesetzt haben. Schub- und Gleitregler wurden nicht behandelt, weil diese für den Hochspannungsbetrieb ihre Bedeutung verloren haben. Dagegen wurden die Drehtransformatoren kurz beschrieben, weil sie nach Verbesserung der Wicklungsisolation und der Konstruktionsteile in manchen Anlagen als Drehregler oder als Doppeldrehregler in Betrieb sind und für Spannungs- und Phasenregulierung weiterhin verwendet werden. Ebenfalls wurden die Kurzschlußdrosselspulen, Kompensations- und Erdschlußspulen beschrieben. Der Buchholzschutz wurde wegen seiner besonderen Bedeutung bei den Hilfseinrichtungen mitbehandelt. Die VDE-Vorschriften und die Deutschen Normen wurden überall berücksichtigt.

Der Berliner Kraft- und Licht (Bewag) AG, den Siemens-Schuckertwerken, der Allgemeinen Elektrizitätsgesellschaft, der Maschinenfabrik Reinhausen, der Voigt & Haeffner AG und den Volta-Werken, die mir die Bilder und einige Zeichnungen überließen, danke ich hierfür, ebenso dem Springer-Verlag für die Ausstattung des Buches.

Berlin, März 1954.

F. Andé.

Inhaltsverzeichnis.

Berichtigungen.

S. 34, 14. Zeile v. o. **lies** (W) statt (VA).

S. 41, Gl. (69) **lies**: $t = \frac{\vartheta_K}{a\,\delta_K^2}$ (sec), statt $t = \frac{\vartheta_K}{a\,\delta_K}$ (sec).

S. 85, Gl. (134) **lies** im Nenner des rechten Bruches I_{N_1}.

S. 119, 4 Zeile v. o. **lies** Abb. 80 statt Abb. 88.

S. 136, 14. Zeile v. u. **lies** $^3/_3$ statt $^1/_3$.

S. 152, Gl. (192) **lies** Z_1^2 statt Z^2

S. 153, Gl. (194) **lies** arc tg X/R statt X/R.

S. 153, Gl. (198) u. (199) **lies** (W) statt (VA).

Einleitung.

Die ersten Transformatoren wurden im Jahre 1885 von der Firma Ganz & Co. nach den Patenten von ZIPERNOWSKI-DÉRI-BLÁTHY hergestellt. Es waren kleine Wechselstrom-Ring- und Manteltransformatoren mit fugenlos geschlossenem Eisenweg, aus dünnen isolierten Eisendrähten. Die Bezeichnung „Transformator" wurde erstmalig von den Patentinhabern angewendet. Bereits fünf Jahre später wurde der Drehstromtransformator von DOLIVO-DOBROWOLSKY erfunden. Ein neues, verbessertes Wechselstromsystem, der Drehstrom, gab hierzu die Veranlassung. Nach einem weiteren Jahr wurde die noch heute übliche Bauart, mit den drei Kernen in einer Ebene, ebenfalls von DOLIVO-DOBROWOLSKY angegeben. Die Benennung „Drehstrom" stammt auch von ihm. Die Erfindung des Öltransformators durch C. E. L. BROWN fällt zeitlich mit der Erfindung des Drehstromtransformators zusammen. Die ersten Drehstromtransformatoren, mit den drei Kernen in einer Ebene, wurden von der Firma Allgemeine Elektrizitätsgesellschaft hergestellt.

Von grundlegender Bedeutung auf dem Gebiete der theoretischen Behandlung des Transformators waren die Arbeiten von GISBERT KAPP, der die Lösung der Probleme unter Anwendung des Vektordiagramms anstrebte, und von DOLIVO-DOBROWOLSKY. Die Bezeichnung „Kerntransformator" und „Manteltransformator" wurden von KAPP erstmalig geprägt. Aber auch nicht minder aufschlußreich waren die theoretischen Untersuchungen von GÖRGES und STEINMETZ. Hauptsächlich wurde die Berechnung des Wirkungsgrades und des Erregerstromes behandelt. Auch wurden Untersuchungen über die Zusammensetzung des Erregerstromes mit dem Arbeitstrom vorgenommen. Die Streuung und der induktive Spannungsabfall ist zuerst von S. EVERSHED behandelt worden. Das KAPPsche Diagramm für die Vorausbestimmung des Spannungsabfalles ist weltbekannt geworden. Aber auch noch viele andere namhafte Ingenieure befaßten sich mit der Theorie, Konstruktion und der Verbesserung der Betriebseigenschaften und Kühlmethoden des, nur anscheinend so einfachen, Transformators.

Um die Jahrhundertwende beginnt die Verwendung der legierten Eisenbleche im Transformatorenbau und die wirtschaftliche Ausnutzung des Materials. Die Erhöhung der Induktion, ermöglicht durch die Verringerung der Eisenverluste, trug zur letzteren bei. In den folgenden Jahren macht die Entwicklung des Transformators schnelle Fortschritte. Viele große Firmen nehmen die Fabrikation auf. Einheiten für verhältnismäßig hohe Leistungen und Spannungen wurden hergestellt. Am Ende des ersten Jahrzehnts sind bereits Leistungen in Europa bis 12500 kVA von der Firma Siemens-Schuckertwerke als Manteltransformatoren und Spannungen in den USA bis zu 100000 V von der Firma Westinghouse Comp. bei Spitzenfabrikaten erzielt worden.

Mit der Erfindung des Transformators beginnt die Entwicklung der Übertragungsnetze. Die elektrische Energie konnte, in der Form von hochgespannten Strömen, leicht und billig auf große Entfernungen transportiert werden. Die Errichtung von Zentralen, auf billigem Boden in der Nähe von Kohle und Wasser, nahm ihren Anfang.
Der ständig zunehmende Verbrauch Anfang der zwanziger Jahre an elektrischer Energie zwang zur Erweiterung der Übertragungsnetze. Die Leistung der Transformatoren und der Maschinen in den Zentralen mußte schrittweise erhöht werden. Durch die Ausdehnung der Übertragungsnetze wurde der Zusammenschluß von Zentralen herbeigeführt. Alle diese Entwicklungsvorgänge hatten zur Folge, daß die Kurzschlußströme der Netze an Größe beträchtlich zunahmen. Nach der Einführung größerer Transformatoreneinheiten traten bei Kurzschlüssen zahlreiche Wicklungsdefekte auf. Unter den dynamischen Einwirkungen des Stoßkurzschlußstromes brachen die Wicklungen, Ableitungen und Durchführungen zusammen. Die Begrenzung der Kurzschlußströme und die Schaffung des kurzschlußfesten Transformators wurden akut. Auf diesem Gebiet waren die Arbeiten von J. Biermanns von grundlegender Bedeutung.

Eine wesentliche Verringerung der Kurzschlußströme brachte die Verwendung von Drosselspulen, die gruppenmäßige Aufteilung der Hochspannungsanlagen und die Lösung von starken Netzvermaschungen. Im Transformatorenbau hat man durch Versteifung, Abstützung und Pressung der Wicklungen sowie Verstärkung der Ableitungen und Durchführungen und vor allen Dingen durch Erhöhung der Kurzschlußspannung die auftretenden Stromkräfte abgefangen bzw. vermindert. Aber erst allmählich hat man gelernt, den kurzschlußfesten Wicklungsaufbau herzustellen. Neben der Wirtschaftlichkeit mußte auch die Kurzschlußsicherheit zum obersten Gebot erhoben werden.

Zur wirtschaftlichen Verteilung der immer größer werdenden elektrischen Energiemengen war die ständige Heraufsetzung der Übertragungsspannung erforderlich geworden. Es mußten daher Transformatoren mit sehr hoher Spannung und großer Leistung gebaut werden. Die Heraufsetzung der Spannung und die Ausdehnung der Netze brachten neue Schwierigkeiten mit sich. Die Bekämpfung der oszillatorisch wirkenden Lichtbögen bei Erdschlüssen und die damit verbundene Überspannungsgefahr war durch die Erfindung der im Sternpunkt der Transformatorwicklung angeschlossenen Erdschlußlöschspule durch Petersen gelungen. Aber erst später, nach Entstehung größerer Netze, trat der wichtige Vorteil der Erfindung, vor allen Dingen bei Kabelnetzen, in Erscheinung. Während die Kapazität der Leitungen mit steigender Spannung, infolge der erforderlichen größeren Abstände zurückgeht, steigen die Lade- und damit die Erdschlußströme mit der Spannung enorm an. Die Fernhaltung dieser Erdschlußströme von beträchtlicher Höhe, von der Überschlagsstelle gegen Erde oder gegen Eisenkörper im Inneren des Transformators, ist der technische und wirtschaftliche Vorteil der Erfindung. Technisch: der Betrieb wird durch einen Erdschluß nur wenig gestört, wirtschaftlich: schnelle und billige Reparaturen.

Überspannungen entstanden aber auch durch Schaltvorgänge und bei Freileitungnetzen durch atmosphärische Entladungen. Bei zahlreichen Transformatoren traten Wicklungsdefekte auf. Durch die einfallenden Überspannungsstoßwellen wurde die Wicklungsisolation durchschlagen. Man mußte sich deshalb Problemen zuwenden, denen früher wenig Beachtung geschenkt wurde. Die Klärung der eigentlichen Ursachen und die Schaffung von Schutzeinrichtungen wurde akut. Auf diesem Gebiet waren die Arbeiten von Rüdenberg von grundlegender Bedeutung. Eine Verringerung der Überspannungsgefahr brachte der Einbau von Schutzwiderständen in den Hochspannungsleistungsschaltern und Überspannungsableitern in den Anlagen. Im Transformatorenbau wurde die Überspannungsgefahr durch die Entwicklung des nahezu schwingungsfreien Wicklungsaufbaues begegnet. Neben der Wirtschaftlichkeit und Kurzschlußsicherheit mußte auch die Überspannungssicherheit oder überhaupt die Betriebssicherheit zum obersten Gebot erhoben werden. Weiterhin wurde aber auch der fast oberwellenfreie Transformator entwickelt, der eine weitere Erhöhung der Induktion gestattete und vermied, daß Netz und Maschinen mit Strömen höherer Frequenz belastet wurden.

Schon frühzeitig befaßte man sich mit der Spannungsregulierung der Übertragungsnetze mit Hilfe von Transformatoren, die im Zuge der einzelnen Leitungen angeschlossen wurden. Bei Speiseleitungen von sehr verschiedener Länge und bei schwacher Belastung der kürzeren traten stark verschiedene Spannungen in den einzelnen Speisepunkten auf. Die Zentralenspannung wurde in solchen Fällen auf die Leitungen mit dem geringsten Spannungsabfall eingestellt, während die Spannung der übrigen Leitungen durch eine Zusatzspannung erhöht wurde. Die erste gebräuchliche Form dieser Spannungserhöher wurde von Stillwell und Kapp angegeben. Sie wurden auch mit veränderlicher Windungszahl und mit einem neben dem Zusatztransformator aufgestellten Windungsschalter, mit springenden Kontakten, ausgerüstet. Diese Regeleinrichtungen waren in der Konstruktion zu kompliziert und unsicher. Sie sind deshalb bald von den Potentialreglern verdrängt worden. Die Potentialregler haben sich in der Praxis, infolge ihrer einfachen und betriebssicheren Bauweise, vom gewöhnlichen Induktionsmotor herrührend, schnell einführen können. Diese Spannungs- bzw. Drehregler wurden im Laufe der Zeit, mit der Entwicklung des Transformators Schritt haltend, dauernd verbessert, so daß heute noch einzelne große Einheiten bis 15000 kVA Durchgangsleistung und 6000 $\pm$ 600 V, im Stromkreis von Leistungstransformatoren eingefügt, in Betrieb sind. Der große Vorteil der Stufenlosigkeit stellte die Nachteile, wie Verdrehung der Phasenlage der regulierten Spannung, dauernde Belüftung und hoher Leerlaufstrom, in Schatten. In einzelnen Fällen war die Verdrehung der Phasenlage ein großer Nachteil bei der Parallelarbeit, so daß man bald die Doppeldrehregler zu bauen begann. Durch die gegenläufigen Drehfelder und durch die auf einer Welle befestigten Läufer war gleichzeitig die wünschenswerte Herabsetzung der Verstellkraft erreicht worden. Die Kurzschlußfestigkeit wurde erhöht durch Versteifung der Wicklungsköpfe, Anwendung der mechanischen Schlupfvorrichtung fur den drehbaren Teil und durch Verbesserung der Konstruktion der Bänder und Schleifringe. Durch Verstärkung der Wicklungsisolation und durch Einführung des Glimmschutzes wurde auch die Spannungsfestigkeit bis an die Grenze des Möglichen heraufgesetzt. Die Verbreitung der Drehregler blieb jedoch im Verhältnis gering. Drei Faktoren hatten hierauf besonderen Einfluß. Erstens waren damals die gestellten Ansprüche an die Qualität der zu liefernden elektrischen Energie gering, zweitens versuchte man die Spannungsunterschiede mit Hilfe der Anzapfungen der Leistungstransformatoren in den einzelnen Umspannstellen auszugleichen. Schließlich konnten die Drehregler nur im Verhältnis für niedrige Spannungen, wegen der im Eisennuten eingebetteten Wicklungen, bis zur Höhe des im Elektromaschinenbau erreichten Niveaus, hergestellt werden, schieden also für hohe Spannungen aus.

Lange Zeit hindurch, selbst nach Errichtung von großen Umspannwerken, blieben die einigen vorgesehenen Anzapfungen der Leistungstransformatoren als Hauptmittel, neben der Regelung der Generatorspannung, für die Spannungshaltung der Verteilernetze. Die gelegentliche Umlegung der Anzapfung geschah im spannungslosen Zustand mittels Umklemmung oder durch Betätigen eines Umzapfschalters. Hatte man in einem Werk mehrere Transformatoren zur Verfügung, so wurden die hochangezapften zur Hochlastzeit und die tiefangezapften zur Schwachlastzeit eingeschaltet. Auch durch gleichzeitiges Einschalten von hoch- und tiefangezapften Transformatoren wurde versucht, die Sammelschienenspannung zwischen den beiden Grenzfällen der wechselnden Belastung anzupassen. Im Industriegebiet und bei sehr langen Fernleitungen wurden rotierende Phasenschieber eingesetzt, die den inzwischen stark angewachsenen Blindstrom kompensierten, Leitungen und Transformatoren entlasteten und dadurch das Spannungsniveau wesentlich verbesserten.

Die ständig zunehmende Belastung, die Erhöhung der induktiven Widerstände durch die Maßnahmen, die zur Begrenzung der Kurzschlußströme dienten, machte die Spannungshaltung immer schwieriger. Die Regelung der Maschinenspannung und die Anzapfungen der Transformatoren reichten nicht mehr aus, es mußten zahlreiche Kurzschlußdrosselspulen überbrückt werden. Als entscheidende Faktoren waren aber die beginnende Großraumversorgung und die Verbundwirtschaft hinzugetreten, weil sie dringend die Spannungs- und Leistungsregelung benötigten. Um die Mitte der zwanziger Jahre setzten Entwicklungsarbeiten ein, die zum Ziele hatten, hier einen Ausweg zu schaffen. Nach etwa 10 Jahren eifriger Arbeit war die Entwicklung und Verwendung der Stufenregelung unter Last in technischer und wirtschaftlicher Hinsicht gegenüber allen anderen Methoden so weit fortgeschritten, daß sie als eine der größten Errungenschaften im Transformatorenbau bestätigt werden konnte. Es trat hierdurch eine Veränderung der Bauweise der Leistungs- und Zusatztransformatoren ein; sie wurden zur beweglichen Maschine. Die Vereinigung der Stufenschalteinrichtung mit dem Transformator hatte hierzu den Anfang gegeben. Der große Vorteil der Stufenregulierung war unter anderem, daß sie für die gleiche hohe Spannung gebaut werden konnte, welche vom Transformatorenbau erreicht worden ist. Kurzschluß- und Spannungssicherheit stellten zwar die Konstrukteure vor schwierige Aufgaben, fanden aber hervorragende Lösungen. Von ausschlaggebender Bedeutung für den großartigen Erfolg der Stufenregulierung war die konstruktive Durchbildung der Stufenregelschalter, die in kurzer Zeit einen hohen Grad an Betriebssicherheit erlangt hatten. Die Vorläufer dieser Hochspannungsregeleinrichtungen waren die schon vor einiger Zeit bei elektrischen Bahnen verwendeten Lokomotivregler.

Während die USA die Spannungsteilerschaltung eingeführt hat, sind in Europa die Widerstandschnellschaltung, dank der bedeutenden Entwicklungsarbeiten von B. Jansen, die vorherrschende Methode für die Überschaltung unter Last von Anzapfung zu Anzapfung geworden. Trotz des verhältnismäßig raschen Erfolges kam die Einführung der Stufenregelung doch etwas zu spät. Es waren bereits zahlreiche große Anlagen mit vielen Leistungstransformatoren ausgeführt und in Betrieb gesetzt worden. Hier war man genötigt, um die Regelung durchzuführen, zusätzlich Regeleinrichtungen zwischen Transformator und Sammelschiene, die aus den Zusatztransformatoren entwickelt worden sind, einzubauen. Bei Neuerstellung von Leistungstransformatoren wurden aber diese für Netzregelung in Zukunft mit der direkt vereinigten Regelvorrichtung ausgerüstet, die je nach der Größe des Transformators für Einbau oder Anbau gewählt werden konnten.

Für wichtige und besondere Zwecke hat auch der Regelzusatztransformator neben dem Regelleistungstransformator weiterhin Verwendung gefunden. Für die Leistungsregelung, Speisung und Spannungshaltung der Versorgungs- und Verbundnetze sind sie beide heute unentbehrlich geworden. In Freiluftausführung und mit Selbstkühlung ausgerüstet, sind sie nicht mehr an eine Zelle und stationäre Ölkühlanlage gebunden, sie können auch als Wandertransformatoren verwendet werden. Aber selbst der gewöhnliche Leistungstransformator hat seinen Platz bis zu den größten Leistungen als Maschinentransformator, mit dem Generator starr verbunden, behaupten können. Sie alle führen die Transformierung der elektrischen Energie, auf dem Wege vom Erzeuger zum Verbraucher, mehrmals mit hohem Wirkungsgrad und großer Betriebssicherheit durch.

Die neuere Entwicklung des Transformators, der hauptsächlich als Kerntype ausgeführt wird, ist neben dem regelbaren, kurzschlußfesten und schwingungsfreien Wicklungsaufbau allgemein gekennzeichnet durch die Verwendung von hochlegierten Eisenblechen, Veredelung der Wicklungsisolation, Vermeidung von Kriechwegen und durch die Anwendung des Vakuumtrocknungsverfahrens mit äußerer und innerer Beheizung der Wicklungen. Die hieraus folgende Verringerung der Verluste ermöglicht die weitere Erhöhung des Wirkungsgrades sowie die Herabsetzung des Ölgewichtes, und die Verkleinerung der Abstände die Verminderung des aktiven und inaktiven Materialgewichtes. Die Erhöhung der Induktion ist durch diesen Entwicklungsvorgang in den Hintergrund getreten und damit der Bau von oberwellenfreien Transformatoren. Das Ziel ist, unter Beibehaltung aller errungenen Eigenschaften mit einem Minimum des so kostbar gewordenen Materials in der Herstellung von Transformatoren auszukommen.

Indessen nimmt die schnelle Verbreitung der Elektrizität in allen Zweigen der Industrie und der Lebenshaltung seinen Fortgang. Ob sich in Zukunft der Kreis der Entwicklung für den Transport von gigantischen Energiemengen durch Wiedereinführung der Hochspannungs-Gleichstromfernübertragung, in tausendfacher Verstärkung, schließen wird, oder ob auch hier der Drehstrom Sieger bleibt, läßt sich heute noch nicht voraussagen. Der Drehstrom wird aber auch in Zukunft seine führende Rolle, in der elektrischen Kraftübertragung, als wirtschaftliches und technisch bewährtes Wechselstromsystem, beibehalten.

I. Grundlagen.

Für den Bau und Betrieb sowie die Prüfung von Leistungs-, Spar-, Zusatz- und Regeltransformatoren mit feststehenden und beweglichen Wicklungen und von Drosselspulen und Kurzschlußdrosselspulen gelten die Regeln für Transformatoren nach DIN 57532. Für Bahntransformatoren sind die Bestimmungen vom REB VDE 0535, für schlagwettergeschützte und explosionsgeschützte Bauart VDE 0170 bzw. VDE 0171 sowie für Gleichrichtertransformatoren VDE 0555 maßgebend.

A. Begriffserklärungen.

Transformatoren sind ruhende Maschinen, die die elektrische Energie mit einer bestimmten zugeführten Wechselspannung und Frequenz in solche mit einer anderen Wechselspannung, aber gleicher Frequenz umwandeln. Man unterscheidet folgende Arten von Transformatoren:

1. *Leistungstransformatoren* (LT). Die elektrische Energie wird ausschließlich induktiv übertragen. Die Wicklungen liegen parallel zu den entsprechenden Stromkreisen.

2. *Spartransformatoren* (SpT). Die elektrische Energie wird teils induktiv, teils direkt übertragen. Zusatzwicklung und gemeinsame Wicklung sind leitend verbunden. Die Zusatzwicklung dient zum Erhöhen oder zum Erniedrigen der Spannung oder zum Verdrehen der Phasenlage der Spannung eines Stromkreises.

3. *Zusatztransformatoren* (ZT). Die Sekundärwicklung (Zusatzwicklung) liegt in Reihe mit dem Stromkreis, in dem die Spannung erhöht, erniedrigt oder in der Phasenlage verdreht werden soll. Die Primärwicklung kann an den gleichen Stromkreis (Sparschaltung) oder an einen anderen angeschlossen werden.

Hinsichtlich der Regelbarkeit besteht folgende Einteilung:

1. *Regeltransformatoren* (RT). Die Wicklungen sind feststehend. Die Übersetzung kann unter Last geändert werden mittels einer Stufenregeleinrichtung, einer stufenlos arbeitenden Regeleinrichtung oder in sonstiger Weise, z. B. durch Änderung der Streuung.

2. *Drehtransformatoren* (DrT). Die Wicklungen sind gegeneinander beweglich. Durch Verdrehen des Läufers wird nur die Phase der Spannung der Sekundärwicklung geändert.

Doppeldrehtransformatoren verändern die Größe, nicht aber die Phase der Spannung.

3. *Schubtransformatoren* (SchT). Die Wicklungen sind gegeneinander beweglich. Durch Verschieben des Gleiters wird nur die Größe der Sekundärspannung geändert. Der Gleiter bewegt sich in der Wicklungsachse der konzentrischen Wicklungen.

Die Wicklungen der Transformatoren werden nach Energierichtung (1, 2, 3) und nach Spannung (4,5) eingeteilt.

1. Primärwicklung ist die Wicklung, der die elektrische Energie zugeführt, und die

2. Sekundärwicklung die, der sie entnommen wird.

3. Tertiärwicklung ist eine in sich geschlossene Wicklung, die keine Energie nach außen abgibt.

4. Oberspannungswicklung ist die Wicklung mit der höheren Spannung bzw. die mit dem Netz der höheren Spannung verbundene Wicklung.

5. Unterspannungswicklung ist die Wicklung mit der niederen Spannung bzw. die mit dem Netz der niederen Spannung verbundene Wicklung.

Unter Anzapfungen versteht man zusätzliche Wicklungsanschlüsse zur Änderung der Übersetzung *ü*.

Hauptanzapfung ist die Anzapfung, die genau der Betriebsspannung entspricht oder dieser am nächsten kommt. Die Betriebsspannungen sind genormt.

Tabelle 1. *Genormte Betriebsspannungen, Vorzugsspannungen für Neuanlagen oder Erweiterungen.*

(An den Klemmen der Stromverbraucher im Mittel zeitlich und örtlich vorhandene Spannung.)

Drehstrom 50 Per/sec in Volt	220 380	6000 15000 30000	60000 100000 200000
Einphasenstrom $16^2/_3$ Per/sec in Volt	wie oben Bei Fahrleitungen von Bahnen beziehen sie sich auf einpolig geerdete Anlagen		

Bemerkungen: Abweichungen bei Maschinen und Transformatoren als Erzeuger von 0 bis 10%, als Verbraucher von -5 bis $+5$% zulässig. Primärwicklungen von Transformatoren gelten als Stromverbraucher. Bei Glühlampen sind Abweichungen von ± 5% nur vorübergehend zulässig.

Bei ungerader Zahl von Anschlüssen ist die mittlere die Hauptanzapfung, bei gerader Zahl eine der mittleren, die der größten Windungszahl entspricht. Stufen sind Windungs- bzw. Spannungsschritte zwischen zwei benachbarten Anzapfungen. Bei Transformatoren ohne Regeleinrichtungen, aber mit einigen Anzapfungen, kann die Übersetzung in engen Grenzen, in spannungslosem Zustand, mittels Anzapfklemmen oder eines Umstellers geändert werden.

Umsteller oder Stufenregeleinrichtungen stehen auf einer Anzapfung und schalten Stufen.

Der Regelbereich ist der Unterschied zwischen der höchsten und der niedrigsten einstellbaren Spannung.

Die gebräuchlichsten Schaltungen der Wicklungen der Transformatoren sind nach VDE in Schaltgruppen A, B, C, D und E eingeteilt (Abb. 1).

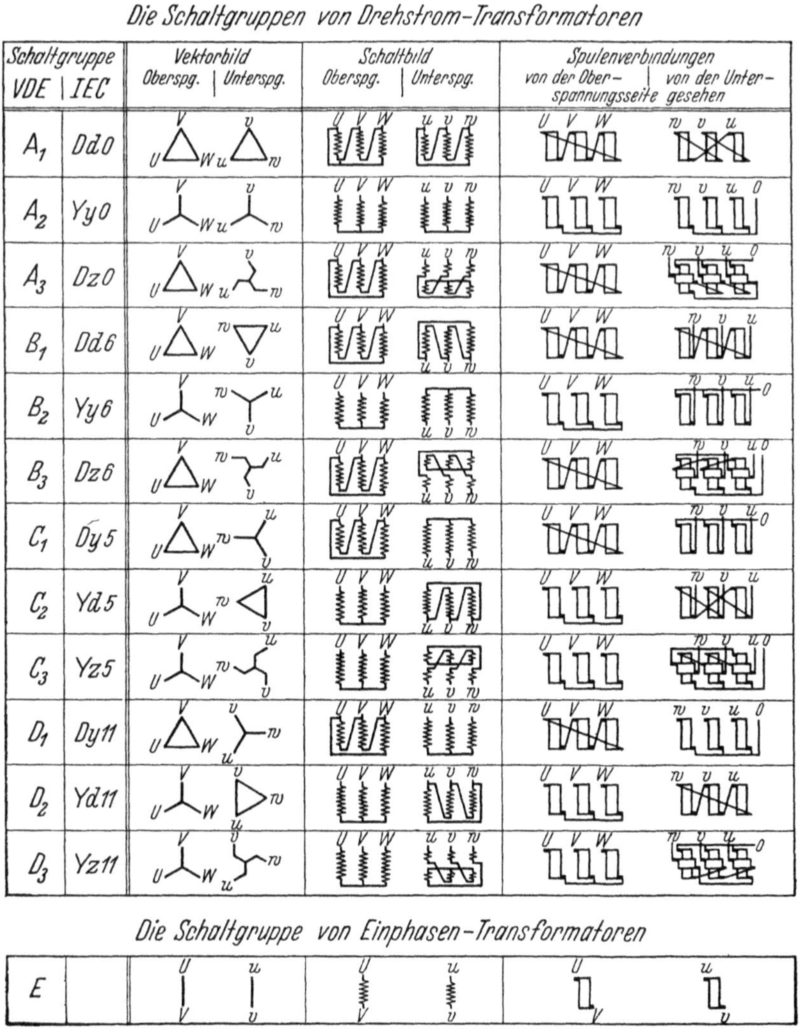

Abb. 1. Die gebräuchlichsten Schaltgruppen der Transformatoren. Die VDE Gruppe A transformiert die Phasenlage der Spannung sekundär, gegenüber primar, unverandert. Dreht also um 0°. Gruppe B dreht um 180°. Gruppe C um 150° ruckwarts und Gruppe D um 30° vorwarts.

Nach den IEC-Regeln werden die Schaltungen von Drehstromtransformatoren mit Kennbuchstaben bezeichnet:

Dreieckschaltung: Oberspannung mit D, Unterspannung mit d.
Sternschaltung: Oberspannung mit Y, Unterspannung mit y.
Zickzackschaltung: Oberspannung mit Z, Unterspannung mit z.

Die Kennzahl gibt die Phasenverschiebung der Spannungsvektoren zweier zugehöriger Wicklungsstränge der Ober- und Unterspannungsseite an. Der Vektor der Oberspannungsseite wird vom vorhandenen oder angenommenen (Dreieckschaltung) Sternpunkt aus mit dem auf „zwölf" stehenden Minutenzeiger einer Uhr zur Deckung gebracht. Die Kennzahl deutet die Stellung des Stundenzeigers an, der in Richtung des Unterspannungsvektors zeigt. Die Kennzahl, mit 30 multipliziert, ergibt den Phasenwinkel zwischen Oberspannungs- und Unterspannungsvektor. Beim Phasenwinkel von 0° wird die Kennzahl nicht mit 12, sondern mit 0 angegeben.

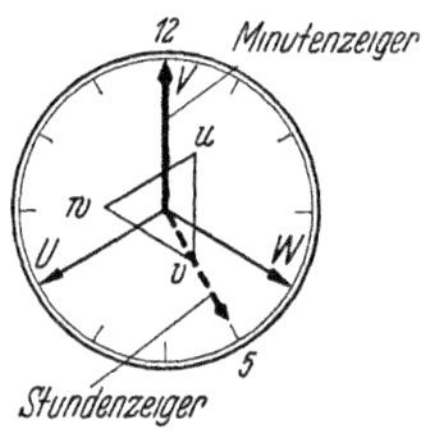

Abb. 2. Bestimmung der Spannungsvektoren bei Drehstromtransformatoren nach IEC

Beispiel (s. Abb. 2):

Schaltungsbezeichnung: nach VDE: C 2,
nach IEC: Y d 5.

Phasenwinkel: $5 \times 30 = 150°$.

Bei Planung von Neuanlagen sind die Schaltgruppen A 2, C 1, C 2, C 3 und D 2 zu bevorzugen.

Je nach dem Verwendungszweck lassen sich die Schaltungen von Drehstromtransformatoren wie folgt einteilen:

1. Gewöhnliche Transformatoren: Stern-Stern (A 2).

Sekundärer Sternpunkt wird überhaupt nicht oder nur zu Erdungszwecken benutzt (s. Schaltungsbeispiel Abb. 3).

2. Ortsnetztransformatoren: Stern-Zickzack (C 3) oder Dreieck-Stern (C 1)

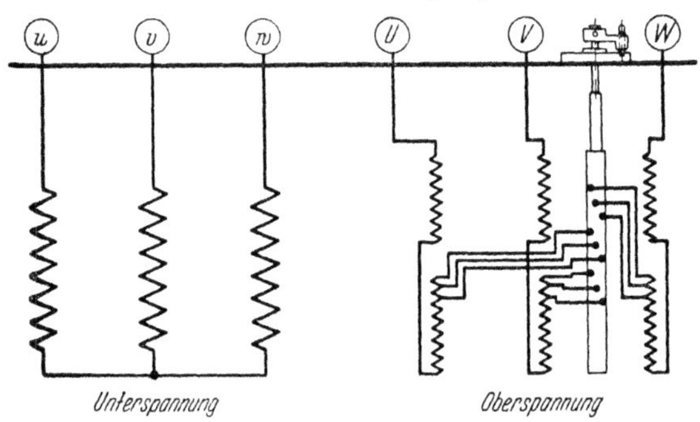

Abb. 3 Schaltung eines Drehstromtransformators der Schaltgruppe A 2 ⅄/⅄ mit Anzapfungen und Umsteller (Die Anzapfungen sind in der Mitte der Schenkelwicklungen angeordnet, damit die bei einem Kurzschluß entstehenden Axialkräfte (Expansionskräfte) auf die Wicklungen möglichst klein werden).

zur Speisung von Verteilernetzen mit viertem (Sternpunkt-) Leiter (380 V: Kraftbelastung zwischen den Außenleitern; 220 V: Lichtbelastung zwischen Außenleitern und Sternpunktleiter). Für kleinere Leistungen C 3 und für größere C 1 (s. Schaltungsbeispiel Abb. 4).

3. Abspannwerkstransformatoren: Stern-Stern-Tertiär (A 2 oder B 2) zur Speisung von Hochspannungsnetzen. Stern-Stern-Schaltung ist aus

isoliertechnischen Gründen bei hoher Spannung günstig. Beide Sternpunkte sind für den eventuellen Anschluß von Löschspulen zugänglich. Die Tertiärwicklung legt den Sternpunkt fest (Ausgleich der Sternpunktunsymmetrie bei Belastung mit Löschspulenstrom) durch Verhinderung des Austretens eines magnetischen Flusses aus dem Kern (Leistung der Tertiärwicklung 30%) (s. Schaltungsbeispiel Abb. 5).

4. Aufspannwerks- oder Maschinentransformatoren: Stern-Dreieck (C 2). Die Generatoranschlüsse werden mit der Dreieckseite meist direkt verbunden, wodurch eine natürliche Magnetisierung erzielt wird. Die Dreieckarbeitswicklung verhindert ähnlich wie die Tertiärwicklung das Austreten eines magnetischen Flusses aus dem Kern und damit die Entstehung von zusätzlichen Verlusten. Die Sternwicklung auf der Oberspannungsseite ist isoliertechnisch günstig und gestattet den Anschluß von Löschspulen (s. Schaltungsbeispiel Abb. 6).

5· Netzkupplungstransformatoren: Stern-Dreieck (D 2), Stern-Stern-Tertiär (B 2) für hohe Spannungen und Leistungen zur Kupplung von zwei Hochspannungsnetzen, mit selbständiger Speisung zwecks Lastausgleich.

Bei dreischenkeligen Kerntransformatoren in Stern-Stern-Schaltung, primärseitig ohne Sternpunktleiter, ist eine Belastung des Sternpunktes nach DIN 57532 § 10 mit höchstens 10% des Nennstromes einer Phase zulässig. Bei der verbandsmäßig zugelassenen Sternpunktverlagerung von 3,5% kann die Sternpunktbelastung bei Transformatoren mit kupfernen Stirnbändern bis 20% erhöht werden. (Bei 5,5%iger Verlagerung kann die Sternpunktbelastung ohne Stirnbänder bis zu 20% und mit Stirnbändern bis zu 30% gesteigert werden.)

Stern-Stern geschaltete Manteltransformatoren wirken für Sternpunktleiterströme wie eisengehüllte Drosselspulen. Die Belastung des Sternpunktes ist hier überhaupt nicht zulässig. Dieses gilt ebenfalls für in Stern-Stern geschaltete Fünfschenkel- und drei Einphasentransformatoren oder überhaupt für Transformatoren mit freiem magnetischem Rückschluß ohne Dreieckswicklung.

Transformatoren, die der gleichen Schaltgruppe angehören, arbeiten unter sich ohne weiteres bei Verbindung gleichnamiger Klemmen parallel, entsprechende Kurzschlußspannung und gleiches Leerlaufübersetzungsverhältnis vorausgesetzt.

Von Transformatoren verschiedener Schaltgruppen können nur die der Gruppe C und D parallel arbeiten, wenn die Verbindung ihrer Klemmen nach folgender Tabelle erfolgt.

Tabelle 2. *Anschluß von Transformatoren der Schaltgruppe C und D an Sammelschienen fur den Parallellauf.*

Anschluß der Sammelschienen	Oberspannung R	S	T	Unterspannung r	s	t
Anschluß der Transformatoren						
Schaltgruppe *C*	*U*	*V*	*W*	*u*	*v*	*w*
Schaltgruppe *D*	*U*	*W*	*V*	*w*	*v*	*u*
oder	*W*	*V*	*U*	*v*	*u*	*w*
oder	*V*	*U*	*W*	*u*	*w*	*v*

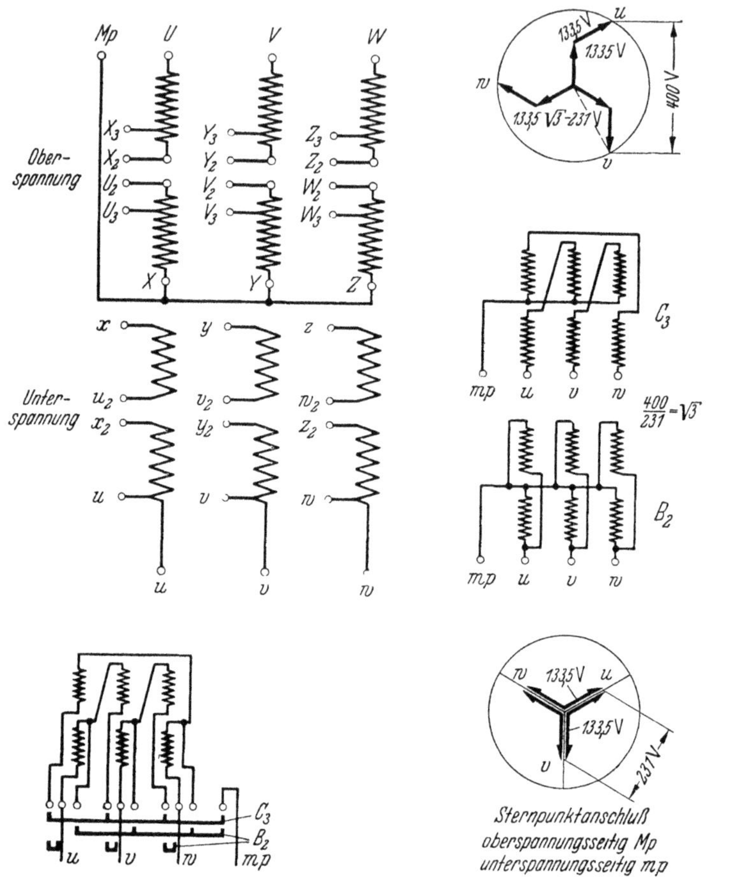

Abb 4. Schaltung eines Drehstromtransformators der Schaltgruppe C 3/B 2, ⅄ ⅄/⅄ Y mit Anzapfungen Ortsnetztransformator ohne Regelung Beispiel fur Anzapfungen und elektrische Daten Anschluß $U\,V\,W$ $u\,v\,w$

Verbindung I X_2U_2, Y_2V_2, Z_2W_2 6240 V 14,8 A,
Verbindung II X_2U_3, Y_2V_3, Z_2W_3 6120 V 15,1 A,
Verbindung III X_3U_3, Y_3V_3, Z_3W_3 6000 V 15,5 A,
Verbindung IV· $x\,z_2$, $y\,x_2$, $z\,y_2$ 400 V 232,0 A,
Sternpunkt $u_2\,v_2\,w_2$ Schaltgruppe C 3,
Verbindung V $x\,x_2$, $y\,y_2$, $z\,z_2$ 231 V 400,0 A,
Sternpunkt. $u_2\,u$, $v_2\,v$, $w_2\,w$, $x_2\,y_2\,z_2$ Schaltgruppe B 2,
Nennleistung = 160 kVA $u_k = 4\%$.

Von Ortsnetztransformatoren konnen *Konsumenten* beliefert werden mit:

a) Wechselstrom mit Sternpunktleiter: 1 mal 220 V; rmp oder smp oder tmp.
b) Wechselstrom ohne Sternpunktleiter: 1 mal 380 V (220 V); rs oder st oder tr.
c) Drehstrom 3 Leiter (o. Sternpunktleiter): 3 mal 380 V (220 V); rst.
d) Drehstrom 4 Leiter (m. Sternpunktleiter)· 3 mal 380 V; rstmp und Wechselstrom 3 mal 220 V: rmp, smp, tmp.

Bei Wechselstromlieferung müssen die Konsumenten so verteilt werden, daß nach Möglichkeit kein Sternpunktleiterstrom am Transformator auftritt bzw. daß die Linienströme untereinander gleich werden.

B. Bestimmungsgrößen.

1. Nennbetrieb. Steht der Transformator unter der Nennprimärspannung (U_{N1}) mit der Nennfrequenz (f), und nimmt er hierbei den

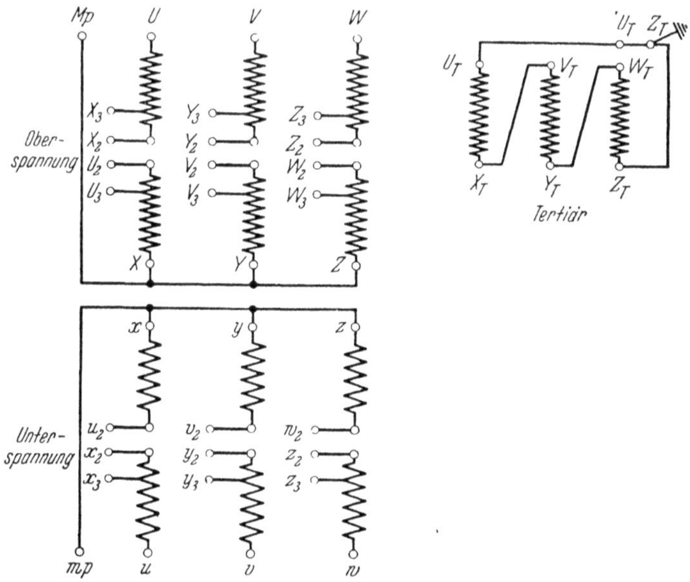

Abb. 5. Schaltung eines Drehstromtransformators der Schaltgruppe B 2 ⅄/Y mit Anzapfungen und Tertiärwicklung. Abspannwerkstransformator ohne Regelung. Beispiel für Anzapfungen und elektrische Daten: Anschluß $U\,V\,W$ $u\,v\,w$

Verbindung I: X_2U_2, Y_2V_2, Z_2W_2 30600 V 94,2 A,
Verbindung II: X_2U_3, Y_2V_3, Z_2W_3 30000 V 96,1 A,
Verbindung III: X_3U_3, Y_3V_3, Z_3W_3 29400 V 98,0 A,
Verbindung IV: u_2x_2, v_2y_2, w_2z_2 6300 V 458,0 A,
Verbindung V. u_2x_3, v_2y_3, w_2z_3 6000 V 481,0 A,
Nennleistung = 5000 kVA u_k = 7,5% Tertiärwicklung = 1500 kVA.

Nennsekundärstrom (I_{N2}) bei der auf dem Leistungsschild genannten Betriebsart auf, so befindet er sich im Nennbetrieb.

2. Übersetzung. Die Übersetzung $ü$ ist das Verhältnis der Spannung (U) der Wicklung mit der größeren Windungszahl (n_1) zur Spannung (u) der Wicklung mit der kleineren Windungszahl (n_2).

$$ü = \frac{U}{u} \qquad (1)$$

Die Übersetzung bezieht sich auf Leerlauf; zulässige Nennwertabweichung 0,5%. Die Messung der Übersetzung kann bei niedrigerer als der Nennspannung erfolgen[1].

[1] Trafo-Übersetzungsmesser nach Keller von Hartmann & Braun (arbeitet mit Kompensationsverfahren).

1. Transformatoren mit feststehenden Wicklungen: Unter Vernachlässigung des Spannungsverlustes durch den Leerlaufstrom I_0 gilt

$$\ddot{u} \approx \frac{n_1}{n_2}. \tag{2}$$

Bei Aufstellung des Windungszahlverhältnisses ist die Schaltart der Wicklungen zu berücksichtigen[1].

2. Spartransformatoren:

n_1 Windungszahl der gemeinsamen Wicklung + Windungszahl der Zusatzwicklung,
n_2 Windungszahl der gemeinsamen Wicklung.

3. Transformatoren mit beweglichen Wicklungen: Die Spannungsverluste durch I_0 können nicht vernachlässigt werden. Das Windungszahlverhältnis stimmt deshalb schon bei Leerlauf nicht mit dem Verhältnis der Spannungen überein.

3. Nennspannung. Die Nennprimärspannung U_{N1} ist die Spannung, für die die Primärwicklung gebaut ist (Spannung der Hauptanzapfung).

Die Nennsekundärspannung U_{N2} ist die bei Leerlauf an den Klemmen der Sekundärwicklung auftretende Spannung bei Speisung der Primärwicklung mit U_{N1}.

Die Nennspannung ist für die Transformation, die *Reihenspannung* für die Isolation des Transformators maßgebend.

Bei Anzapfungen an Leistungstransformatoren: U_{N2} = Spannung der Hauptanzapfung; bei Regeltransformatoren die Hauptstellung; an Zusatz und Spartransformatoren: U_{N2} = Spannung bei Einschaltung aller Windungen. Bei Zusatzdrehtransformatoren ist U_{N2} der höchst erreichbare Wert. Die beim Nennbetrieb auftretende Sekundärspannung U_2 wird aus U_{N2} und der Spannungsänderung berechnet.

Die magnetische Beanspruchung des Eisenkernes ist auf U_{N1} zu beziehen und nach folgender Gleichung zu prüfen.

$$B_{Sch} = \frac{U_{N1}\, 10^8}{4{,}44\, f\, n\, F} \quad \text{(Gauß)}. \tag{3}$$

Hierbei bedeuten:

B_{Sc} Scheitelwert der Induktion in Gauß,
F aktiver Eisenquerschnitt in cm², Produkt aus Füllfaktor (je nach Blechstärke und Isolierung 0,88 bis 0,95) und geometrischer Eisenquerschnitt,
n Windungszahl eines primären Wicklungsstranges.
f Frequenz, 4,44 = Faktor für sinusförmige Kurvenform.

Bei Sternschaltung ist an Stelle von U_{N1} die Sternspannung $U_{N1}/\sqrt{3}$ zu setzen.

Die genormten Nennspannungen sind in folgender Tabelle zusammengestellt.

[1] In der Fabrikation wird, wenn erforderlich, die Windungszahl mittels Zähleinrichtungen festgestellt.

Tabelle 3. *Genormte Nennspannungen für Wechsel- und Drehstromtransformatoren bei 50 Per/sec in V.*

VDE-Reihe	Nennprimarspannung	Nennsekundarspannung
	220	230
	380	400
3	3000	3150
(6)[1]	6000	6300
10	10000	10500
20	20000	21000
30	30000	31500
45[1]	45000	47250
60	60000	63000
110	110000	115500
220	220000	231000

() nur fur geschlossene und gekapselte Geräte

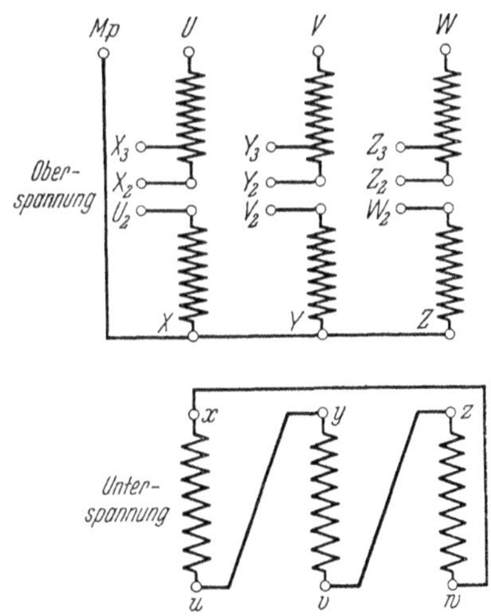

Abb. 6. Schaltung eines Drehstromtransformators der Schaltgruppe C 2 ⅄/◁ mit Anzapfungen. Aufspannwerks- bzw. Maschinentransformator. Beispiel fur Anzapfungen und elektrische Daten: Anschluß $U\ V\ W\ u\ v\ w$

Verbindung I:
U_2X_2, V_2Y_2, W_2Z_2 31000 V 119 A

Verbindung II:
U_2X_3, V_2Y_3, W_2Z_3 30000 V 123 A,

Nennleistung = 6400 kVA
u_k = 10% Unterspannung: 6000V 616 A

4. Nennstrom. Der Nennsekundärstrom I_{N2} ist der Vollaststrom, für den die Sekundärwicklung bemessen ist. Der Nennprimärstrom ist nach folgender Gleichung zu berechnen.

$$I_{N1} = I_{N2} \frac{U_{N2}}{U_{N1}} \quad (\mathrm{A}). \tag{4}$$

Bei Nennbetrieb und $\cos\varphi = 1$ gilt diese Beziehung mit guter Annäherung, da Leerlaufstrom und Spannungsverlust in diesem Falle vernachlässigbar sind ($U_{N2} \approx U_2$). Bei kleinerem Leistungsfaktor ist der Primärstrom etwas verschieden von I_{N1}, da Leerlaufstrom und Spannungsverlust wachsenden Einfluß gewinnen.

---

[1] Gilt nicht fur Neuanlagen.
Genormte Nennspannungen für Einphasentransformatoren $16^2/_3$ Per/sec: 220, 6600, 17500, 115000 V).

5. Nennleistung. Bei Transformatoren versteht man unter Leistung stets die Scheinleistung — Produkt aus Strom und Spannung mal Phasenfaktor — in VA, kVA oder MVA, weil es für die Erwärmung, die der Belastung eine Grenze setzt, gleichgültig ist, in welcher Phasenlage der Strom den Transformator durchfließt.

Die Nennleistung oder Typenleistung ist die als Produkt aus Nennsekundärspannung, Nennsekundärstrom und Phasenfaktor berechnete Scheinleistung, also z. B. für Drehstrom

$$N_N = U_{N2}\, I_{N2} \sqrt{3} \quad \text{(VA)}. \tag{5}$$

Die im Nennbetrieb abgegebene Scheinleistung

$$N_n = U_2\, I_{N2} \sqrt{3} \quad \text{(VA)} \tag{6}$$

ist von der Nennleistung verschieden.

Die Leistungen der Transformatoren sind genormt.

Tabelle 4. *Genormte Nennleistungen von Transformatoren bei 50 Per/sec in kVA.*

Drehstrom				Einphasenstrom	Freiluft Drehstrom nach DIN 42508
5	100	1000	10000		
10	125	1250	12500	1	
20	160	1600	16000	2	16000
30	200	2000	20000	3,5	20000
50	250	2500	25000	7	(25000)
75	320	3200	32000	13	31500
	400	4000	40000	20	(40000)
	500	5000	—	35	Nennkurzschlußspannung u_k
	640	6400	64000	50	5 bis 35 kV 8%
	800	8000	—	70	über 35 bis 66 kV 9%
			100000		über 66 bis 120 kV 11%

( ) = möglichst vermeiden.

Die Nennleistung bei Gleichrichtertransformatoren wird errechnet als Produkt aus Nennprimärstrom, Nennprimärspannung und Phasenfaktor (s. DIN 57555).

6. Frequenz. Die genormte Frequenz (f) ist 50 Per/sec. für Einphasenbahnnetze $16^2/_3$ Per/sec.

7. Leerlauf- und Kurzschlußverlust. Der Leerlaufverlust (Eisenverlust) V_{Fe} ist die Aufnahme (aufgenommene Wirkleistung an den Primärklemmen) bei U_{N1}. f und offener Sekundärwicklung. Der Leerlaufverlust besteht aus Eisenverlusten, Verlusten im Dielektrikum und Wicklungsverlusten des Leerlaufstromes, die beiden letzten können allgemein vernachlässigt werden (Verluste im Dielektrikum nur bei Höchstspannungstransformatoren). Die Messung des Leerlaufverlustes wird meistens von der Unterspannungsseite aus vorgenommen. Hierbei ist die Spannung an die Hauptanzapfung zu legen.

Der Eisenverlust setzt sich aus Hysteresis-[1] und Wirbelstromverlust zusammen. Für $f = 50$ Per/sec ist

$$V_{Fe} = V_H + V_W = v_{Fe}\left(\frac{B_{Sch}}{10000}\right)^2 \quad (\mathrm{W/kg}) \tag{7}$$

und nach Einführung des Kerngewichtes G_{Fe} in kg wird

$$V_{Fe} = v_{Fe}\,G_{Fe}\left(\frac{B_{Sch}}{10000}\right)^2 \quad (\mathrm{W}). \tag{8}$$

Die Verlustziffer beträgt für $B_{Sch} = 10000$ Gauß, für hochlegiertes Blech $v_{Fe} = 0{,}9$ bis 1,0 W/kg und für normale Bleche $v_{Fe} = 1{,}1$ bis 1,3 W/kg.

Die Eisenverluste sind mit guter Annäherung von der Belastung unabhängig. Sie wachsen proportional mit dem Quadrat der angelegten Spannung.

Der Kurzschlußverlust (Nennwicklungsverlust) $V_{Cu\,N}$ ist die gesamte Stromwärmeleistung bei I_N und f, die in allen Wicklungen und Ableitungen im betriebswarmen Zustand verbraucht wird.

Der Nennwicklungsverlust $V_{Cu\,N}$ wird ermittelt, indem bei kurzgeschlossener Sekundärwicklung der Nennstrom $I_{N\,1}$ (I_N), durch Regulierung der Primärspannung, eingestellt und die Aufnahme gemessen wird. Die gemessenen Verluste sind auf 75° C umzurechnen, wenn nicht der betriebswarme Zustand festgestellt werden kann (für Betriebsart LB auf 50° C). Die enthaltenen kleinen Eisenverluste können als solche vernachlässigt werden. Die Messung wird meistens von der Oberspannungsseite aus vorgenommen[2]. Der Wicklungsverlust setzt sich aus reinem Stromwärmeverlust (Kupferverlust) und Zusatzverlust zusammen.

Bezeichnet man mit r_1 den Gleichstromwiderstand eines Wicklungsstranges auf der Oberspannungsseite und den entsprechenden mit r_2 auf der Unterspannungsseite, so ist der auf die Oberspannungsseite bezogene Gleichstromwiderstand

$$R_1 = r_1 + ü^2 r_2 \quad (\mathrm{Ohm}) \tag{9}$$

und für Drehstrom der Gesamtwiderstand

$$3\,R_1 = 3\,(r_1 + ü^2 r_2) \quad (\mathrm{Ohm}). \tag{10}$$

Die reinen Stromwärmeverluste sind demnach

$$V_{Cu\,gl} = 3\,R_1 I_N^2 \quad (\mathrm{W}). \tag{11}$$

Bezeichnet G_{Cu} das Kupfergewicht in kg des Transformators, so ist auch

$$V_{Cu\,gl} \approx 2{,}6 G_{Cu}\,\delta^2 \quad (\mathrm{W}), \tag{12}$$

wobei δ die Stromdichte A/mm² bei Nennstrom (für beide Wicklungen gleich angenommen) bedeutet.

Die reinen Stromwärmeverluste sind genau wie die Eisenverluste mit dem Materialgewicht und dem Quadrat der spezifischen Beanspruchungen proportional.

---

[1] Hysterese = magnetische Verzögerung.

[2] Spannung auf Hauptanzapfung oberspannungsseitig und Kurzschlußbügel auf Hauptanzapfung unterspannungsseitig.

Die Zusatzverluste (Wirbelstromverluste) sind

$$V_{Cu\,Z} = V_{Cu\,N} - V_{Cu\,gl} \quad (\mathrm{W}). \tag{13}$$

Die Wirbelstromverluste nehmen mit zunehmender Temperatur ab, verhalten sich also umgekehrt wie die reinen Stromwärmeverluste. Bedeutet ϑ die Temperatur, bei der die Verluste gemessen werden, so ist die Umrechnung auf 75° C für Kupferwicklungen[1] wie folgt vorzunehmen:

$$V_{Cu\,N\,75} = V_{Cu\,Z}\frac{235+\vartheta}{310} + V_{Cu\,gl}\frac{310}{235+\vartheta}. \tag{14}$$

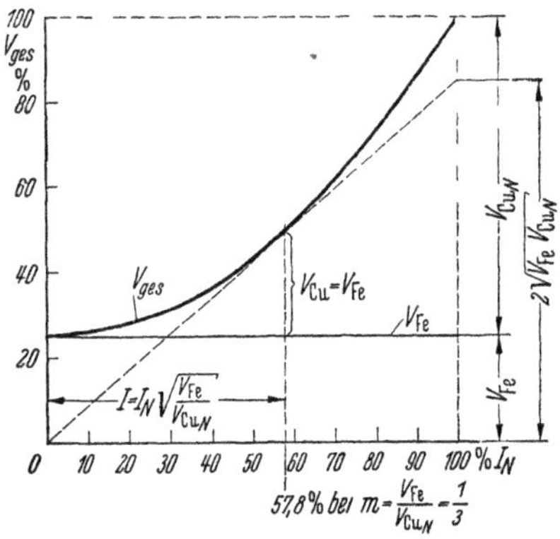

Abb 7. Gesamtverluste des Transformators $V_{ges} = V_{Fe} + V_{Cu}$.
Fur Umrechnung der Wicklungsverluste:
$$V_{Cu} = V_{Cu\,N}\left(\frac{I}{I_N}\right)^2.$$
Für Berechnung des maximalen Wirkungsgrades:
$$\eta_{\max} = 100 - \frac{2\sqrt{V_{Fe}\,V_{Cu\,N}}}{N_{W1}}\,100 \quad (\%),$$
($\eta_{\max}$ tritt ein bei $I = I_N\sqrt{V_{Fe}/V_{Cu\,N}}$).

Diese Umrechnung ist nur dann zulässig, wenn die Zusatzverluste hauptsächlich aus Wirbelstromverlusten bestehen, was meistens auch der Fall ist. Bei hohen Sekundärströmen sind die Verluste im Kurzschlußbügel nach Gl. (12) zu berechnen und zu berücksichtigen.

Die Messung von r_1 und r_2 mit Gleichstrom ist bei der Temperatur ϑ auszuführen oder hierauf umzurechnen; erst dann ist die Subtraktion nach Gl. (13) zulässig. ϑ wird bei Transformatoren mit Ölkühlung durch Messung der Öltemperatur in kaltem Zustand ermittelt; der Kurzschlußversuch ist dann schnell durchzuführen, damit die Öltemperatur gleich der Wicklungstemperatur bleibt. Der betriebswarme Zustand ist die Temperatur, die der Transformator am Ende des Probelaufes bei Nennbetrieb annimmt. Die mittlere Raum- oder Kühlmitteltemperatur muß hierbei 20° C betragen. Wird die Endtemperatur unmittelbar durch Messung festgestellt, so sind die Verluste $V_{Cu\,N}$ auf diese Temperatur umzurechnen.

Der Wirbelstromfaktor ist

$$K = \frac{V_{Cu\,N}}{V_{Cu\,gl}} = \frac{3\,R_{W1}\,I_N^2}{3\,R_1\,I_N^2} = \frac{R_{W1}}{R_1}, \tag{15}$$

woraus der auf die Oberspannungsseite bezogene Wechselstromwiderstand R_{W1} berechnet werden kann. Normalerweise beträgt $K = 1.1$

[1] Bei Umrechnung auf 50° C für Kupferwicklungen:

$$V_{Cu\,N\,50} = V_{Cu\,z}\frac{235+\vartheta}{285} + V_{Cu\,gl}\frac{285}{235+\vartheta}.$$

Für Aluminiumwicklungen gelten diese Gleichungen auch, weil statt des Wertes 245 für Al auch 235 gesetzt werden kann.

bis 1,33. Die Wicklungverluste wachsen proportional mit dem Quadrat des Belastungsstromes I, sind also von der Belastung abhängig.

Die Gesamtverluste des Transformators sind folglich

$$V_{ges} = V_{Fe} + V_{Cu\,N} \quad \text{(W oder kW)}. \tag{16}$$

In Abb. 7 sind die Verluste in Abhängigkeit von I in % von I_N dargestellt, woraus die Umrechnung der Wicklungsverluste auf niedrigere oder höhere Ströme als I_N und die Berechnung des maximalen Wirkungsgrades $\eta_{\max}$ zu entnehmen sind. (Gesamtverlustübersicht s. Abb. 8.)

Die zulässigen Abweichungen sind für den Nennwert bei

Leerlaufverlust	10%
Kurzschlußverlust im betriebswarmen Zustand .	15%
bei Umrechnung auf 75° C	10%

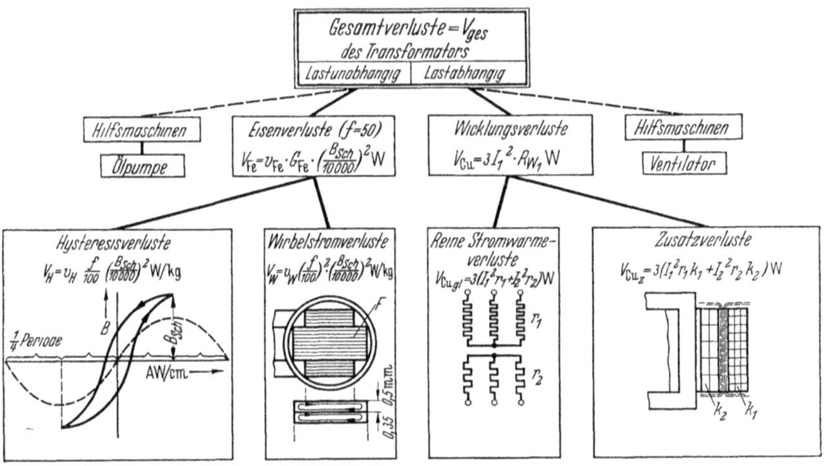

Abb. 8. Gesamtverlustubersicht des Transformators.

8. Wirkungsgrad. Der Wirkungsgrad ist das Verhältnis von Abgabe N_{W2} zur Aufnahme N_{W1} und wird berechnet nach

$$\eta = \frac{N_{W2}}{N_{W2} + V_{ges}}. \tag{17}$$

Es ist üblich, den Wirkungsgrad bei einem sekundären Leistungsfaktor von $\cos\varphi_2 = 1$ anzugeben.

Die Abgabe N_{W2} (abgegebene Wirkleistung an den Sekundärklemmen) bei Nennlast wird ermittelt aus

$$N_{W2} = N_N \cos\varphi_2 \left(1 - \frac{u_\varphi}{100}\right) \quad \text{(W oder kW)}, \tag{18}$$

wobei u_φ die prozentuale Spannungsänderung bedeutet. Nach Gl. (17) wird, da $N_{W2} = N_{W1} - V_{ges}$ ist,

$$\eta = 1 - \frac{V_{ges}}{N_{W1}} \tag{19}$$

und angenähert berechnet sich der Wirkungsgrad in Prozent für Nennlast zu

$$\eta = 100 - \frac{V_{ges}}{N_N \cos\varphi_2} 100 \quad (\%). \tag{20}$$

Transformatoren, insbesondere Großtransformatoren, haben im Verhaltnis zu anderen elektrischen Maschinen sehr hohe Wirkungsgrade (99 bis 99,5%).

In Abb. 9 sind Wirkungsgradkurven dargestellt, aus denen der Einfluß des Verlustverhältnisses $m = V_{Fe}/V_{Cu\,N}$ und des Leistungsfaktors $\cos\varphi_2$ erkennbar ist.

Der Jahreswirkungsgrad eines Transformators ist

$$\eta_J = \frac{\text{Nutzarbeit im Jahr}}{\text{Nutzarbeit im Jahr} + \text{Verlustarbeit im Jahr}}\,100\ (\%) \qquad (21)$$

und gibt die wirtschaftliche Verwendung des auf ein Jahr bezogenen Betriebswirkungsgrades an.

Zur Ermittlung von η_J ist die Kenntnis der prozentualen Eisen- und Wicklungsverluste und der Teillasten mit den dazugehörigen un-

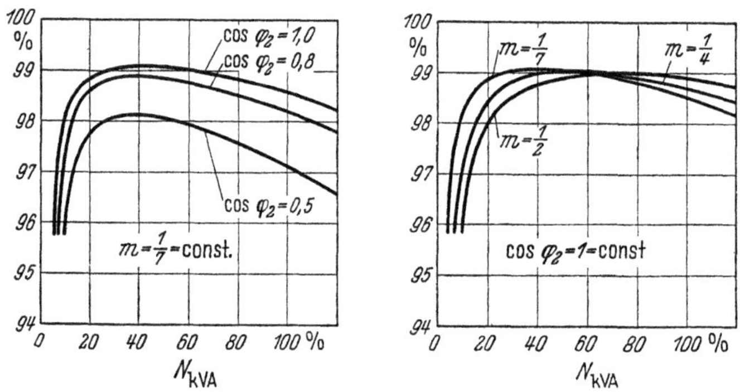

Abb 9. Einfluß des Leistungsfaktors und des Verlustverhaltnisses $m = V_{Fe}/V_{Cu\,N}$ auf den Wirkungsgrad von Transformatoren.

gefähren Betriebsstunden erforderlich. Die Verluste werden von der Aufnahme N_{W1}, die sich aus der Abgabe N_{W2} und dem Wirkungsgrad η bei Nennlast und $\cos\varphi = 1$ berechnen läßt, ermittelt.

Transformatoren, die das ganze Jahr primär angeschlossen sind und wenig voll belastet werden, müssen kleine Eisenverluste aufweisen, um einen hohen Jahreswirkungsgrad zu erzielen. Die Verlustaufteilung (m) muß also der Belastung des Transformators im Jahresdurchschnitt angepaßt werden. Fur

100	70,7	57,8	50	44,7	40,8%	der Nennleistung setzt man m zu
1/1	1/2	1/3	1/4	1/5	1/6	

Für die Landwirtschaft wahlt man m klein, da die Transformatoren nur kurze Zeit im Jahr voll belastet werden, während man für die Industrie m groß wählt, d. h. für geringere Wicklungsverluste.

Für wechselnde Tagesbelastung berechnet sich der Jahreswirkungsgrad nach folgender Gleichung:

$$\eta_J = \frac{t\,100}{t\,100 + t\,V_{Cu\,N}\% + 24\,V_{Fe}\%}\,. \qquad (22)$$

Man reduziert die wechselnde Belastung eines Tages auf t' Stunden Nennlast und wiederholt dieses auf mehrere Tage des Jahres; hieraus ermittelt man dann t für den Jahresdurchschnitt.

9. Kurzschlußspannung. Die Nennkurzschlußspannung ist die Spannung U_{K1}, (U_{K2}) die bei kurzgeschlossener Sekundär- (Primär-) Wicklung erforderlich ist, um primär (sekundär) den Nennstrom I_{N1} (I_{N2}) zu erzeugen. Die gesamte angelegte Spannung U_{K1} (U_{K2}) wird in den Wicklungen des Transformators verbraucht. Die Nennkurzschlußspannung u_k wird in Prozent der Nennprimärspannung angegeben. Bei Leistungstransformatoren wird die Messung von U_{K1} an der Hauptanzapfung, bei Zusatztransformatoren mit Anzapfungen an der Zusatzwicklung bei Einschaltung aller Windungen ausgeführt.

Bei Spartransformatoren werden die Ableitungen der gemeinsamen Wicklung kurzgeschlossen und die Spannung U_{K1} auf die gemeinsame Wicklung und Zusatzwicklung gegeben. Dabei muß der Nennstrom I_{N1} und I_{N2} erzeugt werden. Es ist

$$u_k = \frac{U_{K1}}{U_{N1}} 100 \quad (\%). \tag{23}$$

Normale Nennkurzschlußspannungen für Leistungstransformatoren sind:

Gewöhnliche Transformatoren etwa 3,33 bis 5% (bis 1600 kVA),
Eigenbedarfstransformatoren etwa 3,33 bis 10% (bis 1600 kVA),
Ortsnetztransformatoren etwa 3.33 bis 4% (bis 1600 kVA),
Abspannwerkstransformatoren etwa 6 bis 8% (über 1600 kVA),
Aufspannwerks- oder Maschinentransformatoren etwa 8 bis 13% (über 1600 kVA),
Netzkupplungstransformatoren etwa 11 bis 14% (über 1600 kVA).

Die zulässige Abweichung vom Nennwert ist $\pm 10\%$ ($u_K = 3{,}33\%$ darf normal nicht unterschritten werden). Bei großem Anzapfbereich können die Kurzschlußspannungen der höchsten bzw. niedrigsten Anzapfung erheblich von u_K abweichen.

Für die Berechnung der Nennkurzschlußspannung gilt die Wicklungstemperatur

für Betriebsart DB unter 10 kVA: betriebswarmer Zustand,
für Betriebsart LB: 50 °C,
für alle übrigen Transformatoren: 75 °C.

Wird die Kurzschlußspannung bei der Temperatur ϑ gemessen, so ist die Berechnung auf die vorgeschriebene Temperatur wie folgt durchzuführen:

Die ohmsche und induktive Komponente wird nach Gl. (28) und (30) aus dem bei der Temperatur ϑ gemessenen Nennwicklungsverlust ermittelt. Da die induktive Komponente u_S von der Temperatur unabhängig ist, braucht nur u_R aus dem auf die vorgeschriebene Temperatur umgerechneten Nennwicklungsverlust (Gl. 14) ermittelt zu werden. Die Kurzschlußspannung ergibt sich dann zu

$$u_K = \sqrt{u_S^2 + u_R^2} \quad (\%) \tag{24}$$

für die vorgeschriebene Temperatur.

Abb. 10 zeigt die Kurzschlußspannung normaler Drehstromtransformatoren in Abhangigkeit von der Nennspannung.

10. Spannungsänderung. Die Spannungsänderung bei einem bestimmten Leistungsfaktor ist die Änderung der Sekundärspannung, die beim Übergang vom Leerlauf (U_{N2}) auf Nennbetrieb (U_2) auftritt, wenn U_{N1} und f ungeändert bleiben. Die Spannungsänderung u_φ wird in Prozent der Nennsekundarspannung angegeben. Sie wird nach folgender Gleichung berechnet:

$$u_\varphi = 100 - \sqrt{100^2 - u_q^2} + u_l \quad (\%). \tag{25}$$

Hierbei bedeutet u_l den Längs- und u_q den Querspannungsverlust in Prozent.

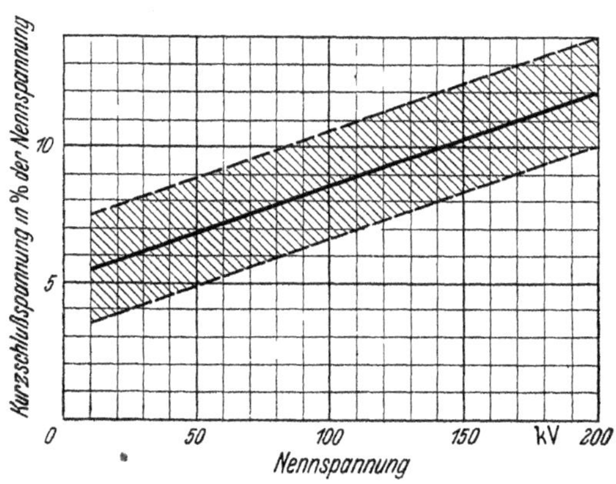

Abb. 10. Ungefahre Kurzschlußspannung von Drehstromtransformatoren in Abhangigkeit von der Nennspannung.

Es ist für nacheilenden Strom

$$u_l = u_R \cos\varphi + u_S \sin\varphi \quad (\%), \tag{26}$$

$$u_q = u_R \sin\varphi - u_S \cos\varphi \quad (\%). \tag{27}$$

Der relative ohmsche Spannungsverlust u_R ergibt sich aus dem Nennwicklungsverlust V_{CuN}. Für Dreiphasentransformatoren ist

$$u_R = \frac{V_{CuN}\,(\text{Watt})\,100}{\sqrt{3}\,U_{N1}\,I_{N1}\,(\text{Watt}, \cos\varphi = 1)} \quad (\%) \tag{28}$$

Der prozentuale ohmsche Spannungsverlust ist mit dem prozentualen Nennwicklungsverlust identisch, weil

$$\frac{3 I_{N1}^2 R_{W1}}{\sqrt{3}\,U_{N1} I_{N1}} 100 = \frac{I_{N1} R_{W1} \sqrt{3}}{U_{N1}} 100 \tag{29}$$

ist.

Die Streuspannung ist

$$u_S = \sqrt{u_K^2 - u_R^2} \quad (\%). \tag{30}$$

Bei Streuspannungen bis etwa 4% kann $u_\varphi = u_l$ gesetzt werden. Die größte Spannungsänderung tritt dann ein, wenn der nacheilende

Sekundärstrom mit der Sekundärspannung den Kurzschlußwinkel α des Transformators einschließt.

$$\alpha = \operatorname{arc}\cos\frac{u_R}{u_K}\,. \tag{31}$$

Die Winkeldrehung ϑ zwischen den Spannungen vor und hinter dem Transformator beträgt

$$\vartheta = \operatorname{arc}\sin\frac{u_q}{100}\,. \tag{32}$$

Um diesen Winkel wird die sekundäre Phasenverschiebung φ_2 primär vergrößert. In Abb. 11 ist das hierzugehörige Vektorendiagramm und in Abb. 12 die Spannungsänderung in Abhängigkeit von $\cos\varphi$ und bei konstanter Belastung dargestellt.

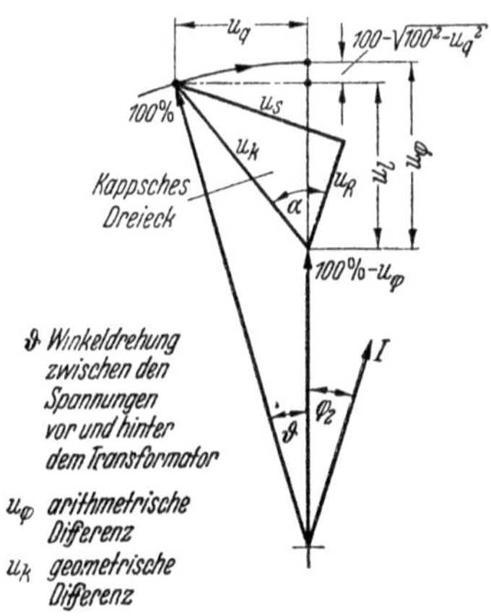

Abb. 11. Vektorendiagramm für die Spannungsänderung des Transformators.

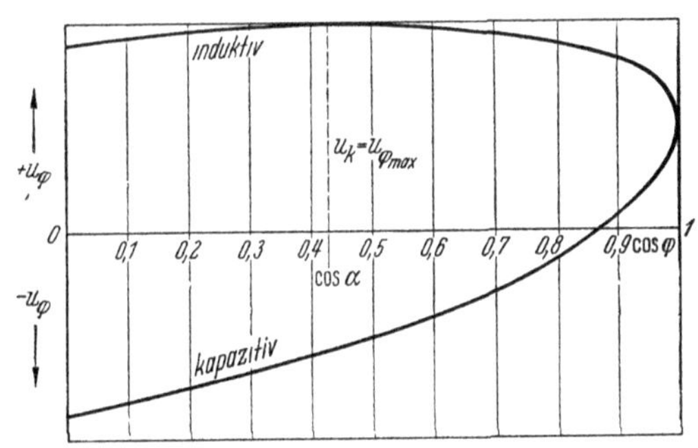

Abb. 12. Spannungsänderung in Abhangigkeit vom Leistungsfaktor bei konstanter Belastung.

Beispiel für die Berechnung der Spannungsänderung.

Für einen 12,5 MVA, 30/6 kV-Transformator soll die Spannungsänderung ermittelt werden.

Gegeben: $U_{N1}/\sqrt{3} = 17300$ V, $I_{N1} = 240\,A$, $u_k = 7{,}5\%$, $V_{CuN} = 155$ kW, dann ist

$$R_{W1} = \frac{155000}{3\cdot 240^2} = 0{,}9\;\Omega\,,$$

$$Z_k = \frac{7{,}5\cdot 17300}{100\cdot 240} = 5{,}43\;\Omega\,,$$

$$X_S = \sqrt{5{,}43^2 - 0{,}9^2} = 5{,}36\;\Omega\,.$$

Zwischen X_S und Z_k besteht also kein großer Unterschied.

Bei Nennstrom ist

$$U_R = 240 \cdot 0{,}9 \quad = 215\,\text{V},$$

$$U_S = 240 \cdot 5{,}36 \quad = \quad 1290\,\text{V},$$

$$U_k = \frac{7{,}5 \cdot 17\,300}{100} \quad = \sqrt{1290^2 + 215^2} = 1300\,\text{V}.$$

$$u_R = \frac{215}{17\,300}\,100 = \frac{155}{12\,500}\,100 = 1{,}24\,\%,$$

$$u_S = \frac{1290}{17300}\,100 = \sqrt{7{,}5^2 - 1{,}24^2} = 7\;43\,\%,$$

$$u_l = 1{,}24 \cos\varphi + 7{,}43 \sin\varphi,$$

$$u_q = 1{,}24 \sin\varphi \;- 7{,}43 \cos\varphi.$$

Bei $\cos\varphi = 0{,}8$ ist $\sin\varphi = 0{,}6$, und bei

$\cos\varphi = 0{,}7$ ist $\sin\varphi = 0{,}71$.

Es wird deshalb

$$u_l = 0{,}991 + 4{,}46 = \quad 5{,}451 \text{ bei } \cos\varphi = 0{,}8,$$

$$u_l = 0{,}868 + 5{,}21 = \quad 6{,}078 \text{ bei } \cos\varphi = 0{,}7,$$

$$u_q = 0{,}745 - 5{,}95 = -5.205 \text{ bei } \cos\varphi = 0\;8,$$

$$u_q = 0{,}870 - 5\;20 = -4{,}330 \text{ bei } \cos\varphi = 0\;7.$$

Bei Nennlast und $\cos\varphi = 0{,}8$ wird

$u_\varphi = 100 - \sqrt{100^2 - 27{,}1} + 5{,}451 = \mathbf{5.75}\,\%$ und bei Nennlast und $\cos\varphi = 0{,}7$

$$u_\varphi = 100 - \sqrt{100^2 - 18{,}8} + 6{,}078 = \mathbf{6{,}28}\,\%.$$

Der Kurzschlußwinkel α ist

$$\cos\alpha = \frac{U_R}{U_k} = \frac{215}{1300} = 0{,}1654,\quad \alpha = 80^\circ\,30',$$

und folglich $\sin\alpha = 0{,}986$, damit wird

$$u_l = 1{,}24 \cdot 0{,}1654 + 7{,}43 \cdot 0{,}986 = 7{,}5\,\% = u_k,$$

$$u_q = 1{,}24 \cdot 0{,}986 - 7{,}43 \cdot 0{,}1654 = 0,$$

folglich ist die maximale Spannungsanderung, die bei der Phasenverschiebung mit dem Kurzschlußwinkel α auftritt

$$u_\varphi = u_k = 7\;5\,\%.$$

Die Spannungen $\frac{U_{N1}}{\sqrt{3}} \approx \frac{U_1}{\sqrt{3}}$ und $\frac{U_2}{\sqrt{3}}$ fallen hierbei in eine Linie.

Bei $\cos\varphi = 1$ ist $\sin\varphi = 0$ mithin

$$u_l = \;u_R = 1{,}24\,\%,$$

$$u_q = \;u_S = -7{,}43\,\%,$$

$$u_\varphi = 100 - \sqrt{100^2 - 55{,}5} + 1{,}24\,\% = \mathbf{1{,}54}\,\%.$$

Der Einfluß der Querspannung bei $\cos\varphi = 1$ ist deutlich erkennbar.

Der Nennkurzschlußstrom, bei starrer Nennspannung auf der 30 kV-Seite [s. Gl. (33)], wird:

$$I_K = \frac{100}{7{,}5}\,240 = 3200\,\text{A}.$$

Ein Punkt der Kurzschlußcharakteristik ergibt sich dadurch, daß beim Nennstrom I_{N1}, die Kurzschlußspannung $u_k = 7{,}5\%$ der Nennspannung ist, wie es auch aus Abb. 15 zu ersehen ist.

Da R_{W1} und X_S für den Transformator konstante Größen sind, verändern sich u_R und u_S und damit das KAPPsche Dreieck linear mit dem Belastungsstrom.

11. Leerlauf- und Kurzschlußstrom. Der Transformator nimmt unter dem Einfluß der aufgedrückten Spannung im Leerlauf den für die Erzeugung des Hauptkraftflusses erforderlichen Magnetisierungsstrom I_μ auf. Die Größe von I_μ hängt von der Sättigung und von der Länge des Kraftlinienweges im Eisen und in den Stoßfugen ab. Da der Hauptkraftfluß fast ausschließlich im Eisen verläuft, ist I_μ im Verhältnis zu anderen elektrischen Maschinen gering. Er beträgt 10 bis 2% des Nennstromes, je nach Nennleistung und Höhe der Oberspannung sowie je nachdem, ob der Eisenkern mit Stoßfugen oder ob er mit Einschichtung der Bleche hergestellt worden ist. Der Leerlaufstrom I_0 ist die geometrische Summe vom Magnetisierungs- und Eisenverluststrom $I_\mu \hat{+} I_v$ und eilt fast 90° der aufgedrückten Spannung nach (Transformator als induktiver Parallelwiderstand). Der Leistungsfaktor ist daher bei Leerlauf sehr klein; er beträgt $\cos\beta = 0{,}05$ bis etwa 0,08.

Abb. 13 zeigt den ungefähren Leerlaufstrom bzw. den Blindleistungsbedarf für die Magnetisierung $N_{B\mu}$ und die Verluste üblicher Drehstromtransformatoren.

Der Nennkurzschlußstrom bzw. Dauerkurzschlußstrom, I_K ist der stationäre Primärstrom, der im betriebswarmen Zustand aufgenommen wird, wenn bei kurzgeschlossener Sekundärwicklung die Primärspannung bis zum Nennwert U_{N1} allmählich gesteigert werden würde. I_K bezieht sich bei Leistungstransformatoren auf die Hauptanzapfung, bei Spar- und Zusatztransformatoren mit Anzapfungen auf die der vollen Windungszahl entsprechende Anzapfung.

Der Nennkurzschlußstrom ist

$$I_K = \frac{100}{u_K}\,I_N \quad (\text{A}). \tag{33}$$

Wenn z. B. $u_K = 4\%$ ist, so wird $I_K = 25 I_N$. Der stationäre Kurzschlußstrom beträgt also den 25fachen Nennstrom.

Transformatoren sind, ähnlich wie Kurzschlußdrosselspulen, als Strombegrenzer wirksam, weil die durch den Belastungs- bzw. Kurzschlußstrom erzeugten magnetischen Flüsse im Luftraum liegen (Streuflüsse) und auf die Sättigung des Eisens nur wenig Einfluß haben. U_{K1} steigt geradlinig bis zum Kurzschlußstrom an; die Impedanz ist konstant. Die Kurzschlußimpedanz des Transformators für eine

Phase, bezogen auf die Oberspannungsseite (Ober- und Unterspannung), berechnet sich nach folgender Gleichung:

$$Z_K = \frac{u_K\, U_{N1}^2\,(\text{kV})\, 10}{N_N\,(\text{kVA})} \quad (\text{Ohm}). \tag{34}$$

Die Streureaktanz X_S und der Wechselstromwiderstand R_{W1} pro Phase, bezogen auf die Oberspannungsseite, ergeben sich hieraus zu

$$X_S = Z_K \sin\alpha \quad (\text{Ohm}), \qquad R_{W1} = Z_K \cos\alpha \quad (\text{Ohm}). \tag{35}$$

In Abb. 14 sind das Leerlauf- und das Kurzschlußdiagramm des Transformators dargestellt. Bei Hochspannungstransformatoren ist

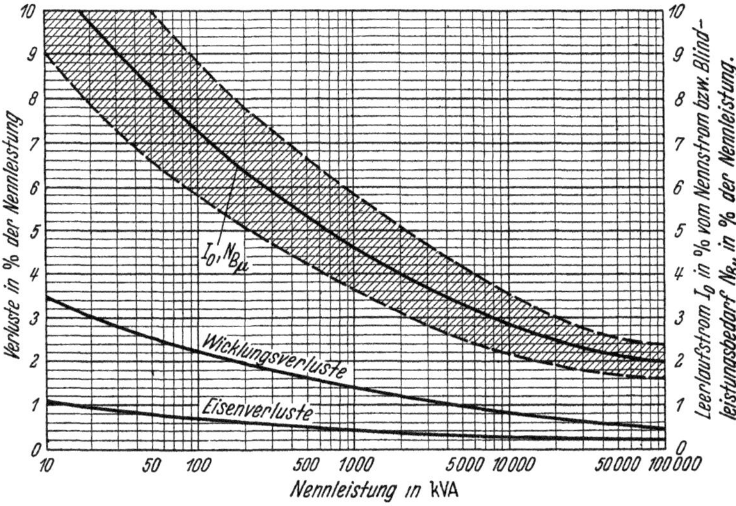

Abb. 13. Leerlaufstrom, Blindleistungsbedarf für Magnetisierung und Verluste von Drehstromtransformatoren.
Wirkungsgrad $\eta = 100 -$ (Eisen + Wicklungsverluste) (%).

R_{W1} im Vergleich zu X_S sehr klein, so daß $X_S = Z_K$ gesetzt werden kann (Transformator als induktiver Reihenwiderstand).

Die für die Streufelder des Drehstromtransformators benötigte Blindleistung

$$N_{BS} = 3\, I^2\, X_S = \frac{u_k}{100} \left(\frac{N}{N_N}\right)^2 N_N \quad (\text{kVar})^{1} \tag{36}$$

zusammen mit der für die Magnetisierung benötigten Blindleistung

$$N_{B\mu} = \frac{I_\mu}{I_N} N_N \quad (\text{kVar}) \tag{37}$$

muß von der Energiequelle geliefert werden.

Die Blindleistung für die Streufelder ändert sich mit dem Quadrat des Belastungsstromes und ist direkt proportional mit der Kurzschlußspannung.

Die Blindleistung für die Magnetisierung ändert sich direkt proportional mit dem Leerlaufstrom.

[1] 1 kVar = 1 BkW.

Der Leerlaufstrom andert sich mit dem Quadrat der Spannung.

Abb. 15 zeigt Leerlauf- und Kurzschlußcharakteristik sowie die Spannungsänderung des Transformators bei konstantem Leistungsfaktor.

12. Stoßkurzschlußstrom. Tritt im Betrieb des Transformators im Augenblick des Spannungsmaximums ein Kurzschluß auf, so beträgt der höchste Strom $I_S = I_K \sqrt{2}$ (A). Der Kurzschluß im Augenblick d s Nulldurchganges der Spannung bringt den doppelten Strom $I_S = 2 I_K \sqrt{2}$ (A) und enthält ein Gleichstromglied.

In Wirklichkeit kann die Größe der Amplitude in der ersten Halbwelle wegen der stets vorhandenen ohmschen Widerstände im Kurzschlußkreis des Transformators nicht auf den doppelten, sondern höchstens auf den 1,8fachen Wert ansteigen.

Der Stoßkurzschlußstrom

$$I_S = 1{,}8 \sqrt{2}\, I_K = 2{,}55\, I_K \quad \text{(A)} \tag{38}$$

ist für die dynamische Beanspruchung der Transformatorenwicklungen maßgebend. Wenn man die tatsächlichen ohmschen Widerstände nicht berücksichtigt, gilt diese Gleichung. Sonst gelten die unten angegebenen Gleichungen. Der Stoßkurzschlußstrom I_S geht nach kurzer Zeit (1 bis 3 sec) auf den Dauerkurzschlußstrom I_K zurück.

Transformatoren (LT, SpT, ZT) sowie Drosselspulen (DJ) müssen ihren eigenen nach Gl. (33) und (38) berechneten Stoßkurzschlußstrom — vorausgesetzt, daß die Stromquelle so groß ist, daß eine Verminderung der Nennprimärspannung nicht eintritt — aushalten, sofern dieser folgende Werte nicht überschreitet:

1. Bei Transformatoren mit Cu-Wicklungen bis 1600 kVA darf $I_K = 30 I_N$ nicht überschritten werden, weil hierbei ein Stoßkurzschlußstrom von $\boldsymbol{I_S = 2{,}55 I_K \approx 75 I_N}$, d. h. der 75fache Wert vom Effektivwert des Nennstromes, erreicht wird. Die kleinste Kurzschlußspannung ist daher 100/30 = 3,33%.

2. Bei Transformatoren mit Cu-Wicklungen über 1600 kVA und allen Transformatoren mit Alu-Wicklungen darf $I_K = 20 I_N$ nicht überschritten werden, weil hierbei ein Stoßkurzschlußstrom von $\boldsymbol{I_S = 2{,}55 I_K \approx 50 I_N}$, d. h. der 50fache Wert vom Effektivwert des Nennstromes, erreicht wird. Die kleinste Kurzschlußspannung ist daher 100/20 = 5%.

Bei Spar- und Zusatztransformatoren bezieht sich die Nennleistung 1600 kVA auf die Eigenleistung.

Als absoluter Höchstwert gilt in vorstehenden Fällen der Stoßkurzschlußstrom, der der größten genormten Nennausschaltleistung von 2500 MVA entspricht.

Daraus ergibt sich eine Kurzschlußspannung von 3,33 bis 14% bei Klein- bzw. Großtransformatoren.

Es ist nicht möglich, die Wicklungen gegen die sich bei höheren Stoßkurzschlußströmen ergebenden Kräfte abzustützen. Ergeben sich höhere Werte, so sind Drosselspulen vorzuschalten, falls der Spannungsverlust des Netzes von der Energiequelle bis zum Transformator nicht schon für die Herabsetzung des Stoßkurzschlußstromes ausreicht. Hierauf ist besonders bei Spar- und Zusatztransformatoren mit kleinen Werten der Übersetzung zu achten.

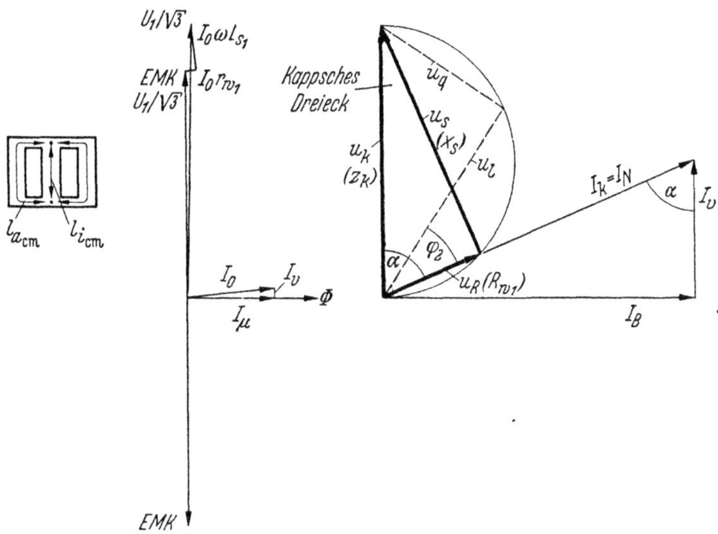

Abb. 14. Leerlauf- und Kurzschlußdiagramm des Drehstromtransformators je Phase. [Das Kurzschlußdiagramm entsteht aus dem Belastungsdiagramm (siehe Abb. 11 und bei Vernachlässigung von I_0, Abb. 21) für Nennstrom I_N wenn $U_2 = 0$ gesetzt wird. Das KAPPsche Dreieck, in seiner Größe unverändert, rutscht nach unten und an die Stelle von U_1 tritt u_K. Der Phasenverschiebungswinkel zwischen Primärspannung und Primärstrom, im Kurzschluß, ist der Kurzschlußwinkel α des Transformators; Winkel zwischen u_K und u_R.]

Leerlaufdiagramm (links): $I_{\mu a} = \frac{\text{AW/cm } l_{a\,\text{cm}}}{\sqrt{2}\, n}$ (A),

$$I_{\mu i} = \frac{\text{AW/cm } l_{i\,\text{cm}}}{\sqrt{2}\, n} \text{ (A)}, \qquad I_V = \frac{V_{Fe}\text{ (Watt)}}{3\, U_1/\sqrt{3}} \text{ (A)},$$

$N_{B\mu} = \sqrt{3}\, U_1\, I_\mu$ (Var) β = Winkel zwischen EMK und I_0.

Kurzschlußdiagramm (rechts):

$$u_K = \frac{100}{U_1} I_N Z_K \sqrt{3} \text{ (\%)} \qquad I_v = \frac{V_{Cu\,N}\text{ (Watt)}}{3\, U_K/\sqrt{3}} \text{ (A)},$$

$$V_{Cu\,N} = 3\, R_{W1}\, I_N^2 \text{ (Watt)}, \qquad u_R = \frac{100}{U_1} I_N\, R_{W1} \sqrt{3} \text{ (\%)},$$

$$N_{BS} = 3\, X_S\, I_N^2 \text{ (Var)}, \qquad I_B = \frac{N_{BS}\text{ (Var)}}{3\, U_K/\sqrt{3}} \text{ (A)},$$

$$u_S = \frac{100}{U_1} I_N X_S \sqrt{3} \text{ (\%)}.$$

Diagramme und Gleichungen für Sternschaltung. (Im Leerlaufdiagramm ist die EMK $\approx U_1/\sqrt{3}$ gesetzt).

Nimmt man auf die ohmschen Widerstände des Transformators Rücksicht, so beträgt die erste Amplitude des Stoßkurzschlußstromes maximal, beim Kurzschluß im Augenblick des Nulldurchganges der

Spannung und bei unverminderter Primärspannung (starr) bei sekundärem Klemmenkurzschluß

$$I_S = \sqrt{2}\, I_N \frac{100}{u_K}\left(1 + e^{-\frac{t}{T}}\right) \quad (\mathrm{A}). \tag{39}$$

Für vorliegenden Fall gilt $\omega t = \pi$, und die Zeitkonstante ist $T = L_S/R_{W1}$. Hierdurch wird

$$e^{-\frac{t}{T}} = e^{-\pi \frac{R_{W1}}{\omega L_S}}, \tag{40}$$

und es folgt

$$I_S = \sqrt{2}\, I_N \frac{100}{u_K}\left(1 + e^{-\pi \frac{u_R}{u_S}}\right) \quad (\mathrm{A}), \tag{41}$$

wobei die Prozentwerte u_K, u_S und u_R bekannte Größen sind.

Bei $u_R = 0$ wird

$$I_S = \sqrt{2}\, I_N \frac{100}{u_K}\, 2 = 2{,}82\, I_K \quad (\mathrm{A}), \tag{42}$$

also genau, wie eingangs erwähnt wurde.

Bei kleineren Transformatoren ergibt sich die maximale dynamische Beanspruchung zu etwa

$$I_S = 1{,}06 \sqrt{2}\, I_K = 1{,}5\, I_K \quad (\mathrm{A}) \tag{43}$$

und bei größeren etwa

$$I_S = 1{,}7 \sqrt{2}\, I_K = 2{,}4\, I_K \quad (\mathrm{A}) \tag{44}$$

(Gleichstromglied = 2,4 nach RICHTER).

Die thermische Beanspruchung ist durch den Dauerkurzschlußstrom I_K gegeben.

In elastischen Netzen sinkt die Primärspannung infolge der Spannungsverluste in den vorgeschalteten Impedanzen beim Kurzschluß herab, so daß die dynamischen und thermischen Beanspruchungen vermindert werden.

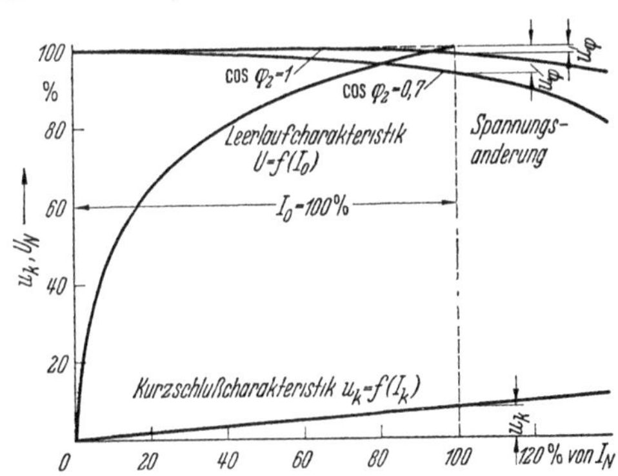

Abb. 15. Leerlauf- und Kurzschlußcharakteristik sowie Spannungsanderung bei konstantem $\cos\varphi_2$ in Abhangigkeit von der Belastung.

Kurzschlußdrosselspulen (KDJ) (Reaktanzspulen) mussen ohne mechanische Verlagerung der Wicklung ihren eigenen nach Gl. (33) und (38) berechneten Stoßkurzschlußstrom aushalten, sofern dieser $I_K = 20\, I_N$, $\boldsymbol{I_S = 2{,}55\, I_K \approx 50\, I_N}$, d. h. den 50fachen Wert vom Effektivwert des Nennstromes nicht überschreitet.

Normale Nennströme für Reaktanzspulen sind: 100, 160, 200, 250, 320, 400, 640 und 1000 A.

Normale Reaktanzspannungen (u_x) sind: (3), 5, 6 und 10% (3% werden nur dann verwendet, wenn ein zusätzlicher Spannungsverlust zwischen Energiequelle und Drosselspule vorhanden ist).

Normale Netzspannungen sind: 3, 6, 10, 15, 20 und 30 kV. Reaktanzspulen werden als Luftdrosseln ohne Eisenkern ausgeführt.

Der induktive Spannungsverlust der Reaktanzspulen ist bei Nennstrom klein (bei $\cos\varphi = 0$ wird erst u_r erreicht) und steigt bis zum Kurzschlußstrom geradlinig an; die Reaktanz ist konstant. Mit Eisenkern ohne und mit geringem Luftspalt ergibt sich bei Nennstrom ein verhältnismäßig großer induktiver Spannungsverlust, der infolge der Sättigung des Eisenkernes bis zum Kurzschlußstrom nicht geradlinig ansteigt, sondern stark abfallt; die Reaktanz nimmt mit wachsender Stromstärke ab. Für Reaktanzspulen ist daher ein Eisenkern ungeeignet. Zur Erhöhung der Kurzschlußspannung von älteren Transformatoren zwecks Ausgleich verschieden großer Kurzschlußspannungen für den Parallelbetrieb verwendet man vereinzelt Zusatzeisenreaktanzen mit großem Luftspalt. Von diesem Mittel wird zur Begrenzung der Kurzschlußströme ebenfalls kein Gebrauch gemacht, weil bei hohen Kurzschlußströmen, auch wie oben, die Sattigung wirksam wird.

Werden Drosselspulen vor elektrische Maschinen geschaltet, die einen hohen Anlaufstrom aufweisen, ist der Spannungsverlust, der hierdurch entsteht, in Rechnung zu stellen.

Bei Prüfung von Transformatoren und Drosselspulen auf Kurzschlußfestigkeit soll lediglich die mechanische Festigkeit des Wicklungsaufbaues festgestellt werden.

Der Kurzschluß muß so schnell abgeschaltet werden, daß die thermische Beanspruchung der Wicklung in zulässigen Grenzen bleibt. Bei Kurzschlußdrosselspulen soll die Dauer des Kurzschlusses nicht mehr als 6 sec betragen.

II. Wirkungsweise.

Die Wirkungsweise der elektrischen Maschinen beruht allgemein auf dem Induktions-, Durchflutungs- und Energiegesetz.

A. Induktionsgesetz.

Auf Grund des Induktionsgesetzes läßt sich in einer Wicklung der Effektivwert der induzierten elektromotorischen Kraft (EMK) ermitteln.

$$\text{EMK} = 4{,}44\, f\, n\, F\, B_{Sch}\, 10^{-8} \quad (\text{V}). \tag{45}$$

Setzt man die gegebene primäre Spannung gleich der EMK und wählt die Induktion nach den unten stehenden Gesichtspunkten, so ergibt sich, daß das Produkt aus Windungszahl und aktivem Eisenquerschnitt des Kernes (s. Gl. 3) eine konstante Größe darstellt. Zu einem bestimmten Kernquerschnitt gehört also auch eine bestimmte

Windungszahl. Man kann also einen Transformator mit viel Eisen und wenig Kupfer oder mit wenig Eisen und viel Kupfer bauen. Der Kernquerschnitt F ist proportional mit der Quadratwurzel aus der Nennleistung in VA und umgekehrt proportional mit der Quadratwurzel aus der dreifachen Frequenz bei dreiphasigen Transformatoren. (Bei einphasigen Kerntransformatoren aus der doppelten Frequenz.) Außerdem ist F von einem Faktor C, der zwischen 4 und 6 schwankt, abhängig. Kleine Werte von C ergeben kleine Eisenquerschnitte und damit schlankere Transformatoren, größere Werte von C gedrungenere Transformatoren. Bei Großtransformatoren wählt man C bis etwa 8.

Es ist

$$F = C\sqrt{\frac{N_N\,(\mathrm{VA})}{3\,f}} \quad (\mathrm{cm}^2)\,. \tag{46}$$

Der größte zulässige Wert der Induktion ist begrenzt bei

kleinen Transformatoren: durch den noch zulässigen relativen Magnetisierungsstrom (I_μ/I_N);

allen Transformatoren: durch die Rücksicht auf die Oberwellen des Magnetisierungsstromes und das Brummen des Transformators.

Bei hochlegiertem Blech und 50 Per/sec beträgt die Kerninduktion

10000 bis 15000 Gauß

(für kleine Transformatoren mit großem relativem Eisenverlust die kleinen Werte).

Bei $16^2/_3$ Per/sec kann die Kerninduktion bis

17000 Gauß

betragen. Bei gleicher Nennleistung und C ist der Kernquerschnitt F größer als bei 50 Per/sec. Bei dieser niedrigen Frequenz wird meistens Dynamoblech verwendet. Um das *Brummen* zu vermeiden, müssen die Bleche sorgfältig geschichtet und mit hohem Druck zusammengepreßt werden. Der Transformator mit einer Kerninduktion von 17000 Gauß muß über einen Vorschaltwiderstand mittels eines Vorkontaktschalters an das Netz gelegt werden, um hohe Einschaltstromstöße zu vermeiden.

Die Gl. (45) kann für die Primärwicklung angenähert wie folgt geschrieben werden

$$U_{N1} = 4{,}44\, f\, n_1 F\, B_{Sch}\, 10^{-8} \quad (\mathrm{V}) \tag{47}$$

und für die Sekundärwicklung

$$U_{N2} = 4{,}44\, f\, n_2 F\, B_{Sch}\, 10^{-8} \quad (\mathrm{V}) \tag{48}$$

wobei B_{Sch} nur von U_{N1} bestimmt wird.

Nach Division der beiden Gleichungen ergibt sich die Beziehung

$$\frac{U_{N1}}{U_{N2}} = \frac{n_1}{n_2}\,, \tag{49}$$

die besagt, daß bei gleichem Eisenquerschnitt und Induktion die Spannungen sich wie die Windungszahlen verhalten. Zu einer hohen Spannung gehört eine hohe Windungszahl und zu einer niedrigen Spannung gehört eine niedrige Windungszahl. Die Gl.(47) bzw. (48) wird als die *erste* und die Gl. (49) als die *zweite Transformatorengleichung für Leerlauf* bezeichnet. Die erste Gleichung gibt den Effektivwert der Spannung in Abhängigkeit von Scheitelwert der Induktion oder nach $\Phi_{Sch} = F B_{Sch}$, (Maxwell) vom Scheitelwert des Kraftflusses an. Der Kraftfluß (Φ_{Sch}), der im Eisenweg infolge des geringen magnetischen Widerstandes sich stark ausbilden kann, wird bei Anlegung von Spannung (U_{N1}) an einer Transformatorenwicklung (Primärwicklung) so groß, daß die von ihm erzeugte EMK, von Spannungsverlusten durch den Leerlaufstrom abgesehen, gleich der angelegten Spannung wird.

Bei Anzapfungen auf der Sekundärseite des Transformators ergibt sich nach Gl. (48), daß bei einer Anzapfung mit höherer Windungszahl als n_2 eine höhere und bei einer Anzapfung mit niedrigerer Windungszahl als n_2 eine tiefere Spannung als die Nennspannung entsteht. Die Spannung steigt also mit zunehmender Windungszahl an.

Bei Anzapfungen auf der Primärseite des Transformators und bei konstanter Primärspannung ergibt die Anlegung der Primärspannung an einer Anzapfung mit höherer Windungszahl als n_1 nach Gl. (47) eine tiefere Spannung auf der Sekundärseite als die Nennspannung. Die Sekundärspannung ändert sich in diesem Falle umgekehrt. Sie fällt mit zunehmender Windungszahl ab. Der physikalische Grund für das Absinken bzw. Ansteigen der Sekundärspannung bei Vergrößerung bzw. Verringerung der Windungszahl auf der primären Seite, ist das Absinken bzw. Ansteigen der Induktion im Eisen des Transformators. Wird bei Konstanthaltung von U_{N1} die Windungszahl n_1 verändert, so muß sich nach Gl. (47) die Induktion B_{Sch} in entgegengesetztem Sinne ändern.

Mit primären Anzapfungen kann man also nur durch eine Induktionsänderung die Sekundärspannung beeinflussen. Verändert sich dagegen die Primärspannung und soll die Induktion für die volle Ausnutzbarkeit des Transformators, konstant gehalten werden, so muß die Primärspannung an eine entsprechende Anzapfung mit nach Gl. (47) berechneten Windungszahl gelegt werden. Die Sekundärspannung kann auf diese Weise, bei Veränderungen der Primärspannung, unter Konstanthaltung der Normalinduktion des Transformators unverändert gehalten werden. Da bei Schwächung der Induktion die Sekundärspannung zurückgeht und der Nennstrom normalerweise nicht überschritten werden darf, sinkt die Nennleistung und damit die Ausnutzbarkeit des Transformators ab.

Bei Erhöhung der Induktion steigt die Sekundärspannung an. Entsprechend der angestiegenen Spannung muß mit Rücksicht auf die Nennleistung der Nennstrom herabgesetzt werden. Da aber die Spannungserhöhung durch Induktionserhöhung und nicht durch die Erhöhung der Windungszahl entstanden ist, sind die Eisenverluste ebenfalls über den Nennwert hinaus gestiegen. Um diese Verlusterhöhung auszugleichen, muß die Nennleistung herabgesetzt werden. Die Ausnutzbarkeit des Transformators sinkt damit hier ebenfalls herab.

B. Durchflutungsgesetz.

Das Durchflutungsgesetz stellt die Zusammenhänge zwischen Kraftfluß, MMK und magnetischen Widerstand dar. Es lautet

$$\Phi = \frac{0{,}4\,\pi\, I\, n}{\frac{l}{\mu F}} = \frac{\text{MMK}}{R_m} = \frac{\text{Magnetomotorische Kraft}}{\text{Magnetischer Widerstand}} \quad (\text{Maxwell}), \qquad (50)$$

wobei l = Länge des Kraftlinienweges in cm und

μ = absolute Permeabilität (Induktion geteilt durch Feldstärke) bedeuten.

Je größer die Durchflutung bzw. die Amperewindungszahl (AW) ist, um so größer, und je größer der magnetische Widerstand ist, um so kleiner wird der Kraftfluß. Wird I in Effektiv- oder in Scheitelwert eingesetzt, so ist der errechnete Kraftfluß ebenfalls in Effektiv- oder in Schitelwert. Die Permeabilität (magnetische Durchlässigkeit) und damit der magnetische Widerstand des Eisenweges verändert sich mit der Induktion.

Bei Wechselstrom ist das Induktionsgesetz nach Gl. (47) zu beachten. Bei gegebener Windungszahl ist der Kraftfluß bzw. die Induktion von der angelegten Spannung abhängig. Ist die Spannung konstant, so ist auch der Kraftfluß konstant.

Für Luft ist die Induktion gleich der Feldstärke, und folglich ist die Permeabilität $\mu = 1$. Die erforderliche Durchflutung für den Luftweg desr Kaftflusses mit der Induktion B_{Sch} beträgt

$$I_{Sch}\, n = 0{,}8\, B_{Sch}\, l_L \quad (\text{AW}) \qquad (51)$$

wobei l_L die Luftstrecke in cm bedeutet.

Auf Grund des Durchflutungsgesetzes läßt sich der Effektivwert des Magnetisierungsstromes I_μ ermitteln, wenn Kraftfluß, Windungszahl und magnetischer Widerstand des Kraftflußweges bekannt sind. Aus der Magnetisierungskurve (Abb. 16) der betreffenden Eisensorte kann man für 1 cm-Kraftlinienweg die erforderliche Durchflutung in Amperewindungen für eine bestimmte Induktion entnehmen.

Es ist.

$$I_\mu = \frac{\text{AW/cm}\; l_{cm}}{\sqrt{2}\, n} \quad (\text{A}), \qquad (52)$$

wobei l_{cm} die mittlere Länge des Kraftlinienweges im Eisen in cm bedeutet.

Mit wachsender Induktion nimmt die erforderliche Durchflutung und damit der Magnetisierungsstrom zu.

Bei vorhandenen Luftstrecken ist demnach

$$I_\mu = \frac{\text{AW/cm}\; l_{cm} + 0{,}8\, B_{Sch}\, l_{L\,cm}}{\sqrt{2}\, n} \quad (\text{A}), \qquad (53)$$

wobei $l_{L\,cm}$ als die Summe der im Kraftflußweg fallenden Luftstrecken der Stoßfugen oder Luftspalte in cm einzusetzen ist.

Verläuft die Induktion entsprechend der angelegten Spannung sinusförmig, so verzerrt sich die Kurvenform des Magnetisierungsstromes mit steigender Induktion immer stärker, da keine Proportionalität besteht, und enthält auch in steigendem Maße Oberwellen. Man darf daher die Induktion nicht allzu hoch treiben. Großer Kernquerschnitt und große Windungzahl ergeben kleine Induktion, einen kleinen Magnetisierungsstrom und annähernd sinusformigen Verlauf des Magnetisierungsstromes, machen aber den Transformator schwer und teuer. Alle Faktoren müssen gegenseitig abgewogen werden, um den Transformator wirtschaftlich gestalten zu können.

Bei gleichen magnetischen Beanspruchungen (Verlustziffer, Induktion, Verhältnis zwischen Gesamtjoch- und -kernlänge) ist unter Ver-

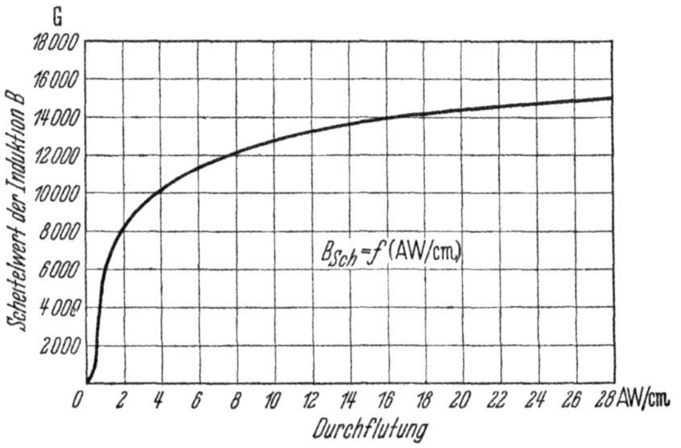

Abb 16. Magnetisierungskurve fur Transformatorenblech von 0,35 bis 0,5 mm Starke.

nachlässigung der Luftspalte der relative Magnetisierungsstrom den relativen Eisenverlusten $[V_{Fe}/N_N$ (VA)] und der Frequenz proportional.

Der Scheitelfaktor σ = Scheitelwert/Effektivwert = $\sqrt{2}$ gilt nur für eine sinusförmige Kurve. Der Scheitelfaktor für den Magnetisierungsstrom kann nach der bekannten RICHTERschen Darstellung $\sigma = f(B)$ unter Berucksichtigung des Parameters η = Luftspaltweg geteilt durch Eisenweg (0 bis 0,04 bis 0,08) für die Kerninduktion B abgeschätzt werden[1].

Für eine Kerninduktion zwischen 11000 und 14000 Gauß liegt der Scheitelfaktor zwischen 1,6 und 2,3. Der Effektivwert beträgt damit nur etwa 88 bis 61% des Effektivwertes eines sinusförmigen Magnetisierungsstromes mit demselben Scheitelwert ($\sqrt{2} = 1{,}41$). (Bei $\eta = 0$ ist $\sigma = 1{,}7$ bei 1,0; 1,9 bei 1,2; 2,34 bei 1,4; 2,48 bei 1,6; 2,28 bei $1{,}8 \cdot 10^4$ Gauß).

Da die Durchflutung (AW/cm) bei konstanter Windungszahl und gegebenem Eisenweg nur vom Magnetisierungsstrom abhängig ist, und andererseits die Induktion direkt proportional mit der EMK ist, stellt die Magnetisierungskurve die Leerlaufcharakteristik des Transformators dar.

[1] Der Scheitelfaktor ist für die Spannung bei einem bestimmten Generator eine unveranderliche Große.

Der Magnetisierungsstrom eilt der angelegten Spannung um 90° nach, da er rein induktiv ist. Der Kraftfluß ist in Phase mit dem Magnetisierungsstrom und eilt der EMK um 90° vor, so daß zwischen der angelegten Spannung und der EMK eine Phasenverschiebung von 180° zustande kommt; sie halten sich im Gleichgewicht. Die aufgenommene Leistung ist, abgesehen von Verlusten, eine reine Blindleistung. Dieses entspricht dem physikalischen Gesetz, daß für die Aufrechterhaltung eines magnetischen Wechselfeldes keine Arbeit erforderlich ist. In einer $^1/_4$-Periode gibt die Stromquelle elektrische Energie ab, die im Transformator in magnetische Energie aufgespeichert wird. In der folgenden $^1/_4$-Periode gibt der Transformator die aufgespeicherte magnetische Energie an die Stromquelle als elektrische Energie zurück. Da die EMK gegen die angelegte Spannung um 180° verschoben ist, leistet die Stromquelle dann positive Arbeit, wenn der Transformator negative Arbeit leistet. Innerhalb einer Periode ist die Summe der Arbeit gleich Null.

C. Energiegesetz.

Auf Grund des Energiegesetzes ist die abgegebene Energie zuzüglich Verluste gleich der aufgenommenen Energie. Vernachlässigt man die kleinen Verluste des Transformators, so muß die Aufnahme gleich der Abgabe sein. Da hierdurch auch die Leistung primär und sekundär annähernd gleichgesetzt werden kann, kann geschrieben werden:

$$\sqrt{3}\, U_{N1} I_1 = \sqrt{3}\, U_{N2} I_2 \quad \text{(VA)}, \tag{54}$$

woraus sich die *dritte Transformatorengleichung*

$$\frac{U_{N1}}{U_{N2}} = \frac{I_2}{I_1} \tag{55}$$

ergibt. Demnach verhalten sich die Belastungsströme umgekehrt proportional wie die Spannungen. Zu einer hohen Stromstärke gehört eine niedrige Spannung und umgekehrt.

Mit Berücksichtigung der Gl. (49) kann die *vierte Transformatorengleichung* ermittelt werden.

Es ist

$$\frac{I_1}{I_2} = \frac{n_2}{n_1}. \tag{56}$$

Die Belastungsströme verhalten sich umgekehrt proportional wie die Windungszahlen. Beide Gleichungen gelten für die Belastung des Transformators. Die letzte Gleichung kann wie folgt geschrieben werden:

$$I_1 n_1 = I_2 n_2. \tag{57}$$

Hieraus ergibt sich das magnetische Gleichgewicht des Transformators. Die primären und sekundären Durchflutungen des Belastungsstromes sind gleich- und entgegengesetzt. Sie heben sich auf und üben damit keine magnetisierenden Wirkungen auf das Eisen aus.

Im Gegensatz zu anderen Maschinen tritt beim Transformator, abgesehen von der internen Übertragung durch die magnetische Energie keine Umwandlung der Energieform auf. Es wird elektrische Energie zugeführt und elektrische Energie abgegeben.

D. Transformation.

Wird eine Wicklung des Transformators an Spannung gelegt, so nimmt diese Wicklung einen um 90° nacheilenden Magnetisierungsstrom auf. Der Magnetisierungsstrom erzeugt einen wechselnden magnetischen Kraftfluß, der auch die zweite Wicklung durchflutet. Der Kraftfluß induziert in beiden Wicklungen elektromotorische Kräfte. Die elektromotorische Kraft, die ohmschen und induktiven Gegenspannungen halten die angelegte Spannung im Gleichgewicht. Im Leerlauf können die Gegenspannungen vernachlässigt werden. Die elektromotorischen Kräfte bzw. die Spannungen verhalten sich dann wie die zugehörigen Windungszahlen. Die Umwandlung der Spannung erfolgt durch Umsetzung der elektrischen Energie primär in eine magnetische und Wiederumsetzung der magnetischen Energie sekundär in elektrische Energie, wobei die Frequenz überall gleichbleibt. Der Kraftfluß Φ im Eisen ist also das Mittel der Energieübertragung. Bei Belastung erzwingt die sekundäre Belastungsdurchflutung eine entsprechende primäre; damit wird das magnetische Gleichgewicht des Transformators durch Aufnahme des primären Belastungsstromes hergestellt.

E. Streuung.

Das vollkommene Gleichgewicht der primären und sekundären Belastungsdurchflutung könnte nur dann eintreten, wenn die Primär- und Sekundärwicklung räumlich ineinanderfallen würden. Da dieses nicht möglich ist, verbleibt im Luftraum die räumliche Differenz der Durchflutungen, die als magnetomotorische Kraft zwischen den Wicklungen erscheint und einen Streufluß Φ_S hervorruft. Der Streufluß ist mit dem Belastungsstrom proportional. Er löst folgende Wirkungen aus:

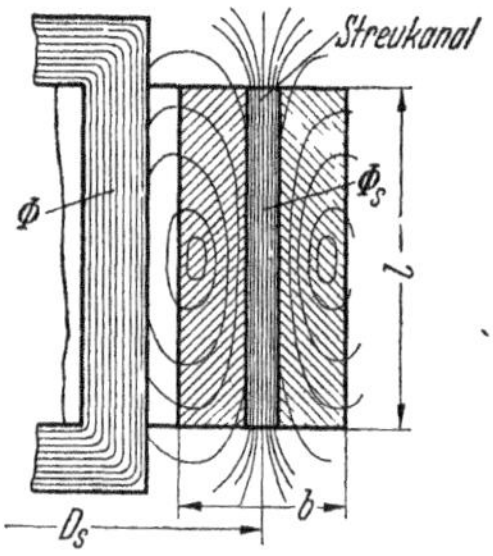

Abb. 17. Ermittlung des Leitwertes vom Streukanal bei der Zylinderwicklung (Φ = Kraftfluß, Φ_S = Streufluß) Leitwert $\Lambda = D_S \pi S / l_S$.

1. Streuspannung. Der Streufluß durchsetzt in voller Starke den Kanal zwischen den beiden Wicklungen und erzeugt induktive Gegenspannungen, da die Kraftlinien jeweils nur mit einer Wicklung verkettet sind (Abb. 17). Nach außen tritt diese Wirkung als Streuspannung summarisch in Erscheinung. Da der Streufluß die magnetomotorische Kraft hauptsächlich für die Luftstrecke, im Streukanal verbraucht verleiht er dem Transformator den Charakter einer Drosselspule.

Für einen dreiphasigen Transformator mit Zylinderwicklung bei der genormten Frequenz $f = 50$ ist die Streuspannung

$$u_S = 3{,}95 \frac{N_N/3}{U_n^2} \frac{D_S \pi S}{l_S} 10^{-4} \quad (\%), \tag{58}$$

wobei

U_n Windungsspannung $= 4{,}44\, f\, \Phi$ (V), Φ = Kraftfluß in 10^8 Maxwell,

D_S mittlerer Durchmesser des Streukanals,

S reduzierte Streukanalweite $= \delta + \frac{a_1 + a_2}{3}$,

$l_S = l/K$, l = axiale Länge der Wicklungen,

$K \approx 1 - b/\pi l$, $b = \delta + a_1 + a_2$.

bedeuten. N_N ist die Nennleistung in VA. Bei Sternschaltung ist

$$U_n = \frac{U_N}{\sqrt{3}\, n} \quad (\mathrm{V})$$

und bei Dreieckschaltung

$$U_n = \frac{U_N}{n} \quad (\mathrm{V}).$$

Die Streuspannung für die Frequenz f ergibt sich aus der Gleichung

$$u_S = \frac{4{,}44\, f\, 4\pi\, (N_N/3)\, \sqrt{2}}{U_n^2} \frac{D_S \pi S}{l_S} 10^{-7} \quad (\%) \tag{59}$$

zu

$$u_S = 0{,}4 \frac{N_N/3}{f\, \Phi^2} \frac{D_S \pi S}{l_S} 10^{-6} \quad (\%), \tag{60}$$

wobei Φ in 10^8 Maxwell einzusetzen ist

Bei demselben Kraftfluß und derselben Frequenz ist u_S proportional der Leistung.

Aus u_S läßt sich die Streu- bzw. Kurzschlußreaktanz nach Gl. (34) berechnen, wenn statt u_K nach Gl. (60) u_S eingesetzt wird. Die Streuspannung wächst mit der Nennleistung eines Schenkels und mit dem Leitwert (Querschnitt/Länge) des Streukanals. Sie ist umgekehrt proportional mit dem Quadrat der Windungsspannung. Die Vergrößerung von U_n ist deshalb für die Verminderung von u_S stark wirksam.

Bei gegebener Nennleistung kann folglich die Streuspannung und damit die Kurzschlußspannung durch Änderung der Windungsspannung oder des Leitwertes vom Streukanal verändert werden. Bei gegebenem Eisenquerschnitt verändert sich die Windungsspannung mit der Induktion. Hohe Induktion gibt hohe Windungsspannung.

Die Kanalweite ist durch die Isolation vorgeschrieben. Der Leitwert kann damit nur durch Veränderung der Schenkellänge bzw. der axialen Wicklungslänge geändert werden. Es ergibt sich, daß ein hochgesättigter langschenkliger Transformator kleine, ein schwachgesättigter niedriger Transformator große Streuung hat. Bei Transformatoren über 20 kVA macht u_S den größten Teil von u_K aus.

Die Windungszahl der Transformatorenwicklung bei demselben Kraftfluß ist umgekehrt proportional der Frequenz. Die Streuspannung wächst mit dem Quadrat der Windungszahl.

Bei gleichen elektromagnetischen Beanspruchungen ist die Leistung eines Transformators proportional der Frequenz, so daß u_S unabhängig von der Frequenz wird.

2. Wirbelströme. Der Streufluß durchsetzt auch die Wicklungen und induziert dort örtliche Spannungen, die mit zunehmender Entfernung vom Streukanal parabolisch ansteigen. Hierdurch entstehen innerhalb eines Leiters Spannungsunterschiede, die Wirbelströme (Zusatzströme) zur Folge haben. Zwischen den örtlichen Spannungen und den Wirbelströmen besteht eine Phasenverschiebung. Zusammen mit dem Belastungsstrom kommt deshalb eine ungleiche Stromverteilung über den Leiter in radialer Richtung zustande. Die Stromdichte ist in der Nähe des Streukanals am größten. Diese Stromveränderung äußert sich nach außen durch Vergrößerung des Leiterwiderstandes und somit durch eine Erhöhung der Stromwärmeverluste.

Der Streufluß verursacht durch Wirbelstrom und Hysteresis auch in den Konstruktionsteilen und in der Kesselwandung Verluste. Sorgt man dafür, daß die Streulinien vom oberen zum unteren Rand der Wicklung keine durchgehenden massiven Eisenteile vorfinden, entstehen nur Verluste in der Kesselwandung. Diese sind jedoch so gering, daß sie vernachlässigt werden können.

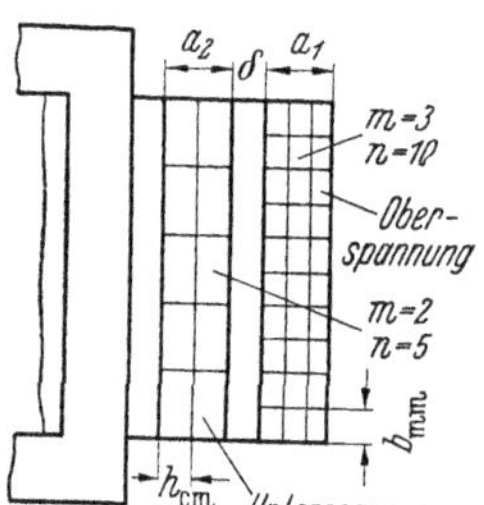

Abb 18. Ermittlung der Zusatzverluste durch Wirbelströme bei der Zylinderwicklung.

Bei gestörtem magnetischem Gleichgewicht können aber durch die entstehende anormale Streuung hohe Verluste und damit hohe örtliche Erwärmungen des Kessels auftreten.

Die Wicklungsverluste sind bei Nennstrom [Gl. (9) und (15)]

$$V_{\mathrm{Cu}\,N} = I_N^2\, 3\, R_{W1} = I_N^2\, 3\,(r_1 K_1 + \ddot{u}^2 r_2 K_2) \quad (\mathrm{W}) \qquad (61)$$

Der Faktor K_1 für die Oberspannungswicklung und K_2 für die Unterspannungswicklung wird aus den Konstruktionsdaten der Wicklungen (Abb. 18) berechnet. Es ist für Zylinderwicklung und für Profildraht

$$K_{(1,2)} = 1 + \frac{\mathrm{m}^2 - 0{,}2}{9}\,\xi^4, \qquad (62)$$

für Runddraht

$$K_{(1,2)} = 1 + \frac{\mathrm{m}^2 - 0{,}2}{15{,}25}\,\xi^4. \qquad (63)$$

Hierbei bedeutet ξ die reduzierte Leiterhöhe h und beträgt

$$\xi = 2\pi h \sqrt{\frac{n\, b\, f}{l_S\, \varrho\, 10^5}} \quad (\mathrm{cm}), \qquad (64)$$

wobei

m Zahl der radial aufeinanderliegenden Leiter,

n Zahl der axial ubereinanderliegenden Leiter,

h radiale Hohe eines Leiters in cm,

b axiale Hohe eines Leiters in mm,

$l_S \approx l + 2a_1$ bzw. $l + 2a_2$ in mm,

ϱ spez. Widerstand des Leiters Ω mm²/m (von der Temperatur abhängig für Cu und 75° C ist $\varrho = \frac{1}{47}$)

bedeuten.

3. Stromkräfte, dynamische Kurzschlußfestigkeit. Die magnetischen Kraftlinien bedienen sich des Gesetzes des kleinsten Widerstandes.

Die Streulinien versuchen ihren Weg zu verkürzen. Sie drücken die Spulen zusammen, wodurch axiale Preßkräfte (Kontraktionskräfte) entstehen. Im ringförmigen Streukanal versuchen sie, den Querschnitt zu erweitern, so daß Radialkräfte hervorgerufen werden. Im Streukanal entsteht hierdurch ein Innendruck, der die äußeren Windungen des äußeren Zylinders zerreißt, d. h. die Wicklung erweitert, und die inneren Windungen des inneren Zylinders zusammenbrechen läßt, d. h. an den Kern heranzudrücken versucht. Sind die konzentrischen Wickelzylinder gegeneinander verschoben oder haben sie verschiedene Längen, so treten außer diesen Kräften auch Axialkräfte (Expansionskräfte) auf.

Für die *dynamische Kurzschlußfestigkeit* eines Transformators gilt die beim *Stoßkurzschlußstrom auftretende Radialkraft.* Es ist

$$P_R = 6{,}4\, AW_S^2 \frac{D_S \pi}{l} 10^{-8} \quad \text{(kg)}, \tag{65}$$

hierbei bedeutet

$$AW_S = AW_N \frac{100}{u_K} 2{,}4, \tag{66}$$

wobei $AW_N = I_N n$ die Nenn-Amperewindungen sind. (I_N = Nennstrom je Phase n = Windungszahl je Phase.), Die spezifische Beanspruchung der Wicklung ergibt sich hieraus zu

$$p_R = \frac{P_R}{2\pi q n} \quad \text{(kg/cm}^2\text{)}, \tag{67}$$

wobei q = Drahtquerschnitt in cm² bedeutet.

Als zulässige Höchstwerte gelten für

Kupferwicklungen $p_R = 1100$ kg/cm²
Alu-Wicklungen $p_R = 250$ kg/cm²

Die axialen Preßkräfte (Kontraktionskräfte) sind

$$P_A = P_R \frac{S}{l} \quad \text{(kg)}. \tag{68}$$

Diese Kräfte beanspruchen die Isolierdistanzstücke der Wicklung auf Druck und die Windungen zwischen den Distanzstücken auf Biegung.

Als zulassige Hochstwerte fur die spezifischen Beanspruchungen gelten:

fur den Pressdruck 100 bis 200 kg/cm²
fur die Durchbiegung 550 kg/cm²

bei Kupferwicklungen.

Da in der Fabrikation die Wicklungen nicht vollkommen gleich lang hergestellt werden konnen und da außerdem die Amperewindungen nur theoretisch symmetrisch sind, muß man außer mit den Kontraktionskraften auch stets mit Axialkraften (Expansionskraften) rechnen.

Man rechnet allgemein mit 1% Unsymmetrie, setzt also die Länge der einen Wicklung mit 100% und die der anderen Wicklung mit 99%

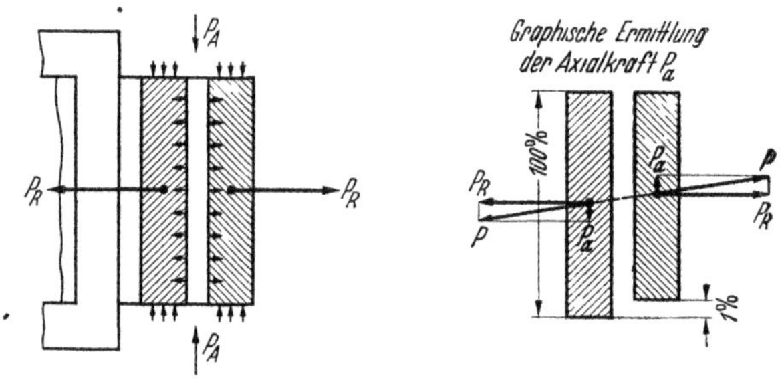

Abb 19 Stromkrafte an einer Zylinderwicklung P_R = Radialkraft, P_A = Kontraktionsaxialkraft, P_a = Expansionsaxialkraft P = Resultierende Kraft $P_a = P \triangle P_R$.

an. Die Axialkraft P_a kann dann, wie in Abb. 19 gezeigt wird, graphisch ermittelt werden. Die Axialkraft P_a wirkt in Richtung der Vergroßerung der bestehenden Unsymmetrie und beansprucht die Wicklungen genau so wie die Kontraktionskraft P_A. Wahrend der Transformator gegenuber den Radialkraften P_R kurzschlußsicher gebaut werden kann, müssen die Maßnahmen zur Verhutung einer Unsymmetrie (über 1%) und damit eines Anwachsens der Axialkraft P_a, insbesondere bei Transformatoren mit Anzapfungen und Regeltransformatoren getroffen werden, da bei großen Unsymmetrien die Zerstörung der Wicklungen durch den Stoßkurzschlußstrom fast unvermeidlich wird.

Die Verspannung der Wicklungen wird nach zwei verschiedenen Gesichtspunkten ausgeführt. Die eine Art ist die starre Verspannung, und zwar mit der Kontraktionskraft P_A. Die andere Art ist die elastische mittels starker Stahlfedern.

F. Thermische Kurzschlußfestigkeit.

Fur die *thermische Kurzschlußfestigkeit* gilt die beim *Dauerkurzschlußstrom auftretende Wicklungstemperatur.* Bei diesen hohen aber kurzzeitigen Überlastungen wird praktisch keine Warme von der Wicklung an das Öl abgegeben. Die zulassige Kurzschlußzeit wird daher nach der Erwarmungsgleichung ohne Warmeabgabe berechnet, und zwar bei einem Kurzschluß nach Dauerbetrieb mit Nennleistung

(105° C) unter Zugrundelegung einer Grenztemperatur von 250° C für Kupferwicklungen. Für Aluminiumwicklungen beträgt die Grenztemperatur zwischen 220° C bei den kleinsten (5%) und 165° C bei den größten Kurzschlußspannungen (12%), weil die mechanische Festigkeit mit der Temperatur rasch abnimmt. Die Kurzschlußerwärmung muß hier kleiner gehalten werden, als mit Rücksicht auf die thermische Widerstandsfähigkeit der Isolation notwendig wäre.

Es ist die zulässige Kurzschlußzeit:

$$t = \frac{\vartheta_K}{a\,\delta_K^2} \quad (\text{sec}), \tag{69}$$

wobei

δ_K Stromdichte Amp/mm² bei $J_K = \frac{100}{u_K} J_N$ (starre Netze),

$a = 0{,}008$ bei Kupferwicklung $\vartheta_K = 250 - 105 = 145°$ C,

$a = 0{,}018$ bei Alu-Wicklung $\vartheta_K = 220 - 105 = 115°$ C ($u_K \approx 5\%$),

$\vartheta_K = 165 - 105 = 60°$ C ($u_K \approx 12\%$)

bedeuten.

Bei elastischen Netzen ist der tatsächlich auftretende Dauerkurzschlußstrom für die Berechnung von t bzw. δ_K maßgebend.

Die zulässige Kurzschlußzeit t soll 2 bis 3 sec nicht unterschreiten. weil die Staffelung der Schutzrelais kleinere Zeiten meistens nicht gestattet.

Die Abschaltung des Transformators muß aber während der zulässigen Zeit erfolgen, da sonst die Wicklungen gefährdet werden. (Zulässige Kurzschlußzeit am Leistungsschild vermerken.) Die Nennstromdichte δ_N bei I_N ist bei gegebenem magnetischem Kreis durch die vorgeschriebenen Eisen- und Wicklungsverluste bestimmt.

Die *Nennstromdichte* beträgt bei Kupferwicklungen für

Luftkühlung	etwa 1,2—2 A/mm²
Öltransformatoren bis etwa 100 kVA	etwa 1,6—3 A/mm²
Große Öltransformatoren mit künstlicher Kühlung	etwa 4—5 A/mm²
Große Öltransformatoren mit künstlicher Kühlung und mit Aluminium-Wicklungen	etwa 2,8 A/mm²

Da sich die Stromdichten wie die Ströme verhalten, wird

$$\frac{I_N}{I_K} = \frac{\delta_N}{\delta_K} \tag{70}$$

und folglich

$$\delta_K^2 = \delta_N^2 \frac{I_K^2}{I_N^2}. \tag{71}$$

Man kann hiernach die Stromdichte im Kurzschluß δ_K aus der Nennstromdichte und aus dem Verhältnis I_K/I_N berechnen. Es ist weiterhin

$$\frac{I_K}{I_N} = \frac{100}{u_K}, \tag{72}$$

wodurch eine wesentliche Vereinfachung eintritt.

Die zulässige Kurzschlußzeit für starre Netze läßt sich also aus der Nennstromdichte und aus der Kurzschlußspannung des Transformators berechnen.

In DIN 42549 Punkt 3 ist dieses für $\delta_N = 4$ A/mm² für Kupfertransformatoren und für $\delta_N = 2{,}8$ A/mm² für Aluminiumtransformatoren in Abhängigkeit von der Kurzschlußspannung berechnet. (Siehe unter Kapitel V. E. Die Überlastung.)

Die Berechnung der zulässigen Kurzschlußzeit Gl. (69) beruht auf folgender Beziehung der Wicklungstemperaturen

$$\vartheta_G = \vartheta_D + \vartheta_K, \quad (°\mathrm{C}) \tag{73}$$

hierbei bedeuten

ϑ_G Grenztemperatur fur Kurzschlußbelastung (kurzzeitige Erwärmung). Eine kurzzeitige Erhöhung der Temperatur über diesen Wert gefahrdet die Wicklungsisolation (250° C für Cu).

ϑ_D Grenztemperatur für Dauerbelastung mit Nennlast (dauernde Erwärmung). Eine dauernde Erhohung der Temperatur über diesen Wert gefährdet die Wicklungsisolation (105° C).

$\vartheta_K = a\,\delta_K^2\,t$ Temperatur zur Zeit t während des Kurzschlusses. Die Temperatur wächst proportional mit der Zeit.

G. Frequenzänderungen.

Die Induktion eines Transformators wächst bei gleichbleibender Primärspannung nach Gl. (3) umgekehrt proportional mit der Frequenz $\left(B_{Sch} = \frac{\text{Konst.}}{f}\right)$. Die sekundär induzierte Spannung nach Gl. (48) fällt mit der Frequenz. Da jedoch die Induktion im selben Maße gestiegen ist, bleibt die Sekundärspannung unverändert. Die Transformation ist also unabhängig von der Frequenzänderung. Diese Gesetzmäßigkeit kann sich aber nur in gewissen Grenzen in der Nähe der Nennfrequenz des Netzes behaupten, denn große Frequenzänderungen bringen kritische Momente für den Betrieb des Transformators.

Bei Frequenzabsenkung tritt durch die erhöhte Sättigung eine Erhohung der Eisenverluste und ein gewaltiges Ansteigen des Magnetisierungsstromes auf. Während also die Spannungen fast unverändert bleiben, steigt der Blindleistungsbedarf des Transformators bei Frequenzabsenkung erheblich an. Durch Anschwellen des Magnetisierungsstromes und durch die Zunahme der Eisenverluste steigt der Leerlaufstrom stark an. Es konzentrieren sich hierdurch mit sinkender Frequenz immer größere Anteile der Gesamtkupferverluste auf die Primärwicklung, so daß hier Überhitzungsgefahr besteht. Um dieses zu vermeiden. muß eine Verringerung der Abgabeleistung (kVA) bei Nennbetrieb vorgenommen werden. Bei steigender Frequenz im allgemeinen und bei gleichbleibenden Belastungsverhältnissen steigen die maximale Abgabeleistung, die Spannungsänderung, die Kurzschlußspannung und das Leistungsfaktorenverhältnis $\cos\varphi_1/\cos\varphi_2$ an, während die Eisenverluste entsprechend der abnehmenden Sättigung kleiner werden. Die Wirkungsgradkurve ist bei Nennfrequenz am höchsten (Tab. 5). Die zulässige Abgabeleistung bei sinkender Frequenz muß unter 80% der Nennfrequenz (40 Per/sec) mit Rücksicht auf die Erwärmung stark herabgesetzt werden. Bei Erreichung der „kritischen Frequenz", die etwa zwischen 60 bis 70% der Nennfrequenz (30 bis 35 Per/sec) liegt, darf dem Transformator keine Leistung mehr entnommen werden. Eine weitere Frequenzabsenkung zieht die Zerstörung des Transformators durch Überhitzung nach sich.

Tabelle 5. *Ungefähre Verhältniszahlen von Nennwerten bei Frequenzänderung und bei der zulässigen thermisch maximalen Abgabeleistung. Sekundärer Leistungsfaktor* $\cos\varphi_2 = 0{,}8$.

Frequenz Per/sec	30–35	50	70
Maximal zulässige Abgabeleistung	0	1	1,10
Leerlaufverluste	1,4	1	0,72
Leerlaufstrom	∞	1	0,50
Kurzschlußspannung	0,8	1	1,20
Wirkungsgrad	0,93	0,96	0,958
Spannungsänderung %	2,30	3,40	3,800
$\cos\varphi_1/\cos\varphi_2$	0	0,95	0,990

Die Herabsetzung der Frequenz, d. h. die Tourenzahl der Generatoren bewirkt eine Spannungsminderung an der Sammelschiene, wenn die Erregung nicht verstärkt wird. Die Primärspannung der Transformatoren sinkt in diesem Falle mit der Frequenz ab. In Abb. 20 ist der Einfluß solcher Spannungsänderungen auf die maximal zulässige Abgabeleistung in Abhängigkeit von der Frequenz bei Änderung der Primärspannung um: −30%, −15%, 0% und +15% gegenüber der Nennspannung dargestellt.

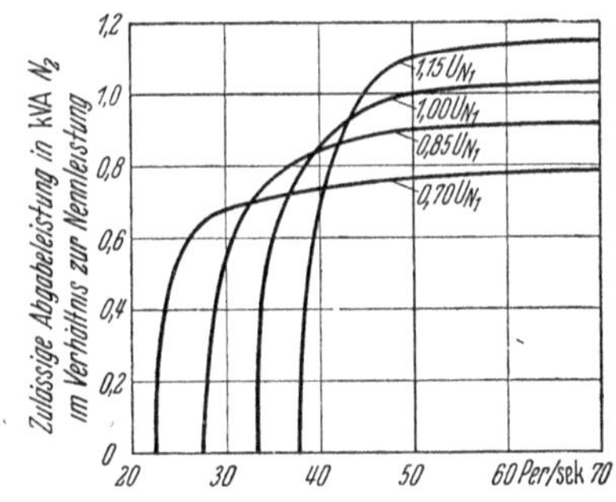

Abb. 20. Zulässige Abgabeleistung N_2 in kVA in Abhängigkeit von der Frequenz und der Primärspannung U_{N1} bei $\cos\varphi_2 = 0{,}8$ (nach R. Hofer).

In diesem Zusammenhang sei erwähnt, daß im Verbundbetrieb von Kraftwerken bei Mangel an Erzeugungskapazität Frequenz- und Spannungsabsenkungen vorgenommen werden. Allgemein bewirkt eine Frequenzabsenkung von 1% (bei 50 Per/sec ist 1% = 0,5 Per/sec) bei konstanter Spannung eine Lastminderung von 1 bis 1,5% der Gesamtlast in MW. Die Widerstandslast ist unabhängig von der Frequenz. Die Blindlast steigt dagegen bei 1% Frequenzabsenkung um etwa 4% an. Eine Spannungsabsenkung von 1% bei konstanter Frequenz ergibt allgemein 1 bis 1,5% Leistungsminderung in MW in einem Industriegebiet und eine solche von 3% in einem Wohngebiet. Die Blindlastminderung beträgt hierbei 8% bzw. 3% von BMW.

Eine Spannungsabsenkung von 5% und eine Frequenzherabsetzung von 2,5% im Netz sind durchaus praktisch möglich und bringen eine

Gesamtlastminderung von etwa 9%. Eine tiefere Frequenzherabsetzung als etwa 5% ist mit Rucksicht auf die Turbinensteuerung kaum möglich. Es besteht somit keine Gefahr für die Transformatoren bei der Vornahme von Frequenzabsenkungen zwecks Lastminderung in Verbundnetzen.

H. Vektorendiagramm.

Bei Leerlauf des Transformator s wird eine EMK durch den Eisenkraftfluß Φ sekundär induziert, die bei $\ddot{u} = 1$ vollkommen gleich mit der primär induzierten EMK ist.

Der Leelaufstrom $I_0 = I_\mu \hat{+} I_v$, der nur die Primärwicklung durchfließt, hat einen ohmschen Spannungsverlust $I_0\, r_{W\,1}$ zur Folge. Die Streufelder des Leerlaufstromes, die nur mit der Primärwicklung verkettet sind, erzeugen die Gegenspannung der Streuinduktion, zu deren Überwindung die Spannung $I_0\, \omega\, L_{S\,1}$ erforderlich ist (L_S = Streuinduktivität). Die geometrische Summe dieser Spannungen zusammen mit der primären EMK ergeben die Leerlaufspannung, die nur wenig von der EMK verschieden ist. Die Wattkomponente I_v von I_0 ergibt mit der EMK eine Wirkleistung, die den Eisenverlusten entspricht.

Durch den Spannungsverlust $I_0\, r_{W\,1}$ erfährt die Leerlaufspannung eine Rechtsdrehung, wodurch die Wirkleistung entsprechend der Wicklungsverluste des Leerlaufstromes erhöht wird. Dagegen erfährt die Leerlaufspannung durch den induktiven Spannungsverlust $I_0\, \omega\, L_{S\,1}$ eine Linksdrehung und eine starke Erhöhung. Die Spannungserhöhung wird so groß, daß das Produkt von Leerlaufspannung mit der verminderten Wattkomponente von I_0 wieder dieselbe Wirkleistung ergibt. Die induktiven Spannungsverluste erhöhen nur die Blindleistung des Transformators; auf die Verlustwirkleistung haben sie keinen Einfluß (s. Abb. 14). Dieselben Verhältnisse gelten bei Belastung des Transformators.

Der induktive Belastungsstrom I_2 erzeugt die Belastungsdurchflutung $I_2 n_2$, die eine entsprechende aber entgegengesetzte Durchflutung $I_1' n_1$ auf der Primärseite erzwingt. Bei $\ddot{u} = 1$ sind die Ströme I_2 und I_1' gleich und haben entgegengesetzte Phasenlagen. Der Strom I_1' bzw. I_2 ergibt zusammen mit dem Leerlaufstrom I_0 den primären Belastungsstrom I_1.

Der sekundäre Belastungssttom I_2 erzeugt einen ohmschen Spannungsverlust $I_2\, r_{W\,2}$. Da die Streufelder des Stromes I_2 nur mit der Sekundärwicklung verkettet sind, entsteht ein induktiver Spannungsverlust $I_2\, \omega\, L_{S\,2}$. Die geometrische Summe zusammen mit der EMK ergibt die Sekundärspannung U_2 des Transformators.

Der Primärstrom I_1' erzeugt ebenfalls einen ohmschen Spannungsverlust $I_1' r_{W\,1}$. Da die Streufelder des Stromes I_1' nur mit der Primärwicklung verkettet sind, entsteht ein induktiver Spannungsverlust $I_1'\, \omega\, L_{S\,1}$. Die geometrische Summe zusammen mit der Leerlaufspannung ergibt die Primärspannung U_1, die bei Belastung an die Primärklemmen des Transformators zu legen ist, um sekundär die Spannung U_2 zu erzeugen.

Vereinfachungen können vorgenommen werden durch

1. Gleichsetzung der Leerlaufspannung mit der EMK und dafür Ermittlung der Spannungsverluste primär nicht mit I_1', sondern mit I_1. (Normaldiagramm.)

2. Gleichsetzung der Ströme I_2 und I_1, d. h. Vernachlässigung von I_0. Hierdurch fallen die Spannungsverluste von I_2 und I_1 in eine ohmsche und induktive Linie. (Vereinfachtes Diagramm.)

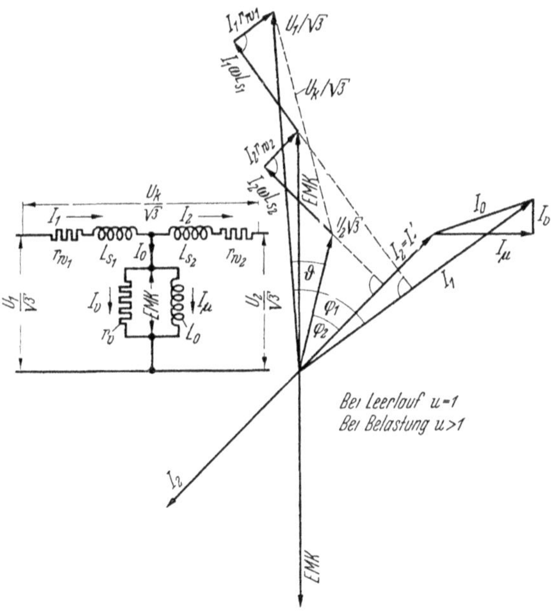

Abb 21 Vektorendiagramm und Ersatzschaltbild des Drehstromtransformators je Phase Stern-Stern-Schaltung bei $u = 1$ (Die Großen der Vektoren sind willkurlich gewahlt.)

In Abb. 21 ist das Vektorendiagramm bei Gleichsetzung der EMK mit der Leerlaufspannung dargestellt. Das Ersatzschaltbild des Transformators ist angegeben.

Das Vektorendiagramm gilt je Phase bzw. Schenkel des Transformators. Es sind daher stets die Strangspannungen und die Strangströme einzusetzen; bei Sternschaltung statt U, $U/\sqrt{3}$, bei Dreieckschaltung statt I, $I/\sqrt{3}$. Hierbei bedeutet U die Spannung (verkettet) und I den Linienstrom. Prozentwerte (u_K, u_S, u_R) gelten sowohl für die Spannung als auch für die Sternspannung. Die Widerstände beziehen sich auf die beiden zusammengehörigen Wicklungsstränge je Schenkel ($r_{W1}\, \omega L_{S1}$, $r_{W2}\, \omega L_{S2}$) oder auf die Oberspannungswicklung (Z_K, X_S, R_{W1}). U_K ist die Kurzschlußspannung (verkettet) in Volt (s. Abbildung 14 und 21).

Es ergibt sich demnach je Phase, auf die *Oberspannungsseite* bezogen, für *Einphasentransformatoren*

$$Z_K = \frac{\text{Kurzschlußspannung}}{\text{Kurzschlußstrom}} = \frac{U_{K1}}{I_{N1}} \quad (\text{Ohm}), \tag{74}$$

$$R_{W1} = \frac{\text{Wicklungsverluste}}{(\text{Kurzschlußstrom})^2} = \frac{V_{Cu\,N}}{I_{N1}^2} \quad (\text{Ohm}), \tag{75}$$

$$X_S = \frac{1}{I_{N1}} \sqrt{U_{K1}^2 - (V_{Cu\,N}/I_{N1})^2} \quad (\text{Ohm}), \tag{76}$$

für *Dreiphasentransformatoren in Stern auf der Oberspannungsseite*

$$Z_K = \frac{U_{K1}}{\sqrt{3}\, I_{N1}}, \quad R_{W1} = \frac{V_{Cu\,N}}{3\, I_{N1}^2}, \quad X_S = \frac{1}{I_{N1}} \sqrt{\frac{U_{K1}^2}{3} - \left(\frac{V_{Cu\,N}}{3\, I_{N1}}\right)^2} \; (\Omega), \tag{77}$$

für *Dreiphasentransformatoren in Dreieck auf der Oberspannungsseite*

$$Z_K = \frac{\sqrt{3}\, U_{K1}}{I_{N1}}, \quad R_{W1} = \frac{V_{Cu\,N}}{I_{N1}^2}, \quad X_S = \frac{1}{I_{N1}} \sqrt{3\, U_{K1}^2 - \left(\frac{V_{Cu\,N}}{I_{N1}}\right)^2} \; (\Omega). \tag{78}$$

Für jeden einzelnen Wicklungsstrang getrennt, kann man die Hälfte dieser Werte nehmen. Die Werte für die *Unterspannungswicklung* ergeben sich dann durch die Multiplikation mit $1/\ddot{u}^2$. Es ist also

$$r_{W1} = \frac{R_{W1}}{2}, \quad r_{W2} = \frac{R_{W1}}{2} \frac{1}{\ddot{u}^2} \quad (\text{Ohm}), \tag{79}$$

$$\omega L_{S1} = \frac{X_S}{2}, \quad \omega L_{S2} = \frac{X_S}{2} \frac{1}{\ddot{u}^2} \quad (\text{Ohm}). \tag{80}$$

I. Kraft- und Streuflüsse.

Der Hauptkraftfluß Φ_h der bei Leerlauf (Abb. 22) die primäre und die sekundäre Wicklung vollständig durchsetzt, ist nach dem Durchflutungsgesetz unter Vernachlässigung der Eisenverluste

$$\Phi_h = \frac{i_\mu n_1}{R_m}, \tag{81}$$

wobei R_m den magnetischen Widerstand des Eisenweges bedeutet. Der Zeitwert der EMK in der Sekundärwicklung wird nach dem Induktionsgesetz

$$e_2 = -n_2 \frac{d\Phi_h}{dt} = -\frac{n_1 n_2}{R_m} \frac{d i_\mu}{dt} = -M \frac{d i_\mu}{dt}, \tag{82}$$

worin M als Koeffizient der gegenseitigen Induktion bezeichnet wird. Außer dem Hauptkraftfluß erzeugt die Durchflutung $i_\mu n_1$ nach dem Durchflutungsgesetz den Streufluß Φ_{S1}, wobei für R_m der Luftweg maßgebend ist.

Bei elektromagnetischen Maschinen rechnet man mit Kraftflüssen und Streuflüssen, weil diese Flüsse tatsächlich auftreten, oder mit entsprechenden Größen, nämlich mit den Koeffizienten der gegenseitigen Induktion M und der Streuinduktion L_S.

Bei Stromkreisen, die wenig oder gar kein Eisen enthalten, ist die Rückwirkung benachbarter Stromkreise klein, so daß die Streuflüsse viel größer sind als die Hauptflüsse. Bei Maschinen ist dieses gerade umgekehrt.

In Stromkreisen, wo man M vernachlässigen kann, rechnet man mit den Selbstinduktionskoeffizienten L.

Zwischen diesen Koeffizienten besteht folgende Beziehung

$$\text{Primärwicklung:} \quad L_1 = L_{S1} + M\frac{n_1}{n_2}. \tag{83}$$

$$\text{Sekundärwicklung:} \quad L_2 = L_{S2} + M\frac{n_2}{n_1}. \tag{84}$$

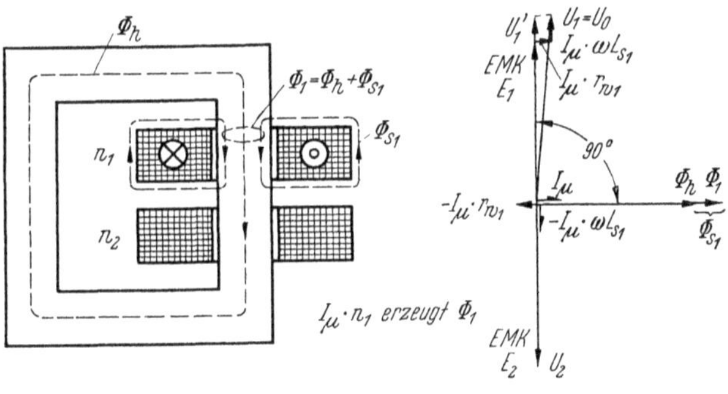

Abb. 22. Kraft- und Streuflüsse sowie Vektorendiagramm des Transformators bei Leerlauf. (Eisenverluste vernachlässigt $I_v = 0$.)

Der von der Primärwicklung im Leerlauf erzeugte und mit ihr verkettete Kraftfluß Φ_1 ist also ein großer Teil (Hauptkraftfluß Φ_h), entsprechend $M\frac{n_1}{n_2}$, mit der Sekundärwicklung und ein kleiner Teil

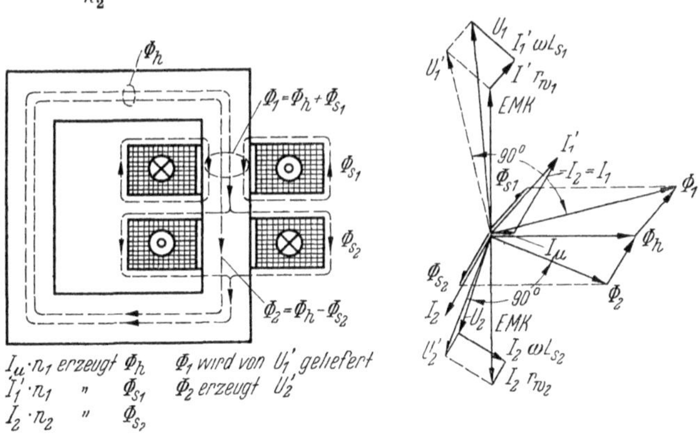

Abb. 23. Kraft- und Streuflüsse sowie Vektorendiagramm des Transformators bei Belastung. (Eisenverluste vernachlässigt $I_v = 0$)

(Streufluß Φ_{S1}), entsprechend L_{S1}, mit der Primärwicklung allein verkettet.

Bei Belastung (Abb. 23) sind beide Wicklungen stromdurchflossen, wodurch primäre und sekundäre Durchflutung entstehen, die durch I_1 und I_2 erzeugt werden. Da beim Transformator durch den

Eisenweg eine starke Kopplung der beiden getrennten Stromkreise besteht und die Ströme entgegengesetzt gerichtet sind, heben sich die Kraftflüsse im Eisenweg auf, so daß nur noch die Streuflüsse übrigbleiben. Im Eisenweg verbleibt der Kraftfluß Φ_2, der das Mittel der Energieübertragung ist. Die mit den Belastungsströmen I_1 und I_2 proportionalen Streuflüsse Φ_{S1} und Φ_{S2} erzeugen die induktiven Gegenspannungen in der primären und sekundären Wicklung. Da der Streufluß hauptsächlich für die Luftstrecke die MMK verbraucht, verleiht er dem Transformator den Charakter einer Drosselspule. Die Streuflüsse sind in Phase mit den Strömen, von denen sie erzeugt werden.

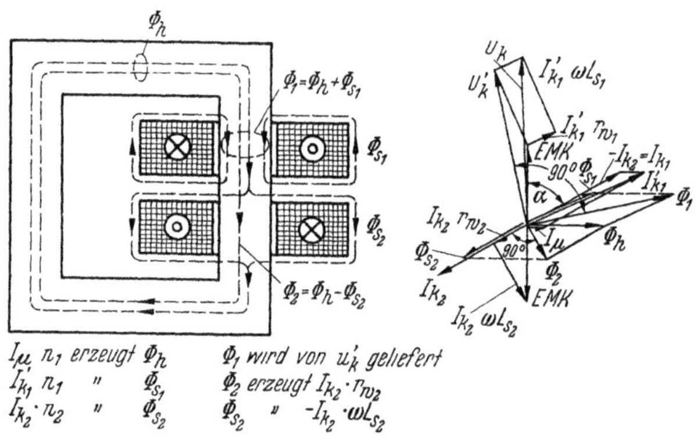

Abb. 24. Kraft- und Streuflusse sowie Vektorendiagramm des Transformators bei Kurzschluß (Eisenverluste vernachlässigt $I_v = 0$.)

Alle Kraft- und Streuflüsse müssen von dem gesamten Kraftfluß des Transformators Φ_1 primär gedeckt werden. Dieser Kraftfluß wird wiederum von der Primärspannung U_1 bestimmt. Streuflüsse bedeuten somit auch Aufwand an magnetischer Energie, die als Blindleistung der Stromquelle entnommen wird. Für jede Wicklung kann der sie durchsetzende Streufluß berechnet und die magnetische Energie der Streufelder ermittelt werden, woraus sich dann die gesamte Streuinduktivität L_S des Transformators ableiten läßt.

Die angelegte Spannung hat im Kurzschlußfall (Abb. 24) außer der ohmschen hauptsächlich die Gegenspannung der Streuinduktion zu überwinden ($U_2 = 0$). Die magnetischen Felder des Transformators liegen hauptsächlich im Luftraum, im Eisen geschlossen verbleibt nur ein schwacher Kraftfluß Φ_2, der zur Überwindung der sekundären ohmschen Gegenspannung erforderlich ist. Gegenüber Leerlauf, wo der starke Eisenfluß besteht, wird hier der Hauptkraftfluß Φ_h durch die kurzgeschlossene Sekundärwicklung aus dem Eisen gedrängt und durch seinen eigenen Streufluß Φ_{S2} um den Luftraum geführt.

Bei Leerlauf- und bei Kurzschluß bestehen also zwischen Strom und Spannung, entsprechend der zugeführten kleinen Wirkleistungen, große induktive Phasenverschiebungen. Während bei Leerlauf die

Spannung groß und der Strom klein ist, verhält es sich bei Kurzschluß gerade umgekehrt. Bei Leerlauf spielt der Koeffizient der gegenseitigen Induktion M und bei Kurzschluß der Koeffizient der Streuinduktion L_S die ausschlaggebende Rolle.

Da eine Blindleistungsaufnahme durch die Kraft- und Streuflüsse bedingt wird, tritt bei Belastung eine Verschlechterung des primären Leistungsfaktors auf. Transformatoren, die sekundär induktiv belastet werden, nehmen daher einen etwas verstärkten induktiven Strom auf. Bei kapazitiver Belastung wird der voreilende Strom etwas verzögert.

Erklärungen zu den Abb. 22, 23 und 24.

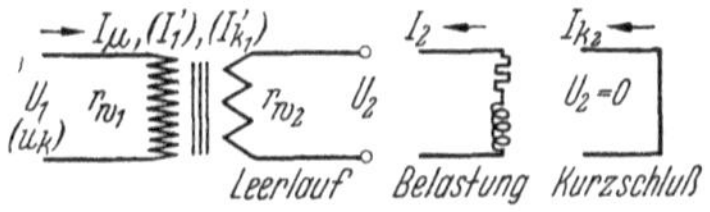

Φ_1 gesamter Kraftfluß des Transformators, der erzeugt werden muß,
Φ_h Hauptkraftfluß,
Φ_{S1} primärer Streufluß,
Φ_{S2} sekundärer Streufluß,
Φ_2 Kraftfluß, der die Sekundärwicklung durchsetzt,

primärer Streufaktor $\tau_1 = \dfrac{\Phi_{S1}}{\Phi_h} = \dfrac{L_1 - M}{M} = \dfrac{\text{Luftweg}}{\text{Eisenweg}}$,

sekundärer Streufaktor $\tau_2 = \dfrac{\Phi_{S2}}{\Phi_h} = \dfrac{L_2 - M}{M} = \dfrac{\text{Luftweg}}{\text{Eisenweg}}$,

totaler HEYLANDscher Streufaktor $\tau = \tau_1 + \tau_2 + \tau_1 \cdot \tau_2$,

BLONDELscher Streufaktor $\sigma = \dfrac{\tau}{1 + \tau}$,

U_1 Primärspannung = Generatorenspannung
U_1' bzw. U_k' bestimmt Φ_1,
Φ_1 eilt U_1' bzw. U_k' um 90° nach.
Die von den Kraft- und Streuflüssen erzeugten Spannungen eilen den Flüssen um 90° nach.

Da die Streufelder in Luft verlaufen, sind sie mit dem Strom, wie bereits erwähnt, direkt proportional. Man kann die Kraft- und die Streuflüsse als Vektoren darstellen und in ein Diagramm genau so addieren und subtrahieren wie die Spannungsvektoren. Beide Methoden führen zum gleichen Resultat.

In den Abb. 22, 23 und 24 sind die Vektorendiagramme unter Berücksichtigung der Kraft- und Streuflüsse aufgestellt. In Verbindung mit der räumlichen Darstellung sind die Zusammenhänge deutlich erkennbar.

J. Eisen- und Luftwege.

Bei Eisendrosselspulen, wo der magnetische Fluß über mehrere Luftspalten geführt wird, ist im Gegensatz zu einem geschlossenen Eisenkreis, bei gleichem Eisenquerschnitt und Länge, eine viel größere Durchflutung zur Erzeugung eines gleich großen Flusses erforderlich.

Die Magnetisierungskurve der Eisendrosselspule verlauft viel flacher als bei einem Eisenkreis ohne Luftspalte, wo die Kurve steil ansteigt. Die aufgespeicherte magnetische Energie, die bei Unterbrechung des Stromkreises frei wird, ist durch die Flache zwischen Kurve und Ordinatenachse gegeben. Es folgt hieraus, daß die Energie bei einem offenen Eisenkreis im Verhaltnis viel großer ist als bei einem geschlossenen. Durch Vergroßerung der Lange und Anzahl der Luftstrecken kann der Magnetisierungsstrom stark erhoht werden. Die Magnetisierungskurven werden mit zunehmender Luftstrecke immer flacher und flacher, bis sie schließlich in eine gerade Linie ubergehen. Dann haben wir es mit einer Luftdrosselspule zu tun. Bei Drosselspulen rechnet man mit den Koeffizienten der Selbstinduktion L. Bei Stromkreisen mit Eisen ist L mit der Sattigung des Eisens veranderlich (Veranderung entlang der Magnetisierungskurve), bei Stromkreisen ohne Eisen ist L konstant. Der Nennstrom von Eisendrosselspulen laßt sich durch Änderung der Luftstrecken genau einstellen. Hiervon wird vor allen Dingen bei Erdschlußspulen Gebrauch gemacht. Der Nennstrom liegt hier unmittelbar vor dem Knie der Magnetisierungskurve. Die Luftspalten sind im Kerneisen, entsprechend der MMK, gleichmaßig verteilt. Bei Spannungserhohungen tritt Sattigung und damit Verstimmung ein. Zur Kurzschlußstrombegrenzung sind Eisendrosselspulen ungeeignet, weil bei hohen Stromen L sehr klein, sogar fast Null, wird. Eignung ware nur durch starke Überdimensionierung, etwa 10fach, d. h. durch sehr schwache Sattigung, etwa 1200 Gauß bei Nennbetrieb, moglich. Winkel der Tangente zur Magnetisierungskurve mit der Abszissenachse ist ein Maß fur L.

Die Verhaltnisse werden verstandlicher, wenn man die Gleichstrommagnetisierung zum Vergleich heranzieht. Bei der Gleichstrommagnetisierung ist bei konstanter Spannung die Durchflutung konstant und der Kraftfluß mit dem magnetischen Widerstand veranderlich. Die Stromaufnahme der Spule ist vom ohmschen Widerstand abhangig. Bei der Wechselstrommagnetisierung ist bei konstanter Spannung der Kraftfluß konstant und die Durchflutung mit dem magnetischen Widerstand veranderlich. Die Stromaufnahme der Spule ist hauptsachlich von magnetischem Widerstand abhangig. (Veranderung von Magnetisierungskurve zur Magnetisierungskurve mit konstanter Induktion.) Bei der magnetischen Energieubertragung im Eisen des Transformators spielen deshalb die Luftstrecken der Stoßfugen keine Rolle. Der Kraftfluß setzt sich in voller Starke uber diese Luftspalte hinweg. Die Stoßfugen sind lediglich nur mit Rucksicht auf die Verringerung des Magnetisierungsstromes zu vermeiden, damit Netz und Generatoren nicht unnötig mit induktiven Stromen belastet werden. Die Jochbleche werden deshalb in die Kernbleche so eingeschichtet, daß durch die verschieden lang geschnittenen Bleche eine Stoßfuge jeweils zwischen durchlaufende Bleche zu liegen kommt Der Fluß hat hierdurch die Moglichkeit, den Luftspalt zu umgehen. Der Magnetisierungsstrom betragt bei größeren Transformatoren mit Stoßfugen 8 bis 10% und ohne Stoßfugen nur 2 bis 3% vom Nennstrom.

Obwohl die gegenseitige Beeinflussung benachbarter Stromkreise ohne Eisen, wie bereits oben erwähnt, sehr gering ist, können in manchen Fällen doch so stark werden, daß eine Berücksichtigung notwendig wird. So ist es z. B. bei Luftdrosselspulen, wo starke magnetische Kraftfelder im Raum bestehen, der Koeffizient der gegenseitigen Induktion M oft von bedeutendem Einfluß. Wenn alle drei Spulen eines Drehstromsatzes gleichachsig aufgestellt werden, kann M etwa 5 bis 20% vom Koeffizienten L betragen. Man unterscheidet hier M für zwei benachbarte Spulen und M' für die beiden äußeren Spulen. Haben alle drei Spulen gleichen Wickelsinn, so wird L in allen Spulen geschwächt; im mittleren um M in den äußeren um $^1/_2\,(M + M')$. Weist dagegen die mittlere Spule einen entgegengesetzten Wickelsinn auf, so wird L in allen Spulen unterstützt, und zwar in den mittleren um M, in den äußeren um $M—M'$. Die mittlere Spule könnte, um gleiche Reaktanzspannungen zu bekommen, hier etwas weniger Windungen erhalten, weil ja M größer als $M—M'$ ist. Bei der ersten Anordnung müssen die Windungszahlen aller Spulen erhöht werden. Die zweite Anordnung ist deshalb hinsichtlich des Materialaufwandes aber auch in Verlusten und Kraftwirkungen günstiger.

III. Bauart und Schaltung.

Für die elektrische Energieübertragung und Verteilung wird bei Hoch- und Niederspannung fast ausschließlich Drehstrom verwendet.

Gleichstrom kann sich nur bei Niederspannung und da auch nur bei Bahnbetrieb behaupten.

Einphasenwechselstrom ($16^2/_3$ Per/sec) meist mit hoher Spannung wird für Fernbahnen benutzt.

In Europa hat sich der Drehstromkerntransformator allgemein eingebürgert und ist weitgehend genormt worden. In den USA verwendet man bei großen Einheiten zum Teil 3 Einphasentransformatoren, die zu einem Drehstromsatz als Transformatorbank vereinigt werden (heute bis zu 70% Drehstromtransformatoren). Diese Bauart bringt Erleichterungen in bezug auf Transportmöglichkeiten bei Großtransformatoren. Außerdem ist die Reservehaltung begünstigt, weil nur 1 Phase als Ersatz bei Defekten oder Überholungen erforderlich wird. Der Drehstromtransformator ist dagegen bei mittleren und kleinen Leistungen wesentlich einfacher und billiger.

Einphasentransformatoren werden bei elektrischen Öfen, bei Schweißeinrichtungen und sonstigen Spezialfällen benötigt.

A. Leistungs-Transformatoren (*LT*).

Der Eisenkern des gewöhnlichen Drehstromtransformators besteht aus drei in einer Ebene liegenden Schenkeln und aus den die drei Schenkel verbindenden unteren und oberen Jochbalken.

Die Schenkel sind von Wicklungen umschlossen, die gegeneinander und gegen Erde isoliert sind. Die Unterspannungswicklung liegt bei der ublichen Zylinderwicklung aus Grunden der Isolation immer nächst dem Eisenkern.

Der Aufbau des Kernes ist infolge der in einer Ebene liegenden Schenkel unsymmetrisch. Die magnetischen Sternpunkte befinden sich in der Hohe der mittleren Schenkel im Ober- und Unterjoch. Da hierdurch der Kraftlinienweg des mittleren Schenkels kurzer als der der

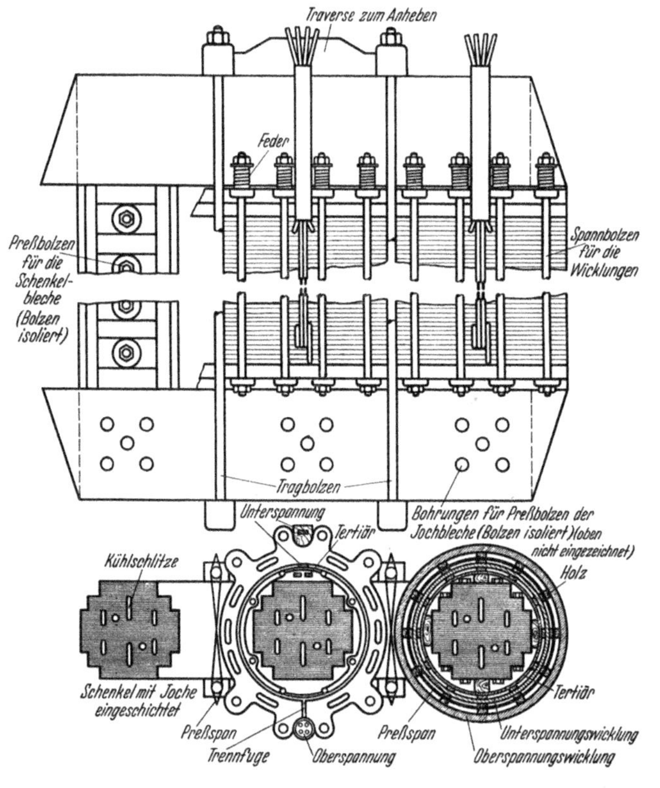

Abb 25
Leistungstransformator mit dreischenkligem Kern von mittlerer Leistung und Spannung (Die Verspannung der Wicklungen ist elastisch, mittels starker Stahlfedern durchgefuhrt)

Außenschenkel ist, tritt eine Verminderung des Magnetisierungsstromes $I_{\mu 2}$ im mittleren Wicklungsstrang auf ($I_{\mu 1} = I_{\mu 3} \approx 2\, I_{\mu 2}$).

In den Abb. 25, 26 und 27 sind Leistungstransformatoren dargestellt. Von den Siemens-Schuckertwerken hergestellten Maschinentransformator zeigt Abb. 51.

1. Magnetisierung des dreischenkeligen Transformators. a) *Sternschaltung der Primarwicklung.* Ist ein primarer Sternpunktleiter vorhanden, so kann der Überschußstrom der beiden außeren Schenkelwicklungen zum Abfluß gebracht werden. Symmetrische Stromquelle vorausgesetzt, sind dann die Sternspannungen ebenfalls symmetrisch. Es gilt in diesem Fall die Vektorengleichung nach dem KIRCHHOFFschen Gesetz

$$I_{\mu 1} + I_{\mu 2} + I_{\mu 3} = I_{\mu 0}, \tag{85}$$

wobei $I_{\mu 0}$ dieselbe Phasenlage erhält wie $I_{\mu 2}$ und die Phasenverschiebung zwischen den Magnetisierungsströmen $120°$ beträgt. Die Eisen-

Abb. 26. Leistungstransformator wie Abb. 27, jedoch für 20 kV. Kern mit Deckel, Durchführungen und Ausdehnungsgefäß aus dem Kessel gehoben. Fabrikat: Siemens-Schuckertwerke.

Abb. 27. Leistungstransformator mit Wellblechkessel und angebauten zylindrischen Ausdehnungsgefäß sowie Fahrrollen. Nennleistung: 200 kVA Nennspannung: 10 kV $\pm$ 4%/400—231 Volt. Betriebsart: DB Kühlungsart: OS Fabrikat: Siemens-Schuckertwerke.

kraftflüsse müssen infolge der magnetischen doppelten Sternschaltung ebenfalls dieses Gesetz erfüllen, wodurch vektoriell

$$\Phi_1 + \Phi_2 + \Phi_3 = 0 \tag{86}$$

wird. Ohne Sternpunktleiter gilt die Bedingung

$$I'_{\mu 1} + I'_{\mu 2} + I'_{\mu 3} = 0, \tag{87}$$

die aber nur dadurch erfüllt werden kann, daß der unterbundene Sternpunktleiterstrom $I_{\mu 0}$, auf die drei primären Leiter zu je $I_{\mu 0}/3$ verteilt, zum Abfluß gebracht wird.

Die gleichphasigen Durchflutungen $(I_{\mu 0}/3)\, n$ erzeugen gleichphasige magnetomotorische Kräfte, die gleichphasige Flüsse zur Folge haben. Im Eisenkern können sich aber diese Flüsse nicht schließen; sie werden deshalb gezwungen, den magnetischen Sternpunktleiter, d. h. den Luftweg, schenkelweise vom Ober- zum Unterjoch als Rückschlußweg zu beschreiten. Es wird somit

$$\Phi_1' + \Phi_2' + \Phi_3' = 3\frac{\Phi_l}{3}. \tag{88}$$

Die Luftflüsse $\Phi_l/3$, die sich infolge des großen magnetischen Widerstandes der Luftstrecke nur schwach ausbilden können, induzieren gleichphasige EMKe, die sich zu den symmetrischen Drehstrom-EMKen geometrisch addieren und eine Sternpunktverlagerung hervorrufen. Die Summe der so entstandenen unsymmetrischen Sternspannungen ergibt die dreifache Sternpunktspannung. Die Verlagerung ist gering. Nach außen tritt sie nicht in Erscheinung; sie bleibt eine innere Angelegenheit des Transformators, da dieser seine Sternspannungen (bei sekundärer Sternschaltung auch sekundär) unter Beibehaltung der Spannung (verkettet) frei einstellen kann.

Bei Anordnung einer Dreieckwicklung — sei es als Arbeits- oder Tertiärwicklung — wird der Luftfluß kurzgeschlossen und die Verlagerung aufgehoben. Dafür fließt in der Dreieckwicklung ein Ringstrom von der Stärke $I_{\mu 0}/3$, aber mit negativer Richtung. In der Aufteilung der Magnetisierungsströme erfolgt hierdurch keine Änderung; der mittlere bleibt kleiner als die beiden äußeren, ihre geometrische Summe ist aber Null. Die Ströme $I_{\mu 0}/3$ in der Primärwicklung kommen nicht etwa getrennt zum Fließen, sondern sie sind in den Strömen $I'_{\mu 1}$, $I'_{\mu 2}$, $I'_{\mu 3}$, die sich zu Null ergänzen, enthalten.

b) *Dreieckschaltung der Primärwicklung.* In den Wicklungen der drei Schenkel fließen die Magnetisierungsströme $I_{\mu 1}$, $I_{\mu 2}$ und $I_{\mu 3}$, die sich gemäß Gl. (85) nicht zu Null ergänzen. In den drei Leitern zu den Klemmen des Transformators fließen aber die Ströme $I''_{\mu 1}$, $I''_{\mu 2}$ und $I''_{\mu 3}$, die aus der Differenz der anliegenden Schenkelströme gebildet werden. Einer der äußeren ist zwar größer als die beiden anderen, ihre geometrische Summe ist aber Null. Es treten also keine zusätzlichen magnetisierenden Durchflutungen auf. Die Eisenflüsse erfüllen die Bedingung der Gl. (86), ihre Phasenverschiebung beträgt 120°.

Diese natürliche Magnetisierung schafft also keine Zwangslage für den Transformator. Natürliche Magnetisierung liegt vor, wenn der Kraftfluß sinusförmig ist (s. S. 215 Kompensation der Oberwellen).

2. Symmetrische Belastung. Symmetrische Drehstrombelastung liegt dann vor, wenn die Belastungsströme in den einzelnen Schenkelwicklungen gleich groß sind und ihre geometrische Summe Null ist. Die Stromvektoren fallen in die Schwerlinien des umschriebenen gleichseitigen Dreiecks, ihre Phasenverschiebung beträgt 120°.

Nach dem Induktions- und Energiegesetz stellen sich die Belastungsströme in den Transformatorenwicklungen so ein, daß ihre Durchflutungen und Leistungen primär und sekundär schenkelweise gleich werden. Gl. (49), (54) und (57).

Bei Aufstellen von Vektorendiagrammen sind die Schaltart und das Windungszahlverhältnis zu berücksichtigen.

a) *Stern-Stern-Schaltung.* Das Übersetzungsverhältnis ist

$$\ddot{u} = \frac{U}{u} = \frac{n_1}{n_2} = \frac{I_2}{I_1}, \tag{89}$$

wobei

$I_1\, n_1$ Strom- und Windungszahl eines Wicklungsstranges (Wicklung eines Schenkels) auf der Oberspannungsseite,

$I_2\, n_2$ wie oben, jedoch auf der Unterspannungsseite

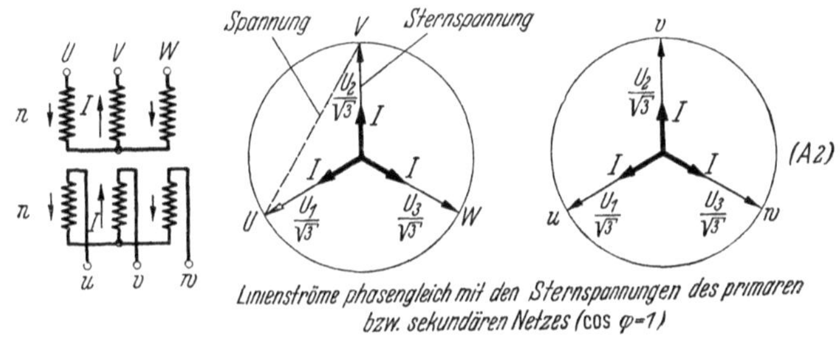

Abb. 28. Symmetrische Belastung eines Transformators in Stern-Stern-Schaltung (Schaltgruppe A 2) bei $\cos\varphi = 1$ und $\ddot{u} = 1$. Leerlaufstrom vernachlässigt.

bedeuten. Abb. 28 stellt das Vektorendiagramm bei $\cos\varphi = 1$ und bei $\ddot{u} = 1$, d. h. bei $U = u$ dar. Die Ströme sind als *Verhältnisgrößen* eingetragen und für jede Phase mit I bezeichnet. Unter Vernachlässigung des Spannungsverlustes und des Leerlaufstromes ist das Diagramm und auch die folgenden gezeichnet.

b) *Stern-Dreieck-Schaltung.* Eine Dreieckwicklung benötigt $\sqrt{3}$mal mehr Windungen je Schenkel als eine entsprechende Sternwicklung.

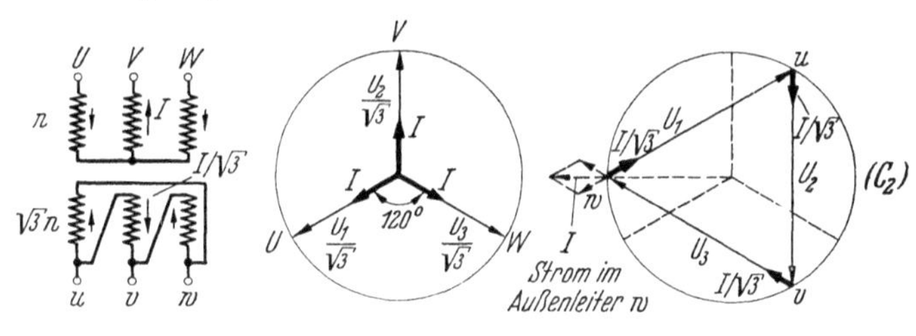

Abb. 29. Symmetrische Belastung eines Transformators in Stern-Dreieck-Schaltung (Schaltgruppe C 2) bei $\cos\varphi = 1$ und $\ddot{u} = 1$. Leerlaufstrom vernachlässigt.

Das Übersetzungsverhältnis ist

$$\ddot{u} = \frac{U}{u} = \frac{n_1\sqrt{3}}{n_2} = \frac{I_2\sqrt{3}}{I_1}. \tag{90}$$

Siehe Diagramm Abb. 29 für Schaltgruppe C 2.

c) *Dreieck-Stern-Schaltung.* Verhältnisse ähnlich wie unter b). Es ist

$$\ddot{u} = \frac{U}{u} = \frac{n_1}{n_2\sqrt{3}} = \frac{I_2}{I_1\sqrt{3}}. \tag{91}$$

Das Diagramm ist in Abb. 30 für Schaltgruppe C 1 aufgestellt.

d) *Stern-Zickzack-Schaltung.* Die Zickzackschaltung besteht aus 6 Wicklungsabteilungen, wobei je 2 Abteilungen verschiedener Schenkel gegengeschaltet sind. Wird die sekundare Sternwicklung der Schaltgruppe A 2 je Phase in 2 Hälften und in Zickzack ohne Gegenschaltung hintereinandergeschaltet, wie es in Abb. 31 dargestellt ist, so addieren

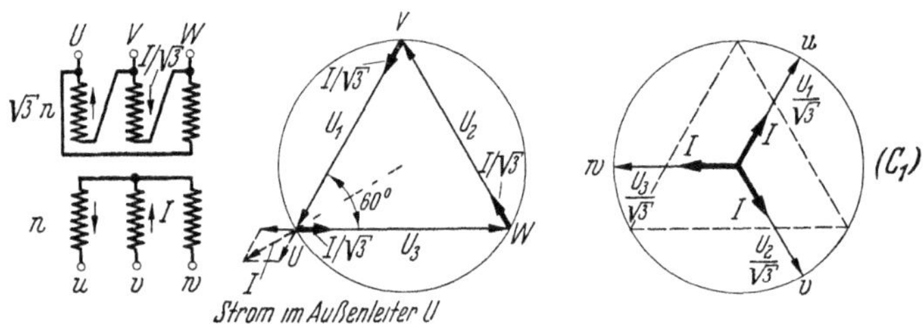

Abb 30 Symmetrische Belastung eines Transformators in Dreieck-Stern-Schaltung (Schaltgruppe C 1) bei $\cos\varphi$ und $u = 1$. Leerlaufstrom vernachlassigt

sich die um 60° verschobenen Teilspannungen zu einer Gesamtsternspannung, die gleich der Teilspannung ist (Punkt R_1). Durch Vertauschung der Schalt- und Klemmenverbindungen zum Anfang und Ende der Wicklungsabteilung I wird der Teilspannungsvektor um 180° gewendet und die resultierende Sternspannung damit nach Punkt (R) gelegt. Die Teilspannung erhalt eine Phasenverschiebung von 120°, und die Sternspannung wird gegenuber der Spannung der Wicklungsabteilung II um 30° nacheilend. Haben die einzelnen Wicklungsabtei-

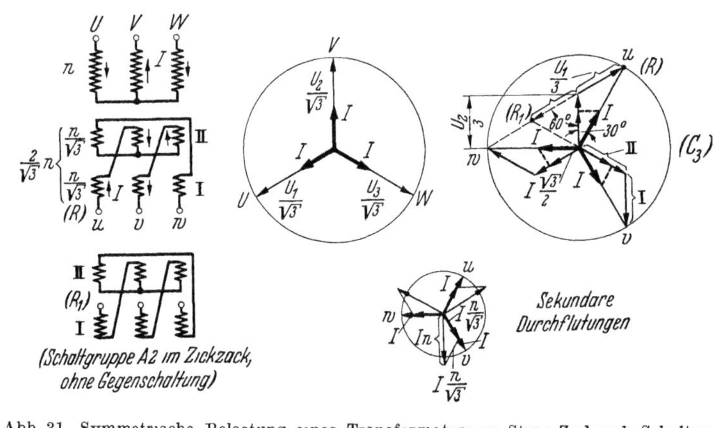

Abb 31 Symmetrische Belastung eines Transformators in Stern-Zickzack-Schaltung (Schaltgruppe C 3) bei $\cos\varphi = 1$ und $u = 1$ Leerlaufstrom vernachlassigt.

lungen die halbe relative Windungszahl der primären Sternwicklung, so ist der Betrag der resultierenden Sekundärspannung nur der $\sqrt{3}/2 = 0{,}867$ fache der relativen Primärspannung. Man muß daher den einzelnen Wicklungsabteilungen $1/0{,}867 = 1{,}158$ Windungen mehr geben, um auf dieselbe relative Primärspannung zu kommen.

Das Übersetzungsverhältnis ist

$$ü = \frac{U}{u} = \frac{1}{\sqrt{3}/2} \frac{n_1}{n_2} = \frac{1{,}158\, n_1}{n_2}. \qquad (92)$$

Der Nachteil, daß die Zickzackschaltung mehr Windungen braucht als die Sternschaltung, wird durch die vielen Vorzüge dieser Schaltung gerechtfertigt.

Bei $n_1 = n_2$ ist $ü = 1{,}158$ und es wird $U/2 = u/\sqrt{3}$, die sekundäre Sternspannung wird aus der halben Primärspannung gebildet. Bei $ü = 1$ ist die Spannung einer Wicklungsabteilung $\frac{u/\sqrt{3}}{2} \frac{2}{\sqrt{3}} = \frac{u}{3}$, gleich ein Drittel der Sekundär- bzw. Primärspannung. Hieraus folgt, daß die Zickzackschaltung ihre Sternspannungen aus der Primarspannung aufbaut, wodurch eine primäre Sternpunktverlagerung auf die sekundäre Seite nicht übertragen wird, vorausgesetzt, daß die Primärspannung unverändert bleibt.

Ist z. B. die Belastung rein ohmscher Natur ($\cos\varphi = 1$), so muß offenbar der Strom in Phase mit der Sternspannung der Zickzackwicklung sein. Der Belastungsstrom durchfließt in gegenläufigem Sinn die einzelnen Wicklungsabteilungen unter Beibehaltung der Phasenlage. Die Belastungsdurchflutung eines Schenkels wird deshalb aus der geometrischen Summe der einzelnen Abteilungsdurchflutungen gebildet. Er ist bei $ü = 1$ vektoriell

$$I \frac{n}{\sqrt{3}} + I \frac{n}{\sqrt{3}} = I\, n \quad \text{(AW)}, \qquad (93)$$

die geometrische Summe der Abteilungsdurchflutungen ergibt die primäre Durchflutung. Die Gleichheit der Primär- und Sekundärströme bei $ü = 1$ tritt also nur deshalb ein, weil die sekundäre Windungszahl um $2/\sqrt{3}$ größer ist als die primäre. Das Stromübersetzungsverhältnis wird somit

$$\frac{I_1}{I_2} = \frac{1}{2/\sqrt{3}} \frac{n_2}{n_1}, \qquad (94)$$

und entspricht dem reziproken Wert der Gl. (92).

3. Materialbedarf der Wicklungen. *Dreieckwicklung:* braucht $\sqrt{3} = 1{,}73 = 73\%$ mehr Windungen und einen $1/\sqrt{3}$fach geringeren Querschnitt als eine *Sternwicklung*. Sie benötigt also gleiches Kupfergewicht, aber mehr Isoliermaterial.

Zickzackwicklung: braucht $2/\sqrt{3} = 1{,}158 = 15{,}8\%$ mehr Windungen als eine *Sternwicklung*, jedoch den gleichen Querschnitt. Sie benötigt also 15,8% mehr Kupfer und Isoliermaterial.

4. Sternpunktbelastung des dreischenkeligen Transformators. Sternpunktbelastung liegt dann vor, wenn Verbraucher zwischen einem Netzleiter und dem Sternpunktleiter angeschlossen werden.

a) *Stern-Stern-Schaltung.* Ist auch ein primärer Sternpunktleiter vorhanden, so löst die einphasige Belastung keine störenden Wirkungen

Tabelle 6. *Transformatoren mit Ölselbstkühlung, Verluste und Kurzschlußspannungen nach DIN 42502/504/510.*

Nennleistung kVA und Baugroße	Verluste kW	Nennkurzschlußspannung		Schaltung
		u_k	bei kV	
20	0,8			
30	1,1		6 bis 20	
50	2,2			
75	2,8	3,5 bis 4.5		
100	3,5	(6)	6 bis 20	
125	4,1		bzw. (30)	
160	4,8			A 2 = Yy 0
200	5,6			B 2 = Yy 6
				C 1 = Dy 5
250	6,5			C 3 = Yz 5
315	7,8			D 1 = Dy 11
400	9,2			D 3 = Yz 11
500	11,0			
630	13,0			
800	15,5	6	6 bis 30	
1000	18,2			
1250	21,6			
1600	25,9			
2000	29,2			
2500	34,5			
3150	41,2			
4000	52,5	6 (8)	bis 35	A 2 = Yy 0
5000	61,5	7 (8)	bzw. (66)	
6300	71,2		bis 35	
8000	84,0	7 (8) [10]	bzw. (66)	
10000	98,0		bzw. [120]	

aus, da in diesem Fall primär wie sekundär reine einphasige Belastung besteht. Der Dreiphasentransformator verhält sich wie ein Einphasentransformator. Es herrscht magnetisches Gleichgewicht. Die einphasige Belastung unterliegt hier also keinerlei Einschränkungen. Sie kann bis zum Nennstrom einer sekundären Phase ansteigen. Ist dagegen, wie üblich, ein primärer Sternpunktleiter nicht vorhanden, so wird der Sternpunktleiterstrom I_0 auf alle drei Primärphasen verteilt (Abb. 32). Hierdurch finden die primären Belastungsdurchflutungen keine entsprechende sekundäre in den einzelnen Schenkeln, und die Folge ist, daß die Fenster durchflutet werden.

In jedem der drei geschlossenen magnetischen Kreise, also je Fenster des dreischenkeligen Eisenkernes, wird die Summe der Belastungsdurchflutungen Null. Es ist also bei $\ddot{u} = 1$

$$\left.\begin{aligned} \text{Fenster } 1: \quad & I_0 - I_U + I_V = 0, \\ ,, \quad 2: \quad & I_0 - I_U + I_W = 0, \\ ,, \quad 3: \quad & I_U - I_W = 0. \end{aligned}\right\} \tag{95}$$

Ohne primären Sternpunktleiter gilt außerdem

$$I_U + I_V + I_W = 0. \tag{96}$$

Mit diesen vier Gleichungen ist die Verteilung der Primärströme bestimmt. Es ist

$$\left.\begin{aligned} I_U &= +\tfrac{2}{3} I_0 , \\ I_V &= -\tfrac{1}{3} I_0 , \\ I_W &= -\tfrac{1}{3} I_0 . \end{aligned}\right\} \tag{97}$$

Alle Ströme haben die gleiche Phasenlage; sie richten sich nach der Phasenlage von I_0.

Das magnetische Gleichgewicht des Transformators wird hierdurch jedoch nicht hergestellt, denn es verbleibt je Schenkel eine Restdurchflutung von $\frac{1}{3} I_0$. Diese wirkt magnetisierend auf die Schenkel des Eisenkernes. Die von den Restdurchflutungen erzeugten magnetischen Flüsse haben gleiche Größe und Richtung, können sich also im Eisenweg nicht schließen. Sie gehen deshalb phasenweise über Luft bzw. Öl und Kesselwandung des Transformators. Sie induzieren phasengleiche EMKe in den Wicklungen und rufen damit eine Sternpunktverlagerung hervor.

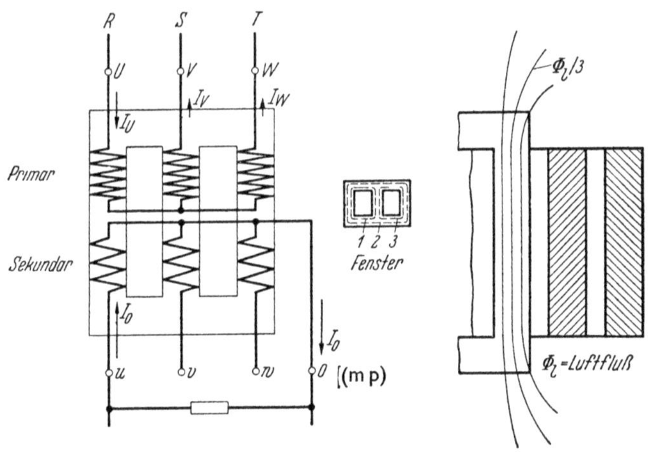

Abb. 32. Sternpunktbelastung bei Stern-Stern-Schaltung. Schaltgruppe B 2.

Die Sternspannung des belasteten Schenkels wird kleiner, die der beiden anderen Schenkel größer. Alle Ströme sind gleichphasig. Der Dreiphasentransformator verhält sich wie eine Einphasendrossel. Die Drosselung, bzw. die Verlagerung wird mit zunehmender Belastung größer. Die Sternspannung der belasteten Phase bricht allmählich zusammen. Die verkette Spannung bleibt annähernd unverändert. Die zulassige Belastung ist auf S. 11 angegeben.

b) *Stern-Stern-Tertiär-Schaltung.* Bei Anordnung einer Tertiärwicklung wird die Möglichkeit gegeben, daß sich Gegenamperewindungen ausbilden können. Die Restdurchflutungen werden durch den Ringstrom $-\frac{1}{3} I_0$, der in der Tertiärwicklung fließt, aufgehoben.

Der Transformator befindet sich bei der Sternpunktbelastung somit magnetisch im Gleichgewicht. Die Sternspannung der belasteten Phase sinkt nur schwach, entsprechend der Spannungsänderung, mit zunehmender Belastung ab (Abb. 33).

Die Symmetrierung erfordert Energieaufwand. Es entstehen Wicklungsverluste in der stromdurchflossenen Tertiarwicklung. Diese sind

$$V_{Cu\,T} = (\tfrac{1}{3}\,I_0)^2\, r_{W3} \quad (\mathrm{W}), \tag{98}$$

wobei r_{W3} (Ohm) den Wechselstromwiderstand der Gesamttertiarwicklung bedeutet.

Wird die Tertiarwicklung fur 33,33% der Nennleistung des Transformators ausgelegt, so kann ein Sternpunktleiterstrom I_0 von

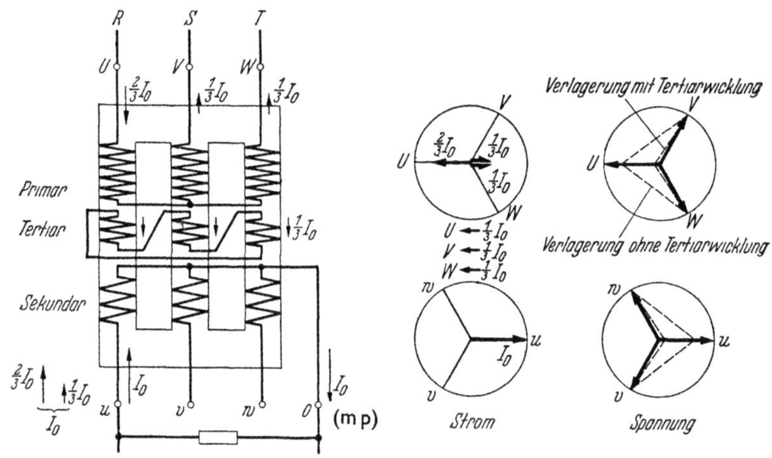

Abb. 33. Sternpunktbelastung bei Stern-Stern Tertiar-Schaltung Schaltgruppe B 2 Vektorendiagramme fur $u = 1$

$3 \cdot 33{,}33 = 100\%$ des Transformatoren-Nennstromes im Gleichgewicht gehalten werden, ohne daß die Tertiarwicklung uberlastet wird.

c) *Stern-Zickzack-Schaltung.* Der Sternpunktleiterstrom I_0 wird auf zwei Phasen primar und sekundar verteilt. Die dritte Phase bleibt stromlos. Die Anordnung eines primaren Sternpunktleiters andert nichts an der Stromverteilung. Der Strom I_0 kann bis zum Nennstrom einer sekundaren Phase zugelassen werden, da magnetisches Gleichgewicht herrscht (Abb. 34).

d) *Dreieck-Stern-Schaltung.* Aus den in Abb. 35 eingetragenen Strompfeilen ist zu ersehen, daß der Transformator mit dieser Schaltung bei Belastung mit I_0 magnetisch im Gleichgewicht ist. I_0 kann daher bis zum Nennstrom einer sekundaren Phase anwachsen.

Fur Sternpunktbelastung eignen sich die beiden letztgenannten Schaltarten am besten.

5. Einphasige Belastung. Einphasige Belastung liegt dann vor, wenn Verbraucher nur zwischen zwei Netzleitern angeschlossen werden.

Alle VDE-Schaltgruppen eignen sich für diese Art der Belastung. Zwischen den Schaltgruppen A und B sowie zwischen C und D besteht kein Unterschied in dieser Beziehung. Bei den Schaltgruppen A und B

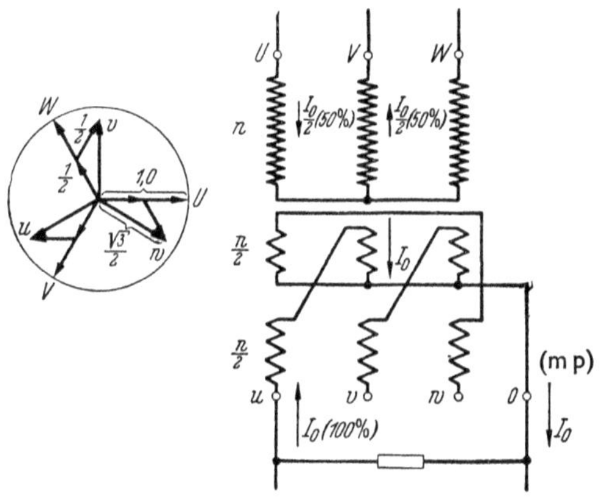

Abb. 34.
Sternpunktbelastung bei Stern-Zickzack-Schaltung.
Schaltgruppe C 3 und $ü = 1{,}158$.

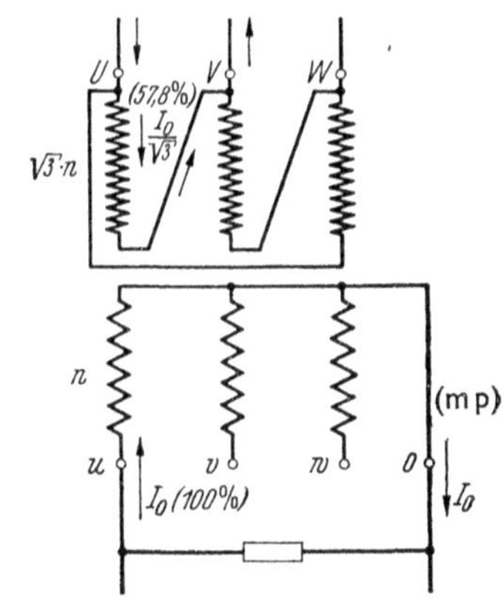

Abb. 35. Sternpunktbelastung bei Dreieck-Stern-Schaltung. Schaltgruppe C 1 und $ü = 1$.

entsteht auch auf der Primärseite eine Belastung zwischen zwei Netzleitern, während bei den Schaltgruppen C und D alle drei Leitungen

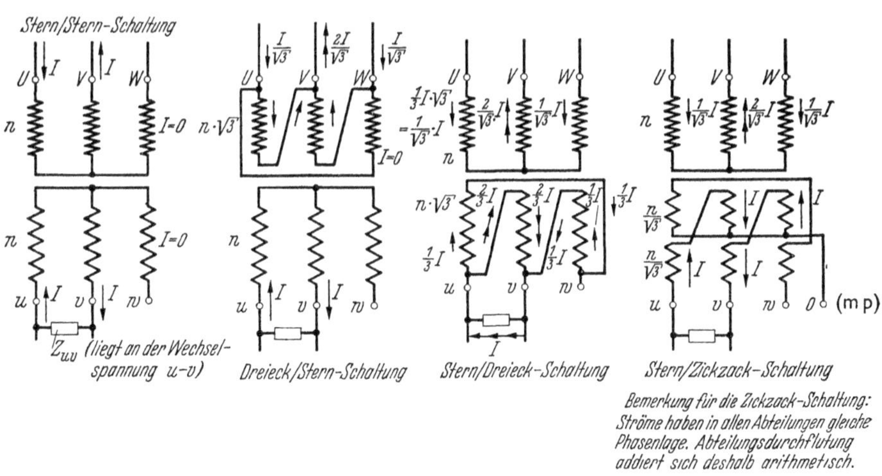

Abb. 36. Einphasige Belastung von Drehstromtransformatoren ($ü = 1$). Das Produkt aus Strom und Windungszahl ergibt die Durchflutung, die primär und sekundär, schenkelweise, gleich ist.

auf der Primärseite stromführend sind. Bei den letztgenannten ist der Strom in einer der Leitungen doppelt so groß wie in den beiden anderen (Abb. 36).

6. Gleichphasige Belastung des dreischenkeligen Transformators. Eine gleichphasige Belastung ist dadurch gekennzeichnet, daß die Ströme in den drei Schenkelwicklungen in jedem Zeitpunkt gleich groß sind und gleiche Richtung aufweisen.

a) *Anschluß von Löschspulen.* Beim Anschluß von Erdschluß-Löschspulen nach PETERSEN an den primären oder sekundären Sternpunkt eines Transformators wird beim Ansprechen der Löschspule, d. h. beim Erdschluß eines Netzleiters, die betreffende Sternwicklung gleichphasig belastet.

Der Löschspulenstrom I_L teilt sich in drei gleiche gleichphasige Komponente auf. Je nach Schaltung des Transformators wirkt sich diese gleichphasige Belastung verschieden aus.

α) Stern-Stern-Schaltung. Die Durchflutung der gleichphasigen Komponenten $I_L/3$ erzeugt genau wie die Sternpunktbelastung magnetische Luftflüsse Φ_l, die eine Sternpunktverlagerung zur Folge haben. Die Verlagerung bewirkt die Verminderung der Spannung an der Löschspule. Gegen den Durchfluß der gleichphasigen Ströme verhält sich also der Transformator wie eine Drossel. Die induktiven Gegenspannungen — die je Phase gleich groß sind und gleiche Richtung haben — müssen überwunden werden, wodurch Spannungsverluste entstehen. Die treibende Sternpunktspannung — beim satten Erdschluß $U/\sqrt{3}$ — wird zum Teil im Transformator und zum Teil in der Löschspule verbraucht. Die Reaktanz des Stromkreises wird durch die Jochreaktanz X_0 des Transformators vergrößert.

Es ist

$$X_0 = \frac{U_0}{I_l} \sin\gamma \quad \text{(Ohm)}, \tag{99}$$

wobei

U_0 die Verlagerungsspannung bzw. den Spannungsverlust der parallelgeschalteten drei Phasen,
I_l den tatsächlich durchfließenden Löschspulenstrom,
γ Kurzschlußwinkel beim Sternpunktstrom

bedeuten.

Die Jochreaktanz je Phase ist dreimal so groß, weil in einer Phase nur $I_l/3$ fließt. Die Ermittlung von X_0 erfolgt durch einen Kurzschlußversuch. Die drei Phasen der Sternwicklung werden parallel geschaltet und an Spannung gelegt. Die zugeführte Spannung U_0, der durchfließende Strom I_l und die aufgenommene Wirkleistung V_0 werden gemessen, woraus X_0 mit Hilfe des Winkels

$$\gamma = \arc\cos \frac{V_0}{U_0 I_l} \tag{100}$$

berechnet wird.

Der Kurzschlußversuch wird mit Niederspannung ausgeführt. Die Wirkleistung besteht hauptsächlich aus den zusätzlichen Verlusten, die in der Kesselwandung von den Luftflüssen verursacht werden. Die hierdurch entstehenden örtlichen Erwärmungen können, im Betrieb bei Erdschlüssen, beträchtlich ansteigen.

Als zulässige Grenze rechnet man deshalb aus obenstehenden Gründen nur mit etwa 10% der Transformatorennennleistung für die anschließbare Löschspulenleistung $U I_L/\sqrt{3}$. Für genaue Abstimmung der Kompensierung ist die Summe der Jochreaktanz plus Löschspulenreaktanz maßgebend. Die Streuspannung bei Entnahme des Nennstromes im Sternpunkt $I_N X_0$, bezogen auf die Sternspannung, beträgt etwa 25 bis 45%.

Die Sternpunktverlagerung tritt auch in der zweiten Wicklung des Transformators auf. Sie kann zu Resonanzspannungen führen, wenn an dieser Wicklung auch eine Löschspule — also mit anderer Spannung — angeschlossen ist. Derartige Anordnungen sind deshalb zu vermeiden.

β) Stern-Stern-Tertiär-Schaltung. Bei Anordnung einer Tertiärwicklung wird die Drosselwirkung aufgehoben und die Jochreaktanz

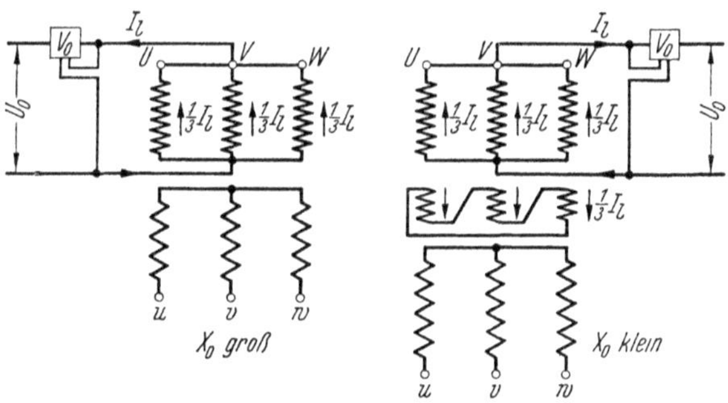

Abb. 37. Transformator in Stern-Stern-Schaltung ohne und mit Tertiärwicklung. (Messung der Jochreaktanz X_0.)

erheblich herabgesetzt (Abb. 37). Die Streuspannung beträgt hierbei nur etwa 2,5 bis 4,5%. Die Verlagerung ist dementsprechend gering. Die zulässige Löschspulenleistung kann bis zur Leistung der Tertiärwicklung (30%) gewählt werden. Dabei ist Voraussetzung, daß eine dreiphasige Belastung der Tertiärwicklung nicht vorliegt. Ist dieses jedoch der Fall, so darf die Löschspulenleistung nur etwa die halbe Leistung der Tertiärwicklung betragen (15%).

Da die Jochreaktanz hier praktisch vernachlässigbar klein ist, fließt beim Erdschluß der volle Löschspulenstrom durch den Transformator.

γ) Stern-Dreieck-Schaltung. Die Verhältnisse liegen hier ähnlich wie unter β). Die zulässige Löschspulenleistung kann bis etwa 50% der Transformatorenleistung betragen. Die Jochreaktanz beträgt $^1/_3$ der Streureaktanz zwischen Stern- und Dreieckwicklung

$$X_0 = X_S/3 \quad \text{(Ohm)}. \tag{101}$$

Bei hohen Kurzschlußspannungen und hohen Löschspulenleistungen muß zwecks genauer Abstimmung der Kompensation X_0 zur Löschspulenreaktanz $X_L \approx U/\sqrt{3}\, I_L$ addiert werden.

δ) Stern-Zickzack-Schaltung. Eine Zickzackwicklung ist allein in der Lage, die gleichphasigen Durchflutungen des verteilten Löschspulenstromes aufzuheben (Abb. 38). Die Löschspule, an der Sternwicklung angeschlossen, ergibt keine Wirksamkeit der Zickzackwicklung in bezug auf Aufhebung der magnetisierenden Durchflutungen. Der Transformator verhält sich dann, als ob Stern-Stern-Schaltung vorhanden wäre, jedoch mit dem Unterschied, daß die Sternpunktverlagerung in der Zickzackwicklung nicht auftritt.

Man verwendet die Zickzackwicklung ohne Sternwicklung für den direkten Anschluß von Löschspulen an einer Sammelschiene. Die Drossel wird in diesem Fall mit *Zickzackdrossel* oder *künstlicher Sternpunkt* bezeichnet. Die zulässige Löschspulenleistung ist hier gleich der Drosselleistung.

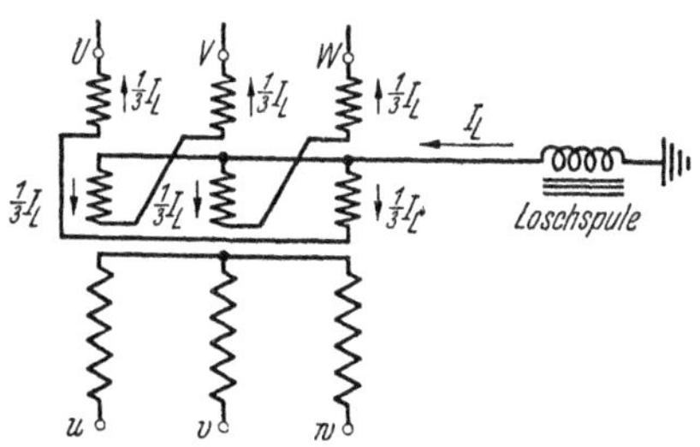

Abb 38. Anschluß von Loschspulen bei Zickzack-Schaltung.

b) *Sternpunktbelastung.* Die auf S. 57 behandelte Sternpunktbelastung hatte die Verhältnisse, die bei der Belastung nur eines Netzleiters entstehen, zum Gegenstand. Der Ringstrom der Tertiärwicklung stellt auch eine gleichphasige Belastung dar. Werden jedoch alle Netzleiter an der Sternpunktbelastung beteiligt und entsteht hierdurch eine symmetrische Belastung, so wird der Sternpunktleiter zum Transformator stromlos.

Ist die Belastung dagegen unsymmetrisch, wie es in Abb. 39 dargestellt ist, so wird außer der Tertiärwicklung auch die Sternwicklung gleichphasig belastet. Die gleichphasige Belastung des Transformators beim Erdschluß eines Netzleiters zeigt Abb. 40.

7. Bisymmetrische Belastung. Bisymmetrische Belastung liegt dann vor, wenn die Ströme in den drei Schenkelwicklungen ungleich groß sind, ihre Summe aber in jedem Zeitpunkt Null ergibt.

Ist die Sekundärwicklung des Transformators in Stern ohne Sternpunktleiter oder in Dreieck geschaltet, so ist bei ungleichen Belastungen im Sekundärnetz stets Bisymmetrie zwischen den Linienströmen vorhanden. Die Durchflutungen der bisymmetrischen Ströme stören das magnetische Gleichgewicht des Transformators nicht, weil eine entsprechende primäre Durchflutung entgegengesetzt werden kann. Die bisymmetrischen Ströme werden somit auf das Primärnetz übertragen.

Eine bisymmetrische Belastung läßt sich in ein symmetrisches Mitsystem und ein symmetrisches Gegensystem zerlegen. Bei symmetrischer Belastung verschwindet das Gegensystem der Ströme. Bei Anschluß von Einphasenlast (Abb. 36) ist das Gegensystem gleich dem Mitsystem, aber mit negativen Vorzeichen. Der Belastungsstrom der Einphasenlast ist $\sqrt{3}$mal größer als der Strom des Mit- bzw. Gegensystems. Mit- und Gegensystem entsprechend also ihrer Größe nach dem $1/\sqrt{3}$fachen Wert des Einphasenstromes. Laut REM besteht nur dann Symmetrie, wenn das gegenlaufende System eines Mehrphasen-

Energie	Durchflutung →	Durchflutung ←
$I_U\cdot(0U)=I_u\cdot(0u)$	$I_U+I_0/3$	I_u
$I_V\cdot(0V)=I_v\cdot(0v)$	$I_V+I_0/3$	I_v
$I_W\cdot(0W)=I_w\cdot(0w)$	$I_W+I_0/3$	I_w

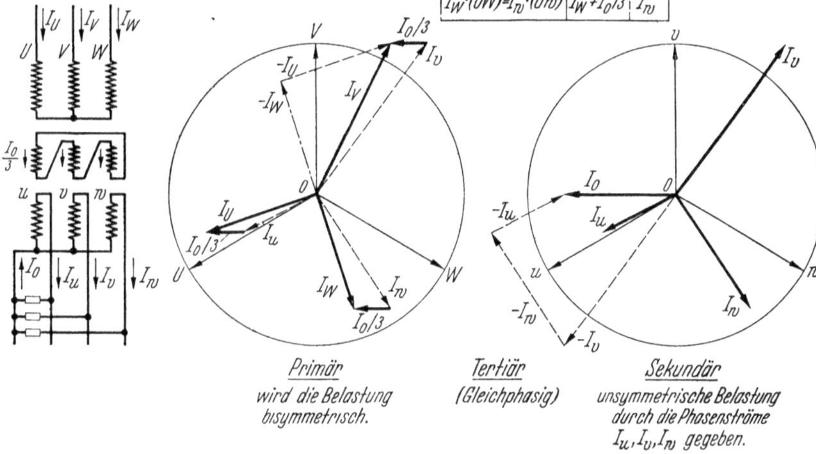

Abb. 39. Unsymmetrische Belastung eines Transformators in Stern-Stern-Tertiär-Schaltung. Schaltgruppe A 2 und $\ddot{u} = 1$. Energie und Durchflutung primär und sekundär, schenkelweise gleich, wobei die tertiäre die primäre Durchflutung ergänzt. Die unsymmetrischen Ströme werden durch den Transformator in gleichphasige (Ringstrom) und in bisymmetrische Ströme zerlegt. Die gleichphasigen Komponenten werden durch die Tertiärwicklung aufgenommen. Die bisymmetrischen Schenkelströme sind zwar ungleich, sie bilden aber, geometrisch addiert, ein geschlossenes Dreieck. Als Sternströme gezeichnet, fallen sie in die Schwerlinien des umschriebenen Dreiecks. Ihre Summe ist in jedem Zeitpunkt gleich Null.

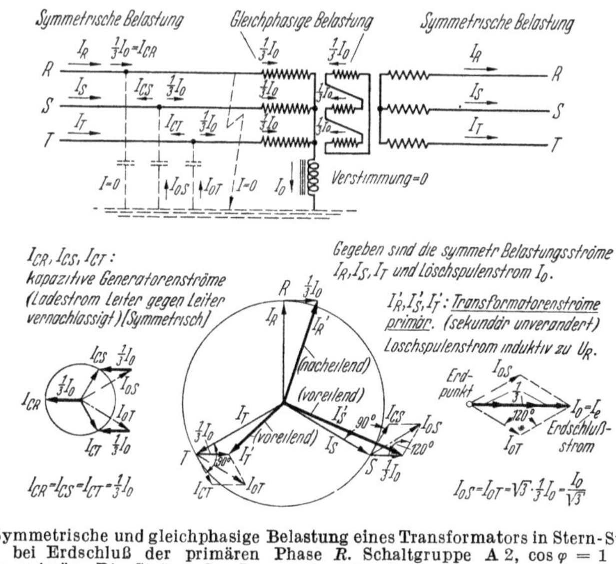

Abb. 40. Symmetrische und gleichphasige Belastung eines Transformators in Stern-Stern-Tertiar-Schaltung bei Erdschluß der primären Phase R. Schaltgruppe A 2, $\cos\varphi = 1$ und $\ddot{u} = 1$. Löschspule primär. Die Ströme I_R, I_S und I_T fallen bei $\cos\varphi = 1$ mit den Sternspannungen U_R U_S und U_T zusammen. Die Transformatorenströme, primär, sind unsymmetrisch. Ihre negative Summe, geometrisch, ergibt den Löschspulenstrom I_0, der zu $-U_R$ induktiv ist. (Siehe Abb. 39 ‚rechts.)

stromsystems nicht mehr als 5% des mitlaufenden Systems beträgt. Alle Bestimmungen des REM gelten nur unter dieser Bedingung. Durch das entstehende Gegendrehfeld werden sonst nämlich bei den Generatoren die Dämpferkäfige und die Läufer selbst stark erwärmt.

Große Einphasen-Stromverbraucher dürfen daher an Drehstromnetze nur bei gleichmäßiger Verteilung auf alle drei Leitungen angeschlossen werden, damit das System balanciert wird.

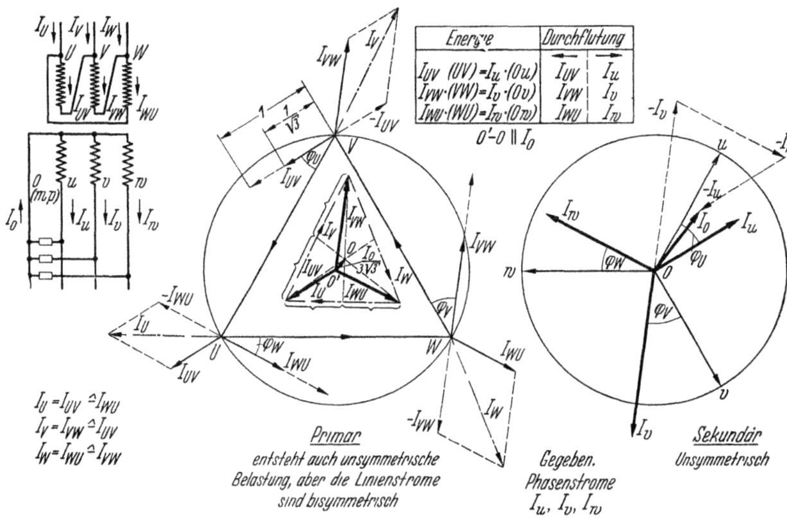

Abb. 41. Unsymmetrische Belastung eines Transformators in Dreieck-Stern-Schaltung. Schaltgruppe C 1 und $\ddot{u} = 1$. Die negative Summe der unsymmetrischen Ströme, sekundär, ergibt den Sternpunktleiterstrom. Die Schenkelströme sind primär ebenfalls unsymmetrisch und erfüllen damit das Gesetz der Gleichheit der Belastungsdurchflutungen. Sie fallen nicht in die Schwerlinien des umschriebenen Dreiecks. Der Abstand vom Schwerpunkt zum Knotenpunkt der Ströme ergibt eine gleichphasige Komponente nach Größe und Richtung. Die gleichphasigen Komponenten fallen durch die Differenzbildung der Ströme, bei Dreieckschaltung, aus und die Linienströme werden bisymmetrisch.

Sind die bisymmetrischen Ströme I_R, I_S und I_T nach Größe und Richtung gegeben, so erhält man ihr Mitsystem

$$I_M = \tfrac{1}{3}(I_R + a\,I_S + a^2\,I_T) \tag{102}$$

und ihr Gegensystem (gegenläufig)

$$I_G = \tfrac{1}{3}(I_R + a^2 I_S + a\,I_T), \tag{103}$$

wobei alle Werte geometrisch zu verstehen sind.

Zwei symmetrische Systeme geometrisch addiert, bringen wiederum ein *symmetrisches System*, während zwei symmetrische Systeme, bei denen jedoch eines gegenläufig (Phase S und T vertauscht) ist, geometrisch ein *bisymmetrisches System* ergeben.

Die Bedeutung der Gleichungen (102) und (103) macht man sich am einfachsten an einem symmetrischen System verständlich.

Vom Vektor I_R ausgehend, stellt a eine Vektordrehung um 120° und a^2 eine solche um 240° dar. Werden die symmetrischen Ströme I_S um

120° und I_T um 240° gedreht (entgegen dem Uhrzeiger), so fallen die Ströme I_S und I_T in die Phasenlage von I_R und ergeben als Summe den dreifachen Wert von I_R. Ein Drittel davon ist der Strom $I_M = I_R$ vom Mitsystem in der Phase R. Bei Symmetrie ist also das Mitsystem gleich dem symmetrischen System. Wird dagegen die Drehung nach Gleichung (103) durchgeführt, so bringt die geometrische Summe der Ströme Null, da lediglich nur die Phasen S und T vertauscht worden sind. Bei Symmetrie ist also kein Gegensystem vorhanden.

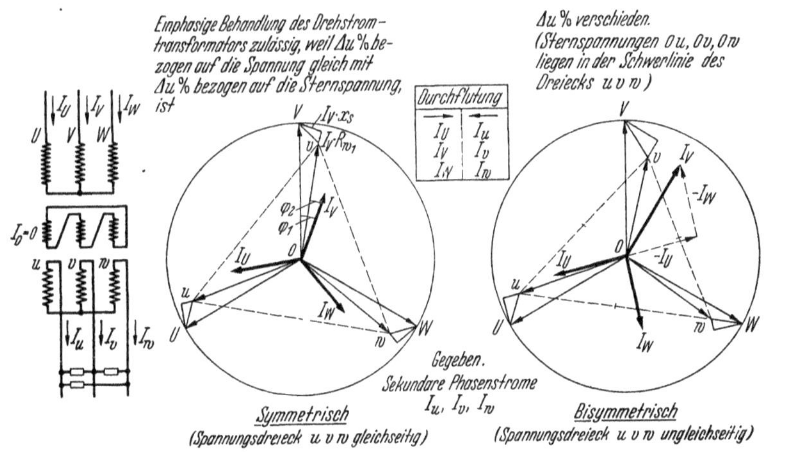

Abb. 42. Symmetrische und bisymmetrische Belastung eines Transformators in Stern-Stern-Tertiär-Schaltung. Schaltgruppe A 2 und $ü = 1$. Je ein Diagramm gilt gleichzeitig für die Primär- und Sekundärseite des Transformators, weil sich die Ströme vollkommen überdecken. Durchflutung und Energie sind schenkelweise gleich.

Ist eine Dreieckbelastung durch die Impedanzen Z_{RS}, Z_{ST} und Z_{TR} gegeben, so ist das Mitsystem

$$I_M = \left(\frac{1}{Z_{RS}} + \frac{1}{Z_{ST}} + \frac{1}{Z_{TR}}\right) U_R \tag{104}$$

und das Gegensystem

$$-I_G = \frac{U_R}{Z_{ST}} + \frac{U_S}{Z_{RS}} + \frac{U_T}{Z_{TR}}, \tag{105}$$

wobei U_R, U_S und U_T die symmetrischen Sternspannungen bedeuten und die Gleichungen als geometrisch gelten. Das Gegensystem der Ströme verschwindet, wenn die drei Belastungsimpedanzen gleich sind, weil die geometrische Summe von U_R, U_S und U_T gleich Null ist.

Bei symmetrischer Belastung tritt, wie bereits erklärt, nur ein Mitsystem auf. Die Gleichung (104) geht deshalb, weil $Z_{RS} = Z_{ST} = Z_{TR} = Z$ ist, über in

$$I_M = \frac{3}{Z} U_R, \tag{106}$$

und nach Einführung der (verketteten) Spannung $U_{TR} = U_R \sqrt{3}$ ergibt sich

$$I_M = \sqrt{3}\,\frac{U_{TR}}{Z} \tag{107}$$

als Linienstrom bei symmetrischer Dreieckbelastung.

Beim Anschluß von *Einphasenlast* sind die Schaltungen nach Abb. 36 maßgebend, weil hierbei die Verteilung der Einphasenströme günstiger

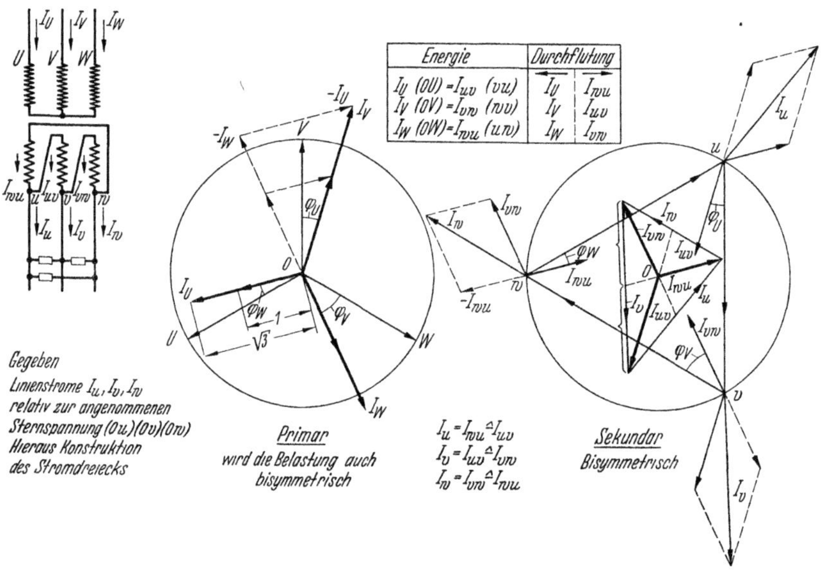

Abb. 43₄. Bisymmetrische Belastung eines Transformators in Stern-Dreieck-Schaltung. Schaltgruppe C 2 und $\ddot{u} = 1$. Bei Dreieckschaltung der ungleichen Belastungsimpedanzen werden die Linienströme, durch die die Differenzbildung der unsymmetrischen Ströme, bisymmetrisch. Die unsymmetrischen Ströme können, an der Belastung, in einen Ringstrom und in bisymmetrische Ströme zerlegt werde. Sind die ungleichen Belastungsimpedanzen in Stern, ohne Sternpunktleiter, geschaltet, so müssen sich die Ströme auf die Summe gleich Null, durch Verschiebung des Sternpunktes der Sternspannungen, einstellen. Die Linienströme sind damit hier ebenfalls bisymmetrisch.

ist als beim Anschluß zwischen einem Netzleiter und dem Sternpunktleiter.

Bei Einphasenlast ist

$$Z_{RS} = Z_{TR} = \infty,$$

wenn der Anschluß zwischen S und T der Netzleiter vorgenommen worden ist, und es wird nach Gleichung (104) und (105) für das Mitsystem

$$I_M = \frac{U_R}{Z_{ST}} \tag{108}$$

und für das Gegensystem

$$-I_G = \frac{U_R}{Z_{ST}}, \tag{109}$$

woraus folgt, daß das Gegensystem gleich dem Mitsystem, aber um 180° verschoben, also entgegengesetzt ist. Der Belastungsstrom der Einphasenlast

$$I_E = \frac{U_{ST}}{Z_{ST}} \tag{110}$$

ist $\sqrt{3}$ mal größer als I_M bzw. I_G.

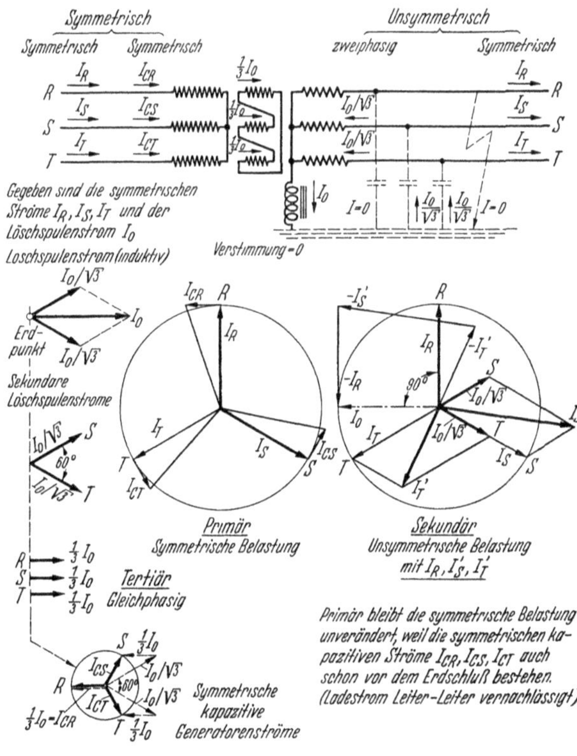

Abb. 44. Symmetrische und unsymmetrische Belastung eines Transformators in Stern-Stern-Tertiär-Schaltung bei Erdschluß der sekundären Phase R. Schaltgruppe A 2, $\cos\varphi = 1$ und $\ddot{u} = 1$. Löschspule sekundär. Die Ströme I_R, I_S und I_T fallen bei $\cos\varphi = 1$ mit den Sternspannungen U_R, U_S und U_T zusammen.

Mit- und Gegensystem entsprechen mithin, wie bereits oben erwähnt, ihrer Größe nach dem $1/\sqrt{3}$ fachen Wert des Einphasenstromes. Der prozentuale Anteil des Gegensystems ist also sehr groß.

Der zeitliche Verlauf der Wirkleistung des Einphasenstromes pulsiert mit der doppelten Netzfrequenz.

8. Unsymmetrische Belastung. Eine unsymmetrische Belastung liegt dann vor, wenn gleichzeitig bisymmetrische und gleichphasige Belastung auftritt. Die Ströme der drei Schenkelwicklungen sind ungleich, ihre Summe ist nicht Null.

Ist die Sekundarwicklung des Transformators in Stern oder Zickzack mit Sternpunktleiter geschaltet und ist letzterer am Transformator bei Belastung stromfuhrend, so sind die Linienstrome ungleich, und es ist unsymmetrische Belastung vorhanden.

Die gleichphasigen Durchflutungen mussen durch die Zickzackwicklung oder bei Sternschaltung mittels einer primaren oder tertiären Dreieckswicklung im Gleichgewicht gehalten werden. Die bisymme-

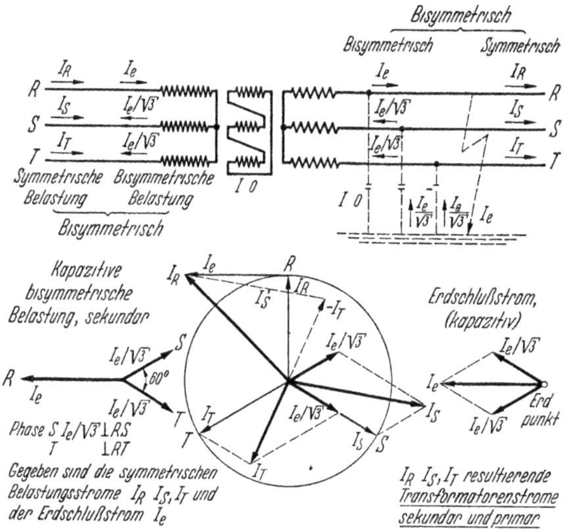

Abb 45 Symmetrische und bisymmetrische Belastung eines Transformators in Stern-Stern-Tertiar-Schaltung bei Erdschluß der sekundaren Phase R ohne Loschspule. Schaltgruppe **A** 2, $\cos\varphi = 1$ und $u = 1$ Die Strome I_R, I_S und I_T fallen bei $\cos\varphi = 1$ mit den Sternspannungen U_R, U_S und U_T zusammen Durch diese Festlegung des Spannungsdreiecks RST ist die Lage der Erdschlußstrome gegeben Der Erdschlußstrom I_e eilt der Sternspannung U_R um 90° vor, der Erdschlußstrom $I_e/\sqrt{3}$ in der Phase S steht senkrecht zur Spannung U_{RS} und eilt 90° vor und der Erdschlußstrom $I_e/\sqrt{3}$ in der Phase T steht senkrecht zur Spannung U_{RT} und eilt ebenfalls um 90° vor Die geometrische Summation der Erdschlußstrome mit den symmetrischen Belastungsstromen ergibt bisymmetrische Belastung des Transformators

trischen Durchflutungen ubertragen die bisymmetrischen Strome auf das Primarnetz.

Die speisenden Generatoren werden somit bei unsymmetrischen Belastungen im Netz uber die Transformatoren bisymmetrisch belastet.

Das symmetrische Drehstromsystem ist dann balanciert, wenn es symmetrisch belastet ist; die momentane Leistung ist konstant. Bei unsymmetrischer bzw. bisymmetrischer Belastung pulsiert die momentane Leistung; das System ist unbalanciert.

Fur die unsymmetrische, bisymmetrische und gleichphasige Belastung von Drehstromtransformatoren sind fur verschiedene Schaltungen und Belastungsfalle die Vektorendiagramme in Abb. 40, 41, 42, 43, 44 und 45 dargestellt. Auch die im Erdschluß entstehenden Belastungen des Transformators sind dort mit enthalten. Die hierbei auftretende gleichphasige Belastung wird bei angeschlossener Löschspule im Transformator ausgeglichen, so daß die Generatoren symmetrisch und unverändert belastet bleiben, vorausgesetzt, daß ihre Belastung vorher symmetrisch war. Bei fehlender Löschspule werden Generator und Transformator bisymmetrisch belastet. Beim Entwurf der Diagramme sind die Ströme im Verhältnis willkürlich gewählt worden, um die Darstellung anschaulich zu gestalten. Tatsächlich verändern sich die Diagramme je nach dem, welche Stromverhältnisse im Betrieb auftreten.

9. Fünfschenkeltransformatoren. Bei Großtransformatoren ergibt sich oft die Notwendigkeit, mit Rücksicht auf das Eisenbahnprofil beim betriebsfertigen Versand die Bauhöhe herabzusetzen. Man verwendet statt des dreischenkeligen einen fünfschenkeligen Kern und braucht dann nicht den Jochquerschnitt gleich dem Schenkelquerschnitt zu

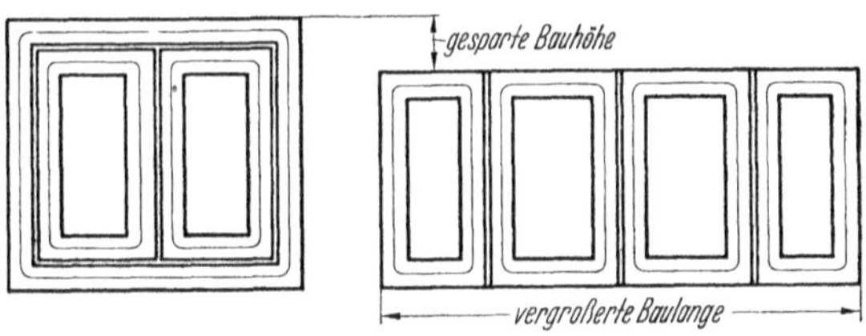

Abb 46. Rahmenkern für Dreischenkel- und Fünfschenkeltransformatoren Die magnetischen Kraftlinienwege sind eingezeichnet.

machen. Durch die Gabelung der Kraftflüsse wird der Jochfluß verkleinert, so daß etwa der 0,5- bis 0,6fache Querschnitt eines Schenkels für das Joch ausreicht. Hierdurch wird die Jochhöhe verringert.

Die vierten und fünften Schenkel sind unbewickelt und stellen Hilfsjoche dar, die von Teilkraftflüssen durchflossen werden.

Beim Dreischenkeltransformator entsteht der volle Jochfluß nur dann, wenn der Kraftfluß einer der Außenschenkel im Maximum steht. Der Kraftfluß des Mittelschenkels wird in den Jochen gegabelt, so daß dieser Kraftfluß keinen vollen Jochfluß bewirkt. Beim Fünfschenkeltransformator werden dagegen die Kraftflüsse aller drei bewickelten Innenschenkel aufgeteilt, wodurch in den Jochen überhaupt kein voller Kraftfluß mehr zum Fließen kommt (s. Abb. 47).

Auf Grund dieser Aufspaltung der Kraftflüsse im Eisen kann der Kern bei Dreischenkel- sowie Fünfschenkeltransformatoren aus einzelnen Rahmen zusammengesetzt werden. Diese Bauart ist aus Abb. 46 zu ersehen.

10. Magnetisierung des fünfschenkeligen Transformators. a) *Sternschaltung der Primärwicklung.* Ist ein primärer Sternpunktleiter vorhanden, so gilt die Bedingung nach Gl. (86) für die Kraftflüsse der bewickelten Schenkel. Da die magnetischen Widerstände der drei Kraftlinienwege durch die Gabelung der Flüsse wesentlich symmetrischer sind als bei dreischenkeligen Transformatoren, ergibt sich im Gegensatz zu diesen, daß die Effektivwerte der Magnetisierungsströme der einzelnen Wicklungsstränge nicht mehr so stark voneinander abweichend sind.

Die magnetischen Sternpunkte sind hier über Eisenwege verbunden.

Ohne Sternpunktleiter wird die Gültigkeit der Gl. (86) aufgehoben und durch die Gl. (87) ersetzt. Den gleichphasigen Flüssen, die hierdurch hervorgerufen werden, steht ein magnetisch gut leitender Weg im Eisen, und zwar im vierten und fünften Schenkel zur Verfügung. Die Schließung der Kraftlinien erfolgt somit nicht über dem Luftweg, sondern mit großer Intensität im Eisenweg. Die Verlagerung des Sternpunktes ist deshalb stark ausgeprägt. Während die Verlagerung

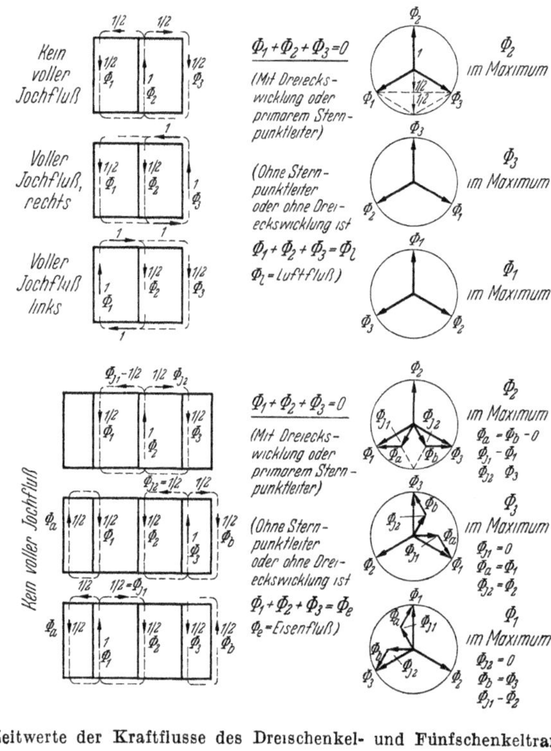

Abb. 47. Zeitwerte der Kraftflusse des Dreischenkel- und Fünfschenkeltransformators.

beim dreischenkeligen Kern kaum wahrnehmbar ist, kann sie hier bis etwa 6 bis 8% der symmetrischen Sternspannung betragen. Der Magnetisierungsstrom des mittleren Schenkels ist hier wieder kleiner als der der beiden äußeren Schenkel.

Bei Anordnung einer Dreieckwicklung an den drei mittleren Schenkeln hat die Gl. (86) wieder Gültigkeit. Die gleichphasigen Flüsse werden aufgehoben, und die Verlagerung wird unterbunden.

b) *Dreieckschaltung der Primärwicklung.* Erfolgt die Erregung direkt von einer Dreieckwicklung aus, so sind die Magnetisierungsströme der

Wicklungsstränge genau so groß wie bei der primären Sternschaltung mit Sternpunktleiter.

Die in den drei Leitern zu den Klemmen des Transformators fließenden Magnetisierungsströme weisen aber infolge der Differenzbildung der Ströme durch die Dreieckwicklung keine wesentlichen Unterschiede mehr auf (s. S. 217, Kompensation der Oberwellen).

In Abb. 47 sind die Zeitwerte und die Gabelung der Kraftflüsse dargestellt.

11. Sternpunkt- und gleichphasige Belastung des Fünfschenkel-Transformators. a) *Ohne Dreieckwicklung.* Die gleichphasigen Durchflutungen können nicht aufgehoben werden und erzeugen je Schenkel magnetische Flüsse $\Phi_e/3$, die gleiche Richtung aufweisen. Sie schließen sich mit großer Stärke im Eisenweg, da sie einen freien Rückschluß vorfinden. Sie wirken total magnetisierend (Abb. 48).

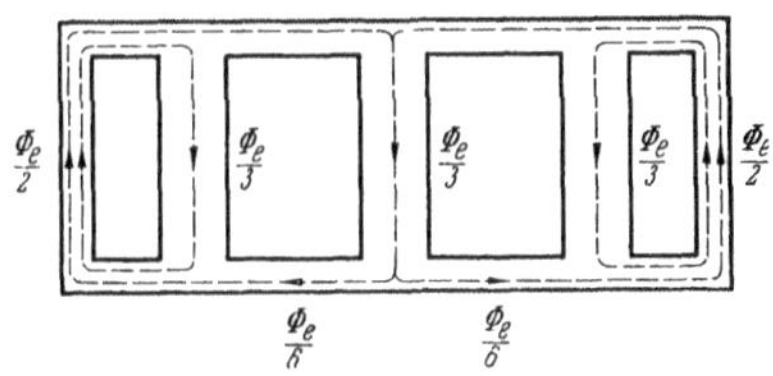

Abb. 48. Verteilung des gleichphasigen Eisenflusses Φ_e beim Fünfschenkeltransformator.

Bei Sternpunktbelastung verhält sich der Transformator somit wie eine eisengeschlossene Drosselspule.

Die Sternpunktverlagerung wird schon bei kleinem Sternpunktleiterstrom so groß, daß die Sternspannung praktisch auf Null zurückgeht. Die Spannung bricht zusammen.

Bei Belastung mit Löschspulenstrom erreicht die Jochreaktanz die Größe der Leerlaufreaktanz des Transformators. Es kann praktisch somit kein Löschspulenstrom durch die Wicklungen des Transformators fließen.

b) *Mit Dreieckwicklung.* Die gleichphasigen Durchflutungen werden aufgehoben. Der Fünfschenkeltransformator verhält sich wie ein Dreischenkeltransformator mit Dreieckwicklung.

Dieselben Gesetzmäßigkeiten gelten für Manteltransformatoren und für drei Einphasentransformatoren, da auch diese Bauarten einen freien Rückschlußweg im Eisen besitzen.

12. Der primäre Sternpunktleiter. Zwischen dem Sternpunkt des Generators und dem des Transformators oder der Belastung (oder der Leiterkapazitäten gegen Erde) besteht bei galvanischer Verbindung der Netzleiter auch bei vollständiger Symmetrie eine Spannung von dreifacher (neunfacher usw.) Frequenz. Die Spannung ist die Summe der in den drei Phasen befindlichen und gleiche Richtung besitzenden dritten (neunten usw.) Oberwellen der Sternspannung des Generators. Bei sinusförmiger Generatorspannung können auch durch die Magnetisierung der Transformatoren Oberwellen entstehen, die die Spannung beeinflussen und Verzerrungen hervorrufen.

Wird der Sternpunkt des Generators geerdet so besteht zwischen Transformatorsternpunkt oder Belastungssternpunkt und Erde die Spannung der dritten Oberwellen. Wird der Sternpunkt des Transformators zusätzlich geerdet oder direkt mit dem Generatorsternpunkt leitend verbunden, so fließt in diesem primären Sternpunktleiter stets ein Strom dreifacher (neunfacher usw.) Frequenz.

Tabelle 7. *Hauptabmessungen von Transformatoren für Innenraumaufstellung (DIN 42502)*

Baugröße	Nennoberspannung bis 10 kV: Länge mm	Nennoberspannung bis 10 kV: Breite mm	Nennoberspannung bis 10 kV: Höhe mm	Nennoberspannung bis 20 kV: Länge mm	Nennoberspannung bis 20 kV: Breite mm	Nennoberspannung bis 20 kV: Höhe mm	Rollen-Mittenabstand mm
20	820	580	1100	850	620	1200	
30	850	580	1200	900	620	1300	420
50	950	620	1350	1000	620	1450	
75	1100	700	1500	1100	700	1550	
100				1100	750	1600	
125				1200	800	1700	520
160				1300	800	1800	
200				1360	800	1850	
250				1700	900	2000	
315				1800	900	2100	
400				1900	950	2200	
500				2000	1000	2400	670
630				2050	1100	2560	
800				2300	1200	2650	
1000				2400	1300	2850	
1250				2500	1400	3050	820
1600				2600	1500	3300	

Um die Entstehung von Strömen hoher Frequenz zu vermeiden, dürfen beide Sternpunkte weder gleichzeitig starr geerdet noch leitend verbunden werden. Man vermeidet deshalb bei Generatoren die Dreieckschaltung, weil sich die dritten Oberwellen der Spannung der einzelnen Phasen zu einer resultierenden von dreifacher Amplitude addieren und einen inneren Ausgleichstrom hervorrufen, der fast unabhängig von der Belastung ist. Bei Sternschaltung fallen die dritten Oberwellen in der Spannung fort[1]. Die äußeren Ströme dreifacher Frequenz verursachen Spannungsverluste an den Impedanzen und Verzerrungen der Netzspannung, während die inneren Ströme zusätzliche Verluste und erhöhte Erwärmung bedingen.

Bei der Betrachtung der Magnetisierungs- und Belastungsvorgänge in den vorangegangenen Kapiteln wurde der primäre Sternpunktleiter öfter nur aus theoretischen Gründen herangezogen. Im praktischen Betrieb wäre eine derartige Leitung bei größeren Entfernungen schon aus wirtschaftlichen Gründen untragbar, abgesehen davon, daß diese auch Nachteile zu den Vorteilen bringt. Für den Betrieb des Transformators wird diese Leitung nicht benötigt. Eine Dreieckwicklung bietet vollen Ersatz und bringt nur die Vorteile des primären Sternpunktleiters mit sich.

13. Dreiwicklungstransformatoren. Für die Aufspeisung von zwei Netzen mit verschiedenen Spannungen, die von der erzeugten oder zugeführten Spannung abweichen, oder zur Kupplung von zwei Gene-

[1] Durch die Differenzbildung der Sternspannungen sind keine gleichphasigen Oberwellen in der verketteten Spannung vorhanden.

ratoren, die auf ein gemeinsames Netz arbeiten, verwendet man Dreiwicklungstransformatoren. Bezeichnet man die Leistung der einzelnen Wicklungen mit N_1, N_2 und N_3, so ist die Typenleistung des Transformators

$$N_N = \frac{N_1 + N_2 + N_3}{2} \quad \text{(kVA)}. \tag{111}$$

Die Leistung der Primärwicklung gibt die Grenze für die Leistungsabgabe der beiden anderen Wicklungen zusammen. Bei Dreiwicklungstransformatoren kann man drei Kurzschlußspannungen bei drei Kurzschlußversuchen messen. Es ist

U_{K12} = Nennkurzschlußspannung an Wicklung *1*, wenn Wicklung *2*
U_{K13} = ,, ,, ,, *1*, ,, ,, *3*
U_{K23} = ,, ,, ,, *2*, ,, ,, *3*

kurzgeschlossen ist.

Da diese Bauart meistens bei Großtransformatoren angewendet wird, kann der Wechselstromwiderstand der Wicklung bei Berechnungen vernachlässigt werden.

Die aus der gemessenen Kurzschlußspannung berechnete Impedanz kann also gleich der Streureaktanz und die Kurzschlußspannung gleich der Streuspannung gesetzt werden.

Die Streureaktanzen, bezogen auf Wicklung *1*, sind bei Sternschaltung je Phase

$$\left.\begin{aligned} X_{S12} &= \frac{U_{K12}}{\sqrt{3}\, I_{N2}\,(n_2/n_1)} \quad \text{(Ohm)},\\ X_{S13} &= \frac{U_{K13}}{\sqrt{3}\, I_{N3}\,(n_3/n_1)} \quad \text{(Ohm)},\\ X'_{S23} &= \left(\frac{n_1}{n_2}\right)^2 \frac{U_{K23}}{\sqrt{3}\, I_{N3}\,(n_3/n_2)} \quad \text{(Ohm)}. \end{aligned}\right\} \tag{112}$$

Sie bestehen aus der Summe der Reaktanzen der einzelnen Wicklungsstränge: $X_{S12} = X_{S1} + X'_{S2}$, $X_{S13} = X_{S1} + X'_{S3}$ und $X'_{S23} = X'_{S2} + X'_{S3}$, und die Streureaktanzen dieser Wicklungsstränge, bezogen auf Wicklung *1*, sind deshalb in Ohm

$$\left.\begin{aligned} &\text{Netz I} \quad X_{S1} = \frac{X_{S12} + X_{S13} - X'_{S23}}{2} = \omega\, L_{S1},\\ &\text{Netz II} \quad X'_{S2} = \frac{X'_{S23} + X_{S12} - X_{S13}}{2} = \omega\, L'_{S2},\\ &\text{Netz III} \quad X'_{S3} = \frac{X'_{S23} + X_{S13} - X_{S12}}{2} = \omega\, L'_{S3}. \end{aligned}\right\} \tag{113}$$

Aus diesen Streureaktanzen kann das Ersatzschaltbild in Sternschaltung unter Vernachlässigung des Leerlaufstromes pro Phase des Dreiwicklungstransformators gebildet werden, weil nach dem Gesetz des Gleichgewichtes der Belastungsdurchflutungen die Bedingung für Sternschaltung

$$I_{N1} + \frac{n_2}{n_1} I_{N2} + \frac{n_3}{n_1} I_{N3} = 0 \tag{114}$$

Gültigkeit erhält (Abb. 49).

Bei Zylinderwicklung sind die Beziehungen zwischen den Streureaktanzen der drei konzentrischen Zylinder von der Lage der die Energie aufnehmenden und Energie abgebenden Wicklungen abhängig.

Ist die Wicklung *1* allein die Energie aufnehmende Wicklung, so ist im Hinblick auf die kleinste Spannungsänderung die Anordnung die günstigste, bei der die Wicklung *1* zwischen Wicklung *2* und *3* liegt. In diesem Fall ist angenähert

$$X_{S\,12} = X_{S\,13} = \tfrac{1}{2}\,X'_{S\,23}, \tag{115}$$

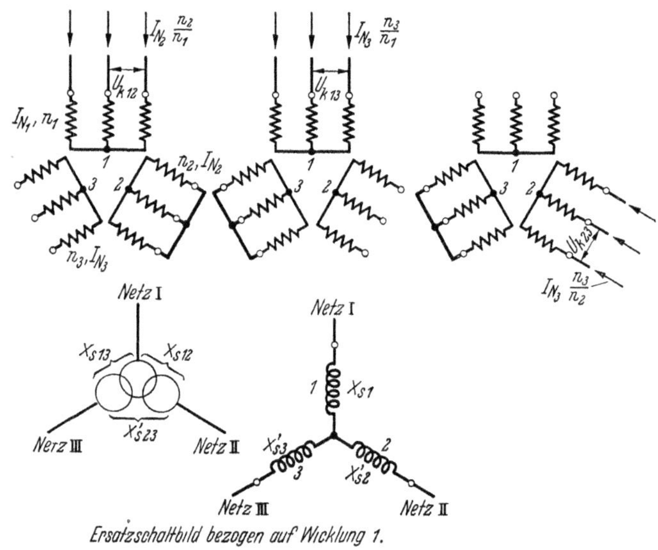

Abb. 49. Messung der Kurzschlußspannungen und Ersatzschaltbild des Dreiwicklungstransformators

wodurch $X_{S\,1} = 0$; $X'_{S\,2} = X'_{S\,23}/2$ und $X'_{S\,3} = X'_{S\,23}/2$ wird. Die auf Wicklung *1* bezogene Sternspannung des Netzes II ist vektoriell

$$U'_2/\sqrt{3} = U_1/\sqrt{3} + X_{S\,1}\,I_1 - X'_{S\,2}\,\frac{n_2}{n_1}\,I_2 \quad (\mathrm{V}) \tag{116}$$

und die des Netzes III

$$U'_3/\sqrt{3} = U_1/\sqrt{3} + X_{S\,1}\,I_1 - X'_{S\,3}\,\frac{n_3}{n_1}\,I_3 \quad (\mathrm{V}). \tag{117}$$

Unter Berücksichtigung der Gl. (115) folgt für

$$\text{Netz II} \quad U'_2/\sqrt{3} = U_1/\sqrt{3} - \frac{X'_{S_{23}}}{2}\,\frac{n_2}{n_1}\,I_2 \quad (\mathrm{V}), \tag{118}$$

$$\text{Netz III} \quad U'_3/\sqrt{3} = U_1/\sqrt{3} - \frac{X'_{S_{23}}}{2}\,\frac{n_3}{n_1}\,I_3 \quad (\mathrm{V}), \tag{119}$$

woraus zu ersehen ist, daß bei dieser Wicklungsanordnung eine Belastungsänderung im Netz II fast keine Spannungsänderung im

Netz III hervorruft und umgekehrt. Da $X_{S1} = 0$ ist, erscheint im Ersatzschaltbild für Wicklung *1* statt der Reaktanz ein widerstandsloses Leitungsstück. Die Spannungsverluste des Stromes I_1 sind auch deshalb in den Gl. (118) und (119) nicht vorhanden.

Dieses ist für den Betrieb von Bedeutung, denn die Stromschwankungen und die damit verbundenen Spannungsschwankungen des einen Netzes können auf das andere Netz nicht übertragen werden, wodurch eine Beunruhigung des letzteren vermieden wird. Wenn X'_{S23} etwas größer als $X_{S12} + X_{S13}$ ist, so wird X_{S1} negativ. Im Ersatzschaltbild erscheint dann für Wicklung *1* eine negative Reaktanz, statt des induktiven ist folglich ein kapazitiver Widerstand zu setzen. In Wicklung *1* ist somit der Spannungsverlust des Stromes I_1 negativ. Nach Gl. (116) und (117) wird also, wenn alle Wicklungen stromdurchflossen sind, die Sternspannung des Netzes II und III etwas größer.

Dreiwicklungstransformatoren bieten ein sehr wirksames Mittel zur Begrenzung der Kurzschlußströme zwischen zwei gekuppelten Netzen oder Generatoren.

Bei gleicher Leistung und gleicher Spannung von Wicklung *2* und *3* und bei gleicher Kurzschlußspannung zwischen Wicklung *1* und *2* sowie *1* und *3* ist die doppelte Kurzschlußspannung zwischen den Wicklungen *2* und *3* vorhanden.

Beispiel: Wicklung *1* 20 MVA, 30 kV
Wicklung *2* 10 MVA, 6 kV, $I_{N2} \approx 1000$ A und
Wicklung *3* 10 MVA, 6 kV, $I_{N3} \approx 1000$ A,

die Kurzschlußspannungen sind

$$u_{K12} = 10\% \text{ bei } 10\,\text{MVA},$$
$$u_{K13} = 10\% \text{ bei } 10\,\text{MVA},$$

so wird

$$u_{K23} = 20\% \text{ bei } 10\,\text{MVA},$$

woraus

$$X_{S12} = X_{S13} = \frac{0{,}1 \cdot 30000}{\sqrt{3} \cdot 1000 \cdot (6/30)} \approx 8{,}7\ \text{Ohm}$$

und

$$X'_{S23} = \frac{0{,}2 \cdot 6000}{\sqrt{3} \cdot 1000\,(6/6)} \left(\frac{30}{6}\right)^2 \approx 17{,}4\ \text{Ohm}$$

wird. Hieraus ergibt sich

$$X_{S1} = 0, \qquad X'_{S2} = 8{,}7\ \text{Ohm}, \qquad X'_{S3} = 8{,}7\ \text{Ohm}.$$

Je Umspannerhalfte ist eine Reaktanz von 10% für die halbe Leistung vorhanden. Zwischen Wicklung *2* und *3* ist eine Reaktanz von 20%, bezogen auf Wicklung *1*, für die Gesamtleistung geschaltet. Speist ein Generator mit 10 MVA auf Wicklung *2* und ein gleicher auf Wicklung *3*, so sind für den Normalbetrieb der Maschinen je 10% Langsreaktanz (gleichgültig, ob beide oder nur eine Maschine fahrt) vorgeschaltet. Wenn aber eine Maschine in den Kurzschluß der anderen

Maschine einspeist, so ist eine Querreaktanz von 20% wirksam. Der Dreiwicklungstransformator hat in diesem Fall eine doppelte Drosselwirkung als im Normalbetrieb.

Die Typenleistung für obiges Beispiel ist $N_N = (20 + 10 + 10)/2 = 20$ MVA.

Auch bei ungleichen Kurzschlußspannungen kann eine nahezu doppelte Drosselwirkung erzielt werden (5, 8 und 11%).

In den USA sind u. a. Dreiwicklungstransformatoren mit einer Leistung von 88 MVA und einer Spannung von 13,2/218 ± 5% kV als Maschinentransformatoren in Betrieb. Die Wicklungen sind wie folgt geschaltet.

2/1/3 : Dreieck-Stern-Dreieck. Die Reaktanz zwischen Dreieck-Dreieck-Wicklung beträgt 55% und zwischen Stern-Dreieck 27,5%. Auf die Dreieckwicklungen speisen Generatoren mit einer Leistung von je 44 MVA. Die Transformatorenbank besteht aus drei Einphasentransformatoren mit einer Leistung von je 88/3 MVA.

In Abb. 52 ist ein Dreiwicklungstransformator 30 MVA 104/23,4/13,5 kV, gebaut von der Firma Siemens-Schuckertwerke als Wandertransformator, dargestellt.

14. Anschluß von Löschspulen an Leistungstransformatoren. Transformatoren jeder Bauart, die eine Dreieckwicklung — sei es als Arbeits- oder Tertiärwicklung — aufweisen oder deren Wicklung, an der die Löschspule angeschlossen wird, in Zickzack geschaltet ist, sind für den Anschluß von Löschspulen geeignet. Im Betrieb des Transformators und bei einem aufgetretenen Erdschluß addiert sich der induktive Löschspulenstrom geometrisch zum Belastungsstrom. Die resultierenden Ströme in den einzelnen Schenkelwicklungen des Transformators sind verschieden groß und von der Phasenverschiebung des Belastungsstromes abhängig.

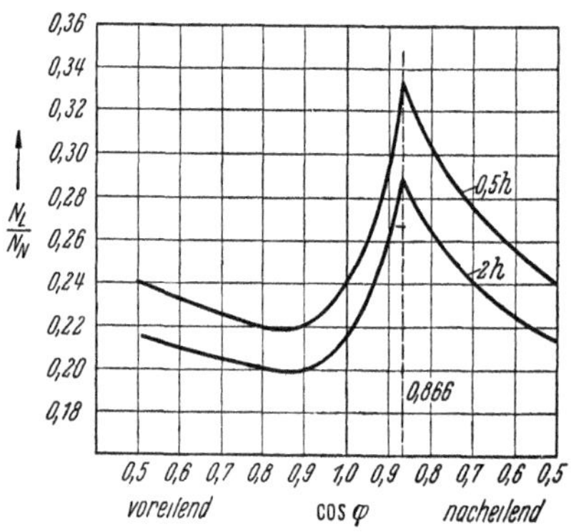

Abb. 50. Zulässige Löschspulenleitung N_L im Verhältnis zur Transformatoren-Nennleistung N_N bei vollbelastetem Transformator für 0,5 bis 2 h (nach BOLLMANN).

Maßgebend für die Erwärmung des Transformators sind die Wicklungsverluste in der Wicklung, in der die höchste Strombelastung auftritt. Nach BOLLMANN kann gemäß der in Abb. 50 angegebenen Kurven für eine Erdschlußdauer von 0,5 bis zu 2 Stunden annähernd die zulässige Anschluß-Löschspulenleistung bestimmt werden. Die Kurven gelten für Vollast und unter der Voraussetzung, daß eine Temperaturerhöhung von 10° für Wicklung und Öl über die in DIN 57532, Tafel IV, festgelegten Grenzen zugelassen wird.

Bei Teilbelastungen des Transformators können die Ordinaten der Kurven mit folgenden Faktoren vergrößert werden:

Belastung	100%	90%	80%	70%	60%	50%
Vergrößerungsfaktor .	1	1,7	2,2	2,6	2,9	3,2

Der resultierende Strom wird am kleinsten im induktiven Belastungsbereich des Transformators bei $\cos\varphi = 0{,}866$. Für diesen Fall

Abb. 51. Maschinen-Wandertransformator, transport-, anschluß- und betriebsfertig. Nennleistung: 150MVA, Nennspannung: 10,5/245 kV; Schaltgruppe: C 2◁/⅄; Betriebsart: DB, Kühlungsart: OWA; Fabrikat: Siemens-Schuckertwerke.

ist die zulässige Löschspulenanschlußleistung am größten. Die Kurven stellen das Spiegelbild der resultierenden Ströme in einer Phase des Transformators dar.

Sind mehrere Transformatoren in Betrieb, so empfiehlt es sich, die Sternpunkte über eine Schiene zu kuppeln und die Löschspulen darauf anzuschalten. Bei gleichen Jochreaktanzen verteilt sich der Löschspulenstrom gleichmäßig auf die Transformatoren, vorausgesetzt, daß die angeschlossenen Wicklungen über gleiche Nullimpedanzen bzw. Nullreaktanzen von Leitungsstrecken oder gleichmäßig elastisch oder starr, parallel geschaltet sind.

Zu berücksichtigen ist noch die thermisch zulässige Belastungszeit der Löschspulen selbst.

In Kabelnetzen treten allgemein Erdschlüsse von nur kurzer Dauer auf, weil sie schneller in Kurzschluß übergehen als in Freileitungsnetzen.

Es empfiehlt sich, selektiv wirkenden Erdschlußrelais, vor allen Dingen in Kabelnetzen, einzubauen, um bei einem Erdschluß die Abschaltung des Fehlers schnell vorzunehmen, damit Kurzschluß und Störung des Betriebes vermieden werden.

In Kabelnetzen kommt man mit einer thermischen Belastungszeit für die Löschspulen von 0,5 h und in Freileitungsnetzen mit 2.0 h aus.

15. Normung der Leistungstransformatoren (50 Per/sec). a) *Die Einheitstransformatoren* mit Ölselbstkühlung

der Hauptreihe HET bis 100 kVA und bis 20 kV sind nach DIN 42500,
der Sonderreihe SET bis 50 kVA und bis 20 kV sind nach DIN 42501

genormt.

Die Transformatoren der Sonderreihe sind für den landwirtschaftlichen Betrieb vorgesehen und dürfen nach DIN 42549 stärker überlastet werden als die Hauptreihe.

b) *Die Transformatoren mit Ölselbstkühlung* mit Cu-Wicklung sind genormt

bis 1600 kVA und bis 20 kV nach DIN 42502,
bis 1600 kVA und bis 30 kV fur $u_k = 6\%$ nach DIN 42510,
von 2000 bis 10000 kVA und bis 120 kV nach DIN 42504.

Abb. 52. Wandertransformator transport-, anschluß- und betriebsfertig auf Spezial-Transportwagen mit Rohrenkessel, Nennleistung 30 MVA Sternpunktregelung auf der Oberspannseite. Nennspannungen der drei Wicklungen:
Oberspannung. ⅄ 104 kV ± 23,7% in ± 12 Stufen.
Schaltgruppe A 2 (B 2): ⅄ (Y) 23,4—11, 7—5,85 kV;
Schaltgruppe C 2 (D 2)· ◁ (▷) 13,5—6, 75—3,375 kV;
Betriebsart: DB; Kuhlungsart· OF; Fabrikat· Siemens-Schuckertwerke.

c) *Die Transformatoren mit Ölfremdkühlung* bis 120 kV in Freiluftausführung sind genormt

für Cu-Wicklungen von 16000 bis 40000 kVA nach DIN 42508/1,
für Alu-Wicklungen von 10000 bis 40000 kVA nach DIN 42508/2.

d) *Die Trockentransformatoren mit Selbstkühlung* sind genormt

für Cu-Wicklungen von 10 bis 800 kVA und bis 6,6 kV nach DIN 42524/1,

für Al-Wicklungen von 8 bis 630 kVA und bis 6,6 kV nach DIN 42524/2.

e) *Die Baustoffanteile* der Transformatoren für Baugrößen 2000 bis 10000 und Spannungen bis 120 kV sind in DIN 42519 enthalten.

In Tab. 6 sind für die Transformatoren mit Ölselbstkühlung nach DIN 42502/504 und /510 die Verluste und Kurzschlußspannungen angegeben.

In Tab. 7 sind die Hauptabmessungen von Transformatoren für Innenraumaufstellung nach DIN 42502 und in der Tab. 8 Gesamtgewicht und Ölgewicht von Transformatoren mit Kupferwicklung für eine Oberspannung bis 30 kV bei einer Unterspannung von 400 V angegeben.

f) *Transformatorenkühlung*

bis 10000 kVA Ölselbstkühlung OS,

über 10000 kVA Ölumlaufkühlung OWA (Wasserkühlung)
oder Ölumlaufkühlung OFA (Luftkühlung),
oder Belüftungseinrichtung OF

(zur Anblasung von Röhren- oder Radiatorenkesseln: mehrere angebaute Propellerlüfter 60 m³/min, 8 mmWS statisch, mit Drehstrommotor 0,25 kW, 1450 U/min, 220/380 V, 50 Hz)

bis 60% der Nennleistung ist Ölselbstkühlung zulässig.

Tabelle 8. *Gesamtgewicht und Ölgewicht von Transformatoren mit Kupferwicklung.*

Oberspannung bis 30 kV			Unterspannung = 400 Volt			
Leistung kVA	bis 10 kV		bis 20 kV		bis 30 kV	
	Gesamt etwa kg	Öl etwa kg	Gesamt etwa kg	Öl etwa kg	Gesamt etwa kg	Öl etwa kg
30	335	80	370	105		
50	420	110	470	135		
75	545	140	590	170		
100	650	170	690	195		
125	725	200	780	220		
160	850	220	900	250		
200	1065	250	1135	320		
250	1280	280	1280	340		
315	1530	420	1580	440	1700	490
400	1760	490	1960	550		
500	2200	630	2250	650	2450	750
630	2500	720	2600	750		
800	2950	860	3030	900	3260	970
1000	3600	1020	3500	1050		
1250	4400	1350	4500	1350	4980	1450
1600	5200	1600	5350	1650	5700	1750

B. Spar-Transformatoren (*SpT*).

Weisen Unterspannung und Oberspannung nur geringe Unterschiede auf, so konnen die Wicklungen teilweise mit Vorteil vereinigt werden.

Die Unterspannungswicklung eines Spartransformators entsteht durch Anzapfung der Oberspannungswicklung, so daß eine zweite Wicklung in Fortfall kommen kann.

1. Stromverteilung. Es gilt hier auch unter Vernachlassigung der Spannungsverluste wie bei einem Transformator mit zwei Wicklungen die Gleichung

$$u = \frac{U}{u} = \frac{r_1}{n_2} \tag{120}$$

und unter Vernachlassigung des Leerlaufstromes das Gleichgewicht des Belastungsdurchflutungen

$$n_1 I_1 = n_2 I_2 . \tag{121}$$

Hieraus ergibt sich der Strom in der Oberspannungswicklung zu

$$I_1 = \frac{u}{U} I_2 \quad \text{(A)} \tag{122}$$

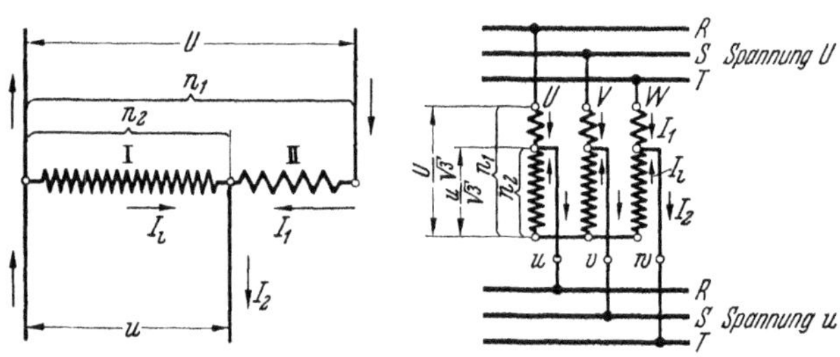

Abb 53 Einphasen- und Dreiphasenspartransformator.

und der in der gemeinsamen Wicklung fließende innere Strom zu

$$I_i = I_2 - I_1 = I_2 \left(1 - \frac{u}{U}\right) \quad \text{(A)}. \tag{123}$$

Der innere Strom ist kleiner als der Strom auf der Unterspannungsseite, und zwar um so kleiner, je weniger die Unterspannung von der Oberspannung abweicht.

Die gemeinsame Wicklungsabteilung I kann also schwacher bemessen werden als die Wicklungsabteilung II, in der der Strom I_1 fließt.

Bei Leerlauf ist $I_2 = 0$, und nach Gl. (122) ist dann ebenfalls $I_1 = 0$. Auf der Oberspannungsseite fließt (primar) in diesem Fall nur der Leerlaufstrom des Spartransformators, der oben vernachlassigt wurde. Die in Abb. 53 eingetragene Stromverteilung gilt nur dann, wenn die Speisung von der Oberspannungsseite aus erfolgt. Wird die Speisung von der Unterspannungsseite vorgenommen, so kehren sich samtliche Stromrichtungen um. Die Große der Strome bleibt jedoch unverandert.

Beim Dreiphasenspartransformator bilden die inneren Strome I_i ein symmetrisches Drehstromsystem. Die Summe der inneren Strome ist also in jedem Augenblick gleich Null. Der Sternpunkt bedarf demnach keiner außeren Verbindungen.

2. Leistung. Die Abteilungsleistungen sind

$$N_I = I_i u = u I_2 \left(1 - \frac{I_1}{I_2}\right) \qquad \text{(VA)}, \tag{124}$$

$$N_{II} = I_1 (U - u) = U I_1 \left(1 - \frac{u}{U}\right) \quad \text{(VA)}. \tag{125}$$

Die aufgenommene Leistung UI_1 ist bei Vernachlässigung der Verluste mit der abgegebenen Leistung uI_2 gleich und wird als Durchgangsleistung N_D bezeichnet. Unter Berücksichtigung der Gl. (122) folgt hieraus, daß die Abteilungsleistungen ebenfalls einander gleich sind ($N_I = N_{II}$).

Die transformatorisch übertragene Abteilungsleistung wird als Eigenleistung N_E des Spartransformators bezeichnet.

$$N_E = I_i\, u = I_1 (U - u) \quad \text{(VA)}. \tag{126}$$

Der gemeinsame Kraftfluß induziert in den Wicklungsabteilungen EMKe, die bei Vernachlässigung der Spannungsverluste den Spannungen u und $U - u$ gleichgesetzt werden können.

Das Produkt dieser Spannungen mit den durch die Abteilungen fließenden Strömen ergibt die primäre und sekundäre Leistung wie bei einem Transformator mit zwei Wicklungen.

Der Spartransformator kann damit als ein normaler Leistungstransformator mit der Typenleistung N_E, dessen Oberspannungswicklung durch die Abteilung I und dessen Unterspannungswicklung durch die Abteilung II dargestellt ist, aufgefaßt werden.

Wird aber dieser normale Transformator in Sparschaltung verwendet, so beträgt die übertragbare Leistung nicht N_E, sondern N_D. Aus dem Zusammenhang

$$N_E = N_D \left(1 - \frac{u}{U}\right) \quad \text{(VA)} \tag{127}$$

folgt, daß die Eigenleistung bzw. Typenleistung des Spartransformators kleiner als die Durchgangsleistung N_D ist, und zwar um so kleiner, je weniger die Unterspannung u von der Oberspannung U abweicht.

Ist z. B. die Spannungsdifferenz 10% ($u/U = 9/10$), so kann ein Spartransformator das 10fache seiner Typenleistung übertragen ($N_E/0{,}1 = 10\,N_E = N_D$).

Die Ersparnis an den Kosten des Transformators wird also ebenfalls um so größer, je geringer der Unterschied zwischen u und U wird.

Bei $u = U$ geht der Spartransformator in eine Drosselspule über. Es fließt nur der Leerlaufstrom.

Beispiel: Ein Spartransformator soll bei einer Durchgangsleistung von $N_D = 5000$ kVA eine Spannung von 6000 V auf 3000 V abspannen. Es wird ein normaler Leistungstransformator berechnet für die Leistung

$$N_E = 5000 \left(1 - \frac{3000}{6000}\right) = 2500 \text{ kVA}$$

und für eine Oberspannung von 3000 V (Wicklungsabteilung I)
und für eine Unterspannung von 3000 V (Wicklungsabteilung II).

Die Schaltung des normalen Leistungstransformators erfolgt nach Abb. 53 als Spartransformator.

Ist dagegen die Abspannung auf 5000 V vorgesehen, so wäre ein Leistungstransformator für eine Leistung von nur

$$N_E = 5000 \left(1 - \frac{5000}{6000}\right) = 835 \text{ kVA}$$

und für eine Oberspannung von 5000 V (Wicklungsabteilung I)
und für eine Unterspannung von 1000 V (Wicklungsabteilung II)
zu berechnen.

3. Wirkungsgrad. Mit der Verkleinerung der Typenleistung beim Spartransformator gegenüber dem normalen Leistungstransformator sinken auch entsprechend die Verluste.

Bezieht man folgerichtig den Wirkungsgrad auf die Durchgangsleistung, so wird er besonders günstig. Betragen die Verluste z. B. 3%, bezogen auf die Typenleistung, und ist die Spannungsdifferenz 10%, so sind die Verluste, bezogen auf die Durchgangsleistung, nur 0,3%. (Wirkungsgrad 99,7%).

4. Kurzschlußspannung, Kurzschlußstrom. Aus demselben Grunde ist die Kurzschlußspannung u_{KD} des Spartransformators, bezogen

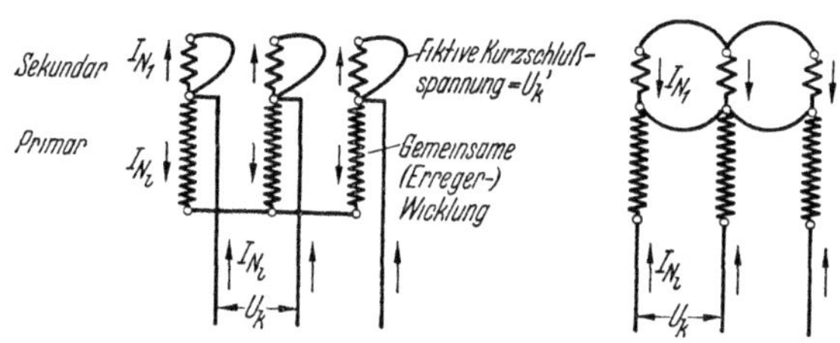

Abb. 54 Kurzschlußversuch beim Dreiphasenspartransformator in normaler Transformatorenschaltung.

auf die Durchgangsleistung, sehr gering. Sie liegt normalerweise unterhalb 1%. Bei 10% Spannungsdifferenz z. B. ist die Kurzschlußspannung u_{KE}, bezogen auf die Eigenleistung, zehnfach größer.

Zur Feststellung der Kurzschlußspannung wird meistens der in Abb. 54 dargestellte Kurzschlußversuch verwendet. Bei hohen Leistungen, z. B. bei Zusatzregeltransformatoren, kann man mit schwachen Stromquellen die Messung durchfuhren. Nach Einstellung des primären Nennstromes I_{Ni} wird die Kurzschlußspannung U_K gemessen.

Hieraus errechnet sich die prozentuale Kurzschlußspannung, bezogen auf die Eigenleistung, zu

$$u_{KE} = \frac{U_K}{u} 100 \quad (\%) \tag{128}$$

Die prozentuale Kurzschlußspannung, bezogen auf die Durchgangsleistung, ist der prozentuale Spannungsverlust in der Strombahn des Durchgangsstromes. Er wird aus der fiktiven Kurzschlußspannung U_K' berechnet.

Ist die ankommende Spannung gleich u, so wird

$$u_{KD}' = \frac{U_K'}{u} 100 = \frac{U_K \dfrac{U-u}{u}}{u} 100 \quad (\%) \tag{129}$$

und bei der ankommenden Spannung gleich U

$$u''_{KD} = \frac{U_K \frac{U-u}{u}}{U} 100 \quad (\%). \tag{130}$$

Die Kurzschlußspannungen verhalten sich wie

$$\frac{u_{KE}}{u'_{KD}} = \frac{u}{U-u} \quad \text{bzw.} \quad \frac{u_{KE}}{u''_{KD}} = \frac{U}{U-u}. \tag{131}$$

Die Kurzschlußstrome sind, bezogen auf die Eigenleistung,

$$I_{KE} = \frac{100}{u_{KE}} I_{Ni} \quad (\mathrm{A}), \tag{132}$$

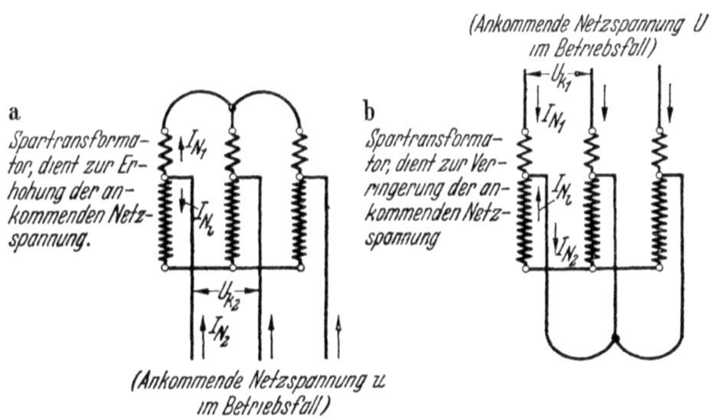

Abb. 55. Kurzschlußversuch beim Dreiphasenspartransformator in betriebsmäßiger Sparschaltung

bezogen auf die Durchgangsleistung,

$$I_{KD} = \frac{100}{u_{KD}} I_N \quad (\mathrm{A}). \tag{133}$$

Das Verhaltnis dieser Kurzschlußströme bei der ankommenden Spannung u, bezogen auf den Strom der abgehenden Seite des Spartransformators (Abb. 55), ist

$$\frac{I_{KD}}{I_{KE}} = \frac{u_{KE}}{u'_{KD}} \frac{I_{N1}}{I_N} \tag{134}$$

und da nach Gl. (122) und (123)

$$I_{N1} = \frac{u}{U} I_{N2} = \frac{u}{U} \frac{U}{U-u} I_{Ni} \tag{135}$$

ist, folgt

$$\frac{I_{KD}}{I_{KE}} = \frac{u}{U-u} \frac{u}{U} \frac{U}{U-u} = \frac{u^2}{(U-u)^2}. \tag{136}$$

analog folgt bei der ankommenden Spannung U

$$\frac{I_{KD}}{I_{KE}} = \frac{u_{KE}}{u''_{KD}} \frac{I_{N2}}{I_{Ni}} \tag{137}$$

und da nach Gl. (123)

$$I_{N2} = \frac{U}{U-u} I_{Ni} \tag{138}$$

ist, folgt

$$\frac{I_{KD}}{I_{KE}} = \frac{U}{U-u} \frac{U}{U-u} = \frac{U^2}{(U-u)^2} \tag{139}$$

Die Kurzschlußströme des Spartransformators werden um so größer, je geringer die Spannungsdifferenz $(U - u)$ und je höher die Primärspannung wird. Bei kleinen Spannungsdifferenzen steigen die Kurzschlußströme gewaltig an. Sie sind im Verhältnis $u/(U - u)$ bzw. $U/U - u)$ größer als bei einem normalen Leistungstransformator für die gleiche Durchgangsleistung.

Die Kurzschlußspannung, bezogen auf die Durchgangsleistung u_{KD}, wird zur Berechnung des tatsächlichen Kurzschlußstromes zur Kurzschlußspannung der vorgeschalteten Drosselspule oder des Haupttransformators addiert. Spartransformatoren müssen laut DIN 57532 immer dann durch die vorgeschalteten Reaktanzen geschützt werden, wenn der Kurzschlußstrom hinter dem Spartransformator mehr als das 30- bzw. 20fache des Nennstromes betragen kann (s. S. 27). Die den in in Abb. 55 angegebenen Nennströmen entsprechenden Kurzschlußströme lassen sich ähnlich, wie bereits oben ermittelt, aus den Gl. (132) und (133) berechnen. An Stelle des Stromes I_N sind dann die Ströme I_{N2}, I_{N1} und I_{Ni} zu setzen.

5. Erdschlußübertragung. Leistungstransformatoren trennen galvanisch die gekuppelten Netze, da sie die Leistung rein induktiv übertragen. Beide Wicklungen sind voneinander isoliert. Die Erdschlußvorgänge eines Netzes werden bei magnetisch ausgeglichenem Leistungstransformator in keiner Weise auf das andere Netz übertragen. Die Erdschlußströme der Netze sind isoliert.

Diese Vorteile weist der Spartransformator nicht auf, weil über die Wicklungsabteilung II eine galvanische Verbindung der gekuppelten Netze auftritt.

Bei großen Spannungsunterschieden des Spartransformators treten deshalb beim Erdschluß eines Netzleiters auf der Oberspannungsseite stark erhöhte Spannungen gegen Erde in zwei Phasen auf der Unterspannungsseite auf, wodurch die Isolation des Unterspannungsnetzes überbeansprucht werden kann.

Nach DIN 57532, § 3b, sollen bei Stromkreisen mit mehr als 250 V gegen Erde nur solche Spartransformatoren verwendet werden, bei denen der Unterschied zwischen Ober- und Unterspannung nicht mehr als 25% beträgt.

Bei starr geerdetem Sternpunkt kann im Erdschluß eine Spannungserhöhung der gesunden Phasen gegen Erde nicht eintreten. In solchen Fällen kann der Spartransformator mit größeren Spannungsunterschieden verwendet werden.

C. Zusatz-Transformatoren (ZT).

Wahrend bei Spartransformatoren die Wicklungsabteilungen I und II gleichsinnig in Reihe liegen und fest elektrisch verbunden sind. wird beim Zusatztransformator die Wicklungsabteilung II umschaltbar angeordnet. Die Wicklungsabteilung I wird von der Primärspannung gespeist und je nach Schaltung der Wicklungsabteilung II die Sekundärspannung erhöht oder vermindert. Bei der Spannungserhöhung besteht kein Unterschied gegenüber einem Spartransformator. Bei der Spannungsverminderung dagegen wird die Wicklungsabteilung II gegensinnig in Reihe geschaltet. Die Spannung der Wicklungsabteilung II — die Zusatzspannung U_Z — wird also von der (unveränderlichen) Spannung der Wicklungsabteilung I subtrahiert. In Abb. 56 ist der Zusatztransformator bei Verminderung der Spannung einem Spartransformator gegenübergestellt.

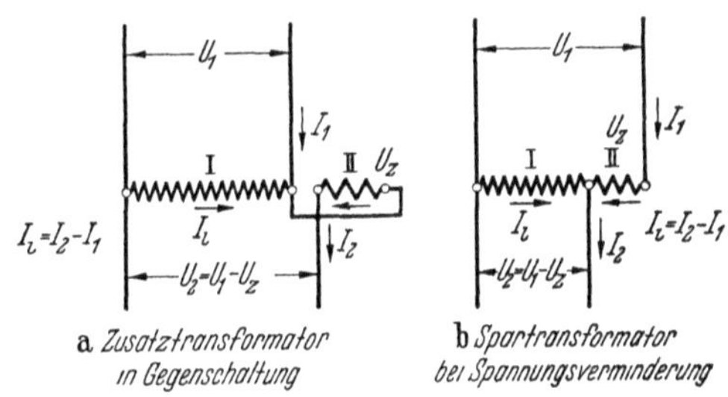

Abb. 56. Verminderung der ankommenden Spannung U_1 beim Zusatz- und Spartransformator

Nach dem Energiegesetz ist

$$U_1 I_1 = (U_1 - U_Z) I_2 \tag{140}$$

und hieraus

$$\frac{I_1}{I_2} = \frac{U_1 - U_Z}{U_1}. \tag{141}$$

Die Eigenleistung des Zusatztransformators ist

$$\begin{aligned} N_{EZ} &= U_1 I_1 = U_1 (I_2 - I_1) \\ &= U_1 I_1 \left(\frac{I_2}{I_1} - 1\right) = N_D \frac{U_Z}{U_2} \quad \text{(VA)}. \end{aligned} \tag{142}$$

Die Eigenleistung des Spartransformators dagegen ist

$$\begin{aligned} N_{ES} &= U_2 I_1 = U_2 (I_2 - I_1) \\ &= U_2 I_2 \left(1 - \frac{I_1}{I_2}\right) = N_D \frac{U_Z}{U_1} \quad \text{(VA)} \end{aligned} \tag{143}$$

und das Verhältnis der Eigenleistungen wird

$$\frac{N_{EZ}}{N_{ES}} = \frac{U_1}{U_2}, \tag{144}$$

woraus folgt, daß die Eigenleistung des Zusatztransformators bei Spannungsminderung größer ist als die eines für dieselben Verhältnisse ausgelegten Spartransformators. Der Zusatztransformator ist also bei Spannungsminderung schlechter ausgenutzt als der Spartransformator. In Abb. 57 ist der Dreiphasenzusatztransformator bei Spannungs-

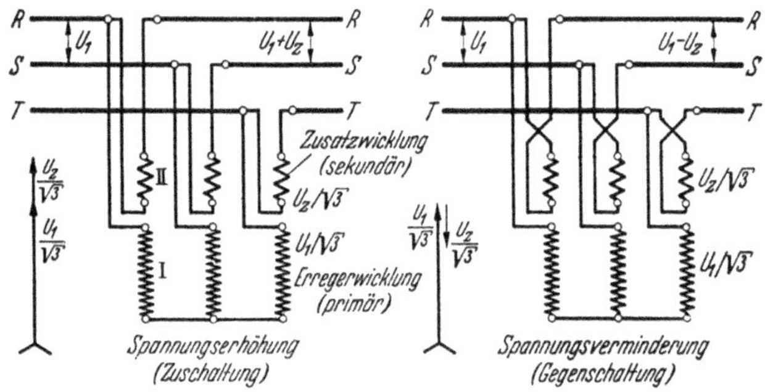

Abb 57. Dreiphasenzusatztransformator in Sparschaltung.

erhohung und Spannungsverminderung dargestellt. Kurzschlußspannung und Kurzschlußstrom sind ahnlich wie beim Spartransformator zu berechnen.

D. Regeltransformatoren *(RT)*.

Die Regeltransformatoren werden hauptsachlich in zwei Gruppen unterteilt, und zwar in die regelbaren Leistungstransformatoren (LT/R),

Abb 58. Herausgehobener Kern des 30 MVA Wandertransformators Abb 52, von der dem Umsteller entgegengesetzten Seite aus gesehen Die Leitungen, die von den Anzapfungen zu der Stelle, wo der Wahler angebaut wird fuhren, nehmen etwa die Halfte der Bauhohe ein Fabrikat. Siemens-Schuckertwerke

siehe Abb 58, und die eigentlichen Spannungsregler oder Regelzusatztransformatoren (ZT/R). Die Anwendung dieser Transformatoren fur die Spannungshaltung der Netze ist derart allgemein geworden, daß ihre Eigenschaften in DIN 42515 und DIN 42514 bereits genormt worden sind.

1. Grundlagen der Stufenregelung. Sind an einer Transformatorenwicklung Anzapfungen vorhanden, so kann die Sekundärspannung je nach Bedarf verändert werden.

Bei Transformatoren ohne Regelung sind die Anzapfungen normalerweise so ausgelegt, daß zwei um ± 2 oder $\pm 4\%$ von der Nennspannung abweichende Spannungen, d. h. drei Spannungsstufen, einstellbar sind. Die Umlegung der Anzapfungen kann bei diesen Transformatoren nur im spannungslosen Zustand erfolgen. Bei Regeltransformatoren werden dagegen die Anzapfungen ohne Unterbrechung der Stromlieferung, unter Last, je nach Bedarf umgeschaltet. Die Regulierung der Spannung erfolgt stufenweise. Die Schalteinrichtung wird als Stufenregler oder als Stufenregeleinrichtung bezeichnet und mit einer zweckmäßigen Kinematik ausgerüstet. Der Stufenregler besteht allgemein aus dem Stufenwähler und dem Lastenschalter. Bei kleineren Schaltleistungen werden diese beiden Teile in einem Laststufenwähler vereinigt. Alle Vorrichtungen arbeiten meistens unter Öl. Um eine Verrußung des Öles im Transformator durch den entstehenden Lichtbogen zu vermeiden, werden Laststufenwähler oder Lastschalter in getrennten Gefäßen außerhalb des Transformatorkessels untergebracht.

Die Anzapfstufen werden vom Wähler in stromlosem Zustand ausgewählt, während der Lastschalter die Umschaltung von der einen in Betrieb befindlichen Anzapfstufe auf die bereits ausgewählte Stufe besorgt. Bei der Umschaltung tritt eine vorübergehende Überbrückung zweier benachbarter Anzapfungen ein. Um hierbei die Kurzschließung der Windungen einer Stufe zu vermeiden, werden induktive oder induktionsfreie Überschaltwiderstände verwendet. Die induktiven Widerstände — kurz Überschaltdrossel genannt — werden für Dauereinschaltung bemessen und gestatten deshalb eine kontinuierliche Bewegung des Lastschalters, der zusammen mit dem Wähler durch einen Motor direkt angetrieben werden kann.

Die induktionsfreien Widerstände — kurz Überschaltwiderstände genannt — sind hiergegen nur für kurzzeitige Belastung vorgesehen; der Lastschalter muß eine schnelle Bewegung über einen vom Antriebsmotor aufgeladenen Kraftspeicher ausführen.

Die Lastschalter und ihre Antriebe sind also von den verwendeten Überschaltwiderständen abhängig, während die Wähler bei beiden Anordnungen fast ähnlich gehalten werden können. Entsprechend der langsamen oder schnellen Bewegung bezeichnet man die Lastschalter mit Lauflastschalter oder Sprunglastschalter. Die grundsätzlichen Schaltanordnungen dieser beiden Arten von Stufenreglern sind in den Abb. 59 und 60 dargestellt.

a) *Lauflastschalter.* Beim Stufenregler mit Lauflastschalter durchläuft das bewegliche Schaltmesser des Lastschalters bei Regelung um eine Stufe nacheinander mit gleichbleibender Geschwindigkeit 4 feststehende Kontaktklotze in etwa 3 bis 4 Sekunden. Wahrend dieser einen Umdrehung (360°) des Schaltmessers wird der Wahler B strom-

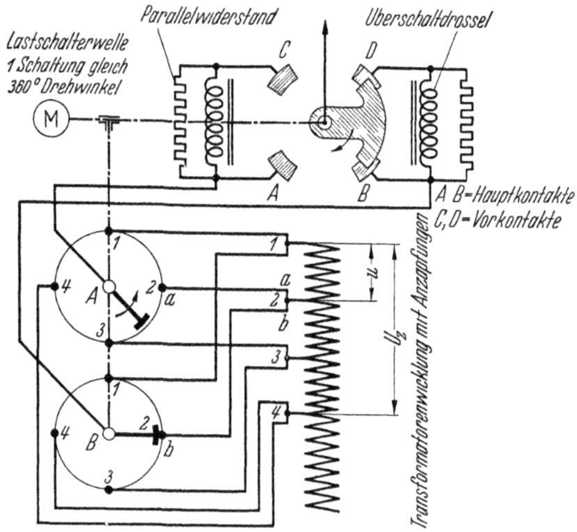

Abb 59 Lauflastschalter mit Stufenwahler (Langsame Umschaltung) Die Regeleinrichtung hat die Betriebsstellung der Stufe *2* noch nicht erreicht Hierzu ist erforderlich, daß das Schaltmesser auf Kontaktklotz A und B und Wahlerarm A auf Kontakt *2* geht

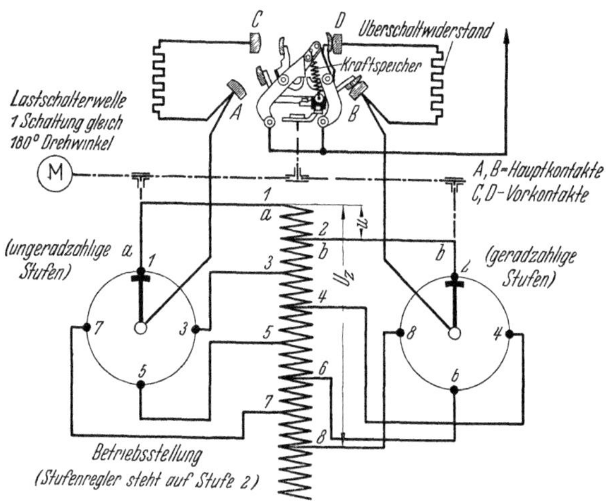

Abb 60 Sprunglastschalter mit Stufenwahler (Schnelle Umschaltung) Die Regeleinrichtung steht auf die Betriebsstellung der Stufe *2*

los und bewegt sich zur nachsten Stufe und wird stromfuhrend. Hierauf ruckt der Wahler A stromlos auf die gleiche Stufe und fuhrt dann parallel zu B Strom. In der Betriebsstellung sind also beide Wahler parallel, und das Schaltmesser verbindet die Kontaktklötze A und B; die Überschaltdrossel ist geöffnet. Wähler und Lastschalter rücken kraftschlüssig durch die einzelnen Stellungen. Der Schaltvorgang rollt zwangsläufig ab, gesteuert durch eine Automatik des Antriebsmotors. Bei eventuellem Versagen des Antreibes können Wähler und Lastschalter ohne Schaden in jeder Stellung stehenbleiben, da die Überschaltdrossel für Dauereinschaltung und mit derselben thermischen Sicherheit bemessen werden kann wie der Transformator selbst. Die Parallelwiderstände sind ebenfalls für Dauereinschaltung vorgesehen. Die Wählerarme A und B bestreichen alle Anzapfungen des Transformators, und die Kontakte werden, da sie in Betriebsstellung parallel aufliegen, auf halbe Stromstärke bemessen.

b) *Sprunglastschalter.* Beim Stufenregler mit Sprunglastschalter wird während des Aufziehens des Kraftspeichers der stromfreie Wähler auf die nächste Stufe umgestellt. Anschließend vollzieht der Lastschalter den Umschaltvorgang unter Entspannung des Kraftspeichers. Der Antriebsmotor wirkt kraftschlüssig auf Wähler und Kraftspeicher des Lastschalters.

Der Schaltvorgang im Sprungslastschalter läuft nach Betätigung unaufhaltsam in etwa 0,04 Sekunden ab. Die Regelung um eine Stufe — also Aufziehen des Kraftspeichers, Umstellung des Wählers und Umschalten des Lastschalters — dauert etwa 5 bis 10 Sekunden. Hierbei wird die Lastschalterwelle um 180° gedreht. Zwischen Wähler und Lastschalter ist für die Umkehr des Regelsinnes gegenüber der vorher stattgefundenen Schaltung ein Leergang im Nutengetriebe von 180° vorgesehen, da der Wähler für diesen Fall auf der richtigen Stufe steht und bei Betätigung des Reglers nicht bewegt werden darf.

In der Betriebsstellung stehen beide Wählerarme auf verschiedenen Anzapfungen, wobei ein Arm stromführend ist. Die Kontakte sind deshalb für den vollen Strom zu bemessen. Der Lastenschalter schließt entweder den Hauptkontakt A oder B. Wählerarm A bestreicht die ungradzahligen und Wählerarm B die gradzahligen Anzapfungen.

Die ohmschen Überschaltwiderstände lassen sich infolge der sehr kurzen Belastungszeit auf engsten Raum zusammendrängen, wodurch besonders bei höheren Spannungen ein wirtschaftlicher Vorteil errungen wird.

c) *Überschaltdrossel.* Die Überschaltdrossel des Lauflastschalters besteht aus einem Eisenkern mit Luftspalt und hat zwei getrennte Wicklungszweige mit gleicher Windungszahl, die dicht aufeinandergewickelt sind (Abb. 61). Die beiden Wicklungszweige werden hierdurch magnetisch innig miteinander verkettet, so daß bei gegensinnigem Stromdurchfluß keine Erregung der Drossel eintritt. Bei Stellung CD des Schaltmessers treibt die zwischen zwei Anzapfungen bestehende Spannung einen Ausgleichstrom, der die beiden Wicklungen gleichsinnig durchfließt und daher die Drossel erregt. Da beide Wicklungen gleichwertig sind, tritt eine Halbierung der Spannung zwischen A und B, der Stufenspannung, bezogen auf die Verbindung CD, ein. Der Ausgleichstrom ist von der Stufenspannung und vom induktiven Widerstand der Drossel abhängig. Der Laststrom, der sich in zwei Hälften teilt, durchfließt in gegensinniger Richtung die Drossel. In den einzelnen Wicklungszweigen entstehen resultierende Ströme, die einen Phasen- und Größenunterschied aufweisen. Bei $\cos\varphi = 0$ sind nur Größenunterschiede vorhanden.

Erregend auf die Drossel wirkt nur die Differenz der resultierenden Ströme bzw. ihre Durchflutungen, ähnlich wie bei der primären und sekundären Belastungsdurchflutung eines Transformators. Die Magnetisierung erfolgt also bei Belastung nur durch den Ausgleichstrom, der die

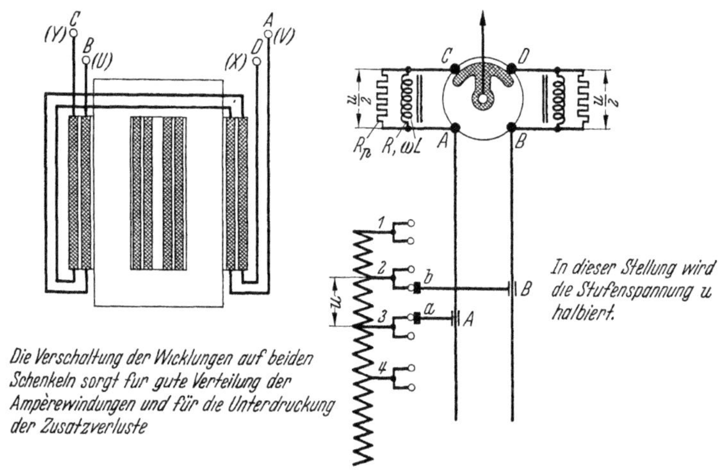

Abb. 61. Überschaltdrossel und Betriebsstellung des Stufenreglers mit Lauflastschalter für Verdoppelung der Stufenzahl.

Funktion eines Spannungsteilerstromes übernimmt. Der Laststrom verursacht mit Ausnahme der ohmschen keine Spannungsverluste. Der ohmsche Widerstand der Drossel läßt sich verhältnismäßig niedrig halten, und in einem Wicklungszweig wird durch den halben Laststrom ein unbedeutender Spannungsverlust von $I\ R/2$ hervorgerufen. Hierdurch wird der Spannungsmittelpunkt bei Stellung CD des Schaltmessers zwischen zwei Anzapfungen fast genau erreicht. Er ist somit von der Belastung und dem $\cos\varphi$ des Laststromes annähernd unabhängig.

Die Spannungsteilereigenschaft der Überschaltdrossel kann zur Verdoppelung der Stufenzahl benutzt werden. Ist eine bestimmte Anzahl Anzapfungen entsprechend der Stufenspannung u verlegt, so kann durch die Verdoppelung der Stufenzahl eine feinere Stufung mit $u/2$ als Stufenspannung herbeigeführt werden. Der Regulierbereich bleibt unverändert. Verlegt man dagegen die gleiche Anzahl von Anzapfungen für die doppelte Stufenspannung, also für $2u$, so wird unter Beibehaltung der Stufung mit u der Regulierbereich verdoppelt.

Bei dieser Verdoppelung der Stufenzahl wird die Stellung CD, Stellung des Schaltmessers bei 180°, zur neuen Betriebsstellung. Die automatische Vollziehung dieser halben Umdrehung der Lastschalterwelle pro Stufe wird durch entsprechende Ergänzung und Schaltung der Steuerwalzen am Antrieb erreicht.

In der Stellung des Schaltmessers, in der nur der Kontaktklotz C oder D im Eingriff ist, wird nur ein Wicklungsstrang der Überschaltdrossel vom Laststrom durchflossen, wodurch Drosselung eintritt.

Diese Drosselung dauert nur so lange an, bis das Schaltmesser die Stellung überfahren hat. Der hierdurch entstehende Spannungsverlust wird durch den vollen Laststrom und hauptsächlich durch den induktiven Widerstand ωL der Drossel bestimmt.

d) *Wanderspule.* Die Kombination der eben beschriebenen Reglersysteme führt zu einer neuen Stufenreglereinrichtung, wenn zusätzlich noch eine Wanderspule, die aus einem Teil der Transformatorenwicklung, entsprechend der Spannung einer Stufe, besteht, vorgesehen wird (Abb. 62).

Der für eine bestimmte Stufenzahl und Stromstärke ausgelegte Stufenwähler für Lauflastschalter kann bei dieser Anordnung bei Verwendung eines Sprunglastschalters nur für die halbe Stromstärke verwendet werden, ergibt aber doppelte Stufenzahl. Hierdurch wird für eine bestimmte Stufenzahl nur etwa die Hälfte an Anzapfungen benötigt, ähnlich wie bei Ausnutzung der Mittelstellung des Lauflastschalters. Die Anzapfungen sind für die doppelte Stufenspannung $2u$ eingerichtet. Da die Wanderspule nur mit dem Wähler A in Verbindung steht, wird bei jeder Umschaltung des Sprunglastschalters die Spannung nur um eine Stufe, entsprechend u, geregelt. Es ist aber notwendig, daß während einer Umschaltung nur ein Wählerarm bewegt wird. Wählerarm A und B bestreichen somit jede Anzapfung; in der Betriebsstellung ist Wähler A oder Wähler B wechselweise eingeschaltet.

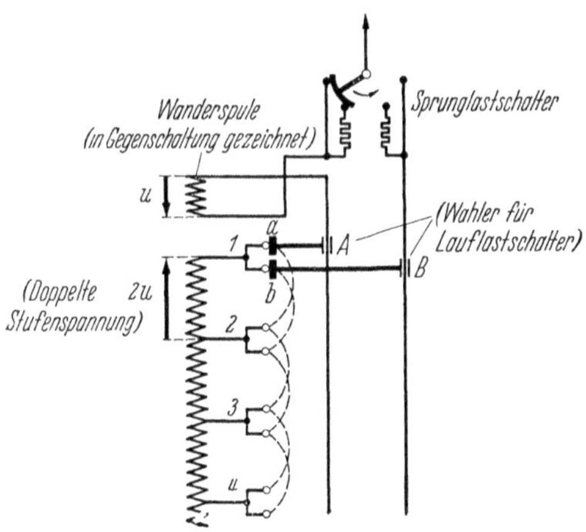

Abb. 62. Regeleinrichtung mit Stufenwähler für Lauflastschalter unter Verwendung eines Sprunglastschalters und mit Wanderspule zwecks Verdoppelung der Stufenzahl.

e) *Laststufenwähler.* Für kleinere Stufenleistungen und Ströme bis 400 A vereinigt man die Funktion des Lastschalters und des Stufenwählers, wie bereits am Anfang erwähnt, zu einer Einrichtung, die man als Laststufenwähler bezeichnet.

Der Laststufenwähler mit Überschaltdrossel (Abb. 63) verbindet in den Hauptstellungen die beiden Wicklungszweige mit einer Anzapfung. Durch die Gegeneinanderschaltung verursacht der gleichsinnig durchfließende Strom keine Drosselwirkung. Es wirkt nur der geringe ohmsche Widerstand der parallel liegenden Wicklungszweige dem Stromfluß entgegen. In der Zwischenstellung *a* wird die Drossel einseitig durchflossen, wodurch ein Spannungsverlust entsteht. In der Zwischenstellung *b* wirkt die Überschaltdrossel nicht nur als Dämpfung des Ausgleichstromes des über die beiden Anzapfungen kurzgeschlossenen Wicklungsteiles, sondern auch gleichzeitig als Spannungsteiler. Da die Überschaltdrossel für Dauereinschaltung bemessen wird, kann diese Zwischenstellung wie bei der Anordnung nach Abb. 61 als Haupt- bzw. Betriebsstellung dazu benutzt werden, die Mittelspannung der beiden Anzapfungen für die Regelung heranzuziehen. In dieser Stellung ist die Überschaltdrossel durch den Ausgleichstrom und den über die beiden Anzapfungen je zur Hälfte fließenden Laststrom belastet. In der Zwischenstellung *c* ist die Drossel wieder einseitig stromdurchflossen.

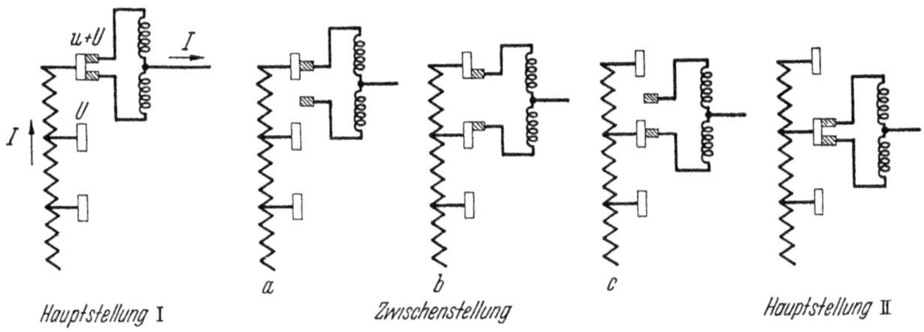

Abb. 63: Schaltvorgang beim Laststufenwähler mit Überschaltdrossel mit einzelbeweglichem Stromabnehmer.

Die beiden gegeneinander isolierten und versetzten Stromabnehmer werden durch einen Motorantrieb gleichzeitig bewegt und beanspruchen deshalb konstruktiv große Kontaktflächen für die mit der Anzapfung fest verbundenen Schaltkontakte, da in den Hauptstellungen beide Kontakte voll aufliegen, während in der Zwischenstellung *b* der eine Stromabnehmer bereits auf dem neuen Kontakt und der andere noch auf dem alten Kontakt voll aufliegt.

Bei Einzelbewegung der Stromabnehmer mittels Maltesergetriebe besteht die Möglichkeit, kürzere Kontaktbahnen zu verwenden.

Soll dieses Schaltverfahren mit ohmschen Widerständen (Abb. 64) durchgeführt werden, müssen die Widerstandszweige in den Hauptstellungen durch einen dritten Stromabnehmer kurzgeschlossen werden, da hier nicht die günstige Eigenschaft der Überschaltdrossel vorhanden ist. In der Zwischenstellung *a* ist nur ein Widerstandszweig mit dem Ausgleichstrom belastet. Soll dieser nicht größer als $I_N/2$ werden, müssen die Widerstände doppelt so groß wie $R = u/I_N$, also $2\,u/I_N$ (Ohm) gewählt werden.

Dieses ist auch mit Rücksicht auf den Spannungsverlust zulässig, weil der Laststrom nur in der Zwischenstellung *b*, und zwar in zwei Teile halbiert, die beiden Widerstandszweige durchfließt. Der volle Laststrom kommt in keiner Stellung nur durch einen Widerstandszweig zum Fließen. Es entsteht deshalb auch kein allzu hoher Spannungsverlust. Der Ausgleichstrom in der Zwischenstellung b beträgt durch die Verdoppelung des Widerstandes nur $I_N/4$. In der Zwischenstellung c tritt wieder nur der Ausgleichstrom auf, der diesmal den anderen Widerstandszweig durchfließt. Da ohmsche Widerstände für vorliegende Beanspruchungen aus wirtschaftlichen Gründen, wie bereits erwähnt, nicht für Dauereinschaltung bemessen werden können, muß ein Sprungwerk für den Laststufenwähler vorgesehen werden.

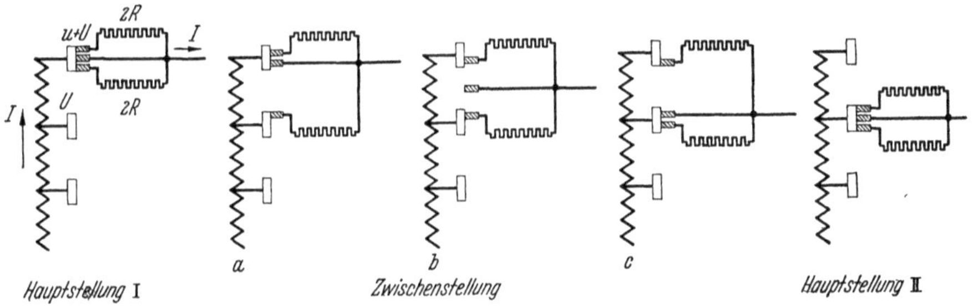

Abb. 64. Schaltvorgang beim Laststufenwahler mit Überschaltwiderstand. Anordnung für größere Leistungen mit einzelbeweglichem Stromabnehmer.

Die richtige Folge der Schaltbewegungen wird durch ein Innenzahngetriebe erzielt. Die feststehenden Kontakte werden am Umfang eines Isolierzylinders verteilt und die beweglichen Schaltkontakte innerhalb des Zylinders zentral gelagert. Die Widerstandskontakte bewegen sich auf einer Zykloidenbahn, der Überbrückungskontakt dagegen auf einer

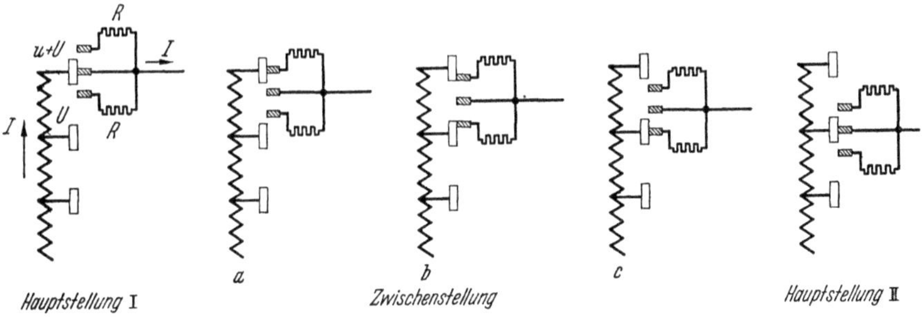

Abb. 65. Schaltvorgang beim Laststufenwahler mit Überschaltwiderstand. Anordnung für kleinere Leistungen mit versetztem Stromabnehmer ohne Einzelbewegung.

Kreisbahn. Die Bewegung der beiden Kontakteinrichtungen erfolgt unter Einwirkung einer Schnellschaltvorrichtung (Schaltfeder und Getriebe) in einem Sprung (siehe S. 176, Punkt 2).

In Abb. 65 ist ein drittes Schaltverfahren mit Überschaltwiderstand dargestellt. In der Hauptstellung ist nur der mittlere Schaltkontakt mit dem Kontakt einer Anzapfung in Verbindung. In der Zwischenstellung a oder c wird nur ein Widerstandszweig vom vollen Laststrom durchflossen, während in der Zwischenstellung b die Widerstände für den Ausgleichstrom in Reihe und für die beiden gleichen Komponenten des Laststromes parallel geschaltet sind. Wählt man für einen Widerstandszweig, wie üblich, den Ohmwert zu u/I_N, so ist der Ausgleichstrom nur die Hälfte des vollen Laststromes I_N. Der Spannungsverlust in der Zwischenstellung a oder c ist aber genau so groß wie bei einseitig angeordneten Überschaltwiderständen.

Derartige Laststufenwähler werden mit einer Laufkontakteinrichtung, bei der die Widerstände mit den Haupt- und Vorkontakten zu einem starren Ganzen vereinigt sind, ausgerüstet. Schnellschaltvorrichtungen oder Antriebe, die einer Schnellschaltung nahekommen,

Abb. 66. Regelleistungstransformator für Netzkupplung mit Röhrenkessel, Nennleistung: 31,5 MVA Nennspannung: 105 kV ± 23%/60 kV, Schaltgruppe: D 2 ⅄/▷ Rechts. Sprunglastschalter mit Durchführung und Funkenstrecke, darunter Wählerkasten mit Antrieb. Sternpunktregelung. Unten: angebaute Propellerlüfter mit Lenkblechen. Alle Durchführungen haben Funkenstrecken. Betriebsart: DB; Kühlungsart: OF, Fabrikat: Siemens-Schuckertwerke.

werden hierbei verwendet. Auch ordnet man die feststehenden Kontakte auf einem Kreisumfang und das Schaltstück zentral an.

Für Niederspannung und kleine und mittlere Leistungen kommt die Bauart dieser Lastwähler der der bekannten Zellenschalter am nächsten. Nach Art des Zellenschalters werden die Kontakte durch eine Widerstandsspirale, aus besonderem Material, verbunden und langsam fortbewegt, wobei darauf geachtet werden muß, daß der Widerstand nicht dauernd eingeschaltet bleibt. Als Kontakte werden meistens Bürsten verwendet, die nur für geringe Stufenspannungen, aber für hohe Stromstärken geeignet sind. Bei kreisförmiger Kontaktbahn kann mit Vorteil ein Malteserantrieb verwendet werden. Eine Verbesserung läßt sich hierbei mit einer Schnellschaltvorrichtung erzielen. Der Eingriff des Maltesergetriebes erfolgt stets während des Entladens der Schaltfeder.

Für feinstufige Regelung verwendet man bei Niederspannung eine blank gemachte Zone der Spulenwicklung als Kontaktbahn. Die Windungsspannung entspricht hier der Spannung einer Stufe.

Bei kleinen Strömen und Spannungen kommt man mit Kohlerollenkontakten aus, wobei die Kohlekontakte gleichzeitig als Überschaltwiderstände ausreichend sind.

f) *Stufenregeleinrichtung nach DIN 57532.* Nach dieser Normung werden die Stufenregeleinrichtungen, zum Einstellen der Wicklungsanschlüsse unter Last, in zwei Ausführungen festgelegt.

Ausführung 1: Diese besteht aus einem Lastschalter und einem Wähler mit oder ohne Wender.

Ausführung 2: Diese besteht aus einem Lastwähler mit oder ohne Wender.

Abnutzung durch Lichtbogen an den Kontaktstellen tritt auf

bei Ausführung 1: nur am Lastschalter,
bei Ausführung 2: am Lastwähler.

Im einzelnen werden die Bestandteile der Stufenregler wie folgt definiert.

Lastschalter: dient zum unterbrechungsfreien Umlegen der Last um eine Regelstufe.

Wähler: dient zum Einstellen aufeinanderfolgender Anzapfungen im stromlosen Zustand, aber unter Spannung. Er kann als Grob-Fein-Wähler ausgeführt werden und besteht dann aus je einem Wähler für die Grob- und für die Feinstufen.

Wender: kehrt den Regelsinn um und verdoppelt die Stufenzahl und den Regelbereich. Er wird entweder stromlos, aber unter Spannung, oder unter Strom, aber bei Spannungsgleichheit zwischen den Kontaktstellen, umgelegt.

Lastwähler: dient zum Einstellen aufeinanderfolgender Anzapfungen unter Last. Er kann auch als Grob-Fein-Wähler ausgeführt werden.

g) *Vektorendiagramme.* Um einen umfassenden Überblick der einzelnen Schaltverfahren zu geben, werden die Vektorendiagramme hierfür aufgestellt. Die Diagramme gelten gleichzeitig für Laststufenwähler und für die getrennte Anordnung von Wähler und Lastschalter, wenn das Schaltverfahren für beide Systeme übereinstimmt. Denn an den Schaltvorgängen ändert sich nichts, weil, wenn der Wähler arbeitet, der Lastschalter stillsteht und umgekehrt. So gilt z. B. das Diagramm Abb. 68 sowohl für den Sprunglastschalter als auch für den Laststufenwähler nach Abb. 65.

Der Stufenregler mit Überschaltdrossel ist bei Ausführung als Laststufenwähler und als Lauflastschalter mit Wähler im Vektorendiagramm Abb. 67 dargestellt. In der Hauptstellung I des Laststufenwählers ist der ohmsche Spannungsverlust $IR/2$ wirksam, wodurch die abgehende Spannung U' von der Wicklungsspannung $(u + U)$ abweichend ist. In der Zwischenstellung a entsteht der induktive Spannungsverlust $I\omega L$ und der ohmsche IR; die abgehende

Spannung ist jetzt U''. In der Zeichenstellung b erzeugt der Laststrom wiederum den ohmschen Spannungsverlust $IR/2$, so daß die Spannung U''' vom Spannungsmittelpunkt abweicht. In der Zwischen-

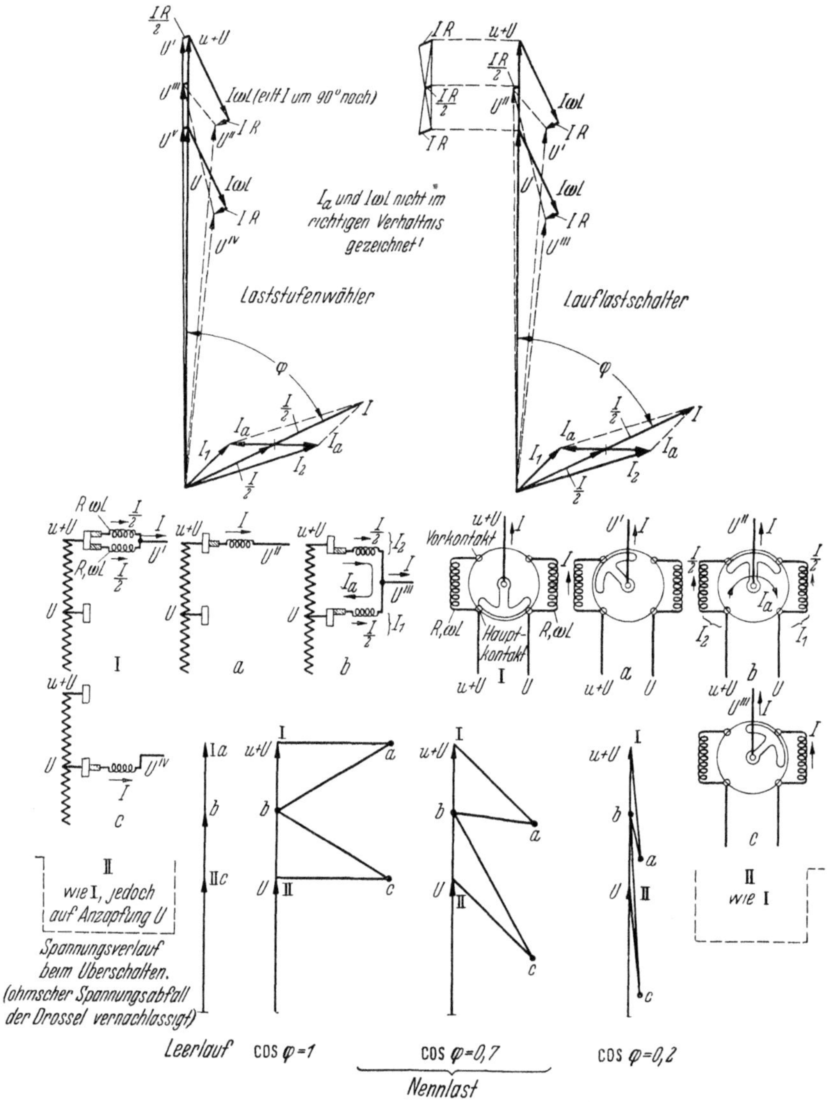

Abb. 67. Vektorendiagramme für Stufenregeleinrichtungen mit Überschaltdrossel. Ausgleichstrom $I_a \approx u/2\,\omega L$ (A).

stellung c sind ebenfalls Spannungsverluste wie unter a zu verzeichnen, wobei diese nicht von $u + U$, sondern von U abzusetzen sind. Beim Lauflastschalter sind dieselben Verhältnisse in den Zwischenstellungen vorhanden, während in den Hauptstellungen der Spannungsverlust $IR/2$ in Fortfall kommt, weil die Überschaltdrossel hier stromlos ist. Die abgehende Spannung verändert sich demnach beim Überschalten von einer Anzapfung $u + U$ zur benachbarten U derart, daß

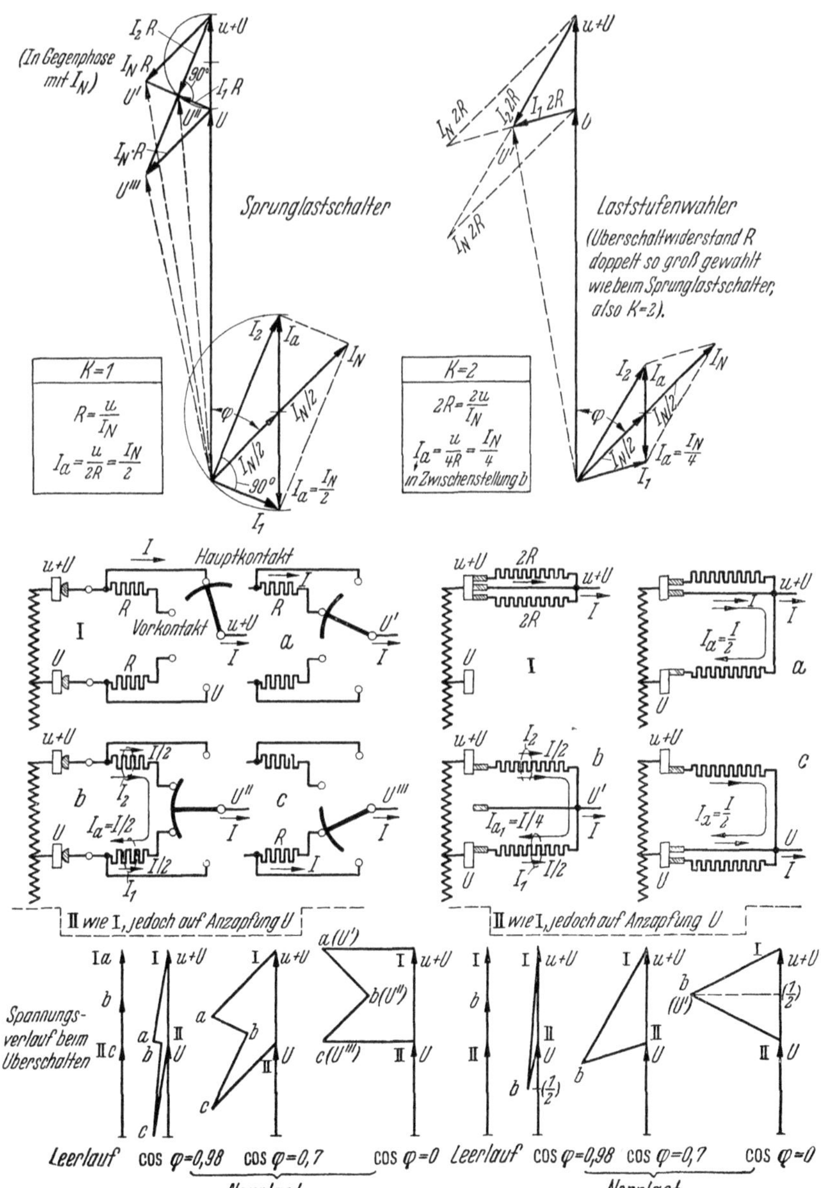

Abb 68 Vektorendiagramme fur Stufenregeleinrichtungen mit Überschaltwiderstand.

die Spitze des Spannungsvektors die Kurve *I, a, b, c, II* durchläuft. Beim Überschalten von U auf $u + U$ wird sie in umgekehrtem Sinne durchlaufen. Unter Vernachlässigung des ohmschen Widerstandes der Überschaltdrossel ist diese Kurve für Leerlauf und für verschiedene $\cos\varphi$ des Laststromes in Abb. 67 dargestellt. Die Spannungsänderung nimmt mit der Abnahme des Leistungsfaktors zu.

Der Stufenregler mit Überschaltwiderstand ist bei Ausführung mit Sprunglastschalter und als Laststufenwahler im Vektorendiagramm Abb. 68 dargestellt. In der Hauptstellung ist der Widerstand beim Sprunglastschalter offen und beim Laststufenwähler überbrückt. In der Zwischenstellung *a* tritt beim Sprunglastschalter der Spannungsverlust IR ein, während beim Laststufenwähler nur der Ausgleichstrom I_a fließt und die abgehende Spannung unverändert bleibt. In der Zwischenstellung *b* erfolgt die Spannungsteilung nach den Spannungsverlusten, die von den Strömen I_1 und I_2 in den einzelnen Widerstandszweigen erzeugt werden. Die Ströme I_1 und I_2 werden aus dem Ausgleichstrom und aus dem halben Laststrom gebildet.

Im Diagramm ist für den Sprunglastschalter $R = u/I_N$ und für den Laststufenwähler $R = 2u/I_N$ gewählt. Der Ausgleichstrom wird für ersteren $I_a = I_N/2$ und für letzteren bei Stellung *b* $I_a = I_N/4$. Bei Nennlast werden die Ströme I_1 und I_2 beim Sprunglastschalter von je 2 Komponenten zu je $I_N/2$ gebildet; sie schließen deshalb einen Winkel von $90°$ ein. Entsprechend stehen auch die Spannungsverluste dieser Ströme senkrecht aufeinander, und der Punkt, an dem die Vektorenspitzen zusammenstoßen, ergibt sich als Schnittpunkt der Diagonalen des Parallelogramms. Dieser Schnittpunkt bestimmt die Spannung U'' nach Größe und Richtung. Die abgehende Spannung beschreibt hier ebenfalls eine Kurve während des Überschaltens. Dabei entstehen beim Sprunglastschalter ähnlich wie beim Lauflastschalter drei verschiedene Zwischenspannungen U', U'' und U'''. Beim Laststufenwähler entsteht hiergegen nur die Zwischenspannung U'. Hier bilden die Ströme I_1 und I_2 keinen Winkel von $90°$, weil die Komponenten aus je $I_N/2$ und aus je $I_N/4$ bestehen. Die Spannungsverluste dieser Ströme werden, weil der Überschaltwiderstand verdoppelt ist, zwar größer, die Spannungseinsenkung ist aber kleiner als beim Sprunglastschalter. Der Spannungsverlauf bei Stufenreglern mit Überschaltwiderstand in Abhängigkeit vom Leistungsfaktor zeigt hier entgegengesetztes Verhalten als mit Überschaltdrosseln. Die großen Spannungsänderungen treten bei gutem $\cos\varphi$ auf.

h) *Spannungsdiagramm.* Zur Feststellung der Zusammenhänge der Einflußgrößen für die Spannungsabsenkung, die während des Überschaltens auftreten, sind die Spannungsdiagramme der Sprunglastschalter und Laststufenwähler mit Überschaltwiderstand am geeignetsten. Die Gleichung $R = u/I_N$ kann wie folgt geschrieben werden:

$$R = K\frac{u}{I_N} \quad (\text{Ohm}). \tag{145}$$

Der Faktor K zeigt an, in welchem Verhältnis die Vergrößerung bzw. Verkleinerung des normalen Widerstandes u/I_N für die Bemessung vorgenommen worden ist. Dieser Faktor ist gleichzeitig ein Maß für die Größe des Ausgleichstromes I_a, wobei jedoch zu berücksichtigen ist, ob die Widerstände einzeln (I_N/K) oder in Reihe ($I_N/2K$) an die Stufenspannung gelegt werden. In Abb. 69 sind die Diagramme dargestellt. Der Spannungsverlust bei Nennlast nimmt proportional mit K zu; die vektorielle Lage des Spannungsverlustes ist durch die Phasenverschiebung des Laststromes festgelegt. Für einen konstanten Faktor K und veränderlichen $\cos\varphi$ von 0 bis 1 bewegen sich die Spitzen der Vektoren auf einer Viertelkreisbahn. Die Konstruktion des Diagramms für den Sprunglastschalter ist so auf einfache Weise durchführbar. Durch Einteilung der $\cos\varphi = 1$ Linie in Prozent der Stufen-

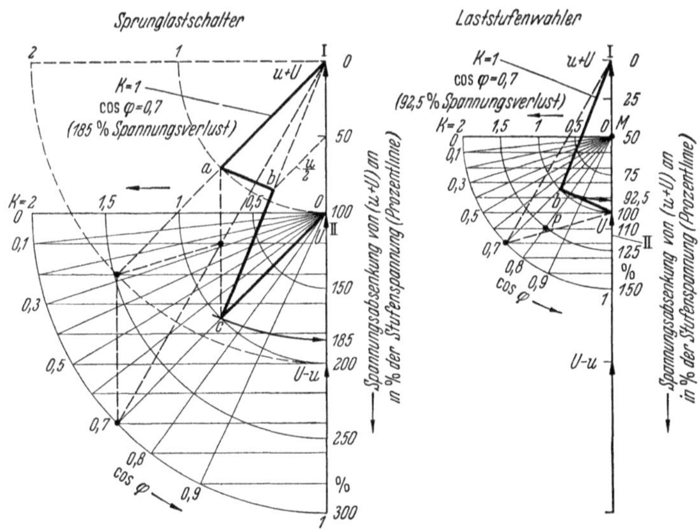

Abb. 69. Spannungsdiagramme für Sprunglastschalter und Laststufenwähler für die Überschaltung von Anzapfung zur Anzapfung bei Nennlast. Überschaltwiderstand $R = Ku/I_N$ (Ohm).

spannung, gerechnet von $u + U$ an, können die Spannungsverluste für verschiedene K und $\cos\varphi$ prozentual ermittelt werden (Prozentlinie). Bei $\cos\varphi = 0$ stehen die Spannungsverluste in den Zwischenstellungen a und c senkrecht zur Stufenspannung, wodurch die Lage des Quadranten gegeben ist. Beim Laststufenwähler ist zu berücksichtigen, daß Spannungsverluste nur in der Zwischenstellung b auftreten, und es ergibt sich geometrisch, daß der Schnittpunkt der Diagonalen bei $K = 1$ einen Abstand gleich $u/2$ zum Mittelpunkt der Stufenspannung aufweist. Bei $\cos\varphi = 0$ sind die Spannungsverluste in den Widerstandszweigen untereinander gleich groß, und der Schnittpunkt befindet sich auf der Höhe der halben Stufenspannung, wobei der Abstand zum Mittelpunkt ebenfalls $u/2$ beträgt. Hierdurch ist die Lage des Quadranten gegeben. Für den Faktor K gelten also hier die halben Beträge der Spannungsverluste gegenüber dem Sprunglastschalter.

Die Spannungsdiagramme zeigen, daß der Laststufenwahler sich günstiger verhalt als der Sprungslastschalter. Bei gleichem K und $\cos\varphi$ weist letzterer bedeutend größere Spannungsabsenkungen auf.

An Hand des Spannungsdiagramms können die Überschaltwiderstände fur bestimmte Voraussetzungen berechnet werden. Soll z. B. die Spannungsabsenkung beim Laststufenwahler bei $\cos\varphi = 0{,}8$ und Nennlast 110% betragen, so zieht man im Diagramm eine Waagerechte für diese Prozentzahl und ermittelt den Schnittpunkt P mit dem Strahl fur $\cos\varphi = 0{,}8$. Mit M als Mittelpunkt dreht man den Schnittpunkt P auf einen Kreisbogen zur K-Achse. In unserem Beispiel ist dieses nicht notwendig, weil der Schnittpunkt gerade auf den Kreisbogen für $K = 1{,}5$ fallt. Ist z. B. die Stufenspannung $u = 350/\sqrt{3}$ V, entsprechend eines Regulierbereiches von $4200/\sqrt{3}$ V, in 12 Stufen aufgeteilt und der Nennstrom $I_N = 240$ A, so wird der Überschaltwiderstand

$$R = 1{,}5 \frac{350}{240\sqrt{3}} \approx 1{,}27 \text{ Ohm}$$

und der Ausgleichstrom

$$I_a = \frac{350}{\sqrt{3}(1{,}27 + 1\,27)} \approx 80 \text{ A} = 33{,}3\ \% \text{ von } I_N.$$

Die Spannungsabsenkung in % der Stufenspannung ist bei Nennlast und

$\cos\varphi = 1{,}0$	125,0%
$= 0{,}9$	117,5%
$= 0{,}8$	110,0%
$= 0{,}7$	103,0%
$= 0{,}0$	50,0%

Die Spannungsabsenkungen ergeben sich im Diagramm durch die Projektionen der Schnittpunkte, des $K = 1{,}5$ Viertelkreises mit den Strahlen für die entsprechende $\cos\varphi$, auf der Prozentlinie. Bei $\cos\varphi = 0$ beträgt die Strecke $bI = bII = 18$ mm. Für die Stufenspannung ist $u = 20$ mm gewählt. An den einzelnen Widerständen liegt mithin eine Spannung von $\frac{18}{20}\,100 = 90\%$ der Stufenspannung. Auf ähnliche Weise lassen sich die Spannungen an den Widerständen für andere $\cos\varphi$ ermitteln.

i) *Abschaltvorgänge.* Bei Verwendung von ohmschen Widerständen ist der abzuschaltende Strom bei allen Schaltvorgängen in Phase mit der nachfolgenden Spannung. In dem Augenblick, in dem der abzuschaltende Strom durch Null geht, ist die Spannung Null. Der Lichtbogen erlischt schon bei geringer Schaltgeschwindigkeit während des ersten Stromnulldurchganges. Bei großer Schaltgeschwindigkeit wird der Lichtbogen lang ausgezogen. Zu große Geschwindigkeit ist daher nicht wünschenswert.

Bei induktiven Widerständen haben allgemein der abzuschaltende Strom und die nachfolgende Spannung eine Phasenverschiebung von 90° gegeneinander. Im Augenblick des Stromnulldurchganges setzt die Spannung mit etwa dem Scheitelwert ein. Die Schaltgeschwindigkeit muß hier gesteigert werden, damit der Lichtbogen beim ersten Stromnulldurchgang erlischt. Durch erhöhte Schaltgeschwindigkeit wird erreicht, daß die Kontaktentfernung im Moment des Stromnulldurchganges größer wird. Der Abbrand der Kontakte wird hierdurch auf ein Mindestmaß herabgedrückt. Diese physikalischen Zusammenhänge stehen offenbar im Widerspruch mit dem verwendeten Schaltverfahren. Richtiger wäre demnach, bei ohmschen Widerständen langsam und bei induktiven schnell zu schalten. Es lassen sich aber infolge der großen Wärmeentwicklung, wie bereits erwähnt, die ohmschen Widerstände kaum so auslegen, daß sie längere Zeit mit den hier in Frage kommenden Strömen belastet werden können. Dagegen lassen sich induktive Widerstände mit der gleichen thermischen Sicherheit gestalten wie die Transformatorenwicklungen selbst. Bei ohmschen Widerständen hilft man sich dadurch, daß man den Kraftspeicher einer nicht allzu hohen Geschwindigkeit zuordnet, während bei induktiven Widerständen parallel zur Überschaltdrossel einen ohmschen Widerstand anordnet (Abb. 59) und Auflagen aus besonderen Werkstoffen (Wolfram-Kupfer-Legierung) auf den dem Lichtbogen ausgesetzten Teilen der Kontakte vorsieht. Es werden hierdurch Größe und Anstieg der nachfolgenden Spannung und die Wiederverfestigung der kurzen Trennstrecke bei induktiven Widerständen so beeinflußt, daß der Lichtbogen trotzdem nach dem ersten Stromnulldurchgang nicht mehr zündet.

Durch den Parallelwiderstand soll nicht etwa die Phasenverschiebung zwischen Strom und Spannung verkleinert, sondern eine Verkleinerung des zeitlichen Anstieges und die Höhe der nachfolgenden Spannung erzielt werden. Nach dem Erlöschen des Lichtbogens setzen hochfrequente Schwingungen ein, deren Frequenz durch die Eigenfrequenz des Schaltkreises gegeben ist. Diese hochfrequenten Schwingungen werden durch den Parallelwiderstand stark abgedämpft. Der Ohmwert solcher Widerstände liegt etwa zwischen dem zehn- bis hundertfachen Ohmwert des induktiven Widerstandes der Überschaltdrossel. Die Widerstände lassen sich leicht für Dauereinschaltung bemessen.

j) *Kurzschlußstrom.* Die ohmschen Widerstände werden bei den üblichen Sprunglastschaltern mit einer Zeitdauer, die zwischen $^1/_{40}$ bis $^1/_{10}$ sec liegt, strombelastet. Da der Antriebsmotor 5 bis 10 sec läuft, um die Schaltung einer Stufe zu vollführen, muß die erzeugte Wärmemenge in dieser Zeit abgeführt werden, denn bei der nächsten Schaltung werden die Widerstände wieder auf dieselbe Weise belastet. Gegenüber dem Nennstrom lassen sie sich wohl im aktiven Teil mit kleinen Abmessungen wirtschaftlich gestalten. Es muß aber eine gewisse Sicherheit hinsichtlich des Kurzschlußstromes, an der Stelle des Netzes, wo der Regler eingebaut ist, einkalkuliert werden.

Tritt während des Überschaltens Kurzschluß im Netz auf, so werden die Widerstände vom Kurzschlußstrom durchflossen. Rechnet man gemäß VDE mit dem 30fachen Nennstrom des Transformators, so ist die erzeugte Wärmemenge, die quadratisch mit dem Strom ansteigt, $30^2 = 900$fache derjenigen des Normalwertes.

Die Reaktanz der Leistungstransformatoren, die bei Stufenregelung hoch gewahlt werden kann, und die Impedanzen des Netzes verhindern, daß der Kurzschlußstrom auf derartige Betrage anwachst. Bei mittleren Kurzschlußstromen konnen die Widerstande aber bei Verwendung von erstklassigem Material und bei Zulassung einer Temperaturerhohung auf 500 bis 600° C fur vorliegende kurze Belastungszeit noch in wirtschaftlich tragbaren Großen bemessen werden. Bei Verwendung von

Abb 70 Regelleistungstransformator in Innenraumausfuhrung mit Rohrenkessel und Propellerlufter Fabrikat Siemens-Schuckertwerke Nennleistung- und Nennspannung wie bei Abb 90 Betriebsart DB Kuhlungsart OF Rohren bundelweise absperr- und abnehmbar Links Ausdehnungsgefaß mit Buchholzrelais, Ausgleichs- und Ablaßrohr und Olstandsglas Rechts Sprunglastschalter (System JANSEN) mit Wahlerkasten, motorischen Antrieb und Sternpunktanschluß fur Loschspulen (Das Zylindrische Ausdehnungsgefaß eignet sich auch gut fur Freiluftaufstellung)

asbestisolierten Drahten kann diese hohe Temperatur zugelassen werden. Bei kurzzeitiger Belastung rechnet man nur mit einer Aufspeicherung der erzeugten Warmemenge. Das Warmeabteilungsvermogen in den Zwischenpausen braucht nur fur die Schaltung unter Nennlast in reichlichem Maße vorhanden zu sein, nicht aber bei der Belastung mit dem Kurzschlußstrom, da ein zweimaliges Schalten wahrend eines Kurzschlusses wohl kaum in Frage kommt. Bei Berechnung der Widerstande sind die in den Zwischenstellungen erzeugten einzelnen Warmemengen

$$Q = I^2 R t \cdot 0{,}238 \cdot 10^{-8} \quad (\mathrm{WE}) \qquad (146)$$

durch Addition zu berucksichtigen, wobei t die Belastungszeit in Sekunden bedeutet. Bei Spartransformatoren, wo hohe Kurzschlußstrome auftreten können, bereitet die Bemessung der Widerstände Schwierigkeiten. Obwohl das Zusammentreffen eines Kurzschlusses mit dem Überschaltvorgang als selten angesehen werden kann, ist es doch ratsam, bei hohen Kurzschlußströmen Verriegelungseinrichtungen einzubauen, die — sobald der zulässige Belastungsstrom der Überschaltwiderstände überschritten wird — sperrend auf den Steuerstrom des Antriebes einwirken.

Die Überschaltdrossel kann aus naheliegenden Gründen gegenüber den Einwirkungen des Kurzschlußstromes so bemessen werden, daß sie allen Beanspruchungen standhält.

Die Lastschalter und Wähler müssen aber bei allen Systemen so gebaut sein, daß sie in der Hauptstellung unbedingt die Kurzschlußbeanspruchungen, wie der Transformator selbst, vertragen können.

k) *Kontaktbeanspruchung.* Der Lastschalter, der im Jahr mehrere tausend Schaltungen ausführen muß, ist der höchst beanspruchte Teil der Stufenregeleinrichtung. Die Kontakte unterliegen außer der elektrischen auch mechanischen Beanspruchungen. Massige bügelartige Wälzkontakte, die unter Federkraft stehen und den Abbrand an einer anderen Stelle aufweisen als dort, wo sie Dauerkontakt geben, sind für Sprunglastschalter am geeignetsten. Infolge ihrer Masse wirken sie kühlend auf die Fußpunkte des Lichtbogens, wodurch eine schnelle Löschung und geringer Abbrand erzielt werden. Allzu schwer dürfen jedoch die beweglichen Teile nicht ausgeführt werden, da sonst die kinetische Energie bei der Beschleunigung und Verzögerung dieser Teile zu groß wird. Schaltpatronen mit Schaltstiften werden hauptsächlich bei Laststufenwählern verwendet. Die heftigen Schläge bei der Schnellschaltung müssen durch konstruktive Maßnahmen gut abgefangen und die beweglichen Teile mechanisch gut durchgebildet werden. Der von Jansen entwickelte Lastschalter wird fast ausnahmslos bei Stufenreglern in Schnellschaltung verwendet; es hat sich dank seiner vorzüglichen Konstruktion gezeigt, daß er in der Praxis nach Einführung verschiedener Verbesserungen zu keinen Beanstandungen mehr Anlaß gegeben hat. Beim Versagen solcher Lastschalter, Stehenbleiben bei Federbruch in der Zwischenstellung b, besteht allerdings die Gefahr, daß die Widerstände dauernd eingeschaltet bleiben, wodurch starke Erwärmung, ja sogar Entzündung des Öles eintreten kann. Einrichtungen, die auf solche Fehlstellungen des Lastschalters aufmerksam machen, bringen Vorteile für den Betrieb.

Bei der Langsamschaltung sind die mechanischen Beanspruchungen nicht so groß, doch muß hauptsächlich das Schaltmesser einwandfrei befestigt werden, da es erhebliche Kontaktdrücke zu überwinden hat.

Die Lastschalterkontakte brauchen im allgemeinen erst nach etwa 30- bis 50000 Lastschaltungen ausgewechselt zu werden, dagegen muß die Untersuchung jeweils nach etwa 5000- bis 15000 Schaltungen vorgenommen werden. Im Normalbetrieb sind täglich etwa 20 bis 40 Schaltungen notwendig. Durch ein mit dem Antrieb verbundenes Zählwerk wird allgemein die Zahl der Schaltungen festgestellt.

Schaltstücke unter Öl weisen allgemein nach einer gewissen Betriebszeit starke schwarze Brandstellen auf, die durch die Fußpunkte der Lichtbögen entstehen. Diese sind jedoch bei Revisionen nicht zu entfernen, sondern nur die Schmelzperlen, die die Einschaltbewegung behindern.

l) *Ölverrußung.* Der Lichtbogen verursacht nicht nur die Abbrände an den Kontakten, sondern führt auch eine Verrußung des Öles herbei. Bei lang ausgezogenem Lichtbogen und bei zu geringer Ölhöhe über den Schaltkontakten treten Verrußungen hauptsächlich ein. Der Lichtbogen gelangt mit dem Luftsauerstoff in Berührung und führt zu starker Oxydation. Zu niedrige Ölsäule bedingt auch eine schwächere Kühlung, wodurch das Öl gerade an der Oberfläche stark erwärmt wird. Hinzu kommt noch, daß während einer Umschaltung, bei symmetrischem Lastschalter und Lastwähler mit symmetrisch angeordneten Überschaltwiderständen, eine zweimalige Lichtbogenunterbrechung erfolgt.

Bei großen Schaltleistungen je Stufe und bei größerer Schalthäufigkeit wird die jährliche Reinigung des Öles im Lastschalter erforderlich.

m) *Regelbereich.* Der Regelbereich ist die Spannung, die als Differenz zwischen der höchsten und der niedrigsten einstellbaren Spannung ermittelt werden kann.

Der Regelbereich in Prozent bezieht sich bei

α) durchgehender Regulierung: auf die tiefste einstellbare Spannung, d. h. auf die tiefste Anzapfung.

β) Umkehrung und Umlenkung: auf die mittlere einstellbare Spannung, d. h. auf die Hauptanzapfung bzw. auf die Mittelstellung. Der Regelbereich beträgt bei

$$\alpha): D = +10 \text{ bis } +22\%$$
$$\beta): G = \pm 10 \;\text{,,}\; \pm 22\%$$

Nach DIN 42514/15 kann der Regelbereich für Spannungen bis 66 kV mit $\pm 16\%$ und für Spannungen über 66 bis 120 kV mit $\pm 22\%$ gewählt werden. Der Regelbereich bezieht sich bei LT/R auf Leerlauf, bei ZT/R auf Nennlast und $\cos\varphi = 0{,}8$.

n) *Stufenzahl und Stufenspannung.* Die Zahl der Stufen ergibt sich allgemein aus dem Regelbereich und der gewünschten Feinheit der Spannungsänderung, wobei man mit Rücksicht auf den Platzbedarf und die Isolation bestrebt ist, Beschränkungen aufzuerlegen.

Die sprungweise Änderung der Spannung, die beim Übergang von einer Anzapfung zur nächsten entsteht, beeinflußt von allen Stromverbrauchern das elektrische Licht am stärksten. Ändert sich die Spannung an einer neuzeitlichen Wolframdrahtlampe

von 90% bis 110% des Nennwertes,

so beträgt die Lichtstärkenschwankung

67% bis 152% des Sollwertes.

Die Lichtstärke ist in diesem Bereich mit genügender Genauigkeit der 4ten Potenz der Lampenspannung proportional. Bei einer Spannungsänderung von 1% beträgt also die Lichtstärkenänderung bereits 4%.

Die größte kaum merkliche Lichtstärkenänderung liegt auf Grund der Erfahrungen bei Bühnenreglern bei etwa 4,5%. Diese Regler sind so ausgelegt, daß die Lichtstärkenänderung von Stufe zu Stufe, einer geometrischen Reihe folgend, etwa 4,5% beträgt.

Die Stufenspannung bei Netzregulierung wird also günstig, wenn man sie mit 1% der Netzspannung wählt.

Allgemein wird die Stufenspannung bei Regeltransformatoren etwas höher, und zwar zu $u = 1{,}25$ bis 1,75%, vorgesehen. Auch 2 bis 2,5% sind tragbar, wenn im Netz ein Spannungsausgleich durch mehrere unabhängig regulierbare Transformatoren stattfindet.

Der Spannungsverlauf, der während der unterbrechungsfreien Umlegung der Last um eine Regelstufe entsteht, ist durch das Spannungsdiagramm des Lastschalters bzw. des Lastwählers gegeben. Daraus ist zu entnehmen, daß nicht nur die Stufenspannung, sondern auch die geeignete Wahl der Überschaltwiderstände und das Schaltverfahren für die gerade noch wahrnehmbare Lichtschwankung von Einfluß sind.

Die im Regeltransformatorenbau meist verwendeten Stufenzahlen sind bei

α) durchgehender Regulierung: $S_Z = 8$ oder 12,

β) Umkehrung und Umlenkung: $S_Z = 2 \times 8$ oder 2×12 Stufen.

Mit diesen Stufenzahlen können bei entsprechender Veränderung der Stufenspannung u in den zulässigen Grenzen alle Anforderungen, die eine Netzregulierung an die Regelbereiche stellt, wie untenstehende Aufstellung zeigt, erfüllt werden. Die Fabrikation kann sich somit bei der Ausführung der Wähler und ihrer Antriebe nur auf einige Typen beschränken.

Die Stufenzahl ist also konstruktiv gegeben, und die Stufenspannung ist ein Vielfaches der Windungsspannung, ist also auch an konstruktive Größen gebunden, woraus folgt, daß hier die Angabe des Regelbereiches nur annähernd genau erfolgen kann.

D % Regelbereich	u% Stufenspannung	S_Z Stufenzahl
10	1,25	8
12	1,50	8
15	1,25	12
16	1,33	12
18	1,50	12
20	1,67	12
22	1,83	12

o) *Stufenleistung.* Ist die Stufenspannung u ermittelt, so ist die Stufenleistung

$$N_{St} = u \cdot I_N \quad (\mathrm{VA}), \tag{147}$$

die für Bemessung des Lastschalters ein maßgebender Faktor ist, festgelegt.

Die prozentuale Stufenleistung ist

$$n_{St} = \frac{N_{St}}{N_N} 100 \quad (\%) \tag{148}$$

und mit $u\% = \frac{u}{U/\sqrt{3}}\,100$ wird für einen Dreiphasenregler

$$n_{St} = \frac{\frac{u\%\,U}{100\sqrt{3}}\,I_N}{\sqrt{3}\,U\,I_N}\,100 = \frac{u\%}{3} \quad (\%)\,. \tag{149}$$

Die prozentuale Stufenleistung je Phase beträgt ein Drittel der prozentualen Stufenspannung, woraus folgt, daß die Schaltleistung bei Stufenreglern nur einen Bruchteil der Nennleistung des Reguliertransformators ausmacht.

Bei großen Transformatoren mit einer Nennleistung von 100 MVA ist die Schaltleistung demnach nur 500 kVA. Derartig niedrige Beanspruchungen bereiten somit keine Schwierigkeiten für die konstruktive Auslegung der Lastschalter.

p) *Nennstrom.* Wenngleich die Schaltleistungen der Stufenregler gering sind, werden die zu schaltenden Ströme bei niedrigen Nennspannungen und großen Nennleistungen derartig hoch, daß die wirtschaftliche Bemessung infolge zu hohen Materialaufwandes in Frage gestellt wird. Es ergibt sich in solchen Fällen außerdem, daß die Windungsspannung viel zu hoch ist, wodurch die Anzapfungen nicht mehr mit der erforderlichen Stufung angebracht werden können.

Aus diesen Gründen werden, wenn erforderlich, bei

1. Regelleistungstransformatoren: die Stufenregler auf der Oberspannungsseite angeordnet.

2. Regelzusatztransformatoren: die Stufenregler über einen Reihentransformator mit passendem Übersetzungsverhältnis in den Hauptstromkreis eingebaut.

In beiden Fällen werden die Belastungsströme für die Stufenregler, entsprechend dem Übersetzungsverhältnis der Transformatoren, herabgesetzt.

Auf Grund der Stromstufenreihe für Hochspannungsgeräte nach VDE 0670/XII. 40 werden die Stufenregler ebenfalls für

200, 400, 600 und 1000 A

gebaut.

Die drei oberen Stufen (1000, 600, 400) werden meistens als DIN-Ausführung 1 und die beiden unteren (400, 200) als DIN-Ausführung 2 hergestellt (siehe unter f).

q) *Nennleistung.* Die Nennleistung ist für den gesamten Regelbereich gleichbleibend. Regelleistungstransformatoren werden für die genormten Nennleistungen (s. Tabelle 4) gebaut. Außerdem gibt es Leistungsgrößen von 50, 63 (80) und 100 MVA, wobei 80 MVA möglichst vermieden werden sollen.

Regelzusatztransformatoren sind für folgende Durchgangsleistungen genormt

4, 6,3, 10. 16, 20. 25, 31,5, 40 und 63 MVA.

Außer diesen gibt es noch Durchgangsleistungen von 80 und 100 MVA, wobei 80 MVA ebenfalls möglichst vermieden werden sollen.

r) *Kurzschlußspannung und Kurzschlußstrom.* Bei *LT/R* liegen die Kurzschlußspannungen, bezogen auf die Mittelstellung, um etwa 10% über den Normen für Transformatoren ohne Regeleinrichtung. (Für die äußersten Reglerstellungen werden die Kurzschlußspannungen nur dann angegeben, wenn die Änderung mehr als 5% beträgt.) Grundsätzlich soll die Kurzschlußspannung mit steigender Windungszahl anwachsen.

Bei *ZT/R* darf die Dauer des höchst zulässigen Kurzschlußstromes 3 sec nicht überschreiten. Die Schaltung von *ZT/R* ist nach DIN 42514 Stern/Spar mit Tertiärwicklung für 30% der Eigenleistung.

s) *Induktion.* Die Induktion bei *LT/R* und *ZT/R* kann ungefähr bis 15000 Gauß, bezogen auf die Nennspannung bei normalem Schenkelquerschnitt, gewählt werden.

Bei *LT/R* müssen die Spannungsschwankungen auf der Seite mit fester Windungszahl in den Grenzen $\pm 5\%$ bleiben. Sonst ist die Nennübersetzung zu ändern, und zwar so, daß die im Betrieb auftretende höchste Spannung die Nennspannung nicht mehr als 5% überschreitet.

Bei *ZT/R* darf die höchste Sättigung 15000 G + 5% in keinem Fall überschreiten. Bei Spannungsschwankungen, die eine Überschreitung dieses Grenzwertes zur Folge haben würden, ist die Nennspannung entsprechend heraufzusetzen. Dabei geht die Leistung verhältnisgleich mit der jeweiligen Betriebsspannung zurück.

Normaler Schenkelquerschnitt ist der effektive Eisenquerschnitt des Kernschenkels an der Stelle, an der sich keine Schwächung durch Bolzen oder Kühllöcher befindet.

t) *Eigenleistung und Durchgangsleistung.* Die Durchgangsleistung eines Reglers (*ZT/R*) ist

$$N_D = U_N I_N \sqrt{3} \cdot 10^{-3} \quad \text{(kVA)}, \tag{150}$$

wobei U_N die ankommende Spannung vor dem Regler bedeutet. (Nennspannung des Reglers.) Die Eigenleistung ist

$$N_E = U_Z I_N \sqrt{3} \cdot 10^{-3} \quad \text{(kVA)}, \tag{151}$$

wobei U_Z die Zusatzspannung bedeutet. Die prozentuale Zusatzspannung bezogen auf die Netzspannung ist

$$u_Z = \frac{U_Z}{U_N} 100\,(\%) \quad \text{woraus} \quad U_Z = U_N \frac{u_Z}{100}. \tag{152}$$

Die Eigenleistung ist somit

$$N_E = \frac{v_Z}{100} N_D \quad \text{(kVA)}, \tag{153}$$

und es ergibt sich, daß prozentuale Zusatzspannung und Durchgangsleistung für die Ermittlung von N_E maßgebend sind. Die Berechnung des Dauerkurzschlußstromes I_K nach Gl. (33) ergibt eine ähnliche Beziehung.

2. Regelleistungstransformatoren (*LT/R*). a) *Regel- und Hauptwicklung.* Die Wicklung eines Schenkels des Regelleistungstransformators (Abb. 70) wird in zwei Teile eingeteilt; und zwar in die Regelwicklung, die samtliche in Reihe liegende Anzapfungen tragt, und in die Hauptwicklung, bei der keine Anzapfungen angeordnet werden.

Die Schaltung und Auslegung dieser beiden Wicklungsteile kann nach drei Arten vorgenommen werden.

α) Durchgehende Regelwicklung (Abb. 71). Die Windungszahl der Regelwicklung entspricht hier dem vollen Regelbereich und die Win-

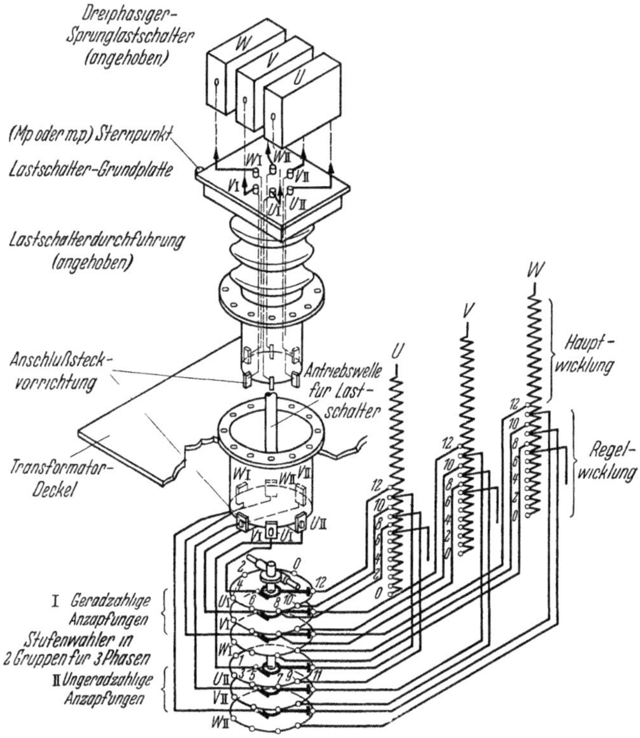

Abb 71. Regelleistungstransformator mit durchgehender Regelwicklung Sternpunktregelung. Vollstandige Schaltung mit Stufenwahler und Sprunglastschalter

dungszahl der Hauptwicklung der niedrigsten Nennwicklungsspannung, bzw. der Spannung der niedrigsten Anzapfung.

β) Zu- und Gegenschalten bzw. Umkehrung der Regelwicklung. (Abb. 72.) Die Windungszahl der Regelwicklung entspricht hier dem halben Regelbereich und die Windungszahl der Hauptwicklung der mittleren Spannung bzw. der Spannung der Hauptanzapfung. Zur Vermeidung von Totstufen wird die Windungszahl der Regelwicklung um die Windungszahl einer Stufe vergrößert. Kupferaufwand wachst, entsprechend einer Stufe, ohne Erhohung der Wicklungsverluste.

γ) Schalten einer Grobstufe bzw. Umlenkung der Regelwicklung (Abb. 73). Die Windungszahl der Regelwicklung entspricht hier dem halben Regelbereich und ist mit der Windungszahl der Grobstufe gleich. Die Windungszahl der Hauptwicklung entspricht der niedrigsten Nennwicklungsspannung bzw. der Spannung der niedrigsten Anzapfung. Zur Vermeidung von Totstufen wird die Windungszahl der Grobstufe um die Windungszahl einer Stufe vergrößert und die Windungszahl der Hauptwicklung um denselben Betrag verringert. Kein zusätzlicher Kupferaufwand notwendig.

b) *Die Umkehrung mit einpoligem Wendewähler.* Durch die Umkehrung (positive und negative Zusatzspannungen) der Regelwicklung werden mit etwa der Hälfte der Anzapfungen (z. B. 11 auf 6) der gleiche

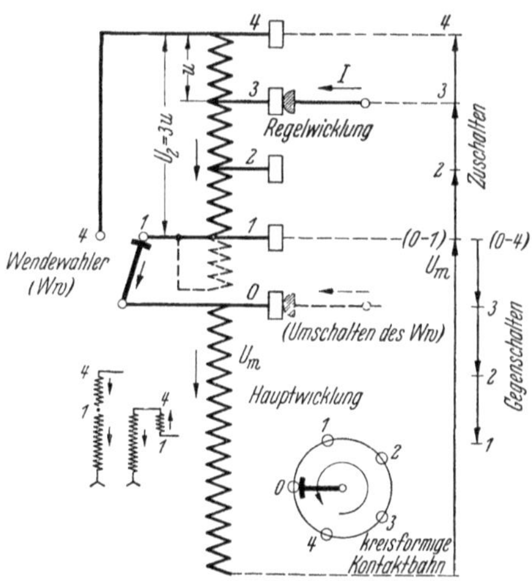

Abb. 72. Zu- und Gegenschalten bzw. Umkehrung der Regelwicklung. Schaltplan einer Phase mit einpoligem Wendewähler.

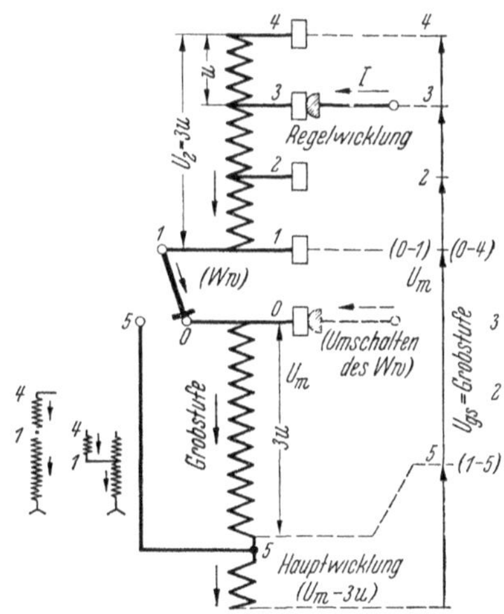

Abb. 73. Schalten einer Grobstufe bzw. Umlenkung der Regelwicklung. Schaltplan einer Phase mit einpoligem Wendewähler bzw. Grobwähler

Regelbereich und die gleiche Stufenspannung erreicht wie bei der Anordnung mit durchgehender Regelwicklung. Bei gleicher Auslegung der Regelwicklung können der doppelte Regelbereich und die doppelte Stufenzahl erzielt werden. Der Vorteil der Umkehrung liegt also in der Herabsetzung der Zahl der erforderlichen Anzapfungen und Regelkontakte sowie Verbindungsleitungen, während als Nachteil der notwendige Einbau eines Wendewählers in Erscheinung tritt.

Der zusätzliche Aufwand ist aber tragbar, weil an den Kontakten des Wendewählers keine Schaltbeanspruchungen auftreten und er nach Art der Stufenwähler gebaut werden kann. Er wird mit der Regelvorrichtung derart mechanisch gekuppelt, daß die Kontinuität der Regelung gewährleistet ist. Beim einpoligen Wendewähler (Ww) liegt zwischen den feststehenden Kontakten die Spannung der Regelwicklung. Beim Wenden steht der Regler auf Mittelstellung, auf Kontakt *0*, und der bewegliche Kontakt des Wendewählers ist stromlos. Bei der Zuschaltung durchläuft der Regler die Kontakte in der Reihenfolge *1*, *2*, *3* und *4* ,während bei der Gegenschaltung die Reihenfolge *4*, *3*, *2* und *1* sein muß. Ordnet man die Kontakte zweckmäßigerweise kreisförmig an, so können sie im gleichen Drehsinn für den ganzen Regelbereich in einer Regelrichtung (höher oder tiefer) durchlaufen werden. Bei einer langgestreckten Kontaktbahn wären hiergegen für jede Anzapfung zwei versetzte Kontakte, entsprechend obiger Reihenfolge, notwendig.

Beim Überschalten von *0* nach *1* bzw. *0* nach *4* entsteht keine Änderung der Spannung. Die Totstufe läßt sich dadurch vermeiden, daß man die Regelwicklung um eine Stufe verlängert, das Wicklungsende zum Anschließen des Wendewählers verwendet und den Kontakt 4 fortläßt, wie es in der Abbildung gestrichelt angedeutet ist.

Die Regelung erfolgt dann nach der Reihenfolge *0, 1, 2, 3* bei der Zuschaltung bzw. nach *0, 3, 2, 1* bei der Gegenschaltung. Die Gegenschaltung der Regelwicklung bedingt eine Erhöhung der Wicklungsverluste gegenüber der durchgehenden Regelung. Bei der tiefsten geregelten Spannung ist die gesamte Schenkelwicklung stromdurchflossen, wogegen bei der durchgehenden Regelung nur die Hauptwicklung stromführend ist.

Wird die Windungszahl der Hauptwicklung bei Umkehrung mit n_m und die der Regelwicklung mit n_z bezeichnet, so ist der Wicklungsverlust in der Hauptwicklung $I^2 R \equiv I^2 n_m$ und in der Regelwicklung $I^2 R_z \equiv I^2 n_z$.

Der Höchstwert der zusätzlichen Wicklungsverluste tritt bei der totalen Gegenschaltung der Regelwicklung ein. Im Verhältnis zum Wicklungsverlust der Hauptwicklung wird der Höchstwert

$$V_{z_{\max}} = \frac{I^2 n_z}{I^2 n_m} 100 = \frac{n_z}{n_m} 100 = \frac{U_z}{U_m} 100 \quad (\%), \tag{154}$$

wobei U_z die Spannung der Regelwicklung und U_m die mittlere Spannung, bzw. die Spannung der Hauptwicklung, bedeuten. Bei der durchgehenden Regulierung ist bei der tiefsten Spannung nur die Hauptwicklung mit der Spannung $U_m - U_z$ eingeschaltet.

Im Verhältnis zum Wicklungsverlust in der Hauptwicklung bei durchgehender Regelwicklung ist der Höchstwert der zusätzlichen Wicklungsverluste

$$V_{z_{\max}} = \frac{2\,U_z}{U_m - U_z} 100 \quad (\%). \tag{155}$$

Der prozentuale Regelbereich bei der Umkehrung, bezogen auf die mittlere Spannung, beträgt

$$\pm G = \frac{\pm U_z}{U_m} 100 \quad (\%) \tag{156}$$

und bei der durchgehenden Regulierung, bezogen auf die niedrigste Spannung

$$+D = \frac{+2\,U_z}{U_m - U_z} 100 \quad (\%), \tag{157}$$

wobei $2\,U_z$ die Spannung der Regelwicklung für durchgehende Regulierung bedeutet. Aus diesen Gleichungen folgt schließlich

$$V_{z_{\max}} = D = \frac{\frac{2\,U_z}{U_m} 100}{1 - \frac{U_z}{U_m}} = \frac{2G\,100}{100 - G} = \frac{2G}{1 - \frac{G}{100}} \quad (\%.) \tag{158}$$

Für die Zu- und Gegenschaltung sei z. B. $U_m = 6300$ V und $U_z = \pm 300$ V, so wird

$$G = \frac{\pm 300}{6300} 100 = \pm 4{,}77\,\%,$$

und der eingesparte Mehrverlust bei Verwendung eines Reglers mit durchgehender Regelwicklung im Höchstfalle

$$V_{z_{\max}} = \frac{2 \cdot 4{,}77}{1 - \frac{4{,}77}{100}} = 10\,\%.$$

Der Regulierbereich dieses Reglers mit durchgehender Regelwicklung ist nach

$$U_m - U_z = 6000 \text{ V}, \qquad 2\,U_z = 600 \text{ V}$$

gleich

$$D = \frac{600}{6000} 100 = +10\,\%.$$

Die einstellbaren tiefsten und höchsten Spannungen beider Regler sind gleich, die prozentualen Regelbereiche jedoch etwas verschieden.

Bei Reglern ist die Leistung für alle Stufen konstant ausgelegt. Bei der niedrigsten Spannung tritt die höchste Stromstärke und damit der höchste Wicklungsverlust bei Nennlast auf. Ungünstig ist daher, daß die Verlusterhöhung bei der Gegenschaltung mit dem höchsten Wicklungsverlust zusammenfällt.

c) *Die Umlenkung mit einpoligem Wendewähler.* Beim Wenden steht der Regler wieder auf Mittelstellung, Kontakt *0*, wodurch der Wendewähler oder Grobwähler stromlos schaltet. Zwischen den feststehenden Kontakten liegt die Spannung der Grobstufe. Für die Anordnung der Kontaktbahnen und für den Drehsinn bei kreisförmiger Anordnung der Kontakte gilt hier dasselbe wie bei der Zu- und Gegenschaltung. Beim Überschalten von *0* nach *1* und *0* nach *4* tritt ebenfalls keine Änderung der Spannung ein. Die Totstufen lassen sich entgegen der vorherbeschriebenen Schaltart, ohne Kupferaufwand für eine Stufe, beseitigen, indem die Grobstufe an der Hauptwicklung um eine Stufe verlängert wird. Man setzt die Anzapfung *5* in Abb. 73 um die Stufenspannung tiefer und läßt den Kontakt *1* in Fortfall kommen. Dann schaltet der Regler von *0* nach *2* und *0* nach *4* um eine Stufe, weil die Regelwicklung in Stellung *1* nach *5* des Wendewählers (Ww) auf eine Anzapfung kommt, die um die Spannung einer Stufe tiefer liegt. Die Reihenfolge ist also *0*, *2*, *3*, *4* bzw. *0*, *4*, *3*, *2*. Ein weiterer Vorteil der Umlenkung ist die Vermeidung zusätzlicher Wicklungsverluste bei der Regulierung unterhalb der mittleren Spannung, so daß diese Schaltart der Umkehrung der Regelwicklung vorzuziehen ist. In dieser Hinsicht ist also die Umlenkung genau so günstig wie eine durchgehende Regelwicklung.

Bei durchgehender Regelung werden, zusammenfassend, alle Anzapfungen der Regelwicklung einmal, bei Umkehrung und Umlenkung zweimal durchlaufen. Der Wendewähler bzw. Grobwähler gestattet indessen die Fortsetzung der Regelung bei der Wiederholung des Befahrens der Anzapfungen.

Für Leistungstransformatoren eignet sich die Umlenkung bei großen Regelbereichen am besten. Sie gibt die Möglichkeit des Einbaues einer Grob- und Feinregulierung. Die Stufenwähler durchlaufen hierbei die Regelwicklung mehr als zweimal, und nach jedesmaligem Durchlaufen wird ein Grobstufenwähler verstellt.

d) *Die Umkehrung mit zweipoligem Wendewähler* (Abb. 74). Der zweipolige Wendewähler bringt eine Verbesserung der Zu- und Gegenschaltung in bezug auf die Vermeidung von Totstufen. Beim Wenden steht der Regler auf Mittelstellung, in der Abbildung auf Kontakt *1*, und die beweglichen Kontakte des zweipoligen Wendewählers sind stromführend. Es herrscht aber keine Spannung zwischen den feststehenden Kontakten, so daß auch hier beim Wenden keine Schaltbeanspruchungen stattfinden. Da die Kontaktbahn bei der Zuschaltung von Windungen in gleichem Sinne befahren wird wie bei der Gegenschaltung, brauchen die Kontakte nicht unbedingt kreisförmig oder doppelt angeordnet zu werden, aber es muß beim Übergang der Richtungssinn gewechselt werden.

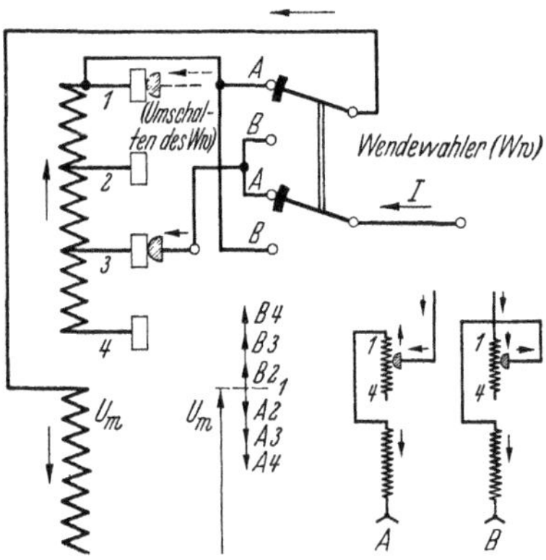

Abb. 74. Zu- und Gegenschaltung bzw. Umkehrung der Regelwicklung. Schaltplan einer Phase mit zweipoligem Wendewahler.

e) *Die Sternpunktregelung.* Beim Drehstrom-Regelleistungstransformator ist für jede Phase ein Stufenregler erforderlich, wenn die Regelung, wie üblich, nur auf einer Seite des Transformators erfolgen soll. Die Stufenregler werden von einem Antrieb über eine gemeinsame Welle gleichzeitig bewegt.

Die Sternschaltung der dreiphasigen Wicklung gestattet die Anbringung der Regelwicklung im Sternpunkt, wodurch eine wesentliche Vereinfachung und eine Erhöhung der Betriebssicherheit erzielt werden. Die Anzapfungen und Regelorgane können mit verhältnismäßig geringen Isolationsabständen konstruktiv zusammengefaßt werden, da auch die Beanspruchungen bei einfallenden Wanderwellen im Sternpunkt geringer als am Wicklungseingang sind, wo die größten Windungsspannungen hervorgerufen werden. Aus diesen Gründen, die auch wirtschaftliche Vorteile bieten, wird bei Regelleistungstransformatoren die Sternpunktregelung bevorzugt. Die Anordnung mit durchgehender Regelwicklung ist in Abb. 75 dargestellt. Der Wicklungsaufbau eines derartigen Reglers mit Regelwicklung für 12 Stufen in vier Parallelgruppen und mit Tertiärwicklung ist aus Abb. 76 zu ersehen.

Als Beispiel mögen folgende Angaben dienen:

Windungszahlen; Hauptwicklung = 418 Wdg. Regelwicklung $= 12 \times 5 = 60$ Wdg. Unterspannungswicklung = 94 Wdg. und Tertiärwicklung = 116 Wdg. Aktiver Eisenquerschnitt = 1335 cm², mittlere Induktion = 13000 Gauß.

Durch die Aufteilung der Regelwicklung in vier Parallelgruppen wird trotz Abschaltung von Windungen eine weitgehende symmetrische Verteilung der Durchflutung auf die gesamte Schenkellänge erzielt.

Die Regelkurve für veränderliche und konstante Primärspannung ist in Abb. 77 dargestellt. Der Regler soll für eine veränderliche Primärspannung, die von der Nennprimärspannung = 30000 V um ±2,5% abweicht, ausgelegt werden.

Bei der höchsten Primärspannung = 30750 V muß die Netzspannung = 6000 V einstellbar und bei der tiefsten Primärspannung = 29250 V ein 10%iger Spannungsverlust (Transformator + Sekun-

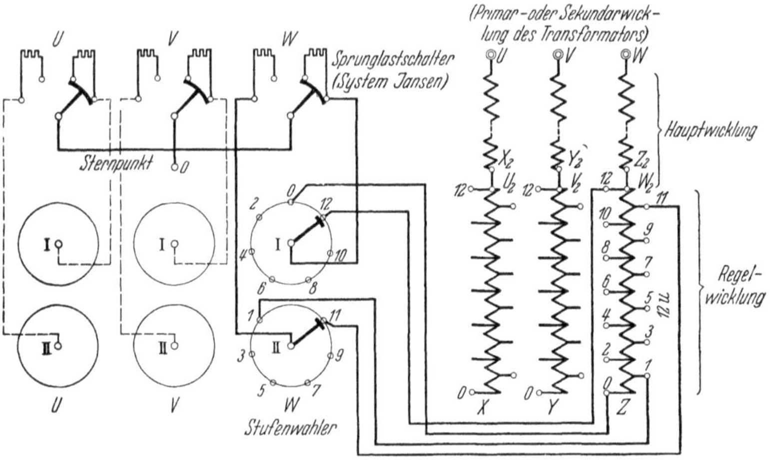

Abb. 75. Sternpunktregelung mit durchgehender Regelwicklung in + 12 Stufen. Schaltvorgang: In der Abbildung ist der Regler in Stellung auf Stufe *12* gezeichnet. Bei Schaltung auf Stufe *11* bleiben Stufenwahler I und II stehen und nur der Sprunglastschalter schaltet um. Bei Schaltung von Stufe *11* auf Stufe *10*, geht erst der stromlose Stufenwahler I auf Stufe *10*, und dann schaltet der Sprunglastschalter wieder um.

därnetz) ausgleichbar sein. Die Induktion und damit die Sekundärspannung schwankt hierbei um ±5%. Verlauf der Induktion ist in der Abbildung gestrichelt dargestellt.

Nach DIN 57532 müssen die Spannungsschwankungen auf der Seite mit fester Windungszahl in den Grenzen von ±5% bleiben. Ist mit einer größeren Spannungsschwankung zu rechnen, ist das Nennübersetzungsverhältnis so zu wählen, daß die höchste im Betrieb auftretende Spannung die Nennspannung um nicht mehr als 5% überschreitet. Falsch wäre daher, den Regler nach Abb. 78 auszulegen, da hierbei die Sekundärspannung um 10% schwanken würde.

Für die Regelkurven ist folgendes zu beachten.

Wird der auf der primären Seite angeordnete Stufenregler im Leerlauf bei veränderlicher Primärspannung auf Stellungen gestellt, die stets die sekundäre Nennspannung ergeben, tritt keine Veränderung der Normalinduktion auf (Abb. 79).

Eine Spannungsänderung auf der Sekundärseite kann nur durch die Erhöhung der Induktion, bei konstanter Primärspannung durch

Verringerung der primären Windungszahl, herbeigeführt werden. Die Spannungsminderung ist im umgekehrten Sinne möglich.

Die Leistung des Transformators verändert sich proportional mit der Induktion. Am rationellsten ist der Transformator dann ausgenutzt, wenn er mit seiner Normalinduktion arbeitet. Bei zu hoher Induktion muß der Eisenquerschnitt und damit die Typenleistung vergrößert werden. Bei zu kleiner Induktion muß die Nennleistung herabgesetzt werden. Solange die Induktionsschwankungen innerhalb von $\pm 5\%$ bleiben, sind beide Maßnahmen nicht erforderlich.

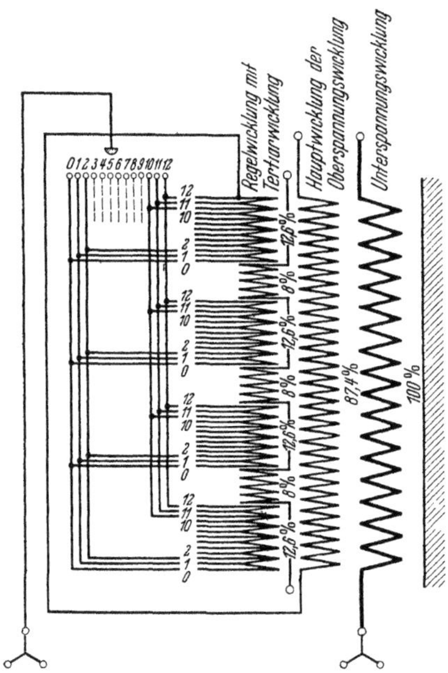

Abb. 76. Wicklungsaufbau eines Regelleistungstransformators mit durchgehender Regelwicklung. Die Regelwicklung ist in vier Parallelgruppen angeordnet. Eine Gruppe umfaßt den gesamten Regelbereich. Durch die eingewickelte Tertiärwicklung wird eine Verlängerung der Regelwicklung erzielt und damit eine erhöhte Kurzschlußfestigkeit gewährleistet

Eine veränderliche Induktion bedeutet aber auch, daß die Stufenspannung nicht bei allen Stellungen des Reglers gleichbleibt. Hohe Induktion erhöht und niedrige Induktion vermindert die Stufenspannung. Wird die Normalinduktion in allen Stellungen des Reglers als annähernd konstant gewährleistet, so ist auch die Stufenspannung in allen Stellungen annähernd konstant, was für die Einhaltung des Regelbereiches von Bedeutung ist.

Bezeichnet man die Spannungsverluste vom Primärnetz mit Δu_1, vom Transformator mit Δu und vom Sekundärnetz mit Δu_2 bei Nennlast und bei einem bestimmten Leistungsfaktor, so ergibt sich das minimale Übersetzungsverhältnis zu

$$\ddot{u}_{\min} = \frac{U_{N1} - \Delta u_1}{U_{N2} + \Delta u + \Delta u_2}, \tag{159}$$

wobei U_{N1} die Nennprimärspannung und U_{N2} die Nennsekundärspannung bedeuten. Ist bei Schwachlastbetrieb mit einer Erhöhung der Primärspannung um etwa denselben Betrag wie der Spannungsverlust Δu_1 zu erwarten, so wird das maximale Übersetzungsverhältnis

$$\ddot{u}_{\max} = \frac{U_{N1} + \Delta u_1}{U_{N2}}. \tag{160}$$

Ist die Primärseite gleichzeitig auch die Oberspannungsseite, so gilt für Leerlauf

$$\ddot{u} = \frac{U_{N1}}{U_{N2}}. \tag{161}$$

Für die Regelkurve Abb. 78 ist

$$U_{N1} = 30000\ \text{V}, \quad U_{N2} = 6000\ \text{V}, \quad \Delta u_1 = \pm 2{,}5\,\%,$$

und $\quad \Delta u + \Delta u_2 = 10\,\%,$

woraus

$$\ddot{u}_{\min} = \frac{30000 - 750}{6000 + 600} = 4{,}425$$

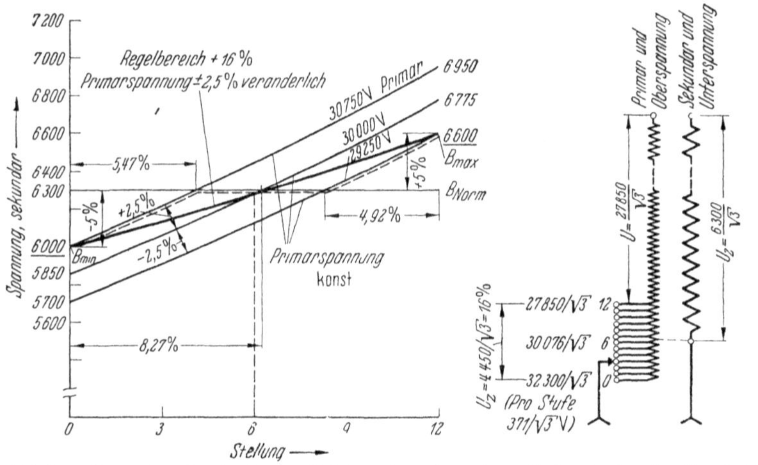

Abb. 77. Regelkurve für Leerlauf. Regelleistungstransformator mit durchgehender Regelwicklung. Nennspannung 30000/6300 V. Regelbereich + 16% in + 12 Stufen. (Induktionsverlauf ist gestrichelt eingezeichnet.)

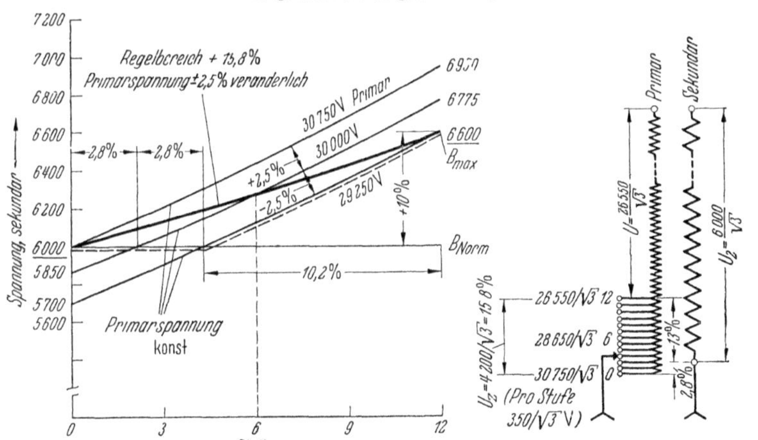

Abb. 78. Regelkurve für Leerlauf. Regelleistungstransformator mit durchgehender Regelwicklung. Nennspannung 30000/6000 V. Regelbereich + 15,8% in + 12 Stufen. (Induktionsverlauf ist gestrichelt eingezeichnet.)

und

$$\ddot{u}_{\max} = \frac{30000 + 750}{6000} = 5{,}125$$

sowie

$$\ddot{u} = \frac{30000}{6000} = 5$$

wird.

Die Spannung der Hauptwicklung für die verwendete durchgehende Regulierung ist $6000 \cdot 4{,}425/\sqrt{3} = 26550/\sqrt{3}$ V und der Gesamtwicklung $6000 \cdot 5{,}125/\sqrt{3} = 30750/\sqrt{3}$ V. Da die Induktion hierbei um 10%

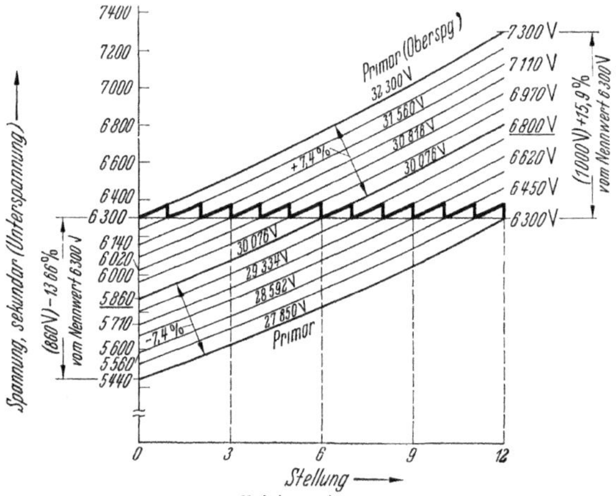

Abb. 79. Regelkurve fur Leerlauf. Regelleistungstransformator mit durchgehender Regelwicklung. Nennspannung 30000/6300 V. Regelung auf konstante Sekundärspannung von 6300 V Induktionsverlauf konstant auf Normalwert.

schwankt, wird das Nennübersetzungsverhältnis $\ddot{u}$ geändert auf $30000/6300 = 4{,}76$, wird also in die Mitte zwischen $\ddot{u}_{\min}$ und $\ddot{u}_{\max}$ gelegt. Hieraus ergibt sich die Spannung der Hauptwicklung zu $6300 \cdot 4{,}425/\sqrt{3} = 27850/\sqrt{3}$ V und der Gesamtwicklung zu $6300 \cdot 5{,}125/\sqrt{3} = 32300/\sqrt{3}$ V. Wie aus der Regelkurve in Abb. 77 zu entnehmen ist, schwankt die Induktion jetzt nur um $\pm 5\%$.

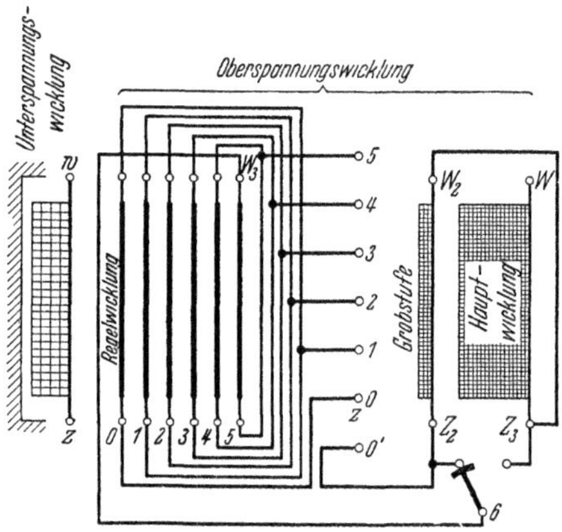

Abb. 80. Regelleistungstransformator mit Umlenkung der Regelwicklung. Sternpunktreglung. Wicklungsaufbau und Schaltung einer Phase einer sechsgängigen Regelwicklung ohne Verschaltung der Gänge. Ein Gang uber Schenkellange gleich eine Stufe. Windungsspannung u_D = 6mal Stufenspannung. Siehe Abb. 87c.

Auf ahnliche Weise lassen sich die richtigen Übersetzungsverhältnisse bei anderen gegebenen Bedingungen ermitteln.

Außer der durchgehenden Regelwicklung wird meistens, wie bereits erwähnt, bei großem Regelbereich die umlenkbare Regelwicklung verwendet.

Bei unvermeidbarer Dreieckwicklung ist die Regelwicklung nach Möglichkeit in die Mitte der Dreieckseiten zwecks Erhöhung der Sicherheit gegenüber Wanderwellen zu legen. Die Regeleinrichtungen der einzelnen Phasen müssen hierbei gegenseitig voll isoliert werden. Bei kleineren Spannungen ordnet man nach Bedarf die Regelung auch bei Sternschaltung elektrisch und räumlich in der Mitte der Wicklung an.

Für die Umlenkung sind der Wicklungsaufbau und die Schaltung in Abb. 88 und 81, die praktische Ausführung für ± 6, also für 12 Stufen in Abb. 82 angegeben. Der Stufenwähler ist so eingerichtet, daß nach einer vollen Umdrehung die Anzapfungen zweimal befahren werden. In der Mittelstellung des Stufenwählers erfolgt die Umlenkung der Regelwicklung durch den Wendewahler (Ww) bzw. Grobwähler (Gw). Der Vergleich mit Abb. 75 läßt alle Vor- und Nachteile der Umkehrung erkennen. Das Schaltdiagramm für die praktische Ausführung zeigt Abb. 83.

Während des Wendevorganges wird die Regelwicklung von der Hauptwicklung abgetrennt, da die Kontakte des Wendewählers so eingerichtet sein müssen, daß eine Kurzschließung der Regelwicklung

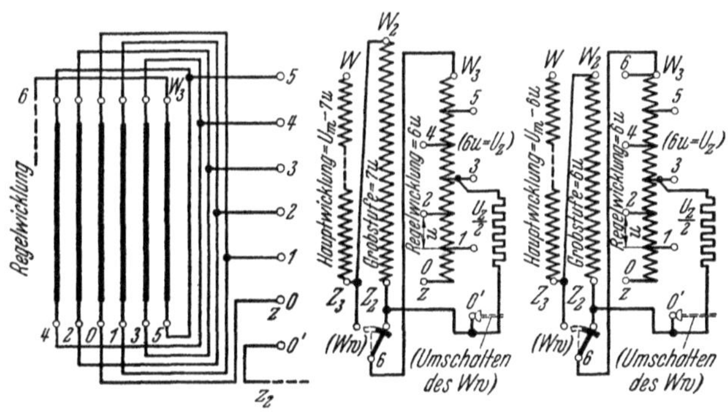

Abb. 81. Regelleistungstransformator mit Umlenkung der Regelwicklung. Sternpunktregelung. Regelwicklung fur nur ± 6 Stufen gezeichnet. Alle Wicklungen haben gleichen Wickelsinn. Links: Verschaltung der Gänge fur niedrige Windungsspannung. Hochste Windungsspannung u_D = 2mal Stufenspannung. Mitte und rechts: Schaltplan einer Phase mit Potentialwiderstand. Mitte: ohne Totstufen und rechts: mit Totstufen.

beim Wenden nicht eintreten kann. Für kurze Zeit wird also die Regelwicklung sich selbst überlassen und besitzt daher kein definiertes Potential.

Bei dem getrennten Wicklungsaufbau von Hauptwicklung einschließlich Grobstufe — im folgenden nur als Hauptwicklung bezeichnet — und Regelwicklung nimmt letztere ein mittleres Potential an, das zwischen dem mittleren Potential der Hauptwicklung und Erde liegt und von der Kapazität der Regelwicklung gegen Hauptwicklung und gegen Erde bestimmt wird. Beim Wenden liegt der vom Stufenwähler und Lastschalter gebildete Sternpunkt an den Kontakten $0'$ der drei Wicklungen. Der Abbau des stationären Potentials der Hauptwicklungen erfolgt linear, und bei Symmetrie nimmt der Sternpunkt das Potential der Erde an. Der Abbau des mittleren Potentials der Hauptwicklung über die in Reihe geschalteten Kapazitäten C_1 und C_2 erfolgt ebenfalls linear bis zum Erdpunkt; das Potential der Regelwicklung, die

Spannung zwischen Erdpunkt und Wicklung $= U_{zp}$, berechnet sich nach

$$\frac{U_{zp}}{U_m/2} = \frac{I_c \dfrac{1}{\omega C_2}}{I_c \left(\dfrac{1}{\omega C_1} + \dfrac{1}{\omega C_2}\right)} = \frac{C_1}{C_1 + C_2}, \tag{162}$$

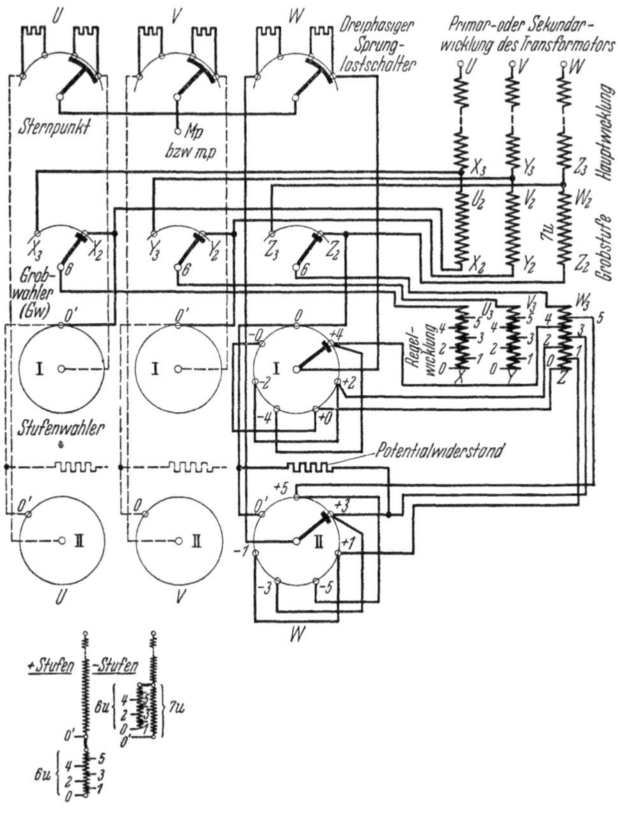

Abb. 82. Regelleistungstransformator mit Umlenkung der Regelwicklung bzw. mit Schalten einer Grobstufe. Sternpunktregelung. Praktische Ausfuhrung. Vollstandige Schaltung ohne Totstufen jedoch nur fur ± 6 Stufen gezeichnet. Vorteil dieser Schaltung sind die wenigen Anzapfungen, wahrend der Nachteil durch den zusätzlichen Grobwähler mit Leitungen entsteht. Schaltvorgang: In der Abbildung steht die Regeleinrichtung auf Stufe + *4* und wurde vorher von Stufe + *3* auf + *4* geschaltet. Bei Schaltung auf Stufe + *5* geht Stufenwähler II stromlos von Stufe + *3* auf Stufe + *5*, und dann schaltet der Lastschalter um. Bei Schaltung auf Stufe *0'* geht Stufenwähler I stromlos von Stufe + *4* auf *0'*, und anschließend schaltet der Lastschalter um. Die Regeleinrichtung steht dann auf Stufe Null. Soll nun auf die negativen Stufen weiter geregelt werden, so muß erst die Grobstufe geschaltet werden. Der Umlenkvorgang ist wie folgt. (Siehe auch Schaltdiagramm Abb. 83.) Der Stufenwahler II geht von Stufe + *5* auf *0'* (*1*), und nach Umschaltung des Lastschalters (*2*) wird der Stufenwähler I automatisch, vom Motorantrieb uber Kontaktwalzen gesteuert, weiter bewegt, und zwar von Stufe *0'* auf − *0* (*3*). Gleichzeitig wird der Grobwahler (Gw) mitgenommen, und schaltet stromlos um (*3*). Nach Umschaltung des Lastschalters, ebenfalls automatisch gesteuert, (*4*) ist die Umlenkung der Regelwicklung beendet. Beim Übergang von den negativen zu den positiven Stufen erfolgt die Umlenkung analog. Zwischen den Stellungen + *5* und *0'* und zwischen − *0* und *0'* liegt die Spannung einer Stufe *u*. Nach dem der Schaltvorgang auf dieser Weise festgelegt ist, kann die Nummerierung der Stellungen durchgehend, z. B. von *0* bis *12* oder von − *6* bis + *6*, vorgenommen werden.

wobei U_m die Spannung der Hauptwicklung, C_1 die Kapazität zwischen Hauptwicklung und Regelwicklung und C_2 die zwischen Regelwicklung und Erde bedeutet.

Ist $C_1 = C_2$, so wird

$$U_{zp} = \frac{U_m}{4}, \tag{163}$$

die Potentialdifferenz zwischen dem Sternpunkt der Hauptwicklung (Z_2, $0'$) und den zum Wendewähler bzw. Grobwähler geführten Enden der Regelwicklung (Z, $W_3 - 6$) beträgt 25 % von U_m. Ist die Spannung der Hauptwicklung z. B. $100/\sqrt{3} = 58$ kV, so beträgt die Potentialdifferenz $U_{zp} = 0{,}25\, U_m \approx 15$ kV. Wäre die Regelwicklung nicht im Sternpunkt, sondern am Eingang der Hauptwicklung angeschlossen, käme eine Potentialdifferenz von $U_{zp} = 0\ 75\ U_m$ zustande; denn in diesem

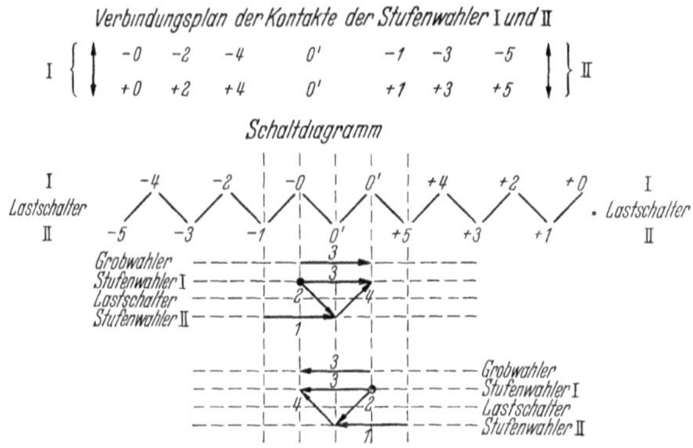

Abb. 83. Verbindungsplan der Stufenwählerkontakte und Schaltdiagramm für Regelleistungstransformator Abb. 82.

Fall ist der bewegliche Kontakt des Wendewählers nicht mit Z_2, sondern mit W der Hauptwicklung verbunden. Ähnlich verhält es sich im Falle eines Erdschlusses einer Phase bei Sternpunktregelung. Das Potential des Sternpunktes, das im normalen Betrieb Erdpotential aufweist, verlagert sich hierbei um die Spannung U_m der Hauptwicklung der geerdeten Phase. Zwischen Sternpunkt und Erde besteht somit eine Potentialdifferenz, die gleich der Spannung U_m ist. Zwischen abgetrennter Regelwicklung der geerdeten Phase und Sternpunkt ist demgemäß eine Potentialdifferenz, die ebenfalls 0,75 von U_m beträgt, vorhanden. Das Potential der Regelwicklung verschiebt sich nach dem Eingang der Hauptwicklung, so daß gegenüber Erde die Spannung U_{zp} gleich 0,25 von U_m bestehenbleibt. Die abgetrennten Regelwicklungen der anderen Phasen nehmen auch höhere Potentiale gegenüber dem Sternpunkt an. Der Erdschluß bringt also gefahrliche Momente für den Wendewähler bzw. Grobwähler mit sich. Um den Ladefunken, der bei jedesmaligem Wenden entsteht, zu unterdrücken, wird das Potential der Regelwicklung über einen hochohmigen Widerstand auf die Höhe des Sternpunktpotentials gebracht. Eine Potentialdifferenz zwischen

Regelwicklung und Sternpunkt kann dann nicht mehr auftreten. Vor und nach dem Wenden liegt der Widerstand an der halben Spannung der Regelwicklung und ist dementsprechend zu bemessen.

Allgemein treten auch dieselben Erscheinungen auf, wenn die abgetrennte Regelwicklung nicht für sich allein, über die ganze Länge des Schenkels verteilt, angeordnet wird.

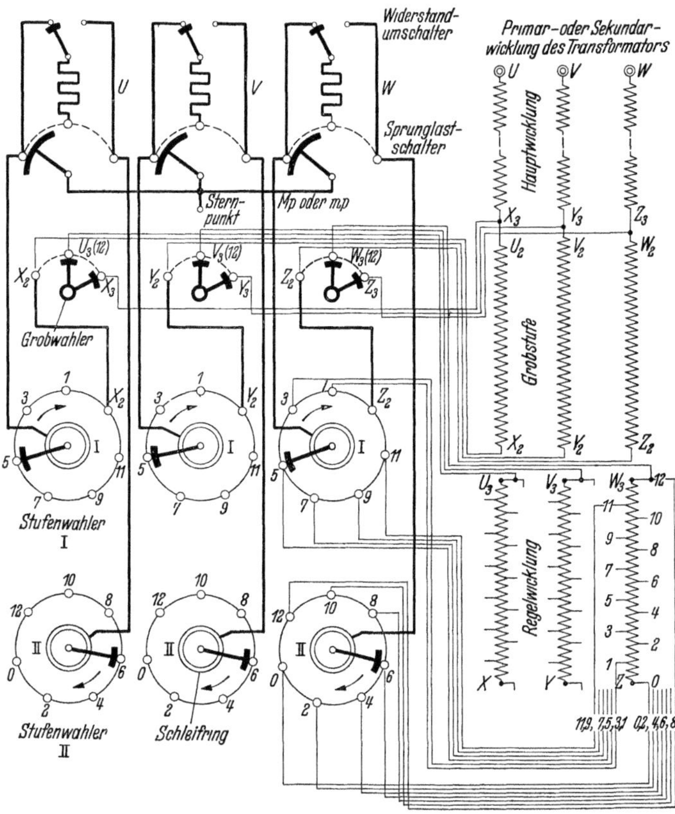

Abb. 84. Sternpunktregelung mit Umlenkung der Regelwicklung in ±12 Stufen Sprunglastschalter mit Umschaltung eines Überschaltwiderstandes. Der Regler steht auf Stufe 5. Die Klemmen X_2, Y_2, Z_2 der Grobstufe sind offen. Ende der Hauptwicklung X_3, Y_3, Z_3 ist mit Anfang der Regelwicklung U_3, V_3, W_3 verbunden. Die Stufenwähler befinden sich im Gebiet der negativen Stufen. Die Regelwicklung (Windungszahl gleich der Grobstufe) ist so angeordnet, daß sie ohne störende Entladungserscheinungen am Grobwähler vorübergehend von der Hauptwicklung abgetrennt werden kann.

In Abb. 84 ist eine weitere praktische Ausführung der Umlenkung der Regelwicklung bei Sternpunktregelung dargestellt. Hierbei ist ein Sprunglastschalter mit umschaltbarem Überschaltwiderstand verwendet worden. Potentialwiderstande sind nicht vorhanden, weil hier eine besondere Wicklungsanordnung der Regelwicklung die Entladungsvorgänge so weit begrenzt, daß sie nicht mehr störend wirken.

Für die seltener angewendete Umkehrung der Regelwicklung ist die Wicklungsanordnung und der Schaltplan ohne und mit Totstufen in Abb. 85 angegeben.

Die Deckelaufsicht nebst Schaltung, als Leistungsschild, sowie die Spannungs- und Stromstufung eines Regelleistungstransformators mit durchgehender Regelwicklung und Sternpunktregelung zeigt Abb. 86.

f) *Wicklungsaufbau, Kurzschluß- und Spannungsfestigkeit.* Der getrennte Wicklungsaufbau von Haupt- und Regelwicklung bringt zwei wesentliche Vorteile für die Regeltransformatoren mit sich. Der erste ist die Herabsetzung der Kurzschlußbeanspruchungen durch Vermeidung von AW-Unsymmetrien bei der konzentrischen Wicklungsanordnung, die dadurch erreicht wird, daß die getrennte Regelwicklung schraubenförmig mehrgängig oder schraubenförmig mehrlagig ausgefuhrt wird. Hierdurch wird es möglich, die Regelwicklung nur an den Enden anzuzapfen, so daß bei der Abschaltung von Windungen eine Verkürzung der Wicklung nicht eintritt (Abb. 87). Da die Gänge gleichsinnig gewickelt sind, müssen sie mittels Umleitungen außerhalb der Wicklung hintereinandergeschaltet werden. Teilt man die Regelwicklung in links- und rechtsgängige Lagen, so können diese Umleitungen erspart werden.

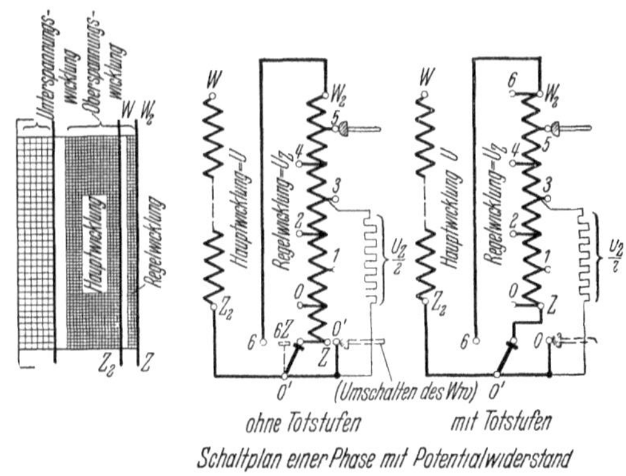

Abb. 85. Sternpunktregelung mit Umkehrung der Regelwicklung (Zu- und Gegenschaltung) Alle Wicklungen haben gleichen Wickelsinn. Gezeichnet fur nur ± 6 Stufen.

Die Grobstufe für die Umlenkung der Regelwicklung kann ebenfalls getrennt über die ganze Schenkellänge angeordnet werden. Sie kann auch als eine zusätzliche Lage mit Zwischenfügung einer ausreichenden Isolationsschicht zur Regelwicklung gewickelt werden. Die Kurzschlußfestigkeit ist auf diese Weise der des gewöhnlichen Leistungstransformators mit Zylinderwicklung gleichgestellt.

Der zweite Vorteil besteht darin, daß man die Regelwicklung — bei hoher Spannung auch als Schaltröhre benannt — gegenüber den Einwirkungen von Stoßspannungen so einrichten kann, daß die entstehenden Spannungsbeanspruchungen auf ein Mindestmaß herabgesetzt werden. Bei Transformatoren für höhere Spannungen wird die Schaltröhre deshalb als Lagenwicklung ausgeführt.

Eine lagenförmig angeordnete Wicklung weist fast nur in der Nähe des Schenkels des Eisenkernes eine Kapazität gegen Ende auf, besitzt aber große Kapazität von Lage zu Lage durch dichtes Zusammenwickeln, so daß sie annähernd als schwingungsfrei angesehen werden kann, weil keine wesentlichen kapazitiven Leckströme gegen Erde abfließen.

Die Kurzschlußfestigkeit des Regeltransformators kann mit Scheibenspulen im Verhaltnis leichter verwirklicht werden als mit konzentrischer Wicklungsanordnung. Die erhohten Baukosten der Scheibenwicklung — oftere Wiederholung der Isolation zwischen Ober- und Unterspannungsspulen — bedingen aber, daß die konzentrische Wicklungsanordnung bevorzugt wird. Es kann somit festgestellt werden, daß die Scheibenwicklung zwar nicht schwingungsfrei ist, aber leicht kurzschlußfest zu machen geht, wogegen die Zylinderwicklung, in einlagige Röhrenspulen aufgeteilt, fast schwingungsfrei ist, aber zur Erreichung der Kurzschlußfestigkeit besonderer Aufwendungen bedarf.

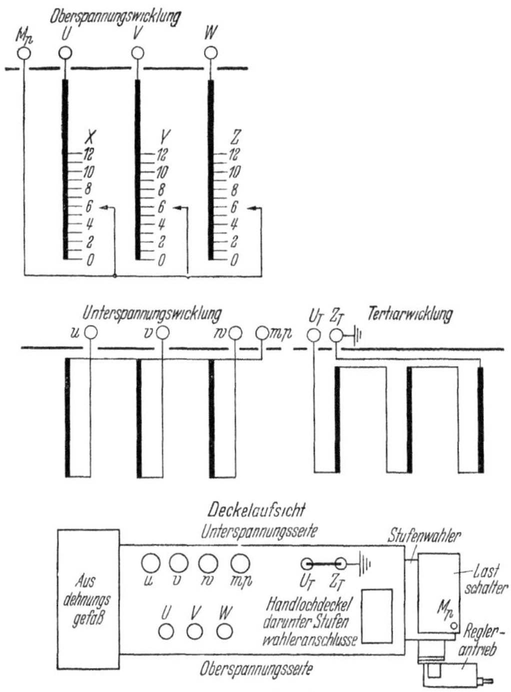

Oberspannung		Anschluß an UVW	
V	A	Stufe	Verbindung
32100	450	0	$X_1\ Y_1\ Z_1$
31750	456	1	$X_2\ Y_2\ Z_2$
31400	460	2	$X_3\ Y_3\ Z_3$
31050	466	3	$X_4\ Y_4\ Z_4$
30700	472	4	$X_5\ Y_5\ Z_5$
30350	476	5	$X_6\ Y_6\ Z_6$
30000	480	6	$X_7\ Y_7\ Z_7$
29650	486	7	$X_8\ Y_8\ Z_8$
29300	492	8	$X_9\ Y_9\ Z_9$
28950	498	9	$X_{10} Y_{10} Z_{10}$
28600	504	10	$X_{11} Y_{11} Z_{11}$
28250	510	11	$X_{12} Y_{12} Z_{12}$
27900	516	12	$X_{13} Y_{13} Z_{13}$

Unterspannung Anschluß an *uvw* 6300 V, 2290 A
Tertiarwicklung (Ausgleichswicklung) 8200 kVA
Die Klemmen U_T und Z_T mussen wahrend des Betriebes fest verbunden und geerdet sein.

Nennleistung	25000 kVA
Nennspannung	30000/6300 V
Nennstrom	480/2290 A
Nennfrequenz	50 Hz
Kurzschlußspannung	8 %
Schaltgruppe	B 2 ⅄/Y
Betriebsart DB	Kuhlungsart OFA

Abb. 86. Leistungsschild und Deckelaufsicht eines Regelleistungstransformators.

Bei niedrigen Spannungen wird von einem getrennten Aufbau der Regelwicklung abgesehen. Bei Sternpunktregelung ware hierbei am naheliegendsten, die Anzapfungen am Wicklungsende, das dem Sternpunkt zugekehrt ist, anzubringen. Fur die Kurzschlußfestigkeit des Transformators spielt die Symmetrie der Amperewindungen eine ausschlaggebende Rolle. Bei völliger AW-Symmetrie, d. h. bei genau gleich langen Primar- und Sekundärwicklungen mit gleichmäßig über die gesamte Schenkellange verteilten Windungen, treten bei Zylinderspulen Stromkräfte nur in radialer Richtung auf. Die Radialkrafte versuchen, die äußere

Wicklung zu erweitern und die innere an den Kern heranzudrücken. Sie können von der Wicklung mit deren Abstützungen abgefangen und im Gleichgewicht gehalten werden, so daß gegenüber diesen Kräften die Wicklung der Transformatoren dynamisch kurzschlußsicher gebaut werden kann.

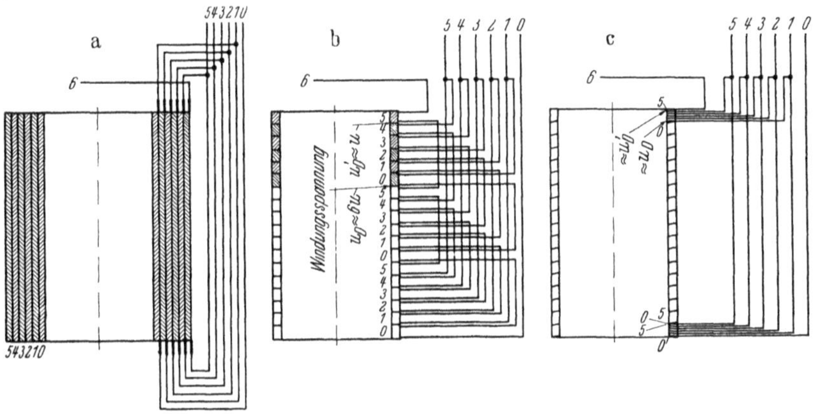

Abb. 87. Wicklungsaufbau der getrennten Regelwicklung, auch Schaltröhren bei hohen Spannungen genannt, für Sternpunktregelung, bei Regelleistungstransformatoren. a: Für jede Stufe ist eine einlagige Spule vorgesehen. Es treten bei dieser Anordnung keine Expansionsaxialkräfte auf. b: Für alle Stufen ist eine einlagige Spule, unterteilt in Vielfachgruppen vorgesehen. Die Expansionsaxialkräfte sind bei dieser Anordnung praktisch Null. c: Für alle Stufen ist eine einlagige Spule vorhanden. Für jede Stufe ist ein Gang gewickelt, der sich über die ganze Schenkellänge erstreckt. Die Expansionsaxialkräfte sind bei dieser Anordnung ebenfalls praktisch Null.

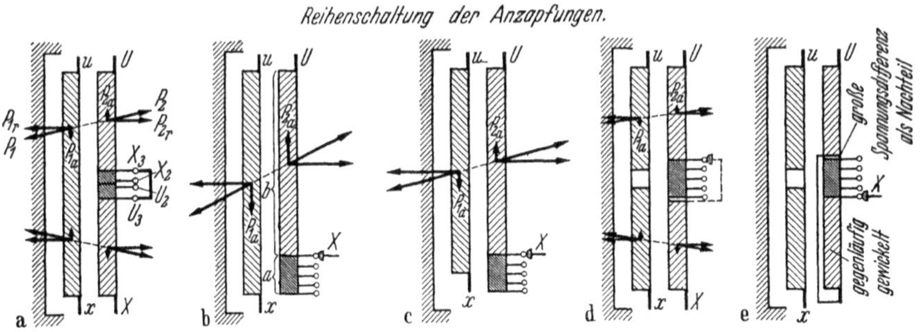

Abb. 88. Wicklungsaufbau bei Regelleistungstransformatoren mit Rücksicht auf die Expansionsaxialkräfte im Falle eines Kurzschlusses. a: Gewöhnlicher Leistungstransformator mit Anzapfungen. Radialkraft $= P_{1r} = P_{2r}$. b: Regelleistungstransformator mit ungünstiger Anordnung der Anzapfungen. Expansionsaxialkraft $= P_{1a} = P_{2a}$. Sternpunktregelung. a = Regelwicklung, b = Hauptwicklung. c: Regelleistungstransformator mit verbesserter Anordnung der Anzapfungen. Expansionsaxialkraft $= \frac{P_{1a}}{2} = \frac{P_{2a}}{2}$. Sternpunktregelung. d: Verbesserte Wicklungsanordnung. Regelung in der Mitte der Wicklung. Expansionsaxialkraft $= \frac{P_{1a}}{4} = \frac{P_{2a}}{4}$. e: Sternpunktregelung mit gegenläufig gewickeltem Wicklungsteil. Expansionsaxialkraft $= \frac{P_{1a}}{4} = \frac{P_{2a}}{4}$. Die Expansionsaxialkräfte bei c, d und e sind auf b bezogen.

Wird die AW-Symmetrie gestört, treten axiale Kräfte, und zwar die sogenannten Expansionsaxialkräfte, auf, die die Isolierdistanzstücke der Wicklung auf Druck und die Windungen zwischen den Distanzstücken auf Biegung beanspruchen (Abb. 88). Diese Expansionsaxialkräfte werden im Falle eines Kurzschlusses hervorgerufen, wenn die Wickelzylinder verschoben oder ungleich lang sind, und wirken in Richtung der Vergrößerung der bestehenden Unsymmetrie. Sind Primär- und Sekundärwicklung gleich lang und werden die Anzapfungen an einem Ende einer der beiden Wicklungen angebracht, so verändert sich die Länge der betreffenden Wicklung je nach der Stellung der Regeleinrichtung. Sind alle Windungen der Regelwicklung abgeschaltet, ist die Unsymmetrie am größten.

Es ist hiernach ohne weiteres einleuchtend, daß bei Regeltransformatoren besondere Maßnahmen für den Wicklungsaufbau erforderlich werden, um die Expansionsaxialkräfte zu begrenzen und damit die Kurzschlußfestigkeit zu gewährleisten. Bei Leistungstransformatoren legt man die Anzapfung elektrisch in die Mitte der Wicklung und räumlich in die Mitte des Schenkels. Hierdurch werden die Axialkräfte auf einen möglichst kleinen Betrag heruntergedrückt. Dieses wird auch noch begünstigt, weil die abzuschaltenden Windungen bei den ublichen Anzapfungen von ± 2 bis $\pm 4\%$ im Verhältnis zur Schenkellänge gering sind. Bei Regeltransformatoren wäre demnach die Regulierung in die Schenkelmitte, wie Abb. 88 zeigt, zu legen und bei größerem Regulierbereich eine entsprechende Aussparung in der gegenüberliegenden Wicklung des Transformators vorzunehmen.

Da die Sternpunktregelung auch bei kleineren Transformatoren Vorteile bringt, kann sie auch dort durch eine gegenläufige Wicklungshälfte in Schenkelmitte gebracht werden, wodurch jedoch der Nachteil entsteht, daß zwischen Regelwicklung und anderer Wicklungshälfte eine zu hohe Spannungsdifferenz auftritt, die unter Umständen Schwierigkeiten bei der Ausführung der Isolation verursacht.

In Abb. 89 sind die Wicklungsanordnungen bei mittleren und größeren Transformatoren mit durchgehender und unlenkbarer Regelwicklung für Sternpunktregelung und für Parallelschaltung der Anzapfungen dargestellt. Bei der durchgehenden Regelwicklung liegt der getrennte Wicklungsaufbau im Schatten der Kurzschlußkräfte der Primär- und Sekundärwicklung. Der Streufluß im Kanal wird nur wenig beeinflußt. Bei der Umlenkung der Regelwicklung liegen Grobstufe und Regelwicklung im Streukanal selbst. Der Streufluß wird hier auch nur gering beeinflußt. Diese Anordnung hat außerdem den Vorteil, daß nur eine unwesentliche Veränderung der Kurzschlußspannung in Abhängigkeit von der Stellung der Regeleinrichtung eintritt. Allgemein sind schmale und lange Spulen zu vermeiden, da bei eventuell auftretenden Axialkräften sonst die Windungen zusammengeschoben werden können.

Für den konstruktiven Aufbau der Regelwicklung wird neben der Zugänglichkeit der Anzapfungen eine höchst mögliche Spannungs- und Kurzschlußsicherheit gefordert. Diese Forderungen werden, wie bereits eingangs erwähnt, weitgehend erfüllt durch die getrennte zylindrische Regelwicklung mit einem Wicklungsaufbau, wie es in Abb. 87 dargestellt ist.

Die Regelwicklung erstreckt sich wie festgestellt auf die ganze Länge des Schenkels, und je nach Leiterquerschnitt, Stufenzahl und Windungszahl pro Stufe können die in der Abbildung gezeigten drei Wicklungsanordnungen gewählt werden. Wird nach der links stehenden Anordnung a für jede Stufe eine einlagige Röhre verwendet, treten überhaupt keine Axialkräfte auf, weil bei der Abschaltung der Stufen der verbleibende Strombelag sich auf die ganze Schenkellänge erstreckt. Bei den in Abb. 87 folgenden Anordnungen b und c verhält es sich ebenfalls so, wenn, wie es auch praktisch der Fall ist, die Unterteilung der einzelnen Stufen so oft wie möglich vorgenommen wird.

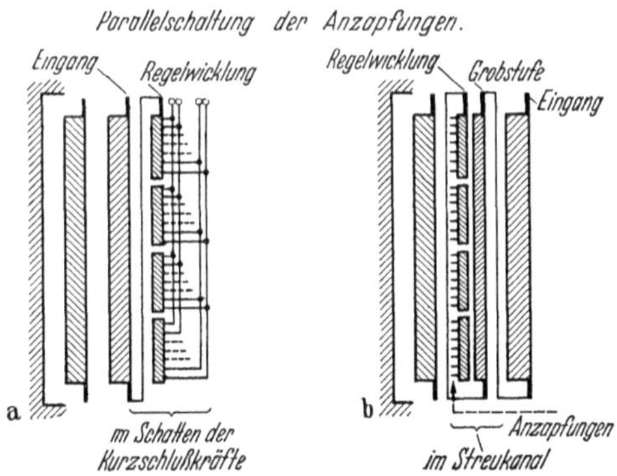

Abb. 89. Wicklungsaufbau bei Regelleistungstransformatoren mit Rücksicht auf die Expansionsaxialkräfte im Falle eines Kurzschlusses. a: Durchgehende Regelwicklung. b: Umlenkung der Regelwicklung.

Um die Schwierigkeiten bei der Isolation der Windungen, die bei den letztgenannten Anordnungen auftreten, zu beseitigen, werden die einzelnen Spulen oder Gänge verschaltet (Abb. 81). Hierdurch kann für eine normal ausreichende Isolation innerhalb der Wicklungen gesorgt werden, weil die Windungsspannungen durch die Verschaltung herabgesetzt werden. Die getrennte Anordnung gestattet weiterhin eine sichere Isolierung gegenüber anderen Konstruktionsteilen des Transformators.

Die Stoßfestigkeit und Schwingungsfreiheit werden, wie bereits erwähnt, durch Aufteilung der Wicklung in einlagige Röhrenspulen, wobei die äußerste Wicklungsröhre nur wenige breite Windungen enthält, gewährleistet. Metallbelege, die an die Eingangswindungen angeschlossen werden, können in Fortfall kommen, weil die Wicklungen, infolge ihres Aufbaues, den Charakter einer konzentrierten Kapazität aufweisen und der größte Teil von der Überspannungsstoßwelle getroffenen Wicklung sehr bald das Potential der Eingangswindung annimmt. Schwingungen können daher nur in geringem Maße auftreten.

Bei Transformatoren mit fest geerdetem Sternpunkt kann die Stärke der Wicklungsisolation, schwingungsfreien Wicklungsaufbau vorausgesetzt, vom Eingang bis zum Sternpunkt abnehmen. Ist der Sternpunkt isoliert, muß die Wicklungsisolation durchgehend gleiche elektrische Festigkeit aufweisen. Die seltene, aber starke Beanspruchung der Isolation, die beim dreipoligen Stoß — drei Wellen gleicher Höhe und gleicher Polarität — beim isolierten Sternpunkt auftritt und vom Anfang der Wicklung bis zum Sternpunkt reicht, wird durch den schwingungsfreien Aufbau der Wicklung weitgehend verringert. Die Spannung am Sternpunkt kann durch Anschluß von Kondensatoren oder Überspannungsableitern gesenkt werden. Dieses kann erforderlich sein bei Regeltransformatoren mit Sternpunktregelung, wenn empfindliche Teile, wie Wahler und Lastschalter, besonders geschutzt werden sollen.

Die Isolierung zwischen den Spulen und Lagen sowie zwischen Wicklung und anderen Teilen des Transformators muß hinreichend bemessen sein, damit eine ubermaßige Gefahrdung der Isolation von Windung zu Windung der Rohrenspulen selbst bei steilsten Überspannungsstoßwellen nicht eintritt.

Abb 90 Regelleistungstransformatoren in Freiluftausfuhrung mit Radiatorenkessel. Fabrikat Volta-Werke. Nennleistung 12500 KVA Nennspannung bei Leerlauf (+ 9%) 32700 — 30000 — 27300 (— 9%)/6300 Volt in ± 9 Stufen. Betriebsart DB Kuhlungsart OS Im Vordergrund die Ausdehnungsgefaße und im Hintergrund die Sprunglastschalter gut sichtbar

In Abb. 90 sind Regelleistungstransformatoren mit Sternpunktregelung und in Freiluftaufstellung dargestellt.

g) *Die a-b-c-Schaltung.* Bei Sternpunktregelung laßt sich mit Hilfe der a-b-c-Schaltung eine Feinregulierung erzielen.

Die Sternpunktverbindung wird hierbei nicht gleichmaßig an alle drei Phasen von Stellung zu Stellung geschaltet, sondern der Schaltschritt erfolgt immer nur in einer Phase, wobei sich die Phasen innerhalb dreier aufeinanderfolgender Stufen zyklisch miteinander abwechseln.

Die Änderung der sekundaren Sternspannungen bei primarer Sternpunktregelung in a-b-c-Schaltung ist:

	Sternverbindung	Phase U	Phase V	Phase W	Mittelwert-Sollwert
a) 1. Zwischenstellung	$X_2\,Y_1\,Z_1$	$2/3\,u$	$1/6\,u$	$1/6\,u$	$1/3\,u$
b) 2. Zwischenstellung	$X_2\,Y_2\,Z_1$	$5/6\,u$	$1/3\,u$	$5/6\,u$	$2/3\,u$
c) Normalstellung	$X_2\,Y_2\,Z_2$	u	u	u	$1/1\,u$

Hierbei bedeutet u, wie üblich, die Spannung einer Stufe.

Die Sternpunktverlagerung in den beiden Zwischenstellungen beträgt $^1/_3$ der Spannung einer Stufe, überträgt sich aber nicht auf die andere Sternwicklung, weil die Kraftflüsse der drei Phasen sich innerhalb des dreischenkeligen Eisenkernes zu Null ergänzen.

Aus diesem Grunde kann man nach Bedarf die nicht geregelte Wicklung in Dreieck schalten. Dagegen ist es nicht zulässig, die nach der a-b-c-Methode geregelte Wicklung selbst in Dreieck zu schalten, solange der Transformator einen dreischenkeligen Kern erhält.

3. Regelzusatztransformatoren *(ZT/R)*. Die Verwendung des Regel-Zusatztransformators für den Ausgleich der Spannungsverluste kommt in folgenden Fällen in Betracht:

1. Wenn der Leistungstransformator selbst keine Regeleinrichtung besitzt.

2. Wenn in Mittel- und Niederspannungsnetzen mit unzureichender Vermaschung und verschiedenen Entfernungen von Netzteilen vom Speisepunkt die Spannungsregelung der weit entfernten Netzteile erforderlich wird.

3. Wenn besondere Gründe vorliegen, z. B. werden bei Großtransformatoren *ZT/R* vor- oder nachgeschaltet, um Abmessungen und Gewicht durch Fortfall der Regeleinrichtung herabzusetzen.

Bei Spannungsreglern müssen die festen Kontakte bzw. Anzapfungen an die annähernd konstante Spannung (Festspannung) und die beweglichen Kontakte bzw. Anzapfungen an die veränderliche Spannung angeschlossen werden. Dieses ist ebenfalls wie bei den Regelleistungstransformatoren erforderlich, weil damit bei Regelung im Betrieb die Normalinduktion des Transformators keinen wesentlichen Veränderungen unterworfen wird. Anderenfalls ist die volle Ausnutzbarkeit des Transformators und gleiche Stufenspannung in allen Stellungen nicht gewährleistet. Am Ende einer Leitung ist die Spannung je nach der Belastung veränderlich. Liegt der Anfang in der Nähe eines Speisepunktes oder im Speisepunkt selbst, dessen Spannung konstant erzeugt oder auf konstante Werte einreguliert wird, so kann am Anfang der Leitung die Spannung als annähernd konstant oder als konstant angenommen werden.

Der am Anfang einer Leitung eingebaute Regelzusatztransformator erhöht die Anfangsspannung der Leitung um den Betrag der Spannungsverluste, damit am Ende der Leitung die Spannung konstant gehalten wird. Dagegen erhöht der am Ende eingebaute Regelzusatztransformator die Endspannung der Leitung zwar ebenfalls um den Betrag der

Spannungsverluste, aber ohne daß eine Erhöhung der am Anfang eingestellten konstanten Betriebsspannung eintritt.

Leistungstransformatoren können auch als Leitungen aufgefaßt werden, wobei die Primärseite mit dem Anfang und die Sekundärseite mit dem Ende einer Leitung vergleichbar ist. Liegt die Primärwicklung an einer annähernd konstanten Spannung, so ist es zweckmäßig, den Regelzusatztransformator, um die Spannungsverluste des Leistungstransformators auszugleichen, auf der sekundären Seite anzuschließen. Die innere Schaltung des Regelzusatztransformators entspricht dann der eines Reglers, der am Ende einer Leitung eingebaut wird. Die ankommende Spannung ist also für den Regler je nach der Belastung

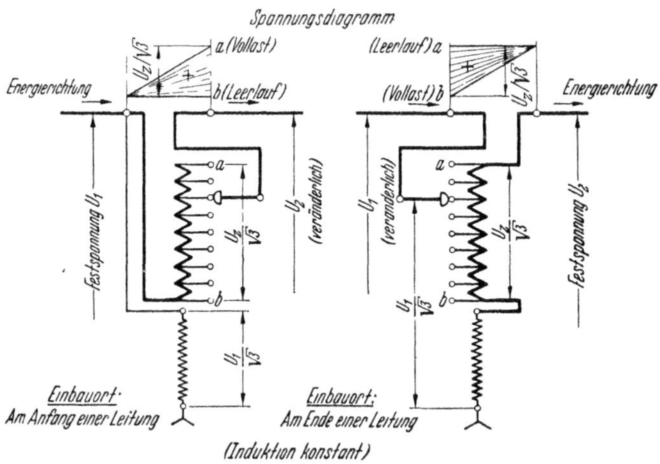

Abb. 91. Regelzusatztransformator fur direkte Regelung. Einfacher Regelsinn. Schaltplan einer Phase. Links: Erregerwicklung ist getrennt an die Festspannung angeschlossen. Rechts: Erregerwicklung ist uber die Zusatzwicklung an die Festspannung geschaltet. Die Induktion ist in beiden Fallen konstant.

veränderlich. Bei Anordnung des Regelzusatztransformators auf der Primärseite müßte der Regler in diesem Fall die Primärspannung des Transformators um den Betrag der Spannungsverluste erhöhen, d. h. die Induktion im selben Verhältnis steigern.

Theoretisch müßte ein auf der Sekundärseite eingebauter Regelzusatztransformator aus zwei in Reihe geschalteten Reglern bestehen, wenn außer den Spannungsverlusten des Transformators auch die Spannungsverluste einer angeschlossenen Leitung am Anfang auszugleichen wären. Die Schaltung des ersten Reglers müßte für das Ende und die des zweiten für den Anfang einer Leitung ausgelegt werden. Praktisch ist diese Anordnung nicht vertretbar, und man nimmt deshalb Induktionsschwankungen bis zu den zulässigen Grenzen in Kauf. Darüber hinaus muß dann, wenn erforderlich, ein zweiter Regler, aber zweckmäßigerweise am Ende der Leitung eingebaut werden.

Bei Regelzusatztransformatoren unterscheidet man zwei Hauptarten der Regelung, und zwar die direkte und die indirekte Regelweise.

A. Direkte Regelung. Bei der direkten Regelung durchfließt der volle Netzstrom genau wie beim Regelleistungstransformator die Regeleinrichtung. Sie muß deshalb für den vollen Netzstrom und für die volle Netzspannung ausgelegt werden.

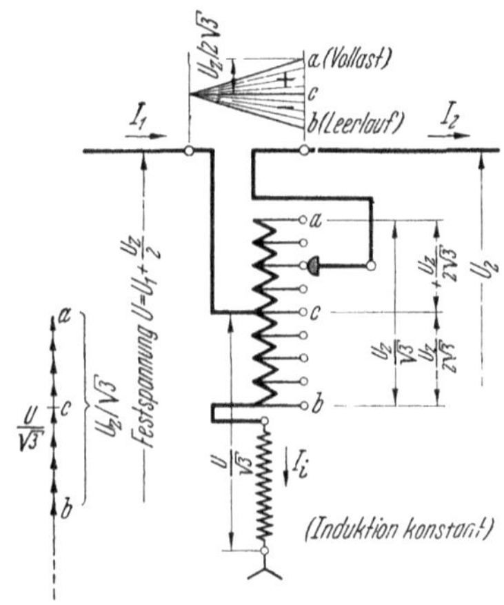

Bei dreiphasigen Reglern wird die Stern-Spar-Schaltung, wie in Abb. 53 und 57 bereits angegeben, verwendet.

a) *Einfacher Regelsinn.* Nach dem Grundsatz, daß die Festspannung an die unveränderliche Anzapfung zu legen ist, entstehen je nach Einbauort des Reglers zwei verschiedene Schaltungen. Der Regelzusatztransformator soll die Spannungsverluste ausgleichen. Die Energierichtung wird hierdurch eindeutig festgelegt, woraus folgt, daß die Sekundärspannung U_2 im Betrieb stets die höhere sein muß. Beide Schaltarten dienen also der Aufwärtsregelung. Die Festspannung liegt, wie bereits erwähnt, an den festen, die veränderliche Spannung an den beweglichen Kontakten des Reglers. In Abb. 91 sind die beiden Schaltarten dargestellt.

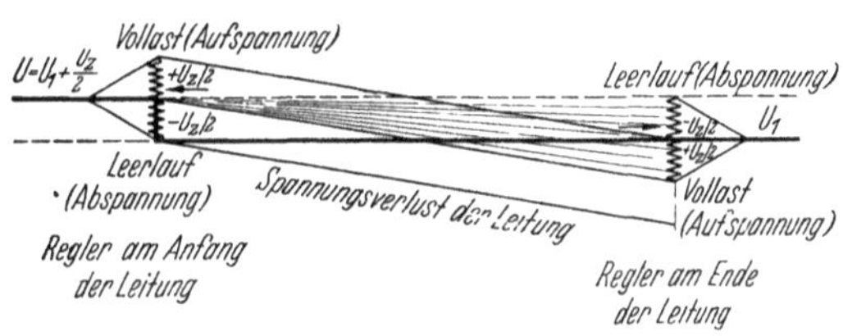

Abb. 92. Regelzusatztransformator für direkte Regelung. Doppelter Regelsinn. Durchgehende Regelwicklung. Schaltplan einer Phase. Die Spannungsstufen $+U_Z/2\sqrt{3}$ und $-U_Z/2\sqrt{3}$ sind durch die Wicklungsanordnung erreicht worden.

Die Eigenleistung bzw. Typenleistung des Reglers ist damit nach Gl. (127) zu berechnen. Es ist für maximale Ausregelung

$$N_{EZ_a} = N_D \frac{U_Z}{U_2} \quad \text{(VA)}, \tag{164}$$

weil U_2 im Belastungsfall stetes die höhere Spannung ist. Hierbei bedeutet N_D die Durchgangsleistung des Drehstromes bei symmetrischer Belastung und U_Z die transformatorisch erzeugte Zusatzspannung. Die Eigenleistung ist demnach direkt proportional der Durchgangsleistung und des relativen Regelbereiches. Die Regelwicklung muß hier für den ganzen Regelbereich ausgelegt werden.

b) *Doppelter Regelsinn.* Die Eigenleistung wird wesentlich vermindert, wenn die ankommende Spannung um den halben Spannungsverlust schon vor dem Regler gehoben wird. Der Regelbereich zerfällt hierdurch in eine positive und eine negative Halfte. Es liegt also Aufwärts- und Abwärtsregelung vor.

α) *Durchgehende Regelwicklung* (Abb. 92). Die Regelwicklung wird für den ganzen Regelbereich bemessen und die Festspannung an den Mittelpunkt der Regelwicklung angeschlossen. Der Regelzusatztransformator in dieser Schaltung eignet sich für geringe Stufenzahl und kleine Durchgangsleistung. Fur die in der Abbildung angegebene Energierichtung tritt die größte Eigenleistung bei Abwärtsregelung auf ($U_2 = U - U_Z/2$). Die Berechnung der Eigenleistung für diesen Fall ist wie folgt. Es ist nach dem Energiesatz

$$N_D = \sqrt{3}\, I_1 U = \sqrt{3}\, I_2 (U - U_Z/2) \quad \text{(VA)} \tag{165}$$

für Drehstrom und symmetrische Belastung.

Unter Vernachlässigung des Magnetisierungsstromes wird

$$I_i = I_2 - I_1 = I_1 \left(\frac{I_2}{I_1} - 1\right) \quad \text{(A)}, \tag{166}$$

$$I_i = I_1 \frac{U_Z/2}{U - U_Z/2}. \quad \text{(A)} \tag{167}$$

Die Eigenleistung des Regelzusatztransformators als halbe Summe der drei Abteilungsleistungen ist

$$N_{EZ_b} = \frac{1}{2} \frac{3}{\sqrt{3}} \left[U I_i - \frac{U_Z}{2} I_i + \frac{U_Z}{2} I_1 + \frac{U_Z}{2} I_1 \right], \tag{168}$$

$$N_{EZ_b} = \frac{1}{2} \frac{3}{\sqrt{3}} \left[\frac{U_Z}{2} I_1 + \frac{U_Z}{2} I_1 + \frac{U_Z}{2} I_1 \right], \tag{169}$$

$$N_{EZ_b} = 1{,}5 \sqrt{3} \frac{U_Z}{2} I_1 = 1{,}5 N_D \frac{U_Z/2}{U} \quad \text{(VA)}. \tag{170}$$

Die Eigenleistung ist hier also ebenfalls direkt proportional der Durchgangsleistung und des relativen Regelbereiches. Bei Aufwärtsregelung ist die Eigenleistung

$$N_{EZ_b} = 1{,}5 N_D \frac{U_Z/2}{U + U_Z/2} \quad \text{(VA)}, \tag{171}$$

also kleiner als bei Abwärtsregelung. Diese Leistung ist aber nicht maßgebend, weil der Regler für die größte Eigenleistung berechnet werden muß.

Bei Umkehrung der Energierichtung, d. h. bei veränderlicher ankommender Spannung um $+U_Z/2$ und $-U_Z/2$, ist die Eigenleistung bei Aufwärtsregelung größer als bei Abwärtsregelung. Die Gl. (170) gilt in diesem Fall für die Aufwärtsregelung. Der Regler befindet sich am Ende der Leitung und reguliert die Festspannung U. Dieses ist aber nicht die um $U_Z/2$ erhöhte Spannung, sondern die normale Spannung U_1. Die Anfangsspannung der Leitung ist zwar um $+U_Z/2$ gehoben, aber am Ende ist die Spannung um den Spannungsverlust U_Z tiefer, wodurch die Festspannung zu U_1 wird. Das Spannungsdiagramm in der Abbildung veranschaulicht diese Zusammenhänge deutlich.

Der Regler ist ohne Änderung der Schaltung für Anfang und Ende einer Leitung verwendbar. Die Typenleistung gegenüber der Regelung mit einfachem Regelsinn geht nach obiger Gleichung auf etwa 75% zurück.

β) *Umkehrung der Regelwicklung* (Abb. 93). Die Regelwicklung ist für den halben Regelbereich zu bemessen und wird mittels eines einpoligen Wendewählers zu- und gegengeschaltet.

Diese Schaltung des Reglers wird meistens bevorzugt verwendet. Die Totstufen lassen sich wie beim Regelleistungstransformator beseitigen. Nach der in der Abbildung angegebenen Energierichtung tritt die maximale Eigenleistung bei Abwärtsregelung bzw. bei der Gegenschaltung auf. Die Eigenleistung ist also nach Gl. (142) zu berechnen. Es ist.

$$N_{EZ_c} = N_D \frac{U_Z/2}{U - U_Z/2} \quad \text{(VA)}. \qquad (172)$$

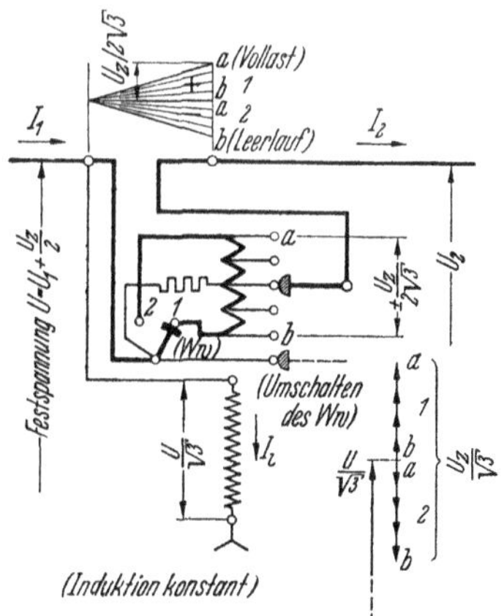

Abb. 93. Regelzusatztransformator für direkte Regelung. Doppelter Regelsinn. Umkehrung der Regelwicklung. Schaltplan einer Phase. Die Spannungsstufen $+U_Z/2\sqrt{3}$ und $-U_Z/2\sqrt{3}$ sind durch die Umkehrung erreicht worden.

Bei Umkehrung der Energierichtung tritt diese maximale Eigenleistung bei Aufwärtsregelung ein.

Die Typenleistung gegenüber der Regelung mit einfachem Regelsinn geht nach obiger Gleichung auf etwa 50% zurück. Sonst liegen ähnliche Verhältnisse vor wie bei der durchgehenden Regelwicklung.

γ) *Vergleich der Regelzusatztransformatoren.* Setzt man das Verhältnis

$$\frac{N_{EZ_c}}{N_{EZ_b}} = N_D \frac{U_Z/2}{U - U_Z/2} \Big/ 1{,}5 N_D \frac{U_Z/2}{U}, \qquad (173)$$

$$\frac{N_{EZ_c}}{N_{EZ_b}} = \frac{U}{1{,}5(U - U_Z/2)} \qquad (174)$$

gleich Eins, so ergibt sich, daß bis zu $U_Z/2 = \frac{1}{3} U$ die Eigenleistung des Reglers c kleiner bleibt als die des Reglers b. Darüber hinaus wird die Eigenleistung größer. Aus obiger Gleichung folgt weiter, daß die Eigenleistung des Reglers c bis zu $1/3$ kleiner (66,66% bei $U_Z/2 = 0$) sein kann als die des Reglers b. Der Regler c hat eine kleinere Regelwicklung, dafür aber einen Wendewähler, was eine Erhöhung der Anschaffungskosten bedeutet. Regler b hat höhere Verluste, kann aber durch Umschaltung von $\pm U_Z/2$ auf $+U_Z$ oder $-U_Z$ verwendet werden.

Die Eisenverluste eines Zusatzregeltransformators sind abhängig von seiner Eigenleistung, diese wiederum hängt von Nennspannung, Durchgangsstrom und Zusatzspannung ab. Es führt deshalb zu Trugschlüssen, wenn die Leerlaufverluste verschiedener Zusatzregeltransformatoren gleicher Durchgangsleistung, ohne Berücksichtigung ihrer sonstigen Daten, miteinander verglichen werden.

Die Zusatzregeltransformatoren mit doppeltem Regelsinn werden meistens auch als Niederspannungsregler ausgeführt. Der Blindstrombedarf beträgt in solchen Fällen etwa 7 bis 8% der Eigenleistung, Wirkungsgrad etwa 99%. Die Wicklungsverluste nehmen linear mit der Zusatzspannung ab. In Verbindung mit einem Reihen-Zusatztransformator (s. indirekte Regelung) lassen sich diese Regler allgemein für verschiedene Verhältnisse gut anpassen.

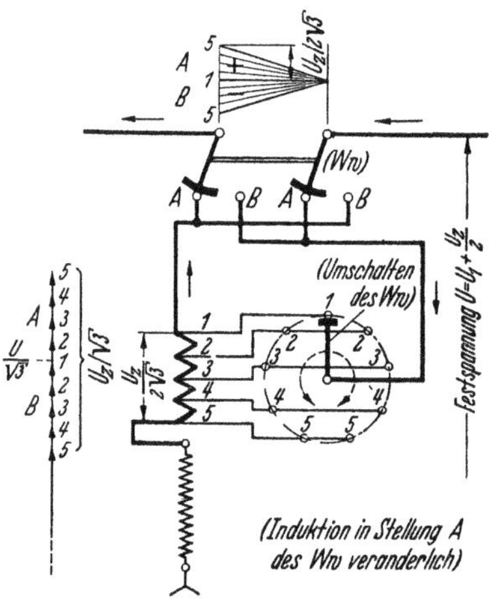

Abb. 94. Regelzusatztransformator für direkte Regelung. Zweipoliger Wendewähler mit Netzvertauschung. Schaltplan einer Phase.

c) *Zweipoliger Wendewähler mit Netzvertauschung* (Abb. 94). Die Umkehrung der Regelwicklung mittels eines zweipoligen Wendewählers bei Zusatztransformatoren in Sparschaltung führt zu keinen zusätzlichen Verlusten, wie es sonst bei der Zu- und Gegenschaltung der Fall ist, so daß diese Methode hier bei der Netzvertauschung am Platze ist.

Eine kreisförmige Kontaktbahn gestattet es, daß der gesamte Regelbereich positiv und negativ, in einem Drehsinn, also ohne Umkehrung des Drehsinns beim Übergang vom positiven zum negativen Regelsinn, durch den Wählerarm befahren werden kann. Die Regelwicklung ist hier ebenfalls für den halben Regelbereich bemessen, aber fest mit der Erregerwicklung in Reihe geschaltet. Die Kontaktstellung *1* entspricht einer Übersetzung von 1 : 1. In dieser Stellung kann der Wendewähler zwar unter Strom, aber ohne Spannungsdifferenz umgelegt werden, da die ankommende und abgehende Netzleitung gleiches Potential besitzen. Die Umlegung muß selbstverständlich ohne Unterbrechung erfolgen. Durch die Vertauschung der Netzanschlüsse wird die Änderung des Regelsinnes, bei dieser Schaltung, herbeigeführt. Totstufen sind durch die Eigenart der Anordnung nicht vorhanden.

d) *Doppelschaltung* (Abb. 95). Die Anordnung von zwei Kontaktbahnen ermöglicht die Fortlassung des Wendewählers. Die Mittelstellung (in der Abbildung Kontakt *3*) entspricht einer Übersetzung von 1 : 1. Beide Wählerarme, an die die ankommende und abgehende Netzleitung angeschlossen sind, sind bei dieser Stellung direkt verbunden. Bei der Regulierung der Spannung bewegen sich die Wählerarme in entgegengesetztem Drehsinn. Totstufen sind ebenfalls nicht vorhanden.

Auch wenn eine der Netzspannungen konstant ist, arbeitet der Spartransformator mit Netzvertauschung oder Doppelschaltung mit veränderlicher Induktion; die beiden Regelbereichhälften sind ungleich. Diese beiden Schaltarten werden daher selten verwendet.

e) *Grob- und Feinregulierung.* Unter den zahlreichen bestehenden Anordnungen für Grob- und Feinregulierung ist ein Beispiel in Abb. 96 dargestellt. Durch Einführung eines Spannungsteilers in die normale Schaltung des Sprunglastschalters mit Stufenwähler (Abb. 60) ist die Stufenzahl vervielfacht worden. Die Grob- und Feinregulierung ist in der Abbildung mit einem magnetisch unabhängigen Spannungsteiler durchgeführt. Der Spannungsteiler *Spt.* besitzt drei Stufen, wodurch die Erhöhung der Stufenzahl auf das Dreifache eintritt. Die Grobregulierung er-

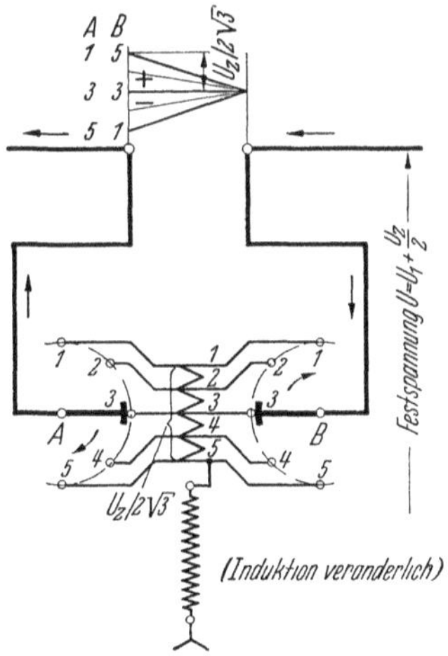

Abb. 95. Regelzusatztransformator fur direkte Regelung in Doppelschaltung. Schaltplan einer Phase.

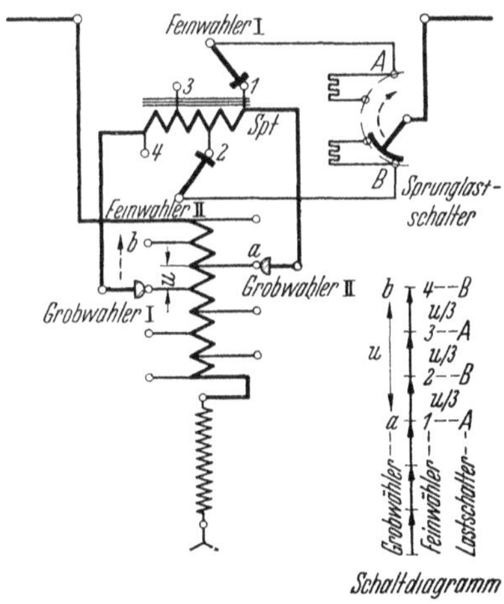

Abb. 96. Regelzusatztransformator für direkte Regelung, mit Grobregler und dreistufigem Feinregler. Schaltplan einer Phase mit Sprunglastschalter. Die Schaltbewegungen sind aus dem Schaltdiagramm ersichtlich.

folgt an der Transformatorenwicklung und die Feinregulierung am Spannungsteiler. Der Grobwähler *I* wird geschaltet, wenn Feinwähler *I* auf Stellung *1* steht und der Lastschalter auf *A* umgeschaltet hat, der Grobwähler *II* dagegen, wenn der Feinwähler *II* auf Stellung *4* steht und der Lastschalter auf *B* umgeschaltet hat. Das Schaltfolgediagramm ist in der Abbildung, rechts, dargestellt. Der Magnetisierungsstrom des Spannungsteilers wird am Grobwähler unterbrochen. Durch geringe Sättigung des Eisens vom Spannungsteiler oder durch Parallelschalten eines Kondensators läßt sich der Magnetisierungsstrom kleinhalten bzw. kompensieren.

Die Grob- und Feinregulierung läßt sich in gleicher Weise auch beim Regelleistungstransformator durchführen.

f) *Regelzusatztransformatoren in Dreileiter- und Vierleiternetzen.*

α) *In Dreileiternetzen* sind bei ungleichen Belastungen die Linienströme, wie bereits eingangs festgestellt wurde, bisymmetrisch.

Die in den drei Regelwicklungen fließenden Ströme sind zwar ungleich groß, ihre Summe ist aber Null. Die Belastungsdurchflutungen der Regelwicklung erzwingen in der Erregerwicklung transformatorisch

Ströme, die ebenfalls die Summe gleich Null ergeben. Sie können also ungehindert durch den Sternpunkt der Erregerwicklung fließen. In dem dreischenkeligen Eisenkern entstehen damit keine zusätzlichen Magnetisierungen. In Dreileiternetzen gehen somit Lastungleichheiten uber die Sternsparschaltung ohne Spannungsverlagerung hinweg.

β) *In Vierleiternetzen* können bei ungleichen Belastungen die Linienströme unsymmetrisch werden. Die in den drei Regelwicklungen fließenden Ströme ergeben nicht mehr die Summe Null. Folglich sind auch die Belastungsströme in der Erregerwicklung von der Summe gleich Null abweichend, d. h. sie können nicht durch den Sternpunkt fließen. Der Regelzusatztransformator wirkt in solchen Fällen wie eine Drosselspule, wodurch Spannungserhöhungen eintreten können. Um dieses zu vermeiden, bietet man entweder eine Durchflußmöglichkeit für die unsymmetrischen Ströme in der Erregerwicklung durch Verbindung des Sternpunktes mit dem Sternpunktleiter oder man verhindert die Entstehung der unsymmetrischen Ströme in der Erregerwicklung, indem auf dem dreischenkeligen Eisenkern eine geschlossene Dreieckausgleichwicklung bzw. Tertiärwicklung angeordnet wird. In der Erregerwicklung fließen in letzterem Fall dann nur bisymmetrische Ströme.

γ) *Beim Doppelerdschluß* kann ein einphasiger Durchfluß des Kurzschlußstromes durch die Regelwicklung stattfinden. Bei fehlender Tertiarwicklung wird das magnetische Gleichgewicht gestört, und es tritt Drosselwirkung auf, wodurch die Wicklungen durch Uberspannungen beansprucht werden.

Um die Arbeitsweise der Tertiärwicklung bei einphasiger Kurzschlußbelastung des Regelzusatztransformators erklärlich zu machen, stellt man sich einen Leistungstransformator mit Tertiärwicklung in Stern-Stern-Schaltung vor, der sekundär nur in einer Phase sternpunktbelastet ist. Die Primärwicklung des Leistungstransformators entspricht beim Regler der Erregerwicklung und die Sekundärwicklung der Zusatz- bzw. Regelwicklung. In der Primärwicklung fließen Ströme in den drei Phasen im Verhältnis $^2/_3 : {}^1/_3 : {}^1/_3$ und in der Tertiärwicklung zu $^1/_3 : {}^1/_3 : {}^1/_3$, wobei der Strom in der Sekundärwicklung, nur in einer Phase, $^1/_3$ beträgt. Alle diese Stromvektoren fallen geometrisch in eine Linie, wobei sich die Phasenlage nach dem einphasigen Kurzschlußstrom des Doppelerdschlusses richtet. Es herrscht magnetisches Gleichgewicht.

Durch die Tertiarwicklung werden die gefahrlichen Überspannungen in Strom umgesetzt.

Man ordnet deshalb bei Regelzusatztransformatoren meistens eine Tertiärwicklung an, deren Leistung 30% der Eigenleistung beträgt.

Zur Steuerung des Potentials dieser Wicklung ist Erdung an einer Stelle der Wicklungsverbindung notwendig.

g) *Parallelbetrieb.* Der Parallelbetrieb von Regelzusatztransformatoren ist nicht ohne weiteres möglich. Ist einer der Regler in Nullstellung, so bedeutet dieses für den anderen Regler — wenn er nicht vollkommen gleichzeitig auch in Nullstellung gebracht wird — die phasenweise Kurzschließung der Regelwicklung. Bei Regulierung der Spannung und bei unterschiedlichen Regelstellungen können erhebliche Ausgleichströme auftreten. Es müssen daher zur Vermeidung von Ausgleichströmen Drosselspulen zwischen die Parallelläufer geschaltet werden. Auch in Ringleitungen wird der Parallelbetrieb unter Umständen nur durch Drosselspulen möglich.

h) *Kurzschlußsicherheit.* Da die Kurzschlußspannung, bezogen auf die Durchgangsleistung, sehr klein ist, ist die Kurzschlußsicherheit des Regelzusatztransformators keine absolute, sondern nur eine bedingte. Sie ist besonders bei kleinen Zusatzspannungen sehr gering. Der Haupttransformator, im Stromkreis des Reglers, muß mindestens eine Kurzschlußspannung von 3,33% bzw. 5% besitzen. Der höchste Kurzschlußstrom soll von den Wicklungen bis 3 sec lang ausgehalten werden. Die zulässige Zeitdauer für niedrige Kurzschlußströme steigt mit dem Quadrat des Stromverhältnisses an. (Bei halbem Strom: $4 \times 3 = 12$ sec.)

i) *Überspannungssicherheit.* In Höchstspannungsanlagen muß die Regelwicklung gegen Stoßbeanspruchungen durch Überbrückung mit Überspannungsableitern oder Kondensatoren geschützt werden.

B. Indirekte Regelung (Zusatztransformatorensätze). Bei indirekter Regelung ist ein Reihentransformator zwischen Hauptstromkreis und Regelstromkreis geschaltet. Die Regeleinrichtung wird somit nicht direkt vom Netzstrom durchflossen. Mit Hilfe des Reihentransformators wird es ermöglicht, einerseits den Anwendungsbereich des Regelzusatztransformators für direkte Regelung zu erweitern und andererseits die Regeleinrichtung von hohen Spannungen oder Strömen fernzuhalten. Für die indirekte Regelung benötigt man also zwei Transformatoren, und zwar den Erregertransformator und den oben erwähnten Reihen- bzw. Zusatztransformator. Für einen derartigen Regelsatz gilt bezüglich Drei- und Vierleiternetz, Doppelerdschluß, Parallelbetrieb, Kurzschluß- und Überspannungssicherheit das gleiche wie für den Regelzusatztransformator mit direkter Regelung. Die Sekundärwicklung des Reihentransformators entspricht in dieser Hinsicht der Regelwicklung bei der direkten Regelung. Die Anbringung einer Tertiärwicklung ist begreiflicherweise nur bei dem Reihentransformator erforderlich.

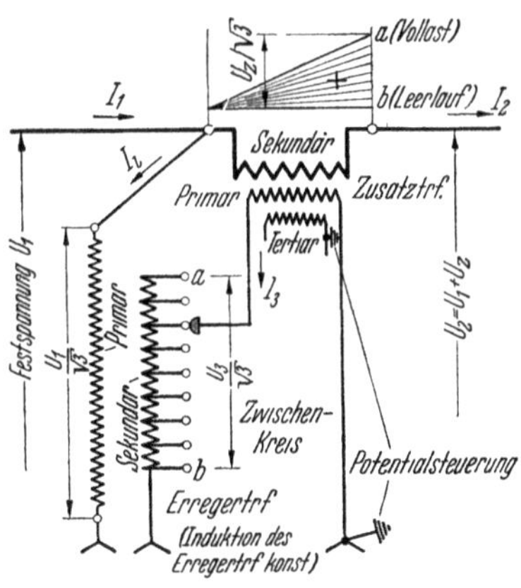

Abb. 97. Regelzusatztransformator für indirekte Regelung. Einfacher Regelsinn. Schaltplan einer Phase ohne Sprunglastschalter. Bei Anordnung eines Sprunglastschalters bzw. Schnellastschalters sind zwei Stufenwahler erforderlich. Der Erregertransformator ist mit zwei getrennten Wicklungen ausgeführt.

Man unterscheidet zwei Hauptgruppen bei der indirekten Regelung, und zwar die Anordnung mit einem Erregertransformator mit zwei getrennten Wicklungen und mit einem Erregertransformator mit einer Wicklung in Sparschaltung.

a) *Erregertransformator mit zwei Wicklungen.* Bei dieser Anordnung handelt es sich vornehmlich um die Fernhaltung hoher Spannungen von der Regeleinrichtung. Der in Stern geschaltete Erregertransformator ist wie ein Leistungstransformator ausgelegt, jedoch mit dem Unterschied, daß die gesamte Sekundärwicklung als Regelwicklung ausgebildet wird.

α) *Einfacher Regelsinn* (Abb. 97). Der über die Regeleinrichtung fließende Strom des Zwischenkreises J_3 ergibt sich bei der maximalen Zusatzspannung $U_Z/\sqrt{3}$ zu

$$I_3 = I_2 \frac{U_Z/\sqrt{3}}{U_3/\sqrt{3}} \quad \text{(A)}, \tag{175}$$

wobei I_2 den Durchgangsstrom, der nur wenig von I_1 abweicht, und $U_3/\sqrt{3}$ die gewählte Sternspannung des Zwischenkreises bedeuten. Die Eigenleistung des Reihentransformators bei konstanter Durchgangsleistung N_D, bei steigender Zusatzspannung mit fallendem Strom beträgt

$$N_{EZ} = N_D \frac{U_Z}{U_2} = \sqrt{3}\, I_2 U_Z \quad \text{(VA)} \tag{176}$$

und entspricht damit der Gleichung (164). Die Eigenleistung des Erregertransformators mit zwei Wicklungen ist ebenfalls N_{EZ}, so daß die Eigenleistung des Regelsatzes $2\,N_{EZ}$ beträgt. Der Materialaufwand ist demnach doppelt so groß wie bei einem gleichen Regler mit direkter Regelung nach Abb. 91.

Bei einer Netzspannung z. B. von 100 kV und einem Regelbereich von 10% wird bei einem Durchgangstrom von $I_2 = 200$ A bei Wahl einer Spannung von 10 kV für den Zwischenkreis nach Gl. (175) der Strom der Regeleinrichtung $I_3 = 200 \cdot 10/10 = 200$ A. Während die Spannung des Zwischenkreises von der Netzspannung erheblich abweicht, ist die Stromstärke gleich der Netzstromstärke geblieben. Das Übersetzungsverhältnis für den Reihentransformator ist demnach $\ddot{u} = 1$.

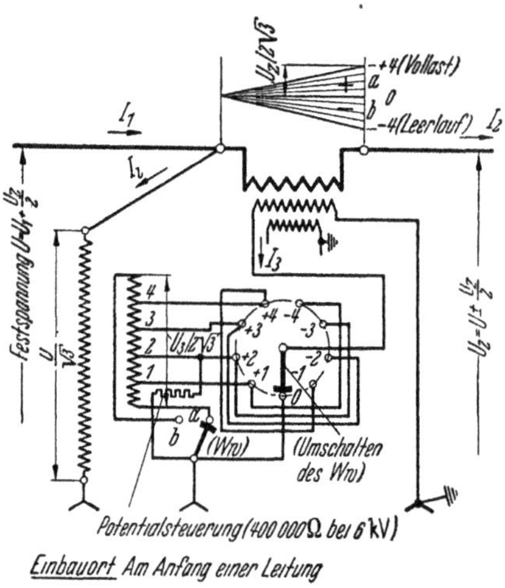

Abb. 98. Regelzusatztransformator fur indirekte Regelung Doppelter Regelsinn. Schaltplan einer Phase ohne Sprunglastschalter Bei Anordnung eines Sprunglastschalters bzw Schnellastschalters sind zwei Stufenwahler erforderlich. Der Erregertransformator ist mit zwei getrennten Wicklungen ausgefuhrt. Die Schaltung ist ohne Totstufen.

Da der Zwischenkreis kein definiertes Potential gegen Erde besitzt, muß genau wie bei der Tertiärwicklung die Erdung an einer Stelle, am besten im Sternpunkt, vorgenommen werden. Praktisch wird die Anordnung so getroffen, daß die Erdungen oberhalb des Deckels vorgenommen werden. Für die Tertiärwicklung sieht man zwei Durchführungen vor und schließt die Wicklung über eine blanke Erdverbindung. Der Sternpunkt der Primärwicklung des Reihentransformators wird mittels einer Durchführung über den Deckel herausgeführt und blank geerdet.

β) *Doppelter Regelsinn* (Abb. 98). Es ist der Strom durch die Regeleinrichtung im Zwischenkreis

$$I_3 = I_2 \frac{U_Z/2\sqrt{3}}{U_3/2\sqrt{3}} \quad (\mathrm{A}) \tag{177}$$

und die Eigenleistung des Reihentransformators nach Gl. (172)

$$N_{EZ} = N_D \frac{U_Z/2}{U - U_Z/2} = \sqrt{3}\, I_2\, U_Z/2 \quad (\mathrm{VA}). \tag{178}$$

Die Eigenleistung des Erregertransformators ist ebenfalls N_{EZ} und die Eigenleistung des Regelsatzes $2\,N_{EZ}$. Der Materialaufwand ist also doppelt so groß wie der des Reglers in Abb. 93.

Die Kontaktbahn ist kreisförmig angeordnet und wird in gleichem Drehsinn vom negativen zum positiven Maximum vom Wählerarm, wie in der Abbildung dargestellt, durchlaufen. Bei Verwendung eines Sprunglastschalters werden zwei Wähler (für gerade und ungerade Anzapfungen) benötigt. Beim Wenden des einpoligen Wendewählers steht der Wählerarm auf Stellung Null, wobei die Primärwicklung des Reihentransformators kurzgeschlossen ist. Ein Potentialwiderstand (etwa 400000 Ohm bei 6 kV) sorgt für die Erhaltung des Potentials der Sekundärwicklung des Erregertransformators während des Wendevorganges. Der Wender arbeitet stromlos und wechselt den Sternpunkt von einem Ende zum anderen Ende der Wicklung. Zur Vermeidung von Totstufen ist die Regelwicklung um eine Stufe verlängert. In der Kurzschlußstellung, Stellung *0*, arbeitet der Reihentransformator nur als Stromtransformator. Im Kurzschlußkreis fließt ein Strom, der vom Durchgangsstrom und vom Übersetzungsverhältnis abhängig ist. Bei beiden Schaltungen nach Abb. 97 und 98 besitzt die Primärwicklung des Reihentransformators einen unabhängigen Sternpunkt. Es sind insgesamt drei Sternpunkte im Regler vorhanden.

In Abb. 99 ist die praktische Ausführung eines derartigen Reglers mit Laststufenwähler dargestellt. Außer des Reihentransformators, der in der Abbildung mit Längstransformator bezeichnet wird, besitzt auch der Erregertransformator eine Tertiärwicklung. Die Erdung des Sternpunktes von der Primärwicklung des Längstransformators ist in der Abbildung nicht eingezeichnet.

b) *Erregertransformator in Sparschaltung.* Bei dieser Anordnung handelt es sich dagegen um die Verminderung der Strombelastung der Regeleinrichtung. Der Erregertransformator ist als regelbarer Spartransformator ausgebildet, wobei die gesamte Wicklung mit Anzapfungen belegt ist. Die Drahtquerschnitte der einzelnen Stufen werden den jeweiligen höchsten Strombelastungen angepaßt.

α) *Einfacher Regelsinn* (Abb. 100). Der uber die Regeleinrichtung fließende Strom des Regelkreises I_3 ergibt sich bei maximaler Zusatzspannung zu

$$I_3 = I_2 \frac{U_Z/\sqrt{3}}{U_1/\sqrt{3}} \quad (\mathrm{A}), \tag{179}$$

wobei I_3 den Durchgangsstrom und $U_1/\sqrt{3}$ die Festspannung bedeuten. Bei einer Netzspannung von z. B. 10 kV und einem Regelbereich von 10%

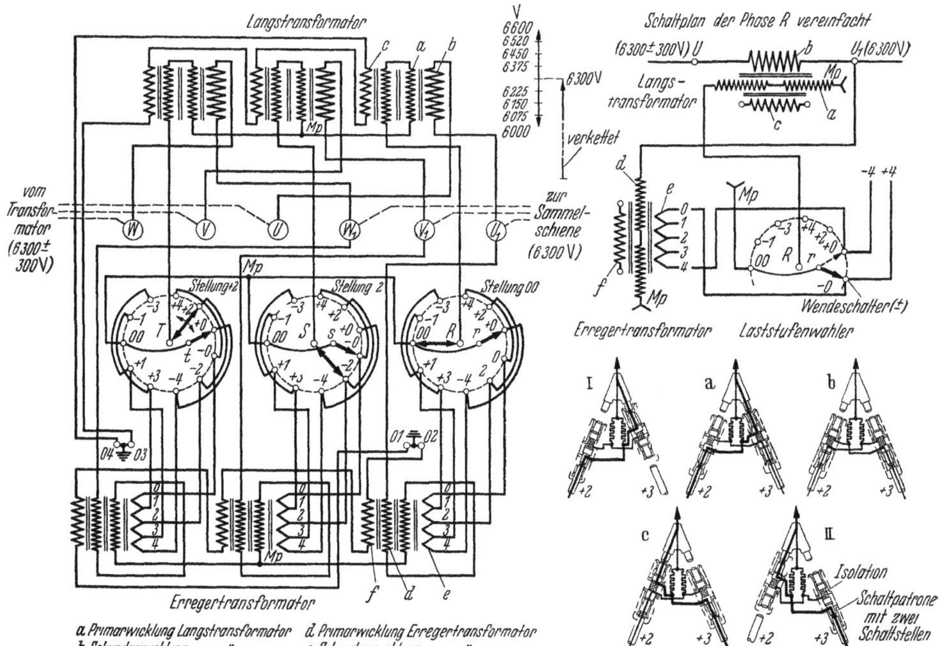

Abb. 99. Regelzusatztransformator fur indirekte Regelung Doppelter Regelsinn. Vollstandige Schaltung mit Laststufenwahler der praktischen Ausfuhrung Die Stellungen der einzelnen Phasen der Laststufenwahler sind links verschieden gezeichnet, um den Regelvorgang zu veranschaulichen. In Wirklichkeit sind naturgemaß die Stellungen der einzelnen Phasen untereinander immer gleich Der Regelzusatztransformator besitzt in dieser Schaltung drei freie Sternpunkte (Mp)

wird bei einem Durchgangsstrom von $I_2 = 2000$ A der Strom im Regelkreis

$$I_3 = 2000 \frac{1}{10} = 200 \quad (\mathrm{A}).$$

Es kann also dieselbe Regeleinrichtung, Wahler und Lastschalter oder Lastwähler. bei gleicher Durchgangsleistung für Regler Abb. 97 und für Regler Abb. 100 verwendet werden.

Die Eigenleistung des Reihentransformators ist dieselbe wie die des Reglers in Abb. 97. Die Eigenleistung des Spartransformators ist hier aber wegen der Sparschaltung wesentlich kleiner. Eine Erdung des Sternpunktes vom Längstransformator ist nicht zulässig, weil Verbindung zum Netzpotential besteht.

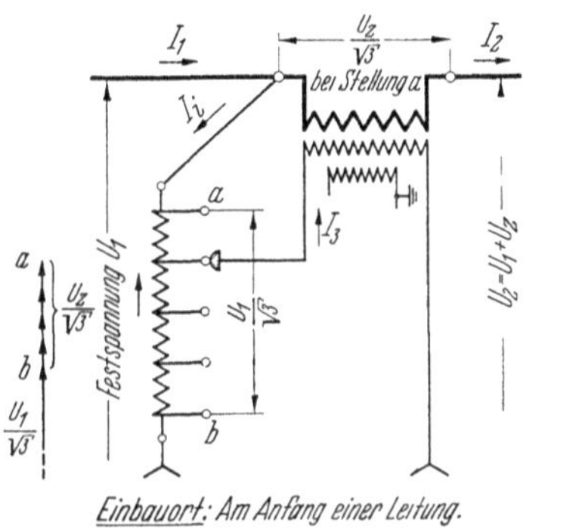

Abb. 100. Regelzusatztransformator für indirekte Regelung mit Erregerspartransformator. Einfacher Regelsinn. Schaltplan einer Phase ohne Lastschalter.

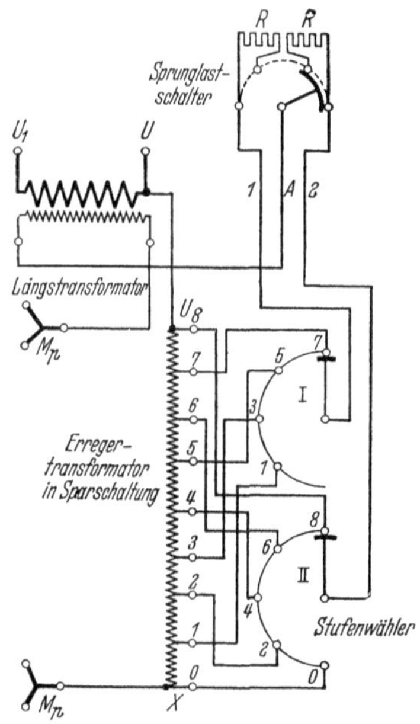

Abb. 101. Regelzusatztransformator für indirekte Regelung. Einfacher Regelsinn. Vollständige Schaltung einer Phase mit Zahlenbeispiel. Praktische Ausführung mit Stufenwähler und Sprunglastschalter. Die Kontakte der Stufenwähler sind nicht miteinander verbunden, sondern sind direkt an die Anzapfungen geschaltet. Der Regelzusatztransformator besitzt in dieser Schaltung zwei freie Sternpunkte (Mp). Zahlenbeispiel für die Stufung:

Stufe	Netz 1 UVW	Netz 2 $U_1V_1W_1$
8		6600 V
7		6525
6		6450
5		6375
4		6300
3		6225
2		6150
1		6075
0	6000 V	6000

Schaltung für konstante Stufenspannung: Erregertransformator an Festspannung U, V und W angeschlossen.

In Abb. 101 ist die praktische Ausführung eines derartigen Reglers mit Sprunglastschalter dargestellt. Gleichzeitig ist für die Stufung ein Zahlenbeispiel angegeben.

β) Einfluß der Stufung, scheinbare Leistung. Bei Stellung *0* des Reglers (Abb. 102) — also bei Zusatzspannung gleich Null — ist die Primärwicklung des Längstransformators mit dem Strom $I_{3K} = I_2 \cdot U_Z/U_1$ belastet. Der Erregertransformator führt seinen Leerlaufstrom I_{i0}. Die Spannung vor und nach dem Regler ist nur um den Spannungsverlust des Längstransformators verschieden. Bei $U_1 = 6000$ V, $U_Z = 600$ V und $I_2 = 1000$ A ist $I_{3K} = 100$ A. Die Eigen- und Durchgangsleistung des Regelsatzes ist in dieser Stellung gleich Null.

Bei Stellung *1* des Reglers (Abb. 103) wird der Erregertransformator belastet. Die Stromstärke I_3, deren Größe und Richtung von I_2 bestimmt wird, stellt jetzt den Belastungsstrom des Spartransformators dar. Bei dieser Stromstärke wird dem Längstransformator die Spannung u aufgedrückt. Sofern sich I_2 nicht verändert hat, ist $I_{3K} = I_3$ und für unser Beispiel gleich 100 A. Nach dem Energiegesetz und nach der Gleichheit der Abteilungsleistungen folgt die Durchgangsleistung des Erregertransformators

$$N_{DE} = 3\,\frac{U_1}{\sqrt{3}}\,I_i = 3\,\frac{u}{\sqrt{3}}\,I_3 \quad \text{(VA)} \tag{180}$$

und die Eigenleistung des Erregertransformators

$$N_{EE} = 3\,\frac{U_1 - u}{\sqrt{3}}\,I_i = 3\,\frac{u}{\sqrt{3}}\,I_4 \quad \text{(VA)} \tag{181}$$

und weiterhin auf Grund der Stromverteilung wird

$$I_i + I_4 = I_3 \quad \text{folglich} \quad I_4 = I_3 - I_i \quad \text{(A)}. \tag{182}$$

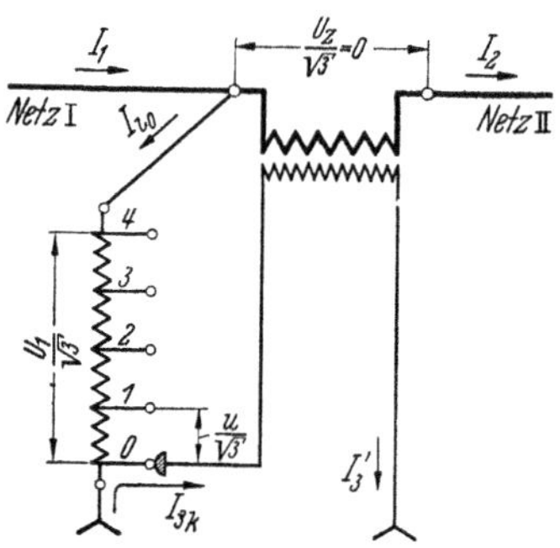

Abb. 102. Regelzusatztransformator fur indirekte Regelung. Schaltplan einer Phase fur die Berechnung der Eigenleistung des Errergerspartransformators Der Regler steht auf Stellung *0*

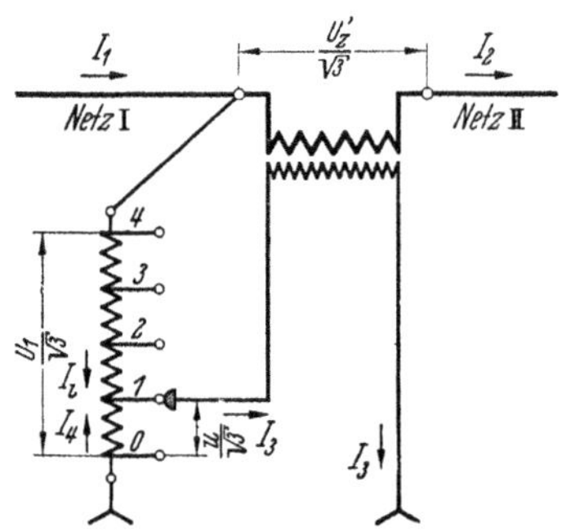

Abb 103. Regelzusatztransformator fur indirekte Regelung. Schaltplan einer Phase fur die Berechnung der Eigenleistung des Erregerspartransformators. Der Regler steht auf Stellung *1*.

Für 4 Stufen ware fur das Beispiel:

$$u/\sqrt{3} = \frac{6000}{4\sqrt{3}} = 1500/\sqrt{3}\ \text{V},$$

und bei Stellung *1* wird

$$I_i = \frac{u}{U_1}\,I_3 = \frac{1500}{6000}\,100 = 25\,\text{A} \quad \text{und} \quad I_4 = 100 - 25 = 75\ \text{A}.$$

$$N_{EE} = \sqrt{3}\cdot 1500 \cdot 75/1000 = 194{,}5\,\text{kVA},$$

$$N_{DE} = \sqrt{3}\cdot 1500 \cdot 100/1000 = 260\ \ \text{kVA}.$$

Die Durchgangsleistung des Erregertransformators entspricht der Eigenleistung des Reihentransformators, folglich ist $N_{DE} = N_{EZ}$. Bei Stellung *1* erhöht sich die Spannung sekundär um

$$\frac{U_Z}{\sqrt{3}} = \frac{1500}{\sqrt{3}}\,\frac{600}{6000} = \frac{150}{\sqrt{3}}\quad \text{V}.$$

Die Durchgangsleistung des Regelsatzes ist

$$N_D = 3\cdot 1000\,\frac{6000 + 150}{1000\sqrt{3}} = 10\,650\,\text{kVA}.$$

Auf gleiche Weise lassen sich diese Größen bei den anderen Stellungen des Reglers bei $I_2 = \text{const}$ berechnen.

Tabelle 9. *Indirekte Regelung. Erregertransformator in Sparschaltung. Beispiel für Spannungen, Ströme und Leistungen bei verschiedenen Stellungen des Reglers.*

Stellung	Zusatzspannung primar (V)	Zusatzspannung sekundar (V)	I_3 (A)	I_i (A)	I_4 (A)	N_{EE} (kVA)	N_{DE} (kVA)	N_D (kVA)
0	0	0	100	0	0	0	0	10400
1	$1500/\sqrt{3}$	$150/\sqrt{3}$	100	25	75	194,5	260	10650
2	$3000/\sqrt{3}$	$300/\sqrt{3}$	100	50	50	**260**	520	10920
3	$4500/\sqrt{3}$	$450/\sqrt{3}$	100	75	25	194,5	780	11180
4	$6000/\sqrt{3}$	$600/\sqrt{3}$	100	100	0	0	**1040**	11440

In Abb. 104 sind die Eigenleistung des Regelsatzes, die Zusatzspannung sowie die Stromverteilung in Abhängigkeit von den Stellungen des Reglers dargestellt.

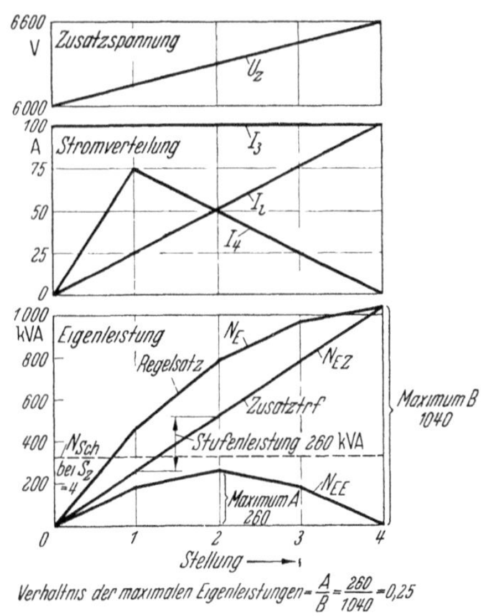

Abb. 104. Regelzusatztransformator für indirekte Regelung mit Erregerspartransformator. Zusatzspannung, Stromverteilung und Eigenleistung von Erregerspartransformator N_{EE}, Zusatztransformator N_{EZ} und Regelsatz N_E in Abhängigkeit von den Stellungen des Regelsatzes.

Aus diesen Ergebnissen läßt sich ein Einblick in den Leistungsfluß des Regelsatzes gewinnen.

Die zugeführte Leistung des Erregertransformators ist, abgesehen von Verlusten, gleich der abgegebenen Leistung. Die abgegebene Leistung des Erregertransformators entspricht der zugeführten Leistung des Reihentransformators. Der Reihentransformator spannt die zugeführte Leistung von hoher Spannung und niedriger Stromstärke in niedrige Spannung und hohe Stromstärke um. Die Leistung fließt über den Regelsatz von Netz I nach Netz II. Es findet somit eine Transformation im Nebenschluß statt, wobei nur die Verlustleistung verlorengeht.

Die Strombelege des Erregertransformators sind in der Abb. 105 dargestellt. Die beiden Grenzstellungen *0* und *4* bringen keine Belastung der Erregertransformators. Für Stellung *1* müßte der Spartransformator als Leistungstransformator für folgende Daten gemäß unserem Beispiel berechnet werden; Leistung = 194,5 kVA, Oberspannung = 4500 V, Unterspannung = 1500 V und für Stellung *2*: 260 kVA, 3000/3000 V. Bei Stellung *3* gelten dieselben Größen wie bei Stellung *1*. Aus den Zahlenwerten der Tabelle für die Ströme I_i und I_4 ist ersichtlich, daß der für die Maximalleistung = 260 kVA berechnete Transformator in den Stellungen *1* und *3* statt 50 A mit 75 A belastet, also 25 A uberbelastet ist. Es mussen deshalb in den entsprechenden Wicklungsabschnitten die Leiterquerschnitte verstarkt werden, wodurch jedoch eine Erhohung der Leistung bedingt wird.

Werden die Leiterquerschnitte der Wicklung, entsprechend den Maximalstromstarken, abgestuft, so ergibt sich die in Abb. 105 unter Maximalsumme dargestellte Flache. Der Inhalt dieser Flache stellt die Summenleistung der beiden Wicklungsabteilungen und die Halfte hiervon die erforderliche erhohte Eigenleistung des Erregerspartransformators dar. Die erhohte Eigenleistung wird als scheinbare Leistung mit N_{Sch} bezeichnet. Es ist

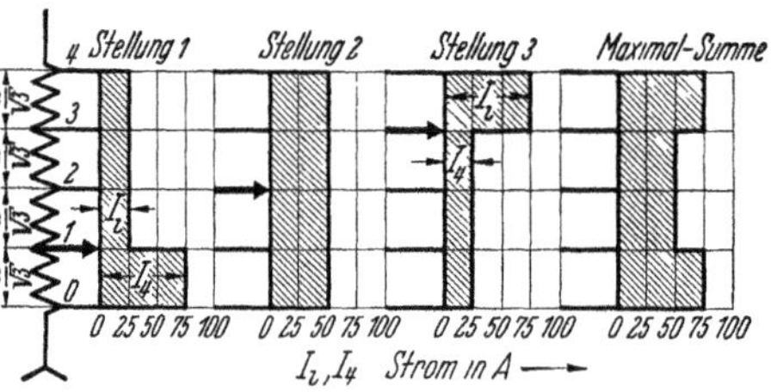

Abb 105 Regelzusatztransformator fur indirekte Regelung mit Erregerspartransformator Strombelag am Erregerspartransformator

$$N_{Sch} = \frac{1}{2}\,\frac{3}{\sqrt{3}}\,[2(75 \cdot 1500) + 2(50 \cdot 1500)]\,\frac{1}{1000} = \frac{1}{2}\,650 = 325\,\mathrm{kVA},$$

und die prozentuale Zunahme im Verhaltnis zur maximalen Eigenleistung des Erregertransformators N_{EE} betragt $(325 - 260)\,100/260 = 25\%$. Die maximale Eigenleistung N_E des Regelsatzes ist $260 + 1040 = 1300$ kVA und nach der notwendigen Erhohung $325 + 1040 = 1365$ kVA. Das Verhaltnis der scheinbaren Leistung zur Eigenleistung des Reihentransformators betragt $325/1040 = 0{,}313$ (vorher $260/1040 = 0{,}25$).

Nach Gl. (180) wird

$$U_1\,I_i = u\,I_3 \quad (\mathrm{VA}). \tag{183}$$

Bedeutet S_Z die Stufenzahl, so kann mit $u = U_1/S_Z$ geschrieben werden

$$I_i = \frac{u\,I_3}{u\,S_Z} = \frac{I_3}{S_Z} \quad (\mathrm{A}). \tag{184}$$

Bei gegebenem Strom I_3 ist also I_i nur von der Stufenzahl abhangig und mit Gl. (182) wird

$$I_4 = I_3 - \frac{J_3}{S_Z} = I_3\left(1 - \frac{1}{S_Z}\right) \quad (\mathrm{A}) \tag{185}$$

Diese Gleichung stellt den Maximalwert des Stromes I_4 dar, der immer nur in der Stellung *1* des Reglers auftritt, Bezeichnet man mit S_t die jeweilige Stellung, so kann I_4 in jeder Stellung des Reglers nach der Gleichung

$$I_4 = I_3\left(1 - \frac{S_t}{S_Z}\right) \quad (\mathrm{A}) \tag{186}$$

berechnet werden.

Bei $S_t = 1$ erreicht I_4 sein Maximum, bei $S_t = S_Z$ wird $I_4 = 0$ und bei $S_t = S_Z/2$ wird $I_4 = I_3/2$ usw. Die Stellung $S_t = 0$ hat fur die Gleichung keine Bedeutung, weil die Wicklung in diesem Fall nicht mehr mit I_3 belastet wird.

Für verschiedene Stufenzahlen S_Z und in den einzelnen Stellungen des Reglers kann der Strom I_4 bei Annahme des Stromes I_3 berechnet werden. In nachstehender Tabelle ist I_3 zu 100 A angenommen worden.

Tabelle 10. *Belastungsstrom des Erregerspartransformators* I_4 *in* A.
(S_Z = *Stufenzahl*, S_t = *Reglerstellung*. $\sum I_4$ steigt proportional mit S_Z)

S_Z	2	4	6	8	10	12
S_t = 1	**50**	75 } 125	83,3 } 199 8	87 5 } 275	90 } 350	91,65 } $\sum I_4/2$ = 425,15
2	0	**50**	66,5	75 0	80	83,50
3		25	**50,0**	62,5	70	75 00
4		0	33,3	**50,0**	60	66,80
5			16,7	37,5	**50**	58,20
6			0	25,0	40	**50,00**
7				12,5	30	41,60
8				0	20	33,30
9					10	25,00
10					0	16,70
11						8,35
12						0

Die Werte dieser Tabelle geteilt durch 100 ergeben Faktoren, die, mit einem beliebigen Strom I_3 multipliziert, dem jeweiligen Belastungsstrom I_4 des Spartransformators entsprechen. Man kann die Faktoren

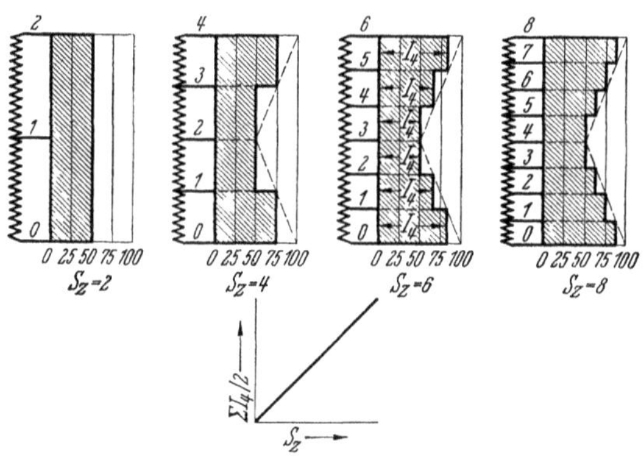

Abb. 106. Regelzusatztransformator für indirekte Regelung mit Erregerspartransformator. Maximale Strombeläge des Erregerspartransformators bei verschiedenen Stufenzahlen S_Z. Der Flächeninhalt der Diagramme ist bei hohen Stufenzahlen durch die gestrichelte Linie begrenzt. $\sum I_4/2$ nimmt proportional mit der Stufenzahl zu.

auch als Prozentwerte auffassen. An Hand dieser Zahlenwerte lassen sich nun die maximalen Strombeläge bei verschiedenen Stufenzahlen S_Z des Erregerspartransformators ermitteln. In Abb. 106 sind die Diagramme hierfür bis $S_Z = 8$ dargestellt.

Mit zunehmender Stufenzahl nimmt der Strombelag ebenfalls zu, wobei der Flächeninhalt des Diagramms einen endlichen Wert, und zwar entsprechend der gestrichelten Linie, anstrebt. Die Summe der Ströme I_4 von Stellung *1* bis zur mittleren Stellung steigt proportional der Stufenzahl. Sie strebt einen unendlichen Wert an. Summiert man diese Strombelege bis zur Hälfte der Wicklung und bezeichnet man die Summe mit $\sum I_4/2$, so wird die scheinbare Leistung beim dreiphasigen Erregerspartransformator

$$N_{Sch} = 3 \frac{U_1}{\sqrt{3}\, S_Z} \frac{\Sigma I_4}{2} \frac{1}{1000} \quad (\text{kVA}). \tag{187}$$

Trotzdem S_Z im Nenner steht, nimmt N_{Sch} mit S_Z nicht etwa ab, sondern anfangs stark und dann immer schwächer zu, weil $\sum I_4/2$ mit zunehmendem S_Z linear ansteigt und U_1/S_Z hyperbolisch abfällt. Für unser Beispiel ergeben sich folgende Werte:

Tabelle 11. *Scheinbare Leistung des Erregerspartransformators in Abhängigkeit von der Stufung.*

S_Z	2	4	6	8	10	12
$\sum I_4/2$ . . . . (A)	50	125	199,8	275	350	425,15
N_{Sch} . . . . (kVA)	260	325	345	357	364	367,50

Hieraus läßt sich das Verhältnis der scheinbaren Leistung zur Maximaleigenleistung des Reihentransformators ($N_{DE} = N_{EZ}$) ermitteln. Für unser Beispiel beträgt $N_{EZ} = 1040$ kVA.

Tabelle 12. *Verhältniszahl K und Stufung.*

S_Z	2	4	6	8	10	12
$K = \frac{N_{Sch}}{N_{EZ}}$	0,25	0,313	0,333	3,44	0,35	0,355

Da es sich hier um Verhältniszahlen handelt, gewinnen sie allgemeine Bedeutung. Sie können folglich in allen Fällen für die Berechnung von N_{Sch} verwendet werden.

Zusammenfassend ergibt sich nun folgendes.

Die maximale Eigenleistung des Reihentransformators N_{EZ} tritt bei der höchsten Zusatzspannung auf, die des Erregerspartransformators N_{EE} bei der mittleren Stellung des Reglers.

Die Typenleistung des Spartransformators ist aber nicht mit der maximalen Eigenleistung N_{EE} identisch, denn sie ist von der Stufung abhängig. Sie ist etwas höher als die maximale Eigenleistung und wird als scheinbare Leistung N_{Sch} bezeichnet und kann nach folgender vollständiger Tabelle für konstanten Durchgangsstrom I_2 in Abhängigkeit von N_{EZ} berechnet werden.

Tabelle 13. *Berechnung der scheinbaren Leistung von Erregerspartransformatoren (I_2 = konst.)*

Stufenzahl = S_Z	2	3	4	5	6	7	8	9	10	11	12
N_{Sch}/N_{EZ}	0,25	0,278	0,313	0,32	0,333	0,337	0,344	0,346	0,35	0,353	0,355

Die Eigenleistung des Regelsatzes gegenüber der direkten Regelung ist also nicht zweimal, sondern nur rd. 1,35mal so groß, wenn die Stufenzahl höher als 6 gewählt wird.

In Abb. 107 bedeutet die Kurve A den prozentualen Anteil der scheinbaren Leistung N_{Sch} von der maximalen Eigenleistung des Reihentransformators N_{EZ} und die Kurve B die prozentuale Zunahme von N_{Sch}, bezogen auf die maximale Eigenleistung des Erregerspartransformators N_{EE}, in Abhängigkeit von der Stufung. Die maximale Eigenleistung ist stets

$$N_{EE} = 0{,}25\, N_{EZ}. \qquad (188)$$

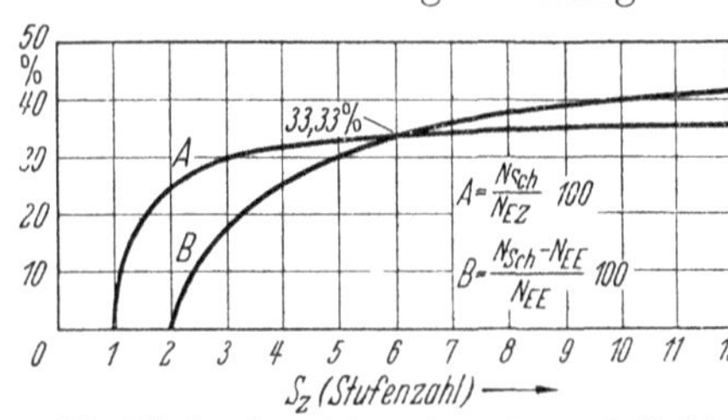

Abb. 107. Regelzusatztransformator für indirekte Regelung mit Erregerspartransformator. Einfluß der Stufung des Erregerspartransformators auf die scheinbare Leistung und auf die Eigenleistung. N_{Sch} = scheinbare Leistung, N_{EZ} = Eigenleistung des Zusatz- bzw. Reihentransformators und N_{EE} = Eigenleistung des Erregerspartransformators.

Bei Stufenzahl $S_Z = 6$ ist $N_{Sch} = 0{,}333\, N_{EZ}$ und der Quotient B/A wird in diesem Falle

$$\frac{B}{A} = \frac{(N_{Sch} - N_{EE})\,100/N_{EE}}{N_{Sch}\,100/N_{EZ}} = \frac{N_{EZ}}{N_{EE}} - \frac{N_{EZ}}{N_{Sch}} = \frac{1}{0{,}25} - \frac{1}{0{,}333} = 1\,, \qquad (189)$$

woraus folgt, daß die beiden Kurven A und B bei $S_Z = 6$ einen Schnittpunkt aufweisen. Bei $S_Z = 6$ gilt

$$N_{Sch} = \frac{0{,}333}{0{,}25}\, N_{EE} = 1{,}333\, N_{EE}.$$

Die scheinbare Leistung ist 1,333mal größer als die Eigenleistung des Erregerspartransformators.

Der Materialaufwand eines Transformators ist mit der $^3/_4$ Potenz seiner Nennleistung proportional. Wie festgestellt, beträgt die Eigenleistung des Regelsatzes 35% mehr als bei der direkten Regelung. Der Mehraufwand an Material beträgt demnach 46%. Man baut beide Transformatoren in einen Ölkessel ein und gleicht dadurch die zusätzlichen Kosten für das aktive Material aus.

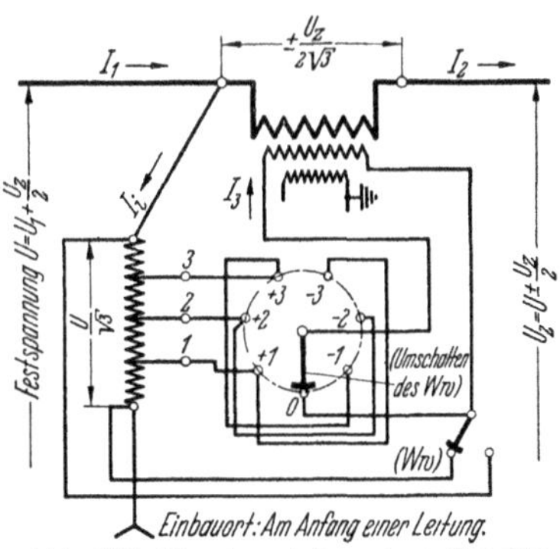

Abb. 108. Regelzusatztransformator für indirekte Regelung mit Erregerspartransformator. Doppelter Regelsinn. Schaltplan einer Phase mit einpoligem Wendewähler und ohne Totstufen. Phasenweise Regelung. Bei Anordnung eines 3⁄ Sprunglastschalters sind zwei Stufenwähler erforderlich.

γ) *Doppelter Regelsinn mit einpoligem Wender* (Abb. 108). Während der doppelte Regelsinn mit einpoligem Wender bei der Schaltung mit doppelter Wicklung des Erregertransformators keine Besonderheiten aufwies, bringt diese Schaltart beim Erregerspartransformator Erschwernisse mit sich. Wie aus der Abbildung zu ersehen ist, ist die Bildung eines unabhängigen Sternpunktes an der Primärwicklung des Reihentransformators hier nicht möglich. Die Erregung des Reihentransformators erfolgt deshalb phasenweise. Praktisch können aber die drei mechanisch gekuppelten Regeleinrichtungen nie synchron den Übergang von Stellung zu Stellung durchführen, so daß die Sternspannungen des Reihentransformators vorübergehend um die Spannung einer Stufe verschieden sein können. Die Folge ist, daß sich ein Luftfluß von Joch zu Joch ausbilden kann, der eine Vervielfachung des Magnetisierungsstromes bedingt. Durch Anordnung eines vierten Schenkels als Ausgleichschenkel wird der Magnetisierungsstrom wieder normal. Der Reihentransformator darf aber keine Tertiärwicklung erhalten, weil zu hohe Ausgleichströme in ihr zu fließen kämen, und zwar auch dann, wenn ein vierter Schenkel vorhanden ist. Der vierte Schenkel hat bei diesen Verhältnissen keinen Einfluß auf die entstehenden Ausgleichströme in der Tertiärwicklung.

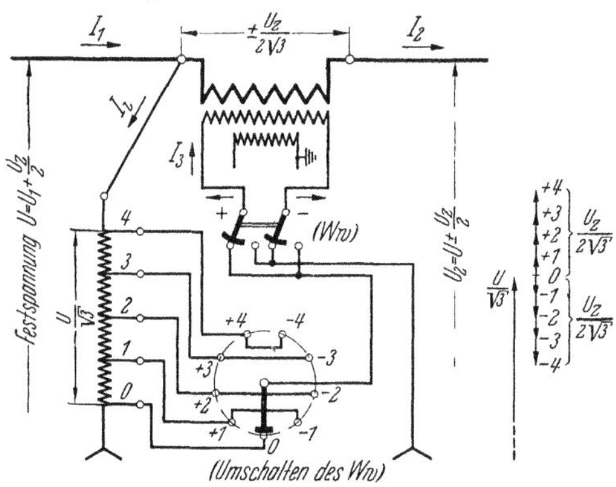

Abb. 109. Regelzusatztransformator für indirekte Regelung mit Erregerspartransformator. Doppelter Regelsinn. Schaltplan einer Phase mit zweipoligem Wendewähler. Freier Sternpunkt-Regelung. Bei Anordnung eines Sprunglastschalters sind zwei Stufenwähler erforderlich.

Um diese Schwierigkeiten zu überwinden, verwendet man einen doppelpoligen Wender, der die Bildung des freien Sternpunktes gestattet. Beim freien Sternpunkt entsteht nur eine vorübergehende Verlagerung des Sternpunktes, in obigem Fall, und zwar um ein Drittel der Stufenspannung, wobei die Kraftflüsse im Eisen verbleiben und die Tertiärwicklung keinen Strom führt.

δ) *Doppelter Regelsinn mit zweipoligem Wender* (Abb. 109). Der über die Regeleinrichtung fließende Strom des Regelkreises I_3 ergibt sich bei maximaler Zusatzspannung zu

$$I_3 = I_2 \frac{U_z/2\sqrt{3}}{U/\sqrt{3}} \quad \text{(A)}, \tag{190}$$

wobei I_2 wiederum den Durchgangsstrom und $U/\sqrt{3}$ die erhöhte Festspannung bedeuten.

Die Eigenleistung des Reihentransformators ist dieselbe wie die des Reglers der Abb. 98, und die scheinbare Leistung des Erregertransformators berechnet sich genauso, wie bei dem Regelsatz mit einfachem Regelsinn (s. α) angegeben wurde. Der Materialaufwand ist hier ebenfalls um 46% größer, bezogen aber auf den Materialaufwand des Reglers in Abb. 93.

Wie aus der Abb. 109 ersichtlich, ist die Bildung eines freien Sternpunktes am Reihentransformator durch den zweipoligen Wendewähler möglich. Der Wender legt diesen Sternpunkt einmal an den Anfang und einmal ans Ende der primären Wicklungsstränge des Reihentransformators, wobei der Anschluß des Regelkontaktes ebenfalls wechselt.

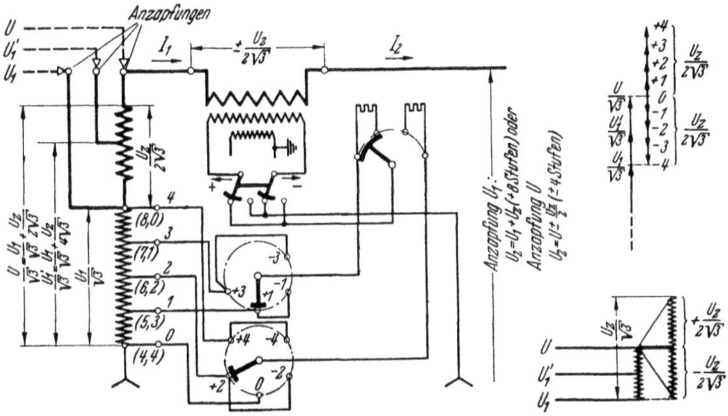

Abb. 110. Regelzusatztransformator für indirekte Regelung mit Erregerspartransformator mit Anzapfungen. Einfacher und doppelter Regelsinn. Schaltplan einer Phase mit zweipoligem Wendewähler mit Stufenwähler und Sprunglastschalter. Freier Sternpunkt-Regelung.

In Stellung *0* ist die Primärwicklung des Reihentransformators kurzgeschlossen, und die Umlegung des Wenders erfolgt dann zwar

Abb. 111. Regelzusatztransformator für indirekte Regelung. Doppelter Regelsinn. Vollständige Schaltung einer Phase mit Zahlenbeispiel. Praktische Ausführung mit zweipoligem Wendewähler, Stufenwähler und Sprunglastschalter. Die Kontakte der Stufenwähler sind miteinander verbunden und dann an die Anzapfungen angeschlossen.

Verbindungsplan

Stufenwähler I: ↕ $-1\ -3$ / $+1\ +3$ Stufenwähler II: ↕ $0\ -2\ -4$ / $+2\ +4$

Bei Stellung *0* des Stufenwählers II wird der Wendewähler umgeschaltet. Der Regelzusatztransformator besitzt in dieser Schaltung zwei freie Sternpunkte (Mp).

Zahlenbeispiel für die Stufung:

Stufe	Netz 1 UVW	Netz 2 $U_1V_1W_1$
+*4* (*8*)		6600 V
+*3* (*7*)		6525
+*2* (*6*)		6450
+*1* (*5*)		6375
0 (*4*)	6300 V	6300
−*1* (*3*)		6225
−*2* (*2*)		6150
−*3* (*1*)		6075
−*4* (*0*)		6000

Schaltung für konstante Stufenspannung: Erregertransformator an Festspannung *U*, *V* und *W* angeschlossen.

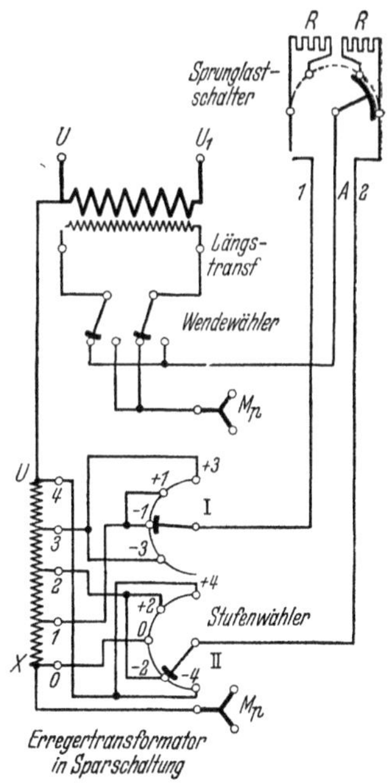

ohne Spannung, aber unter Strom. Sie muß deshalb so ausgebildet werden, daß beim Wenden keine Unterbrechung entsteht.

In Abb. 110 ist die Regelung mit Wähler und Lastschalter dargestellt. Der Erregertransformator hat zwei Wicklungen, die in Sparschaltung angeordnet sind. Je nach der Höhe der ankommenden Festspannung kann mit Hilfe der Anzapfungen U_1 oder U einfacher oder doppelter Regelsinn eingestellt werden. Wird die ankommende Spannung nur um $U_Z/4$ gehoben, wird die mittlere Anzapfung angeschlossen. Dieses gilt für den Anfang einer Leitung. Bei Einbau des Reglers am Ende einer Leitung sind die Anzapfungen sinngemäß zu wählen (Abb. 92). Die für die Auslegung maßgebende Eigenleistung des Regelsatzes entspricht der des in Abb. 100 dargestellten Reglers, und zwar für den Fall des Maximums, wenn die Anzapfung U_1 benutzt wird. Die Eigenleistung des Erregertransformators setzt sich aus der halben Eigenleistung des Reihentransformators dieser Abbildung und der scheinbaren Leistung zusammen. Die Eigenleistung des Reihentransformators entspricht der halben Eigenleistung des Reihentransformators, ebenfalls der des in Abb. 100 dargestellten Reglers.

In Abb. 111 ist die praktische Ausführung eines Zusatzregeltransformators ohne Anzapfung mit Erregerspartransformator und mit zweipoligem Wendewähler dargestellt. Gleichzeitig ist für die Stufung ein Zahlenbeispiel angegeben.

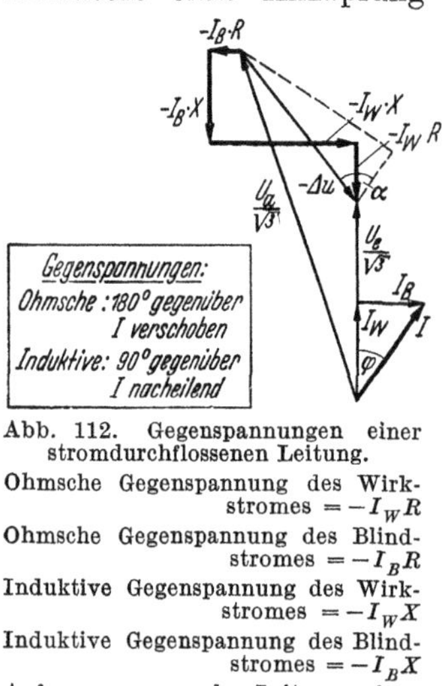

Abb. 112. Gegenspannungen einer stromdurchflossenen Leitung.
Ohmsche Gegenspannung des Wirkstromes $= -I_W R$
Ohmsche Gegenspannung des Blindstromes $= -I_B R$
Induktive Gegenspannung des Wirkstromes $= -I_W X$
Induktive Gegenspannung des Blindstromes $= -I_B X$
Anfangsspannung der Leitung $= U_a$
Endspannung der Leitung $= U_e$

E. Quertransformatoren (*QT/R*).

Die Wirkungsweise der Quertransformatoren kann allgemein nur im Zusammenhang mit dem Spannungsverlust einer Leitung leicht verständlich erklärt werden.

1. Spannungsverlust. Der Spannungsverlust einer Leitung besteht aus vier Komponenten, und zwar aus

zwei Komponenten längs zur Stern spannung:

$$I_W R \quad \text{und} \quad I_B X$$

und zwei Komponenten quer zur Stern spannung:

$$I_W X \quad \text{und} \quad I_B R.$$

In Abb. 112 sind diese vier Komponenten als Gegenspannungen dargestellt. Richtung und Größe der Vektoren entsprechen den Spannungen, die der Strom in den Widerständen erzeugt. Die Zerlegung des Stromes in Wirk- und Blindstrom wurde bei der Endspannung U_e vorgenommen. Es ergibt sich eine resultierende Gegenspannung $-\Delta u$ als Vektor, um den die Endspannung der Leitung U_e kleiner ist als die Anfangsspannung U_a. Ein Teil der Anfangsspannung wird zur Überwindung der Gegenspannungen benötigt, geht also für die Ausnutzbarkeit am Ende der Leitung verloren. Der gleich große aber entgegengesetzte Vektor für $-\Delta u$ ist der Spannungsverlust der Leitung.

2. Längsregelung. Die Regeltransformatoren LT/R und ZT/R liefern Zusatzspannungen, die stets parallel, bzw. in Phase mit der Betriebsspannung sind. Bei LT/R wird die Regelwicklung vom Hauptkraftfluß erregt und bei ZT/R ist die Primärwicklung in Stern geschaltet. Bei letzterem wird in der Sekundärwicklung eine Spannung erzeugt, die parallel zur Betriebsspannung liegt. Diese Längsregelungen dienen zum Ausgleich der Längsspannungsverluste und damit zur Spannungshaltung der Netze. Die Gegenspannungen $I_W R$ und $I_B X$ können hierbei vollkommen aufgehoben werden (Abb. 113).

3. Querregelung. Die Quertransformatoren QT/R liefern Zusatzspannungen, die senkrecht zur Betriebsspannung gerichtet sind. In Aufbau und Schaltung unterscheidet sich der Quertransformator von

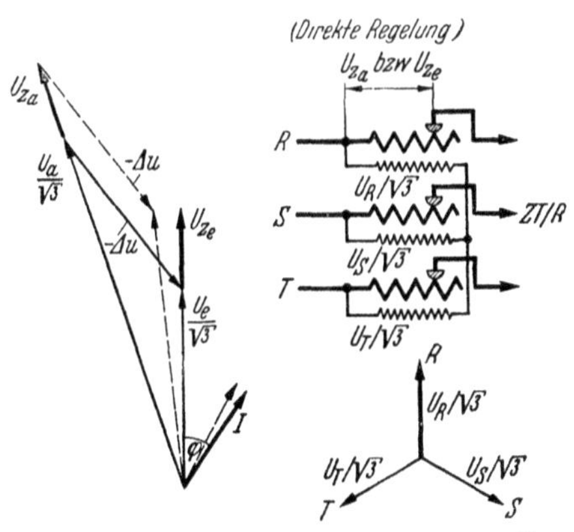

Abb. 113. Regelzusatztransformator für direkte Regelung mit Vektorendiagramm zur Darstellung der *Längsregelung*.

Längs-Zusatzspannung am Anfang der Leitung = U_{za}
Längs-Zusatzspannung am Ende der Leitung = U_{ze}

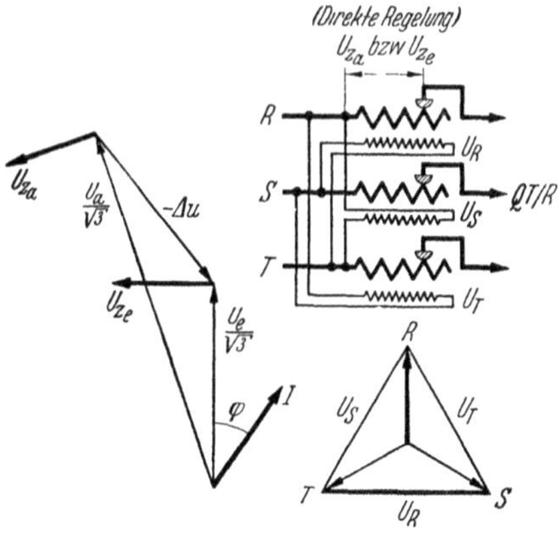

Abb. 114. Regelquertransformator für direkte Regelung mit Vektorendiagramm zur Darstellung der *Querregelung*.

Quer-Zusatzspannung am Anfang der Leitung = U_{za}
Quer-Zusatzspannung am Ende der Leitung = U_{ze}

einen ZT/R nur dadurch, daß die Primärwicklung in Dreieck geschaltet ist. Die Querregelung dient zum Ausgleich der Querspannungsverluste und gibt die Möglichkeit, zusammen mit der Längsregelung die Stromverteilung in parallel oder ringförmig zusammengeschalteten Leitungen zu regeln. Die Gegenspannungen $I_W X$ und $I_B R$ können hierbei vollkommen aufgehoben werden (Abb. 114).

4. Längs- und Querregelung. ZT/R und QT/R (90°Schaltung). Werden beide Zusatzspannungen gleichzeitig verwendet, durch Reihenschaltung von einem ZT/R mit einem QT/R, entsteht eine resultierende Zusatzspannung aus den zwei senkrechten Komponenten, die je nach den Stellungen der Regler in Größe und Richtung verändert werden kann. Die Einstellung der Regler kann auch so vorgenommen werden, daß die Endspannung der Leitung U_e nicht nur nach dem Betrag, sondern auch nach der Phasenlage mit der Anfangsspannung U_a der Leitung übereinstimmt. Die resultierende Zusatzspannung entspricht also dann nach Größe und

Richtung dem Spannungsverlust der Leitung Δu (Abb. 115). Sofern die Anwendung dieser Zusatzspannung am Ende einer Stichleitung erfolgt, wirkt die Querregelung nur etwas erhöhend auf die abgehende Spannung. Wenn aber die Zusatzspannung — wie in Abb. 115 rechts dargestellt — in eine parallele Leitung eingeführt wird, entsteht eine ganz bestimmte Wirkung. Es ist nämlich zunächst ohne weiteres einleuchtend, daß, wenn die Spannung in Station A mit der von B kommenden Spannung nach Größe und Richtung übereinstimmt, am geöffneten Schalter der Leitung *2* keine Differenzspannung meßbar wird. Folglich wird diese Leitung auch nach erfolgter Einschaltung ohne Stromaufnahme bleiben.

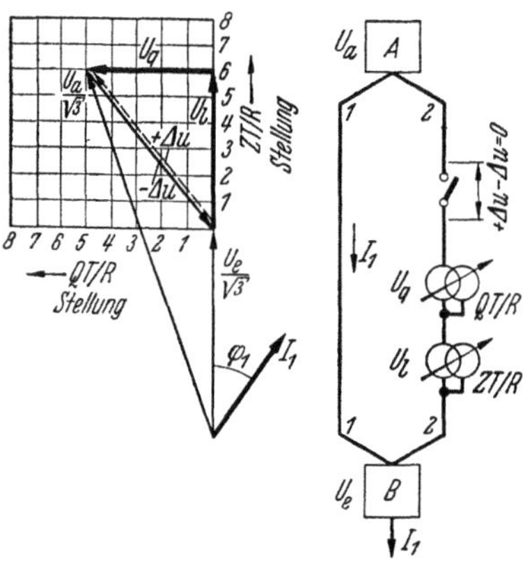

Abb. 115. Langs- und Querregelung durch Hintereinanderschaltung von einem Regelzusatztransformator ZT/R mit einem Regelquertransformator QT/R. (90°-Schaltung).

Langs-Zusatzspannung $= U_l$

Quer-Zusatzspannung $= U_q$

Jeder Regler hat 8 Stufen, konnen also gemeinsam $9 \times 9 = 81$ verschiedene Zusatzspannungen einstellen.

Wenn die Spannung U_e schon in der Leitung *1* durch einen Längsregler — vor der Sammelschiene der Station B — um die Spannung U_l erhöht worden ist, wird in Leitung *2* nur ein Querregler, der die Spannung U_q liefert, zum Stromlosmachen der Leitung erforderlich. Die Größe der Zusatzspannung U_l und U_q muß mit dem Belastungsstrom I_1 verändert werden.

Dieses gilt unter der Voraussetzung, daß man die Leitung stromlos halten will. Bei über- oder unterschüssiger Zusatzspannung wird die Leitung *2* vom Strom durchflossen. Ist die Zusatzspannung gleich Null, so erfolgt die Aufteilung des Stromes natürlich auf die parallelen Leitungen.

5. Natürliche Stromverteilung bei parallelen Leitungen. Der Strom verteilt sich auf die einzelnen Leitungen in einem ganz bestimmten natürlichen Verhältnis. Werden nur zwei Leitungen betrachtet und sind die Konstanten der Leitung, ohmscher Widerstand, Reaktanz, Impedanz und Impedanzwinkel

$$r_1,\ X_1,\ Z_1,\ \alpha_1 \quad \text{bzw.} \quad r_2,\ X_2,\ Z_2,\ \alpha_2,$$

so können die resultierenden Konstanten und damit die Aufteilung des Stromes wie folgt berechnet werden. Man summiert die in gleiche Richtung fallenden Komponenten und erhält dann den

$$\text{Wirkleitwert} \quad a = \frac{r_1}{Z_1^2} + \frac{r_2}{Z_2^2} \tag{191}$$

und den

$$\text{Blindleitwert} \quad b = \frac{X_1}{Z^2} + \frac{X_2}{Z_2^2} \tag{192}$$

und hieraus die gesuchten Werte

$$Z = \sqrt{\frac{1}{a^2 + b^2}} \text{ (Ohm)}, \qquad R = a Z^2 \text{ (Ohm)}, \qquad X = b Z^2 \text{ (Ohm)}. \tag{193}$$

Der resultierende Impedanzwinkel ist folglich

$$\alpha = X/R \ (^\circ). \tag{194}$$

Der Strom in Leitung *1* ist demnach

$$I_1 = I \frac{Z}{Z_1} \quad \text{(A)} \tag{195}$$

und in Leitung *2*

$$I_2 = I \frac{Z}{Z_2} \quad \text{(A)} \tag{196}$$

und die Phasenwinkel zur Endspannung der Leitung

$$\varphi_1 = \varphi - \alpha + \alpha_1 \quad \text{und} \quad \varphi_2 = \varphi - \alpha + \alpha_2, \tag{197}$$

wobei φ den Phasenwinkel des zu übertragenden Gesamtstromes I am Ende der parallelen Leitungsstrecke bedeutet. Die Teilleistungen sind

$$N_{W1} = \sqrt{3}\, I_1 U_e \cos\varphi_1 \quad \text{(VA)}. \tag{198}$$

$$N_{W2} = \sqrt{3}\, I_2 U_e \cos\varphi_2 \quad \text{(VA)}. \tag{199}$$

Der Phasenwinkel zwischen Endspannung und Richtung des Gesamtspannungsverlustes beträgt

$$\beta = \alpha - \varphi \quad (^\circ) \tag{200}$$

und schließlich der Gesamtspannungsverlust

$$\sqrt{3}\,\Delta u = \sqrt{3}\, I Z \quad \text{(V)}. \tag{201}$$

Auf Grund der nach Gl. (195), (196) und (197 berechneten Größen können die natürlichen Stromkomponenten vektoriell ermittelt werden.

6. Kreisströme. Wird die Zusatzspannung, die die gesamte Gegenspannung aufhebt und die Leitung *2* (Abb. 115) stromlos macht, vergrößert, so wirkt eine eingeprägte EMK von der Größe des Differenzbetrages im geschlossenen Kreise, die Ausgleichströme bzw. Kreisströme zur Folge hat. Der entstehende Kreisstrom ruft Gegenspannungen in den Widerständen des Kreises hervor, wobei die resultierende Gegenspannung stets gleich- und entgegengesetzt gerichtet der überschüssigen Zusatzspannung ist.

Der Kreisstrom I_{kr} berechnet sich demnach aus der überschüssigen Zusatzspannung und der Impedanz des Kreises Z_{kr} und ist um den Impedanzwinkel α_{kr} des Kreises gegenüber der treibenden Spannung nacheilend.

Vergrößert man U_q um U_{qkr}, so ist der Kreisstrom

$$I_{kr} = \frac{U_{qkr}}{Z_{kr}} = \frac{U_{qkr}}{\sqrt{R_{kr}^2 + X_{kr}^2}} \quad \text{(A)}, \tag{202}$$

wobei für zwei Leitungen

$$R_{kr} = r_1 + r_2 \quad \text{und} \quad X_{kr} = X_1 + X_2 \quad \text{(Ohm)} \tag{203}$$

bedeutet.

In Abb. 116 bei a ist die Lage des Kreisstromes unter Andeutung der Anfangsspannung und des Spannungsverlustes in Leitung *1* dargestellt. Der Strom eilt der Endspannung um den Winkel $90° - \alpha_{kr}$ vor, besteht also aus einer positiven Wirk- und einer negativen Blindkomponente. Der Winkel der Kreisimpedanz ist

$$\operatorname{tg} \alpha_{kr} = \frac{X_{kr}}{R_{kr}} = \frac{X_1 + X_2}{r_1 + r_2} \tag{204}$$

und der positive Wirkstrom an der Regelstelle pro Phase

$$I_{Wq} = I_{kr} \cos(90° - \alpha_{kr}) = U_{qkr} \frac{X_{kr}}{Z_{kr}^2} \quad \text{(A)} \tag{205}$$

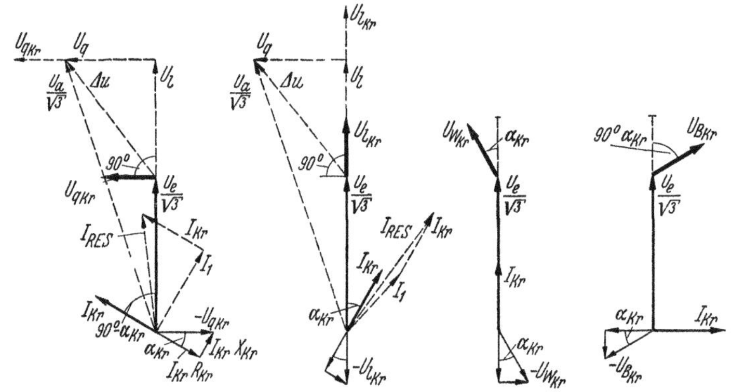

a Voreilende Querspannung b Positive Längsspannung c Um α_{Kr} voreilende Zusatzspannung d Um $90°-\alpha_{Kr}$ nacheilende Zusatzspannung

Abb. 116. Vektorendiagramm des Kreisstromes I_{Kr} an der Regelstelle bei verschiedenen Phasenlagen der Zusatzspannungen. Der Kreis besitzt Wirk- und Blindwiderstände. Die Gegenspannungen sind bei den einzelnen Vektorendiagrammen eingezeichnet

und der negative Blindstrom (voreilend)

$$I_{Bq} = I_{kr} \sin(90° - \alpha_{kr}) = U_{qkr} \frac{R_{kr}}{Z_{kr}^2} \quad \text{(A)}. \tag{206}$$

Bei Vergrößerung von U_l um U_{lkr} berechnet sich der Kreisstrom analog nach Gl. (202), wobei statt U_{qkr} U_{lkr} zu setzen ist. In Abb. 116 bei b ist die Lage dieses Stromes dargestellt. Der Strom eilt der Endspannung um den Winkel α_{kr} nach. Der positive Wirkstrom ist

$$I_{Wl} = I_{kr} \cos \alpha_{kr} = U_{lkr} \frac{R_{kr}}{Z_{kr}^2} \quad \text{(A)} \tag{207}$$

und der positive Blindstrom (nacheilend)

$$I_{Bl} = I_{kr} \sin \alpha_{kr} = U_{lkr} \frac{X_{kr}}{Z_{kr}^2} \quad \text{(A)}. \tag{208}$$

In beiden Fällen, nämlich bei Vergrößerung von U_q und U_l, fließen mithin Blind- und Wirkstrom durch die Leitung *2*. Es hängt, wie zu ersehen ist, von Richtung und Größe der Zusatzspannung, von der Kreisimpedanz und schließlich vom Kreisimpedanzwinkel ab, in welchem Maße sich die Leitung, unter Einwirkung der Zusatzspannung im Kreise, belastet.

Da die Spannung U_e in Leitung *2* (Abb. 115) über die Spannung U_a erhöht worden ist, fließt der Kreisstrom entgegen dem Uhrzeigersinn, und zwar in Leitung *2* von B nach A und in Leitung *1* von A nach B. Der Betriebsstrom I_1 fließt aber in der Leitung *1* ebenfalls von A nach B, wodurch eine Summation mit dem Kreisstrom stattfindet. Nach dem in Abb. 116 bei a dargestellten Fall fließt in Leitung *2* Wirkleistung von B nach A, die, von B aus betrachtet (Regelstelle), positiv ist. Die Blindleistung fließt dagegen von A nach B und ist, von B aus betrachtet, negativ. Dementsprechend muß in Leitung *1* die Wirkleistung zu- und die Blindleistung abnehmen. Im Falle gemäß Abb. 116 bei b fließen Wirk- und Blindleistung in Leitung *2* von B nach A, wodurch in Leitung *1* die Wirk- und auch die Blindleistung zunehmen.

Bei der Längs- und Querregelung wird somit die Wirk- und Blindbelastung der Leitungen sowohl vom Längs- als auch vom Querregler gleichzeitig geändert. Eine getrennte Wirk- und Blindlastregelung ist also allgemein nicht ohne weiteres möglich.

7. Grenzfälle. Außer dem allgemeinen Fall, in dem der Kreis Wirk- und Blindwiderstände besitzt, sind zwei Grenzfälle hervorzuheben.

a) *Der Kreis hat nur Wirkwiderstände* $\operatorname{tg}\alpha_{kr} = 0$. Der Kreisstrom ist

$$I_{kr} = U_Z/R_{kr} \quad (\mathrm{A}). \tag{209}$$

Ist die Zusatzspannung in Phase mit dem Netzvektor, so ist I_{kr} ein positiver Wirkstrom, und zwar gemessen an der Stelle, an der die Zusatzspannung in die Leitungen eingeprägt wird. Ist dagegen die Zusatzspannung um 90° gegenüber dem Netzvektor voreilend, ist I_{kr} ein negativer bzw. kapazitiver Blindstrom an der Regelstelle.

b) *Die Ringleitung hat nur Blindwiderstände* $\operatorname{tg}\alpha_{kr} = \infty$. Der Kreisstrom ist

$$I_{kr} = U_Z/X_{kr} \quad (\mathrm{A}). \tag{210}$$

Ist die Zusatzspannung in Phase mit dem Netzvektor, so ist I_{kr} ein positiver bzw. induktiver Blindstrom und, wenn die Zusatzspannung um 90° gegenüber dem Netzvektor voreilend ist, ist I_{kr} ein positiver Wirkstrom, ebenfalls an der Stelle gemessen, an der die Zusatzspannung eingeführt worden ist.

Beim Parallelbetrieb von zwei Transformatoren mit hoher Kurzschlußspannung liegt ein Kreis vor, der eine Vernachlässigung der Wirkwiderstände zuläßt und damit nur Blindwiderstände aufweist. Sind die Anzapfungen der Transformatoren verschieden oder stehen die Regeleinrichtungen der Längsregler auf verschiedenen Stellungen, so wirkt eine Zusatzspannung im Kreise, die in Phase mit dem Netzvektor ist.

Sind Kurzschlußstrombegrenzungs-Drosselspulen im Zuge der Sammelschienen und Leitungen eingebaut, so werden hierdurch die Blindwiderstände des Kreises erhöht. Werden Drehregler zur Spannungsregulierung verwendet und stimmen die Verstellungswinkel der Regler nach Richtung und Größe nicht überein, so wird ebenfalls eine Zusatzspannung im Kreise wirksam.

Die Zusatzspannung ist die geometrische Differenz zwischen den sekundären Spannungsvektoren an der regulierten Seite der Regler und kann in Richtung und Größe, je nach Verstellung, sofern es sich um Drehregler handelt, geändert werden. Hiergegen wird bei Längsreglern nur die Größe der Zusatzspannung positiv und negativ geändert.

Der durch die Zusatzspannung hervorgerufene Kreisstrom bewirkt eine Lastverschiebung der Transformatoren. Der eine Transformator wird höher, der andere um den selben Betrag niedriger belastet. Sofern hierdurch keine Überlastungen oder große Spannungsabweichungen vom Sollwert eintreten, sind diese Verschiebungen ohne Nachteil. Sie

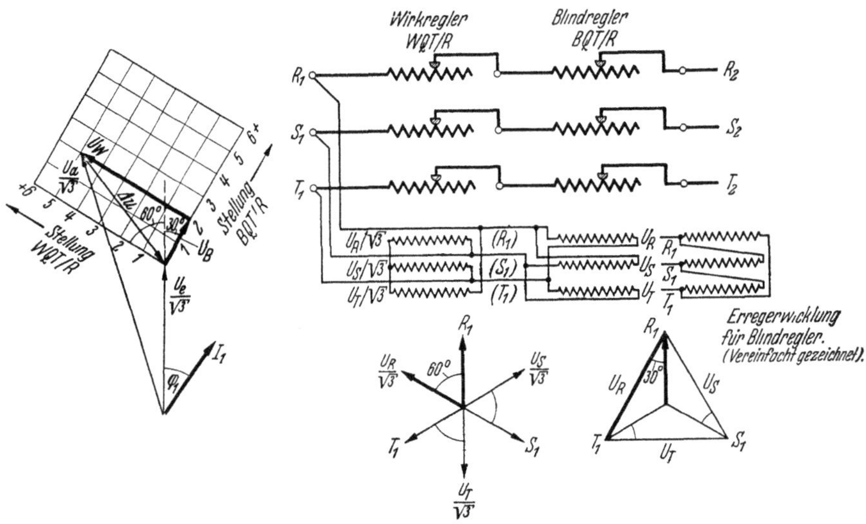

Abb. 117. Wirk- und Blindlastregler in 60°-Schaltung.
Zusatzspannung des Wirklastreglers $= U_W$, Zusatzspannung des Blindlastreglers $= U_B$.
U_W ist ähnlich der Querspannung und U_B ist ahnlich der Langsspannung.

können sogar wünschenswert sein, wenn z. B. aus irgendwelchen Betriebsgründen der eine Transformator höher belastet werden soll als der andere.

Umgekehrt können hierdurch auch ungleiche Tranformatorenbelastungen, z. B. beim Netzparallelbetrieb, ausgeglichen werden.

Werden schließlich Kabelleitungen bei niedriger Netzspannung mit schwachem Querschnitt parallel geschaltet, so liegt ein Kreis vor, indem die Blindwiderstände vernachlässigt werden können. Im Kreise sind dann nur die Wirkwiderstände zu berücksichtigen.

8. Wirk- und Blindlastregelung. *WQT/R* und *BQT/R*. Um die wunschgemäße Einregulierung der Wirk- und Blindbelastung in einer Leitung zu erleichtern, ist es zweckmäßig, die Zusatzspannungen voreilend um den Winkel der Kreisimpedanz α_{kr} und nacheilend um den Winkel $90°$ $-\alpha_{kr}$ einzufügen. Wie aus Abb. 116 bei c ersichtlich, bewirkt eine um α_{kr} voreilende Zusatzspannung eine reine positive Wirkstromaufnahme und nach Abb. 116 bei d eine dem Netzvektor um $90° - \alpha_{kr}$ nacheilende eine reine positive Blindstromaufnahme der betreffenden Leitung, ebenfalls an der Stelle, an der der Regler eingebaut worden ist.

Es lassen sich auf einfache Weise transformatorisch Voreilungswinkel von $60°$ und $30°$ erzeugen. Durch Drehung der Vektoren um $90°$ können die Nacheilungswinkel von $90°$ weniger $60°$ und $90°$ weniger $30°$

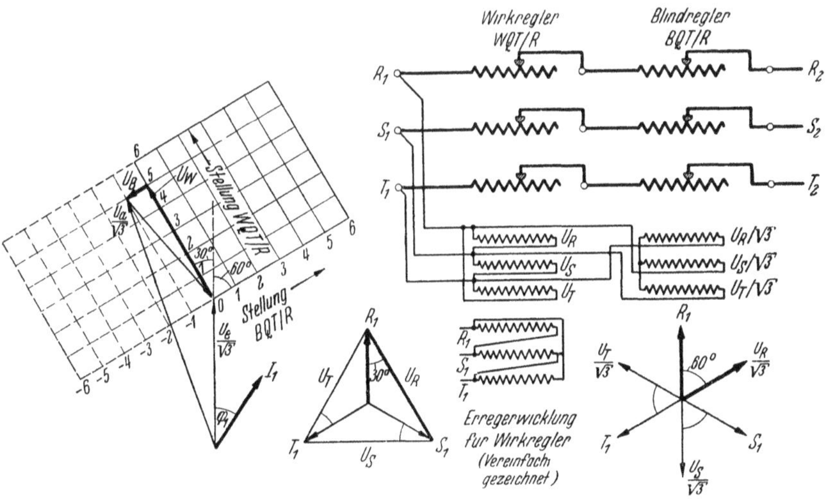

Abb. 118. Wirk- und Blindlastregler in 30°-Schaltung.
Zusatzspannung des Wirklastreglers $= U_W$, Zusatzspannung des Blindlastreglers $= U_B$. U_W ist ähnlich der Längsspannung und U_B ist ähnlich der Querspannung. Das Netz des Vektorendiagramms zeigt die Erweiterung des Regelbereiches des Blindlastreglers um die negativen Stufen, wenn ein Wendewähler für diesen Regler vorgesehen wird.

ebenfalls leicht herbeigeführt werden. Mit diesen beiden Schaltarten kommt man in der Praxis gut aus, denn es ist nicht erforderlich, daß α_{kr} mit dem Voreilungswinkel des Reglers genau übereinstimmt. Abweichungen von etwa $\pm 10°$ spielen keine große Rolle, da die Regulierung trotzdem wesentlich erleichtert wird. Es sei hierzu außerdem noch vermerkt, daß die Längs- und Querregelung bzw. die 90°-Schaltung für bestimmte Betriebsbedingungen auch mit Vorteil verwendet werden kann.

a) *Die 60°-Schaltung* (Abb. 117). Der Wirkregler ist wie ein ZT/R aufgebaut. Die Anschlüsse der Erregerwicklung sind jedoch zyklisch vertauscht. Durch Umklappung der Spannung der Erregerwicklung um $180°$ wird der Zusatzvektor um $60°$ voreilend.

Der Blindregler ist wie ein QT/R aufgebaut. Die Anschlüsse der Erregerwicklung sind ebenfalls zyklisch vertauscht. Der Zusatzvektor eilt um $30°$ nach.

b) *Die 30°-Schaltung* (Abb. 118). Der Wirklastregler ist wie ein QT/R und der Blindlastregler wie ein ZT/R aufgebaut. Die Klemmen der Erregerwicklungen sind so angeschlossen, daß die Zusatzspannung des Wirklastreglers um 30° vor- und die des Blindlastreglers um 60° gegenüber dem Netzvektor nacheilen.

In den Abb. 117 und 118 sind die Regler, unter Fortlassung der Regeleinrichtung, für direkte Regulierung dargestellt. Der Regelsatz besteht aus zwei Transformatoren mit je einer Regeleinrichtung, die aus Ersparnisgründen wiederum in einem gemeinsamen Kessel angeordnet werden können.

Wie aus den Abbildungen hervorgeht, kann ein und derselbe Regelsatz durch Umklemmung der Erregeranschlüsse wahlweise für Längs- und Quer- bzw. Wirk- und Blindstromregelung benutzt werden. Der Transformator mit in Stern geschalteter Erregerwicklung wird dann für Längs- bzw. Wirkstromregelung und der Transformator mit in

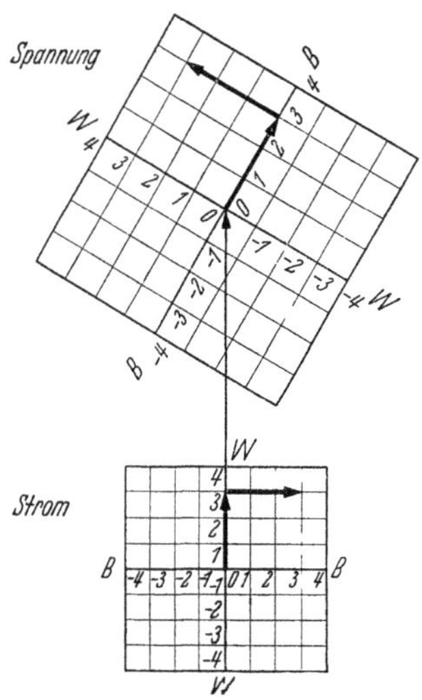

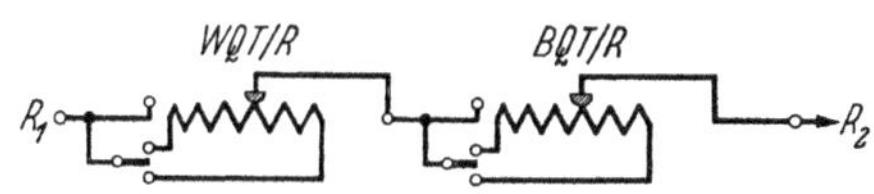

Abb. 119. Wirk- und Blindlastregler mit Wendewahler Regelung in vier Quadranten.

Dreieck geschalteter Erregerwicklung für Querregelung bzw. Blindstromregelung verwendet. Dieses gilt für die 60°-Schaltung. Bei der Umklemmung des Regelsatzes von 60° auf 30° müssen die Blind- und Wirkregler miteinander vertauscht werden.

c) *Regulierung in vier Quadranten* (Abb. 119). Richtet man die Regelwicklung umkehrbar ein, so kann man negative und positive Zusatzspannungen im Kreise einprägen, wodurch die Möglichkeit gegeben wird, in allen vier Quadranten die Regulierung durchzuführen. Hierdurch können verschiedenartige Belastungsverschiebungen erzielt werden, so kann z. B. auch die parallele Leitung, die keinen Regelsatz besitzt, stromlos gemacht werden. In Versorgungs- und Verbundnetzen werden derartige Regelsätze oft verwendet, um die Verteilung der Last auf verschiedene Leitungen zu regeln, um Reserveleitungen als Momentanreserve zwar ohne Strom, aber unter Spannung eingeschaltet zu halten, um den Lastaustausch zwischen zwei gekuppelten Netzen nach vertraglichen oder nach betrieblichen Bedingungen zu regeln und schließlich um bei Aufspeisung von entfernten Netzgebieten schwache Zuleitungen zu entlasten.

9. Indirekte Regelung. Bei der indirekten Regelung verwendet man meistens einen Reihentransformator für beide Regler, so daß nur drei Transformatoren erforderlich werden.

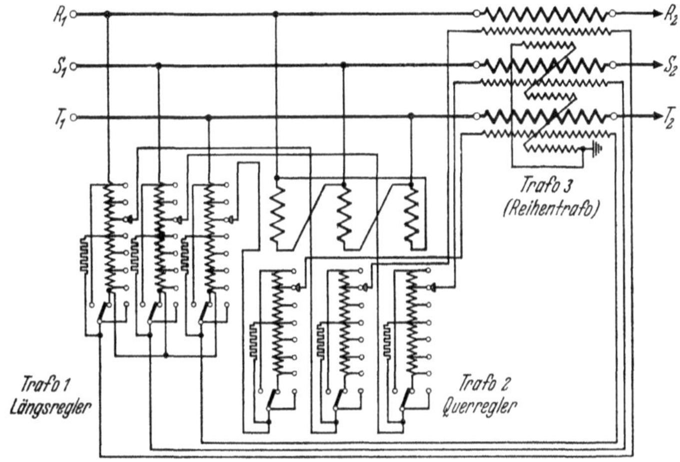

Abb. 120. Längs- und Querregler für indirekte Regelung mit einpoligem Wendewähler Doppelter Regelsinn. Vollständige Schaltung ohne Sprunglastschalter. Bei Anordnung eines Sprunglastschalters oder Schnellastschalters sind zwei Stufenwähler je Transformator und Phase erforderlich. In dieser Schaltanordnung besitzt der Längs- und Querregler drei Transformatoren.

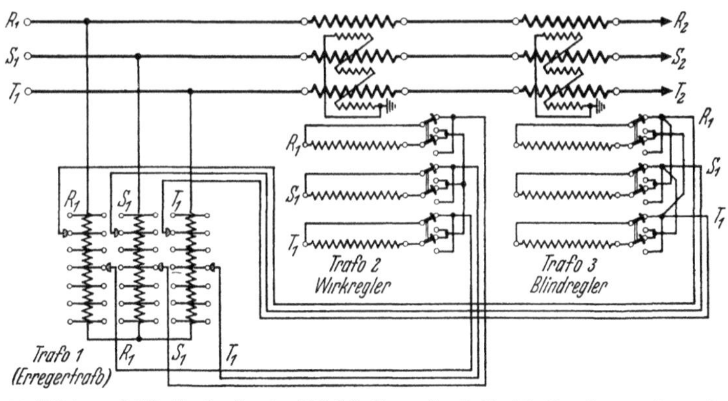

Abb. 121. Wirk- und Blindlastregler in 60°-Schaltung für indirekte Regelung mit zweipoligem Wendewähler. Doppelter Regelsinn. Vollständige Schaltung ohne Sprunglastschalter. Bei Anordnung eines Sprunglastschalters oder Schnellastschalters sind zwei Stufenwähler, je Transformator und Phase, erforderlich. In dieser Schaltanordnung besitzt der Wirk- und Blindlastregler drei Transformatoren.

α) Reihentransformator für Wirk- und Blind- bzw. Quer- und Längsregler.

β) Erregertransformator für Wirk- bzw. Querregler;

γ) Erregertransformator für Blind- bzw. Längsregler;

Alle drei Transformatoren können in einem Kessel untergebracht werden. Man kann aber auch den Regelsatz als Zwilling mit vier Transformatoren ausführen, jeder Erregertransformator erhält einen getrennten Reihentransformator, mit dem er dann zusammen auch in

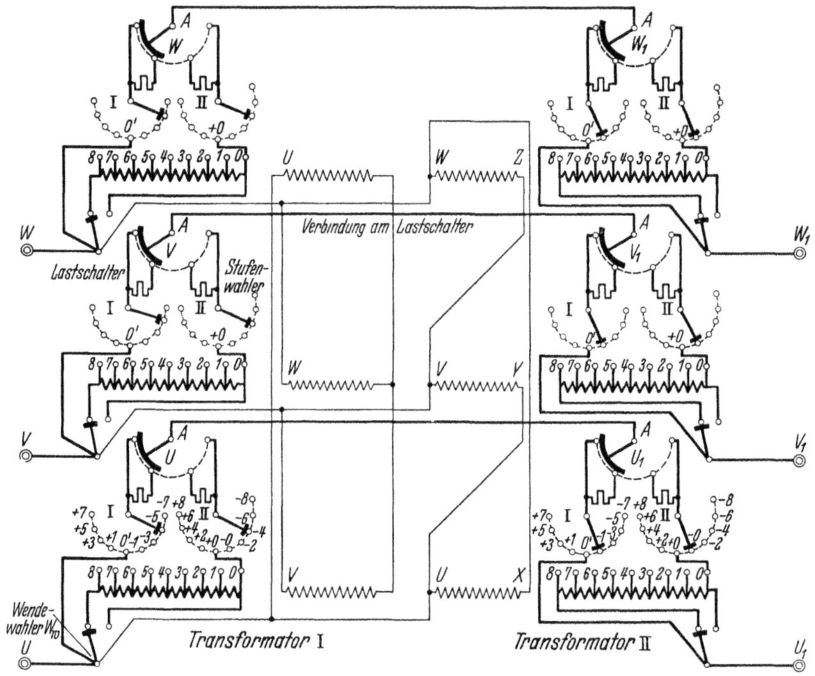

Abb. 122. Wirk- und Blindlastregler in 60°-Schaltung mit einpoligem Wendewähler für direkte Regelung. Doppelter Regelsinn. Vollständige Schaltung mit Zahlenbeispiel. Nach Umschaltung der Erregerwicklungen für Längs- und Querregelung verwendbar. Siehe Abb. 124. Praktische Ausführung mit Stufenwähler und Sprunglastschalter. In dieser Schaltanordnung besitzt der Wirk- und Blindlastregler zwei Transformatoren. Zahlenbeispiel für die Stufung:

Gilt für Transformator I oder für Transformator II: Zusatzspannung pro Phase

Stufe	Netz 1 UVW	Netz 2 $U_1V_1W_1$
+8		+364,0 V
7		318,5
6		273,0
5		227,5
4		182,0
3		136,5
2		91,0
+1		+45,5
0	6250 V	0,0
−1		−45,5
2		91,0
3		136,5
4		182,0
5		227,5
6		273,0
7		318,5
−8		−364,0

Schaltung für konstante Stufenspannung: Erregerwicklungen an Festspannung U, V und W angeschlossen. *Transformator I* für Wirklastregelung. Zusatzspannung 60° voreilend. Erregerwicklung in Stern geschaltet mit Phasenvertauschung für 60° Impedanzwinkel. *Transformator II*. für Blindlastregelung. Zusatzspannung 30° nacheilend. Erregerwicklung in Dreieck geschaltet.

einem getrennten Kessel untergebracht wird. Abb. 120 und 121 zeigen als Beispiel einen Längs- und Querregler und einen Wirk- und Blindlastregler für indirekte Regulierung mit der Anordnung mit drei Transformatoren.

10. Direkte Regelung. Bei direkter Regelung eines Regelsatzes werden, wie bereits festgestellt, nur zwei Transformatoren benötigt. In Abb. 122 ist die praktische Ausführung mit Stufen- und Wendewähler und mit Sprunglastschalter dargestellt. Ein Zahlenbeispiel für die Stufung ist dort angegeben. Der symmetrisch ablaufende Wendevorgang und damit der Übergang von positiven zu negativen Stufen und

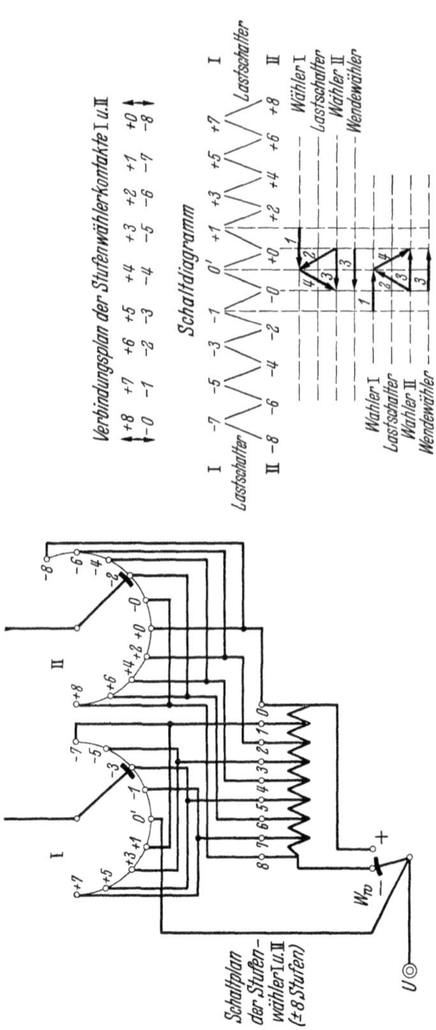

Abb. 123. Verbindungsplan der Stufenwählerkontakte und Schaltdiagramm für Wirk- und Blindlastregler Abb. 122. Schaltvorgang: Die Regeleinrichtung steht auf Stufe *−2* und wurde von Stufe *−3* hierauf geschaltet. Bei Schaltung auf Stufe *−1* wird erst der stromlose Stufenwähler I von *−3* nach *−1* verstellt und dann der Lastschalter umgeschaltet. Bei Schaltung auf Stufe *−0* wird analog erst der stromlose Stufenwähler II von *−2* nach *−0* verstellt und dann der Lastschalter umgeschaltet. Der Regler steht auf Stufe Null. Soll auf die positiven Stufen weiter geregelt werden, so muß erst der Wendewähler umgeschaltet werden. Umkehrvorgang: Der Stufenwähler I geht von Stufe *−1* auf *0′* (*1*) und anschließend schaltet der Lastschalter von *−0* auf *0′* um (*2*). Hierauf wird automatisch, über Kontaktwalzen, am Motorantrieb, gesteuert, der Stufenwähler II bewegt, und zwar von Stufe *−0* auf *+0* (*3*). Gleichzeitig wird der stromlose Wendewähler (*Ww*) mitgenommen (*3*) und schaltet um. Nach Umschaltung des Lastschalters von *0′* auf *+0* (*4*), die ebenfalls automatisch erfolgt, ist die Umkehrung der Regelwicklung beendet. Während des Umkehrvorganges tritt keinerlei Spannungsveränderung auf. Der Regler steht auf Stufe Null und kann auf die positiven Stufen verstellt werden. Beim Übergang von den positiven zu den negativen Stufen, also wieder zurück, erfolgt die Umkehrung der Regelwicklung analog.

umgekehrt ist aus dem Schaltdiagramm Abb. 123 zu ersehen. Die leichte Umklemmbarkeit der Erregerwicklungen des Regelsatzes zeigt Abb. 124.

11. Ringnetze. Bei zwei parallelen Leitungen kann eine Leitung stromlos gemacht werden, wenn in diese eine Zusatzspannung von der negativen Größe der Gegenspannung der anderen Leitung eingefügt wird. Bei mehreren in Ring geschalteten Leitungen muß die Zusatzspannung entgegengesetzt gleich der geometrischen Summe der Gegenspannungen aller anderen Leitungen sein. Bei Abweichungen der Zusatzspannung von diesem Wert entsteht ein Ringstrom, der durch die Abweichung der Zusatzspannung und durch die Ringimpedanz gegeben ist und sich allen anderen Strömen überlagert. Die Summe der zu- und abfließenden Ströme zum Ringnetz bleibt jedoch unverändert. Soll eine bestimmte Stromverteilung des Ringnetzes herbeigeführt werden, so findet man die hierzu erforderliche Zusatzspannung dadurch, daß man die Gegenspannungen für die gewünschte Strombelastung der Ring-Teilstrecken, beginnend von der Schnittstelle aus, wo der Regelsatz ausgebaut werden soll, auf allen diesen Leitungen geometrisch addiert. Die Zusatzspannung ist dann gleich der negativen Summe aller dieser Gegenspannungen. Ergibt sich hierbei, daß die Summe der Gegenspannungen zu Null wird, entspricht die gewünschte Stromverteilung der natürlichen. Die Einprägung einer Zusatzspannung im Ring ist dann nicht erforderlich. Sonst ist ein Regelsatz, der die ermittelte Zusatzspannung nach Größe und Richtung mit der Durchgangsleistung der Schnittstelle liefert, einzubauen. Bei Aufstellung der Vektorbilder der Teilstrecken ist die Spannungshaltung in den einzelnen Netzpunkten zu berücksichtigen. Besitzen nicht alle Ringstrecken einheitliche Betriebsspannung, so werden die Gegenspannungen auf die Spannung umgerechnet, für den der Regelsatz in Frage kommt. Unterschiedliche Übersetzungsverhältnisse der Leistungstransformatoren am Anfang und Ende der Teilstrecken oder die Regelbereiche der Regelleistungstransformatoren selbst können als zusätzliche Längsregelung bei der Summierung der Gegenspannung in Rechnung gesetzt werden.

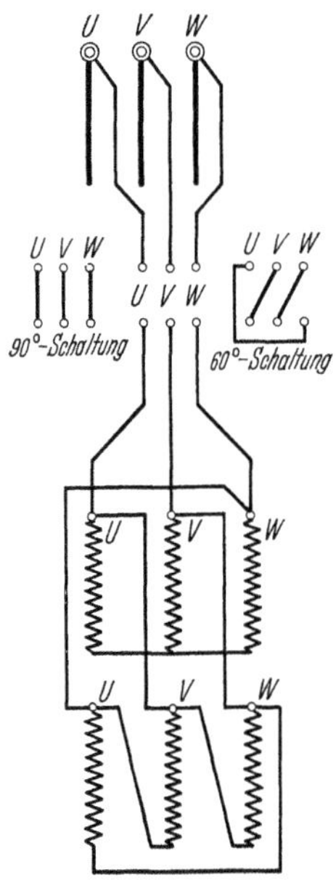

Abb. 124. Schaltplan für die Umklemmung der Erregerwicklungen fur Wirk- und Blindlastregler Abb. 122.

12. Eigenleistung. Die Eigenleistung des Regelsatzes läßt sich aus dem Produkt Zusatzspannung mal Durchgangsstrom berechnen. Die für die Bemessung maßgebende Eigenleistung bzw. Typenleistung des Regelsatzes ist also ganz verschieden, je nach der Stelle, an der er eingebaut werden soll. Die Leistung des Regelsatzes wäre z.B. theoretisch Null, wenn er in eine Leitung eingebaut wird, die er selbst stromlos halten soll. Praktisch ist jedoch die Möglichkeit der Unterbrechung der anderen Leitung für die Bemessung der Eigenleistung zu berücksichtigen, denn in diesem Falle wird der sonst stromlose Regelsatz mit der vollen Durchgangsleistung der ausgefallenen Leitung belastet. Um den Regelsatz möglichst wirtschaftlich zu gestalten, wird er. je nach betrieblichen Bedingungen in einem Leitungsabschnitt mit der relativ kleinsten Durchgangsleistung vorgesehen.

F. Drehtransformatoren (*Dr T*).

Der einfache Drehtransformator ist wie ein Drehstromasynchronmotor gebaut. Die feststehende Ständerwicklung ist meistens die sekundäre und die ruhende aber verstellbare Läuferwicklung die

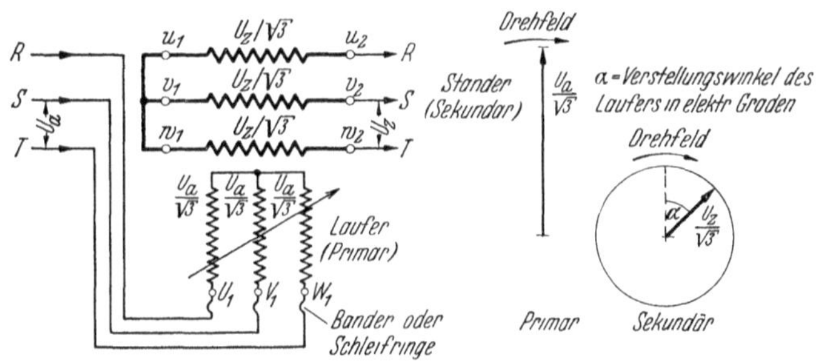

Abb. 125. Einfachdrehtransformator. Schaltbild und Vektorendiagramm.

primäre Seite des Drehtransformators. Da hier die Läuferwicklung die Stelle ist, wo die Einspeisung erfolgt, werden derartige Drehtransformatoren auch als läufergespeiste Drehtransformatoren bezeichnet. Die

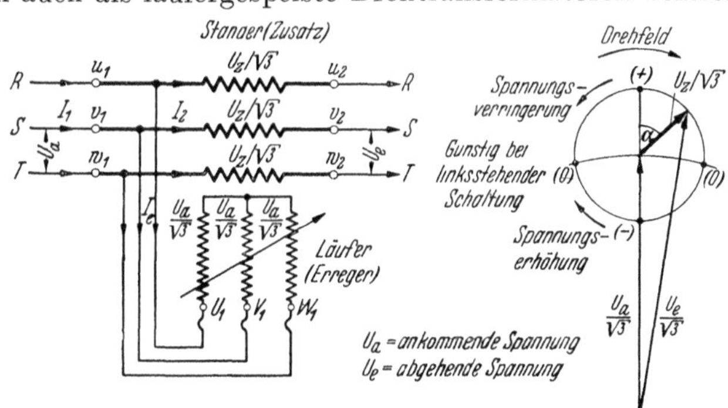

Abb. 126. Einfachdrehtransformator in Sparschaltung Drehregler. Schaltbild und Vektorendiagramm. Stellungen für die abgehende Spannung U_e:
(+) = höchste Stellung ($U_a + U_z$), (0) = mittlere Stellung (U_a), (−) = tiefste Stellung ($U_a - U_z$)

Primärwicklung erzeugt ein Drehfeld, das in der Sekundärwicklung magnetisch eine Spannung von konstanter Größe hervorruft. Durch eine mechanische Vorrichtung — meist Schneckenrad mit Schnecke — kann die relative Lage der beiden Wicklungen zueinander geändert werden, wodurch die Phase der Sekundärwicklung gegen die der Primärwicklung verschoben wird.

Der Läufer wird über Schleifringe und Bürsten oder über Kupfer-Stahl-Bänder an die feststehenden Klemmen angeschlossen. Bei Einspeisung in der Ständerwicklung ist diese Wicklung die primäre und die Läuferwicklung die sekundäre. Derartige Drehtransformatoren werden deshalb als ständergespeiste Drehtransformatoren bezeichnet.

a) *Einfachdrehtransformator* (Abb. 125). Die Ständerwicklung entspricht der Sekundär- und die Läuferwicklung der Primärwicklung des Drehtransformators. Die Sekundärspannung ist in jeder Stellung des Läufers unverändert. Durch die Verstellung des Läufers wird nur die

Abb. 127. Drehregler zur Spannungsregulierung in einem Umspannwerk. Jeder Drehregler ist mit einem Leistungstransformator auf der Sekundärseite in Reihe geschaltet und mittels umlegbaren Laschen abtrennbar angeordnet. Nenndurchgangsleistung: 12500 kVA, Spannung bei Nennlast und $\cos\varphi = 0{,}8$: 6000 ± 250 Volt. Betriebsart: DB. Kühlungsart: TF. Mit Fernantrieb durch Steuermotor, Handantrieb und mechanischer Stellungsanzeiger für den Läufer. Die Abluft des Ventilators ist über einen Blechkanal nach außen geführt.

Phase der Sekundär- gegen die der Primärspannung verschoben. Das Übersetzungsverhältnis im Leerlauf ist

$$\ddot{u} = \frac{U_Z/\sqrt{3}}{U_a/\sqrt{3}} = \frac{U_Z}{U_a}. \tag{211}$$

b) *Einfachdrehtransformator in Sparschaltung* (Abb. 126). Die beiden Wicklungen des Drehtransformators werden am einfachsten in Sparschaltung miteinander verbunden. Er kann in dieser Schaltung ähnlich wie ein Zusatzregler zur Regulierung der abgehenden Netzspannung benutzt werden. Die Sekundärwicklung ist mit der Zusatzwicklung, in offene Phasenschaltung, und die Primärwicklung mit der Erregerwicklung in Sternschaltung, eines Zusatzreglers gleichbedeutend. Der Drehtransformator in dieser Schaltung wird auch als Drehregler oder

Potentialregler bezeichnet. Die in der Zusatzwicklung erzeugte Spannung setzt sich mit der ankommenden Netzspannung geometrisch zu der abgehenden Netzspannung zusammen, wobei die Zusatzspannung jede beliebige Phasenlage annehmen kann. Die abgehende Netzspannung kann also gegenüber der ankommenden Netzspannung phasenverschoben sein. Die höchste (+) und die tiefste (—) Stellung des Drehreglers liegen elektrisch 180° zueinander versetzt. Bei einem vierpoligen Regler entspricht dies einer Verdrehung des Läufers mechanisch um 90°. Man kann also die abgehende Spannung stufenlos in den Grenzen des doppelten Betrages der Zusatzspannung $U_Z/\sqrt{3}$ regeln. Für den Leerlauf gilt

$$U_a \pm U_Z = U_a(1 \pm ü). \quad (V) \tag{212}$$

Die induzierte Zusatzspannung kann, von Stellung (+) aus betrachtet, zum Zwecke der Spannungsverringerung entweder im Sinn oder gegen den Sinn des Drehfeldes im Regler gedreht werden.

Um in der Primärwicklung einen möglichst geringen Strom zu erhalten, wird der Läufer des läufer- oder ständergespeisten Drehreglers zur Verringerung der Spannung mechanisch in dem Sinne verstellt, in dem sich der Läufer bei versuchsweise abgetrennter und in sich kurzgeschlossener Sekundärwicklung, bei primärer Einspeisung, mit niedriger Spannung, zu verdrehen sucht.

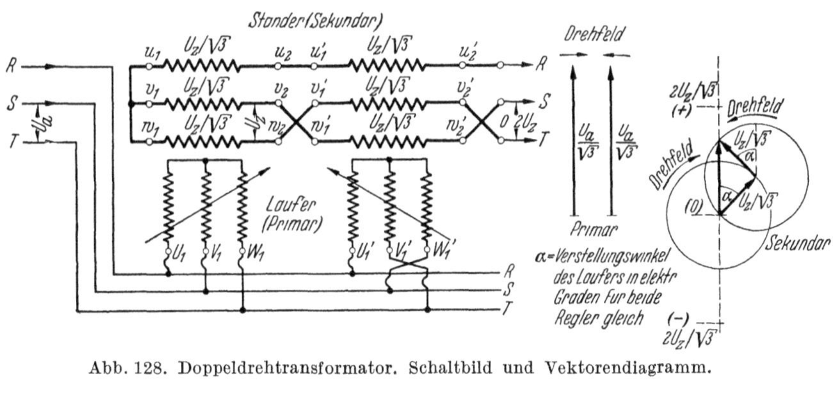

Abb. 128. Doppeldrehtransformator. Schaltbild und Vektorendiagramm.

Der in der Abbildung 126 dargestellte läufergespeiste Drehregler wird also zur Verringerung der abgehenden Spannung am günstigsten gegen sein Drehfeld gedreht. Zur Erhöhung der abgehenden Spannung wird er dagegen am günstigsten im Sinne des Drehfeldes gedreht. Dieses gilt für die Energierichtung von U_a nach U_e und für einen Leistungsfaktor, der größer als Null ist.

Die Spannungen vor und hinter dem Regler sind, wie bereits ermittelt, bei der Verstellung des Läufers phasenverschoben. Die gleiche Verschiebung besteht auch zwischen den Belastungsströmen, wenn der Erregerstrom vernachlässigt werden kann. Vor und hinter dem Regler herrscht also in diesem Falle annähernd derselbe Leistungsfaktor.

Sonst ergibt die geometrische Summe vom Belastungsstrom der Zusatzwicklung I_2 und der Erregerstrom I_e den zufließenden Strom I_1.

In Abb. 127 sind Drehregler für die Spannungsregulierung der Haupttransformatoren eines Umspannwerkes dargestellt.

c) *Doppeldrehtransformator* (Abb. 128). In manchen Fällen ist die Verdrehung der Phasenlage der Spannung unerwünscht.

Durch die Kombination zweier elektrisch und mechanisch gekuppelter Drehtransformatoren gleicher Bauart erreicht man, daß die resultierende Spannung ihrer Größe nach veränderlich ist, während ihre Phasenlage unverändert bleibt.

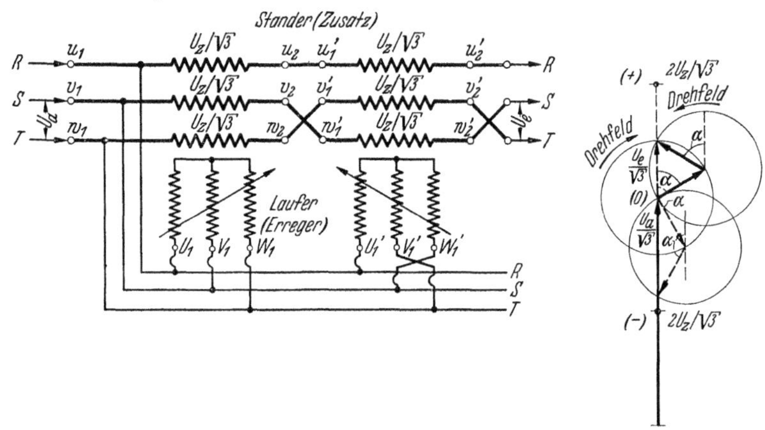

Abb. 129. Doppeldrehtransformator in Sparschaltung. Doppeldrehregler. Schaltbild und Vektorendiagramm. Stellungen fur die abgehende Spannung U_e:
(+) = hochste Stellung ($U_a + 2\,U_z$) (0) = mittlere Stellung (U_a) (—) = tiefste Stellung ($U_a - 2\,U_z$)

Die beiden Zusatzwicklungen sind in Reihe geschaltet, und der Umlaufsinn der beiden Drehfelder wird durch entsprechende Schaltung der Erregerwicklungen entgegengesetzt eingerichtet. Bei gemeinsamem Drehen — also bei gleichem Verstellungswinkel α — der beiden Läufer in gleicher Richtung bewegen sich die Zusatzspannungen in entgegengesetztem Drehsinn und setzen sich zu einer (+) bis (*0*) bis (—) veränderlichen Spannung bei unveränderter Phasenlage zusammen.

In der Abbildung sind zwei Phasen der Ständerwicklung des zweiten Drehtransformators zurückgetauscht, weil das Drehfeld in umgekehrtem Sinn umläuft und eine andere Phasenfolge an den Klemmen des Drehtransformators erzeugen würde, als beim ersten Drehtransformator dies der Fall ist.

d) *Doppeldrehtransformator in Sparschaltung* (Abb. 129). Die Anordnung des Doppeldrehtransformators zur Regulierung der abgehenden Spannung ist ähnlich wie beim Einfachdrehtransformator. Da eine Verschiebung der Phase der abgehenden gegenüber der ankommenden Spannung nicht eintritt, entspricht diese Anordnung der eines Längsreglers mit dem Regelbereich $\pm U_Z/\sqrt{3}$ je Phase.

Der Läufer übt ein Drehmoment auf die Welle des Drehtransformators aus. Das Drehmoment ist von der Läuferstellung und vom Leistungsfaktor des Belastungsstromes abhängig. Beim Doppeldrehregler heben sich die Drehmomente der gegenläufig umlaufenden Drehfelder fast auf. Die Kraft, die zum Verstellen des Läufers notwendig wird, ist bei Doppeldrehreglern deshalb bedeutend kleiner als bei Einfachdrehreglern.

Da die Drehregler als stillstehende Asynchronmaschinen zu behandeln sind, müssen sie durch einen motorisch angetriebenen Ventilator luftgekühlt werden. Bei kleiner Typenleistung wendet man auch Ölselbstkühlung an.

In Abb. 130 ist ein Doppeldrehregler dargestellt.

Abb. 130. Doppeldrehregler für Spannungskonstanthaltung, Spannungsregelung und Phasenregelung mit Antriebsmotor. Fabrikat: Siemens-Schuckertwerke.

G. Kurzschlußdrosselspulen (*KDr*).

Kurzschlußdrosselspulen werden stets ohne Eisenkern — zwecks Vermeidung von Sättigungserscheinungen — ausgeführt. Die induktive Gegenspannung ist mit der Durchflutung proportional. Die Spannungsstromcharakteristik verläuft deshalb geradlinig. Die Rektanz $X = \omega L$ ist konstant. Diese Luftdrosselspulen werden im Zuge der Leitungen geschaltet und dienen zur Kurzschlußstrombegrenzung. Ist die Induktivität L in Millihenry gegeben, so ist die Reaktanz[1]

$$X = \frac{\omega L}{1000} \quad \text{(Ohm)}, \tag{213}$$

und die Spannung bei Nenndurchgangsstrom I_N an der Drossel ist

$$U_x/\sqrt{3} = I_N X \quad \text{Volt je Phase}. \tag{214}$$

Die Reaktanzspannung in Prozent wird somit

$$u_x = \frac{I_N X 100}{U_N/\sqrt{3}} \quad (\%), \tag{215}$$

wobei U_N die Nennspannung bedeutet.

Bei einem Phasenwinkel φ zwischen Durchgangsstrom und Nennspannung ist der prozentuale angenäherte Spannungsverlust

$$u_\varphi = \frac{\sqrt{3}\, I_N X}{10\, U_N} \sin\varphi \quad (\%), \tag{216}$$

wobei U_N in kV einzusetzen ist.

[1] Bei $f = 50$ ist $\omega = 2\pi f = 314$.

In Abb. 131 sind die Spannungsverluste für den normalen Betrieb für verschiedene Leistungsfaktoren und prozentuale Reaktanzen u_x dargestellt.

Die Eigenleistung einer Drossel ist $I_N^2 X$ und für den Drehstromsatz

$$N_E = \frac{3 I_N^2 X}{1000} \quad \text{(kVar)}. \tag{217}$$

Diese Blindlast ist von der Stromquelle zu liefern. Die Drosselspulen verschlechtern somit den Leistungsfaktor des Netzes.

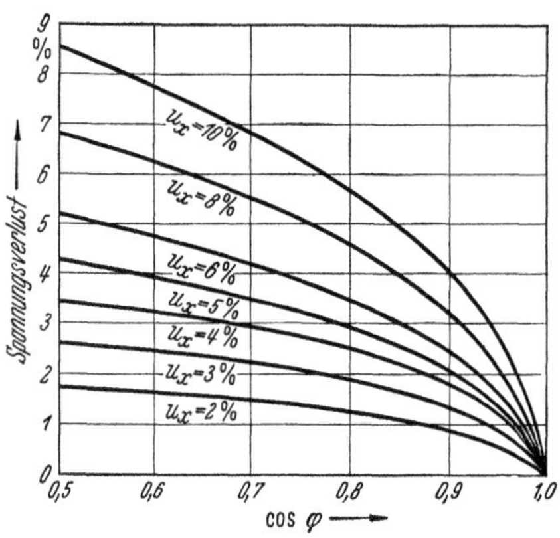

Abb. 131. Spannungsverlust der Kurzschlußdrosselspulen in Abhangigkeit vom Leistungsfaktor des Durchgangsstromes.

Die Wirkverluste der Kurzschlußdrosselspulen betragen ungefähr 2 bis 5% in kW der kVar-Eigenleistung.

Der Dauerkurzschlußstrom einer dreiphasigen Drosselspule bei Anlegung der vollen Netzspannung und bei Kurzschließung aller drei Phasen hinter der Drosselspule ist

$$I_K = I_N \frac{100}{u_x} \quad \text{(A)}. \tag{218}$$

In Abb. 132 sind die ohmschen und induktiven Gegenspannungen für Kurzschlußdrosselspulen bei normalem Betrieb und im Falle eines Kurzschlusses dargestellt. Beispiel:

$$U_N = 6000 \text{ V}, \qquad X = 0{,}5 \text{ Ohm}, \qquad I_N = 350 \text{ A},$$

dann ist $u_x = 5\,\%$, $N_E = 184$ kVar, $I_K = 7000$ A,

$U_x/\sqrt{3} = 175$ V. Der Wirkwiderstand beträgt etwa 0,0089 Ohm je Phase.

Die Erwärmung von Kurzschlußdrosselspulen bei Kurzschluß unmittelbar hinter der Spule darf 180° C über Umgebungstemperatur nach DIN 57532 nicht überschreiten.

Die Messung dieser Erwärmung ist direkt nicht möglich; sie wird in folgender Weise rechnerisch festgestellt. Es ist

$$\vartheta_g = \vartheta_r + a\,\delta^2\,t \quad (°\text{C}) \tag{219}$$

hierbei bedeuten

ϑ_g die Erwärmung, im Höchstfalle 180° C (Grenzerwarmung),
ϑ_r die Erwärmung im Dauerbetrieb mit Nennlast I_N aus Widerstandszunahme im Dauerbetrieb errechnet (Beharrungsubertemperatur),
a 0,008 fur Cu und 0,018 für Al,
δ die Stromdichte in A/mm² bei Dauerkurzschlußstrom I_K,
t die Dauer des Kurzschlusses in Sekunden.

Nach Ermittlung der Beharrungsübertemperatur ϑ_r durch einen Dauerbelastungsversuch läßt sich die Erwärmung für verschiedene Kurzschlußzeiten hiernach berechnen.

Die Kurzschlußdrosselspulen müssen den ihrer prozentualen Reaktanzspannung entsprechenden Dauerkurzschlußstrom, I_K jedoch höchstens den 20fachen Nennstrom während längstens 6 sec, aushalten.

Werden die drei Spulen eines dreiphasigen Drosselspulensatzes übereinander angeordnet, und haben die Spulen gleichen Wickelsinn, so wird durch die gegenseitige Induktion in allen Spulen die Reaktanzwirkung, für den Fall eines Kurzschlusses, stark geschwächt. Durch die entstehende geometrische Addition der Kraftfelder bei 120° Phasenverschiebung werden zusätzliche mechanische Kräfte zwischen den

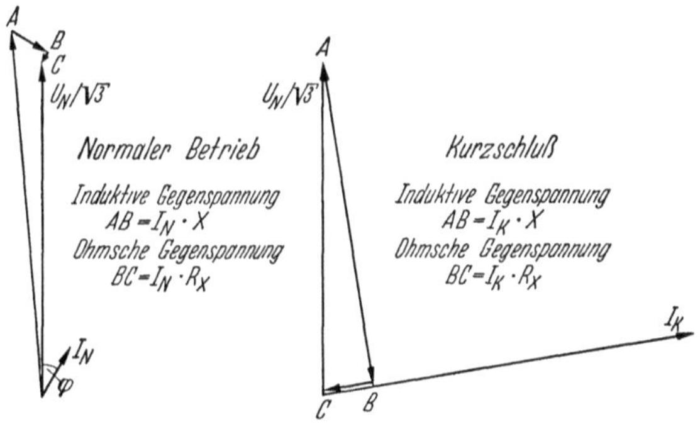

Abb. 132. Gegenspannungen einer Kurzschlußdrosselspule.

Spulen und zusätzliche Verluste verursacht. Um dieses zu vermeiden, wird der Anschluß der mittleren Phase mit Eingang und Ausgang vertauscht.

Die vom Kurzschlußstrom durchflossene Spule wird von starken magnetischen Kraftfeldern umgeben. Es dürfen sich deshalb in der Nähe der Kurzschlußdrosselspulen keine Eisenteile befinden, da sie entweder stark erwärmt oder in die Spulen hineingezogen werden können.

Die Wicklungen der Kurzschlußdrosselspulen sind gut zu isolieren. Blanke Spulen sind für Hochspannungsanlagen ungeeignet.

In Abb. 133 ist eine dreiphasige Kurzschlußdrosselspule dargestellt.

H. Kompensationsspulen (*Komp.Dr*).

a) *Nebenschluß- oder Querdrosselspulen.* Nebenschluß- oder Querdrosselspulen werden mit schwach gesättigtem Eisenkern gebaut. Sie nehmen nacheilenden Blindstrom auf und dienen zur Kompensation des kapazitiven Betriebsladestromes von Leitungen. Sie sind als induktiver Stromverbraucher bei der Berechnung von Leitungen zu berücksichtigen.

Wenn die Leistung bei der Spannung U_N gleich N_E kVar ist, kann sie innerhalb der praktisch zulässigen Grenzen von $\pm 10\%$ bei der Spannung U'_N gesetzt werden

$$N'_E = \left(\frac{U'_N}{U_N}\right)^2 N_E \quad \text{(kVar)}. \tag{220}$$

Abb 133 Kurzschlußstrombegrenzungs-Drosselspule (Luftdrossel) Netzspannung 6000 V, Nennstrom 3 × 400 A, Nennspannung 3 × 200 V, Reaktanz 5,78%, 0,5 Ohm, Betriebsart DB. Kuhlungsart TS Dauerkurzschlußstrom 7000 A 10 Sek Leiterquerschnitt 267 mm² Obere Spule 0,00757, mittlere 0,00715, untere 0,00767 Ohm Die Distanzstucke zwischen den Wicklungsscheiben sind aus Steatit, zwischen den Wicklungsabteilungen aus Porzellan Die Spannbolzen sind aus Hartpapier Es werden aber auch solche aus unmagnetischem Eisen oder bei Einphasendrosseln aus Porzellanrohren hergestellt Die Zuleitungen in den Zellen mussen radial herangefuhrt und gut abgestutzt werden Die Schrauben in den Anschlussen sind zu sichern Um Spritzfeuer bei Kurzschlussen zu verhuten, empfiehlt es sich, die blanken Anschlusse mit Isolierband einzubandeln

Mit Vorteil werden diese Kompensationsdrosselspulen an die Tertiarwicklungen der Transformatoren dreiphasig angeschlossen. Die Tertiarwicklung verhalt sich gegenüber der dreiphasigen Drosselspule als eine in Dreieck geschaltete Arbeitswicklung. Man spart hierdurch bei Hochstspannungsanlagen an der Isolation der Drosselspulen, weil sie für niedrigere Spannung bemessen werden konnen als dies bei direkten Anschluß an Leitungen der Fall ist.

b) *Erdschlußspulen nach* PETERSEN. Erdschluß- (Losch-) Spulen dienen zur Kompensierung des Erdschlußstromes (Loschung des Lichtbogens) an der Erdschlußstelle beim Auftreten eines Erdschlusses im Netz. Hierdurch wird eine Störung des Betriebes weitgehendst vermieden und Überspannungsgefahr, als Folge von intermittierenden Erdschlußlichtbögen, unterdrückt. Sicherer Betrieb ausgedehnter Netze ist ohne Loschspulen nicht möglich, wenn Sternpunkt nicht starr oder nicht uber Widerstände geerdet ist. Erdschlußspulen müssen zur Vermeidung von Resonanzerscheinungen mit möglichst hoher magnetischer Sattigung im Eisenkern arbeiten, damit beim Überschreiten der normalen Spannung das Knie der Magnetisierungskurve schneller erreicht wird, wodurch die Resonanzspannung nur unwesentlich großer als die normale Sternspannung werden kann.

Die normale Ausführung der Erdschlußspulen ist aus der Einphasenkerntype der Transformatoren entwickelt worden. Beide Kerne sind bewickelt und mit zahlreichen Luftspalten versehen. Die Erdschlußspule wird durch Veranderung der Luftspalte auf eine bestimmte Stromstärke fur die Nennsternspannung des Netzes eingestellt.

Es gibt auch Erdschlußspulen mit Anzapfungen fur verschiedene Stromstarken. Dabei sind die Spulen so eingerichtet, daß sie bei allen einstellbaren Stromstarken mit hoher magnetischer Sattigung arbeiten.

I. Beanspruchung, Schaltverfahren und konstruktiver Aufbau der Laststufenwähler und Lastschalter.

Beim Umschaltvorgang der Laststufenwähler und Lastschalter treten, wie bereits am Anfang ermittelt, mechanische und elektrische Beanspruchungen auf.

Im einzelnen sind bei Sprunglastschaltern vorwiegend an den Schaltfedern und an den Kontakten des beweglichen Systems starke mechanische Belastungen vorhanden. Durch ungeeignetes Material oder durch mangelhafte Konstruktion können während des Betriebes die gefürchteten Federbrüche oder Kontaktbrüche eintreten. Bei Lauflastschalter treten die mechanischen Beanspruchungen hauptsächlich an der Befestigung zwischen Welle und Schaltmesser und an den feststehenden Einschaltkontakten auf. Bei zu schwach ausgelegten Vorrichtungen können Keile und Stifte sowie die Isolatoren der feststehenden Kontakte, beim Einfahren des Schaltmessers, abgeschert werden. Bei Laststufenwahler sind es die Schaltpatronen und Schaltstifte, die hohen Beanspruchungen unterworfen sind.

Die elektrischen Beanspruchungen sind erstens durch die betriebsmaßige Spannung am Laststufenwähler oder am Lastschalter eine ständige und zweitens durch den während des Überschaltvorganges entstehenden Lichtbogenstrom und der nachfolgenden Spannung eine nur kurzzeitige. Fur die Spannungsbeanspruchung muß die Isolation ausreichend bemessen sein, wobei zu bedenken ist, daß der Schalter lange Zeit hindurch im verrußten Öl einwandfrei arbeiten muß. Bei Sternpunktregelung wirkt es günstig, daß infolge der Verlegung der Sternpunktverbindung von Anzapfung zu Anzapfung bei der Regelung zwischen den einzelnen Phasen des Lastschalters nur die verkettete Stufenspannung auftritt, wogegen alle bisher beanspruchten Isolierstrecken von unverrußtem Öl umgeben werden. Die höchste und kurzzeitige Beanspruchung der Lastschalter und Laststufenwähler tritt bei Überschaltung des Laststromes, von einer Anzapfung zur anderen Anzapfung, und bei Unterbrechung des Kurzschluß- bzw. Ausgleichstromes, zwischen den beiden Anzapfungen, auf. Die hierbei entstehenden Lichtbögen verursachen den Abbrand an den Kontakten und die unangenehme Ölverrußung sowie die Entstehung von Schaltgasen. Schließlich sind noch Beanspruchungen durch den Kurzschlußstrom zu verzeichnen. Die Kontaktanordnungen müssen so konstruiert werden, daß die anziehenden die abhebenden Stromkräfte überwiegen und folglich eine Verstärkung des Kontaktdruckes im Falle eines Kurzschlusses herbeigeführt wird. Die Verhältnisse beim Schalten im Kurzschluß sind bereits früher behandelt worden.

Für einen ungestörten und dauerhaften Betrieb der Lastschalter und Laststufenwähler sind folgende Bedingungen zu stellen:

größtmögliche Betriebssicherheit,

trotz großer Schalthäufigkeit (etwa 25 bis 50 Schaltungen pro Tag) geringer Verschleiß,

günstige Spannungsabsenkungen während des Überschaltens,

geringe Abnutzung der Kontakte durch den Lichtbogen,

geringe Ölverrußung,

große Spannungs- und Kurzschlußsicherheit,

einmalige Revision im Jahr nach etwa 10000 bis 20000 Schaltungen.

Durch zweckmäßige stabile Konstruktion des Schalters, durch Verwendung von hochwertigem Material, durch Anwendung von günstigen Schaltverfahren und durch richtige Bemessung der elektrischen und mechanischen Größen können die gestellten Forderungen weitgehendst erfüllt werden. Dieses wird erforderlich, damit die Schaltungen der Reglereinrichtungen unter den summarisch wirkenden Beanspruchungen einwandfrei und ohne Beanstandungen durchgeführt werden können.

Die Spannungsabsenkungen, die während des Überschaltens auftreten, werden durch das Spannungsdiagramm festgestellt. Die Eignung

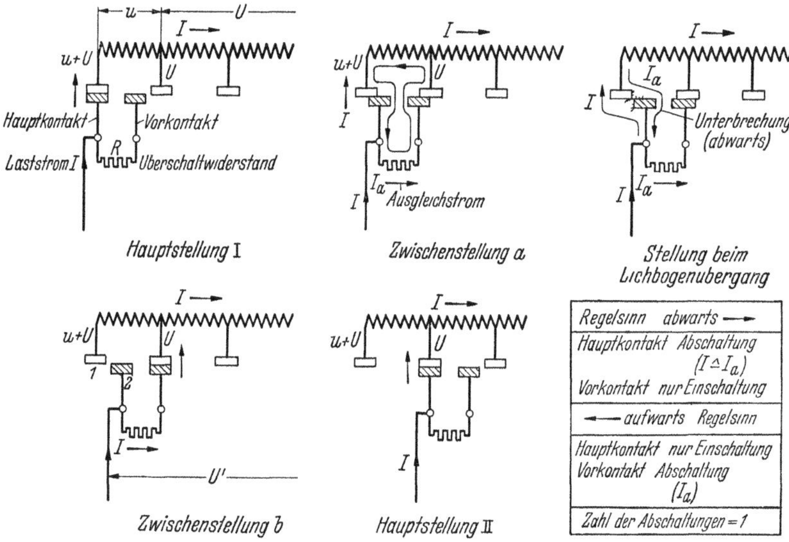

Abb. 134. Unsymmetrischer Laststufenwähler. Energierichtung Strom fließt vom Kontakt zur Wicklung. Schaltfolgeschema bei einseitigem Überschaltwiderstand.

eines Schaltverfahrens läßt sich daraus leicht ermitteln. Hierüber wurde bereits am Anfang gesprochen.

Die Kontaktabnutzung und die Ölverrußung sind gemeinsam von der Stärke des Lichtbogenstromes und von der Anzahl und Zeitdauer der Abschaltungen, die während eines Überschaltens auftreten, abhängig. Die Zeitdauer des ganzen Umschaltvorganges an Lastschaltern bewegt sich zwischen $^1/_{10}$ bis $^1/_{30}$ Sekunden. Der Lichtbogenstrom fließt also nur eine kurze Zeit. Hierüber ist ebenfalls oben berichtet worden. Für die nähere Untersuchung verschiedener Schaltverfahren ist also noch die Ermittlung der Stärke des Lichtbogenstromes bzw. der Abschaltleistung und die Anzahl der Abschaltungen notwendig.

Das Schaltfolgeschema der Überschaltung gibt über diese Verhältnisse Auskunft und gestattet, die elektrische Brauchbarkeit eines Schaltverfahrens näher zu beurteilen. Zieht man noch das Vektorendiagramm der Spannungen und Ströme am Lastschalter heran, so gewinnt die Beurteilung eine weitere wesentliche Unterstützung. Gleichzeitig soll im folgenden bei der Untersuchung einzelner Anordnungen der elektrisch-mechanische Aufbau behandelt werden, wobei jedoch nur die Widerstandschnellschaltung (System JANSEN) Berücksichtigung findet.

1. Der unsymmetrische Laststufenwähler. In Abb. 134 ist das Schaltfolgeschema eines unsymmetrischen Lastwählers dargestellt. Die Richtung der Energie ist durch den Laststrom I, der vom Hauptkontakt zur Wicklung fließt, gegeben. In den Hauptstellungen I und II ist der Hauptkontakt direkt mit der jeweiligen Anzapfung verbunden. In der Zwischenstellung a fließt der Laststrom I über den Hauptkontakt und den Ausgleichstrom I_a, der über den Vorkontakt eingeschaltet wurde, über den Widerstand. Der Ausgleichstrom I_a ist unabhängig von der Energierichtung. Er fließt stets unverändert von der höheren zur niedrigeren Anzapfung. In der Zwischenstellung b ist der Kontakt allein angeschlossen, der Widerstand wird vom Laststrom durchflossen. Zwischen a und b ist in der Abbildung der Augenblick festgehalten, in dem der Hauptkontakt abgetrennt wird. Die Ströme I und I_a sind entgegengesetzt gerichtet. Über den entstehenden Lichtbogen fließt die geometrische Differenz des Last- und Ausgleichstromes.

Der Ausgleichstrom ist

$$I_a = \frac{u}{R} \quad (\mathrm{A}) \tag{221}$$

und der zu unterbrechende Lichtbogenstrom beträgt

$$I_{LB} = I \mathbin{\hat{-}} I_a \quad (\mathrm{A}). \tag{222}$$

Nach der Unterbrechung fließt unmittelbar der Laststrom über den Widerstand, und zwar in gleicher Richtung, wie der Ausgleichstrom geflossen ist. Die zwischen den geöffneten Kontakten entstehende Spannungsdifferenz, die nachfolgende Spannung U_n, ergibt sich aus der Spannung am Widerstand und der Stufenspannung u. Erstere ist der negative Spannungsverlust, der vom Laststrom I erzeugt wird. Es ist daher

$$U_n = I\,R \mathbin{\hat{-}} u \quad (\mathrm{V}) \tag{223}$$

und mit Gl. (221) wird

$$U_n = R(I \mathbin{\hat{-}} I_a) \quad (\mathrm{V}) \tag{224}$$

woraus zu ersehen ist, daß die nachfolgende Spannung U_n in Phase mit dem Lichtbogenstrom I_{LB} ist. Der Nulldurchgang von U_n fällt mit dem Nulldurchgang von I_{LB} zusammen, was für die Lichtbogenlöschung günstig ist. Nach dem Augenblick des Stromnulldurchganges kehrt eine Spannung wieder, sobald die Kontakte sich getrennt haben, die zum Neuzünden des Lichtbogens nicht ausreicht.

Während eines Umschaltvorganges wird hier nur eine einmalige Abschaltung erforderlich. Die Phasenverschiebung des Laststromes zur Netzspannung beeinflußt die Größe und Richtung des Lichtbogenstromes. Unabhängig von der Phasenverschiebung das Laststromes sind aber U_n und I_{LB} bei allen Schaltvorgängen stets in Phase. In Abbildung 135 unter a ist das Vektorendiagramm für Nennlaststrom I_N für das in Abb. 134 dargestellte Schaltfolgeschema dargestellt.

Kehrt die Richtung der Energie um und wird an der Schaltung des Widerstandes nichts geandert, so ergibt sich hierfür das Vektorendiagramm Abb. 135 unter b. Der Laststrom fließt jetzt von der Wicklung zum Hauptkontakt. Die Strome I und I_a haben gleiche Richtung. Über den entstehenden Lichtbogen fließt die geometrische Summe des Last- und Ausgleichstromes.

$$I_{LB} = -I \triangleq I_a = -(I \mathbin{\hat{+}} I_a) \quad (A) \tag{225}$$

Die nachfolgende Spannung wird hier, genau wie bereits oben beschrieben, gebildet, und es wird

$$U_n = -R(I \mathbin{\hat{+}} I_a) \quad (V) \tag{226}$$

Während die nachfolgende Spannung, im Diagramm der Unterschied

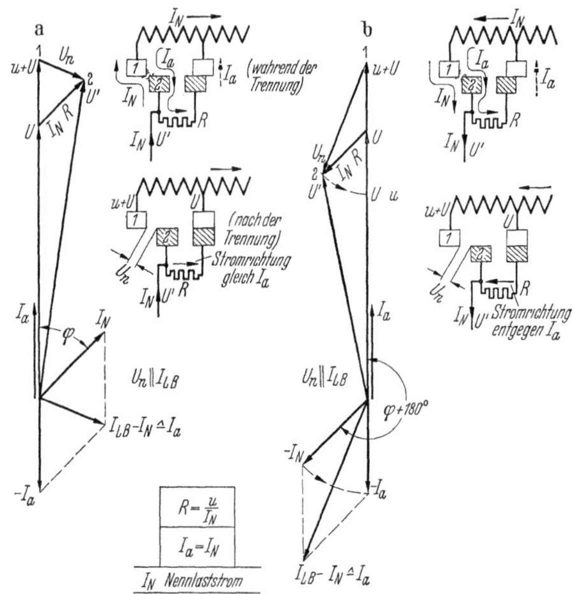

Abb. 135. Unsymmetrischer Laststufenwahler. Lichtbogenstrom I_{LB} und nachfolgende Spannung U_n bei verschiedenen Energierichtungen und bei unverandertem Anschluß des Überschaltwiderstandes R. a Richtiger Anschluß fur die eingezeichnete Stromrichtung. Widerstand zeigt zu abnehmender Seite der Spannung. b Falscher Anschluß fur die eingezeichnete Stromrichtung Widerstand mußte zur ansteigenden Seite der Spannung zeigen

zwischen $1 = u + U$ und $2 = U'$, bei richtiger Lage des Widerstandes im Verhaltnis klein ist, wird sie bei Umkehrung der Energierichtung bedeutend größer. Ebenfalls wird auch der Lichtbogenstrom stärker. Starkes Feuern und starke Abbrände an den Schaltkontakten sind dann die Folgen. Weiterhin schwankt die Spannung von $u + U$ auf U' und dann auf U zu stark, wodurch die Regulierung ungunstig wird. Bei richtiger Lage des Widerstandes sind diese Verhältnisse auch viel günstiger. Die Spannungsabsenkungen während des Überschaltens bleiben innerhalb der Stufenspannung, wenn der Wert des Widerstandes zu

$$R = \frac{u}{I_N} \quad \text{(Ohm)} \tag{227}$$

gewählt wird. Hierdurch wird I_a nach Gl. (221) stets I_N, und der Spannungsverlust $I \cdot R$ kann höchstens bis u ansteigen.

Man erkennt nach diesen kurzen Untersuchungen den wesentlichen Einfluß der Schaltung und der Bemessung für die vorteilhafte Arbeitsweise des Laststufenwählers.

Damit nun bei geänderter Energierichtung wieder günstige Verhältnisse eintreten und das Diagramm in Abb. 135 unter a gültig wird,

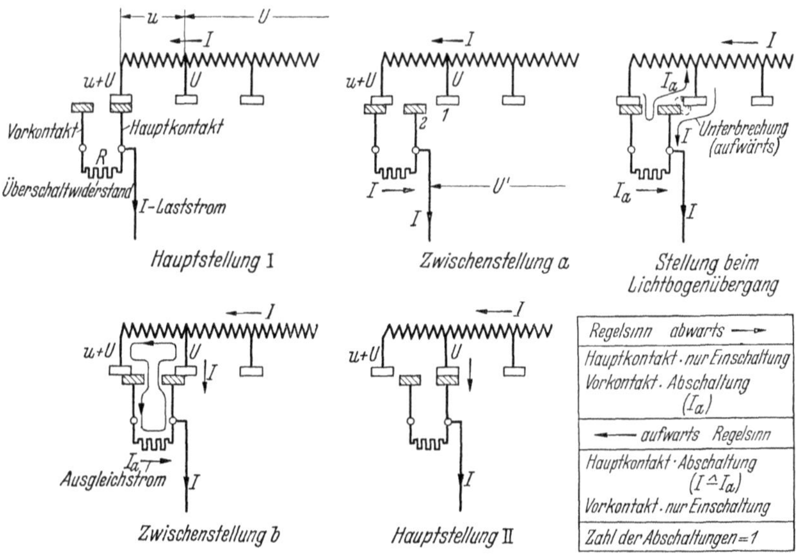

Abb. 136. Unsymmetrischer Laststufenwähler. Energierichtung: Strom fließt von Wicklung zum Kontakt. Schaltfolgeschema bei einseitigem Überschaltwiderstand.

muß die Schaltung des Widerstandes nach Abb. 136 vorgenommen werden.

Aus den Vektorendiagrammen ergibt sich, daß bei $\varphi = 0°$ der Laststrom bei a um $180°$ gegenüber dem Ausgleichstrom verschoben ist. Bei Nennlaststrom wird deshalb, in diesem Fall, der Lichtbogenstrom gleich Null. Die Stufenspannung wird durch den Spannungsverlust $I_N \cdot R$ im Widerstand aufgehoben, es tritt keine nachfolgende Spannung auf. Die Unterbrechung erfolgt bei diesem präzisen Fall also ohne Lichtbogen, und es entsteht kein Abbrand an den Kontakten. Dagegen fällt der Laststrom bei $\varphi = 0°$ bei b in Phase mit dem Ausgleichstrom. Bei Nennlaststrom wird der Lichtbogenstrom doppelt so groß wie der Ausgleichstrom und die nachfolgende Spannung doppelt so groß wie die Stufenspannung.

Zusammenfassend ergibt sich, daß die am Anfang gestellten Bedingungen durch zwei Maßnahmen, nämlich erstens durch die Bemessung des Widerstandes nach Gl. (227) und zweitens durch die Schaltung des Widerstandes relativ zur Richtung des Laststromes, und zwar derart, daß dieser den Widerstand im gleichen Sinne durchfließt wie der Ausgleichstrom, erfüllt werden können. Für die richtige Schaltung des Widerstandes gilt folgende Regel. Fließt der Laststrom über die Kontaktbahn zur Wicklung, so liegt der Vorkontakt in Richtung der abnehmenden Spannung der Wicklung. Fließt er aber aus der Wicklung zur Kontaktbahn, so liegt der Vorkontakt in Richtung der ansteigenden Spannung der Wicklung.

Findet die Regelung im Sternpunkt statt, so gilt diese Regel auch, doch ergeben sich hierbei umgekehrte Energierichtungen (Abb. 137).

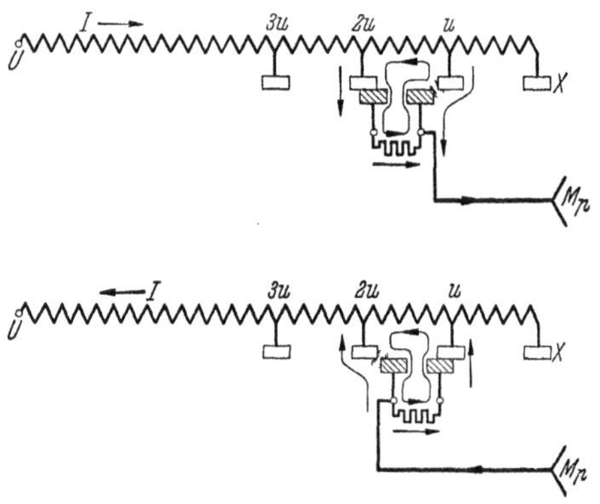

Abb. 137. Unsymmetrischer Laststufenwähler. Anordnung des Überschaltwiderstandes bei Regelung im Sternpunkt.

2. Der symmetrische Laststufenwähler. Wird ein Regler zwischen zwei Netze, die eigene Erzeugung oder Speisung haben, geschaltet, und wird die Richtung der Energie gewechselt, so kann der unsymmetrische Laststufenwähler nur für eine Energierichtung günstig arbeiten. In der anderen Energierichtung macht sich ein starker Abbrand an den Kontakten bemerkbar. Für wechselnde Energierichtung ist die Anordnung von zwei Widerständen zu beiden Seiten des Hauptkontaktes erforderlich. Die Zusammenfügung von zwei einseitig angeordneten Widerständen ergibt den in Abb. 65 dargestellten symmetrischen Laststufenwähler. Das Schaltverfahren ist auf S. 93 unter e beschrieben.

Für größere Leistungen wurde früher der symmetrische Lastwähler nach Abb. 64 von der Firma Voigt und Haeffner AG., Franfurt/Main, ausgeführt. Den konstruktiven Aufbau zeigt Abb. 138 und Abb. 139. Das Schaltfolgeschema ist in Abb. 150 dargestellt.

3. Der einfache Sprunglastschalter. Der Aufbau der Lastschalter ist allgemein, entsprechend der hin und her gehenden Bewegung des Sprungsystems, symmetrisch konstruiert, wodurch zwangsläufig die beiderseitige, ebenfalls symmetrische, Anordnung der Überschaltwiderstände herbeigeführt wird. Bei Sprunglastschaltern mit vier oder acht Kontakten ist die symmetrische Anordnung der Widerstände auch unbedingt erforderlich, da sonst beim Fehlen eines Widerstandes die Öffnung des Laststromkreises während des Umschaltvorganges eintreten würde. Eine Ausnahme macht der Sprunglastschalter mit drei Kontakten, wo eine einseitige Anordnung des Überschaltwiderstandes möglich ist.

Die Bewegungsrichtung des Sprungsystems mit den beweglichen Kontakten ist unabhängig davon, ob die Regelung abwärts oder aufwärts erfolgt, denn nur die Drehrichtung der Stufenwähler hat hierauf Einfluß. Das Sprungsystem vollführt bei der Schaltung von Stufe zu Stufe immer dieselbe Bewegung von einer in die andere Hauptstellung.

Die elektrische Beanspruchung des Sprungslastschalters ist dagegen bei Abwärts- und Aufwärtsregelung verschieden, vorausgesetzt, daß der Leistungsfaktor des Laststromes sich in üblichen Grenzen bewegt. Die Richtung der Energie bestimmt es dann, bei welchem Regelsinn die höhere abzuschaltende Leistung auftritt.

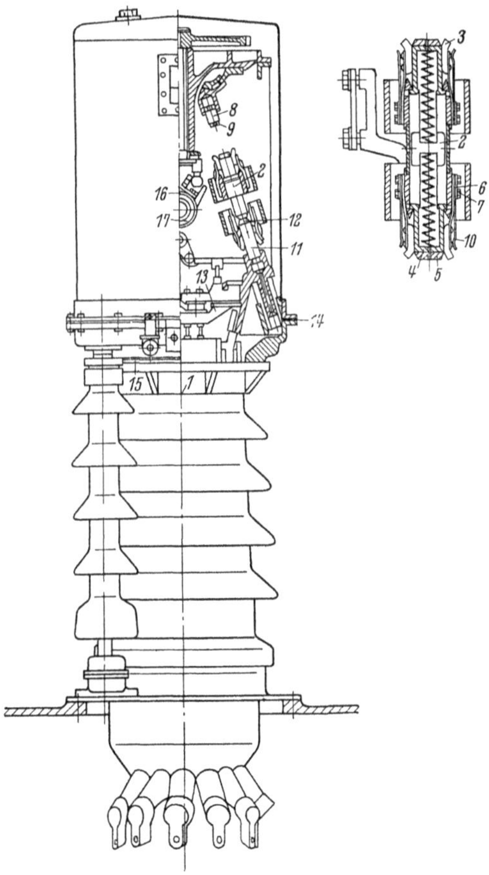

Abb. 138. Symmetrischer Laststufenwähler. Konstruktiver Aufbau. Fabrikat Voigt & Haeffner AG. Schnitt durch ein Regelschalterpol. Bezeichnungen: *1* Regelschalterpol, *2* Schaltpatronen, *3* Kontakt, *4* Vorkontakt ohne Abreißer, *5* mit Abreißer, *6* Sicherung, *7* Schrauben, *8* Kontaktstift ohne Abreißer, *9* mit Abreißer, *10* Blattfeder, *11* Kontaktstift ohne Abreißer, *12* mit Abreißer, *13* Schaltbürste, *14* Dichtungen, *15* Dichtungen, *16* Überschaltwiderstände, *17* Schaltfeder.

In Abb. 140 ist das Schaltfolgeschema dargestellt, woraus die Beanspruchung des Sprunglastschalters in einfacher, normaler Schaltung, wie in Abb. 60 angegeben, zu entnehmen ist. An den Hauptkontakten ist abzuschalten der Laststrom I mit der nachfolgenden Spannung U_n gleich der Spannung am Widerstand bzw. dem negativen Spannungsverlust $I\,R$, der vom Laststrom in einem Widerstandszweig hervorgerufen wird. An den Vorkontakten ist abzuschalten der halbe Laststrom $I/2 \hat{\pm}$ (je nach Regelsinn abwärts oder aufwärts) Ausgleichstrom I_a mit der nachfolgenden Spannung U_n gleich der geometrischen Summe oder Differenz, je nach Regelsinn abwärts oder aufwärts, aus der Stufenspannung u und der Spannung am Widerstand bzw. dem negativen Spannungsverlust, der vom Laststrom in einem Widerstandszweig hervorgerufen wird. Also für den ersten Fall $U_n = u \hat{\mp} I\,R$ gleich Spannung zwischen U''' und $u + U$ und für den zweiten Fall $-U_n = u \hat{-} I\,R$ gleich Spannung zwischen U' und U. Siehe hierzu das Vektorendiagramm in Abb. 140, woraus auch für den ersten Fall hervorgeht, daß $I_{LB} = I_2$ und U_n in Phase liegen. Analog liegt für den zweiten Fall $I_{LB} = I_1$ mit $-U_n$ in Phase. Während einer Umschaltung wird hier eine zweimalige Stromunterbrechung durchgeführt. Der Lichtbogenstrom an den Hauptkontakten beträgt 100% vom Laststrom.

Die Abschaltleistung ist allgemein

$$N_a = I_{LB}\, U_n \quad \text{(VA)} \tag{228}$$

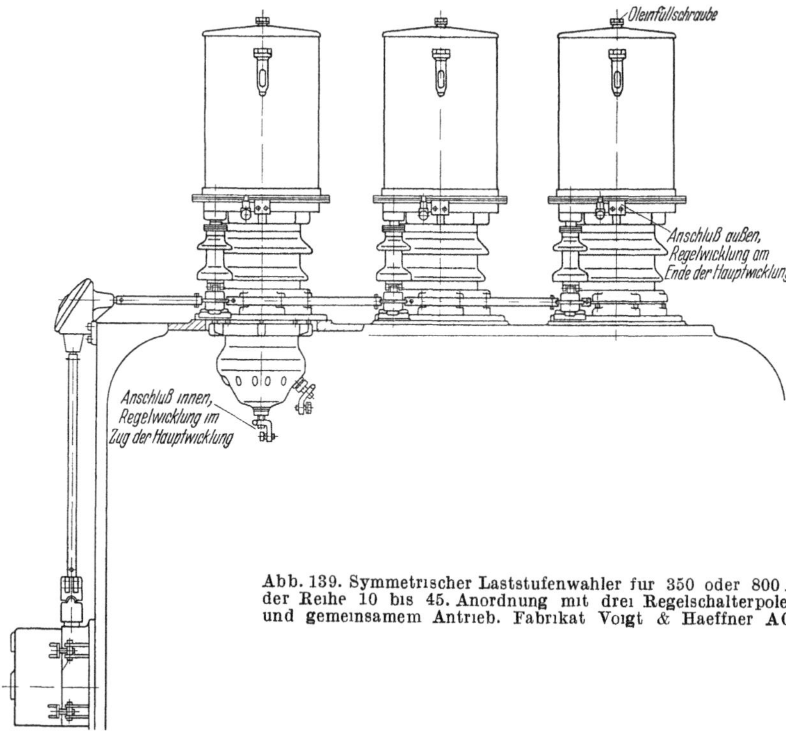

Abb. 139. Symmetrischer Laststufenwahler fur 350 oder 800 A der Reihe 10 bis 45. Anordnung mit drei Regelschalterpolen und gemeinsamem Antrieb. Fabrikat Voigt & Haeffner AG.

und am Vorkontakt bei $\cos\varphi = 1$ wird maximal für die eingezeichnete Energierichtung bei Abwärtsregelung:

$$N_a = u\left(\frac{I}{2} + I_a\right) + R\left(\frac{I^2}{2} + I\, I_a\right) \quad \text{(VA)} \tag{229}$$

weil bei $\varphi = 0$ die Addition arithmetisch erfolgt.

Für $K = 1$ sind für Sprunglastschalter $R = u/I_N$ und $I_a = I_N/2$, folglich die Abschaltleistung bei Nennlast

$$N_a = 2\, u\, I_N \quad \text{(VA)}. \tag{230}$$

Bei Nennlast und $\cos\varphi = 1$ muß also der Lichtbogenstrom $I_{LB} = I_N$ mit der doppelten Stufenspannung am Vorkontakt abgeschaltet werden. Vergleiche hierzu auch das Vektorendiagramm Abb. 68 für Sprunglastschalter. Der Vorkontakt bei Sprunglastschaltern wird oft auch mit Widerstandskontakt bezeichnet.

Die Abschaltleistung am Hauptkontakt ist

$$N_a = I_N^2 R = u I_N \quad (\mathrm{VA}) \tag{231}$$

also halb so groß wie am Vorkontakt.

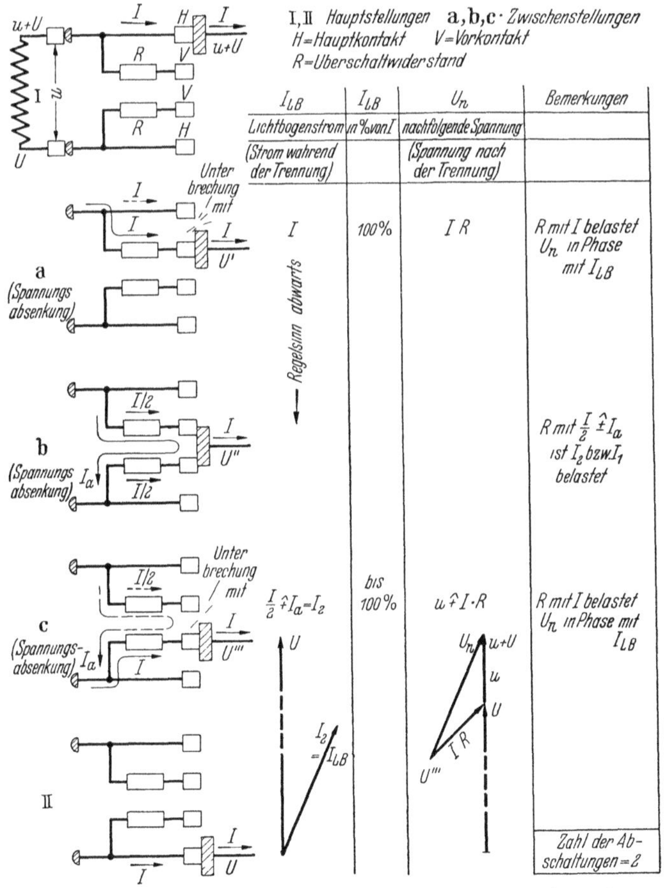

Abb. 140. Beanspruchungen der Lastschalter beim Umschalten. Schaltfolgeschema Sprunglastschalter in normaler Schaltung nach Abb. 60. Der einfache Sprunglastschalter.

Bei Leerlauf ist der Laststrom gleich Null, und es haben also nur die Vorkontakte den Ausgleichstrom mit der Stufenspannung abzuschalten ($N_a = u I_a$). Liegt die Regeleinrichtung auf der primären Seite des Transformators, so fließt noch der geringe Leerlaufstrom durch den Lastschalter.

Das Schaltfolgeschema gilt auch für Lauflastschalter nach Abb. 59. Die Gleichungen für die Abschaltleistung gelten für $\cos\varphi = 0$ und $Z = \omega L$.

In der mittleren Zwischenstellung b gabelt sich der Laststrom. Der Teilstrom im oberen Widerstand fließt in Richtung des Ausgleichstromes im unteren Widerstand in entgegengesetzter Richtung. Bei Abwärtsregelung wird der Summenstrom, im oberen Widerstand fließend, abgeschaltet (Zwischenstellung c) und der Differenzstrom, im unteren Widerstand fließend, eingeschaltet (mittlere Zwischenstellung b). Kehrt die Richtung der Energie um, d. h. der Laststrom fließt im vorliegenden Falle vom Kontakt zur Wicklung, dann wird die Zusammensetzung der Ströme in den Widerständen umgekehrt. Bei Aufwärtsregelung wird jetzt der Summenstrom im unteren Widerstand abgeschaltet, während vorher bei Aufwärtsregelung nur eine Einschaltung des Summenstromes im oberen Widerstand zu erfolgen brauchte. Die Energierichtung bestimmt somit, bei welchem Regelsinn die höhere Abschaltleistung an den Vorkontakten erforderlich wird. Die Abschaltleistung an den Hauptkontakten wird dagegen von der Energierichtung nicht beeinflußt. In Abbildung 141 ist das Vektorendiagramm der Ströme und Spannungen am Sprunglastschalter für Abwärts- und Aufwärtsregelung bei Nennlast dargestellt. Mit zunehmender Phasenverschiebung des Laststromes I_N wird der Unterschied zwischen den Strömen I_2 und I_1 immer kleiner, bis schließlich im Grenzfall $\varphi = 90°$ sie gleich werden, $I_2 = I_1$. Die Änderung der Energierichtung, im Diagramm: Drehung des Stromvektors I_N um 180°, bleibt in diesem Falle ohne Einfluß. Die abzuschaltenden Leistungen sind bei Abwärts- und Aufwärtsregelung gleich.

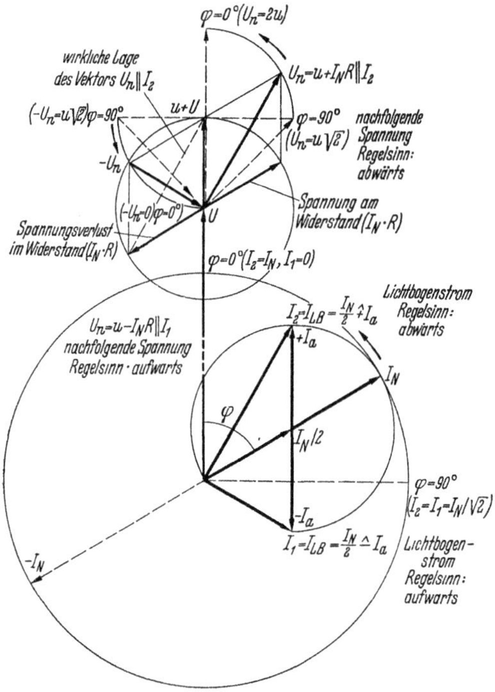

Abb. 141. Vektorendiagramm für Lichtbogenstrom $I_{LB} = I_2$ bzw. $I_{LB} = I_1$ und nachfolgende Spannung U_n am Sprunglastschalter bei Nennlast ($K = 1$). Die Größen der Vektoren I_N, U und u sind willkürlich gewählt. Alle übrigen Vektoren ergeben sich durch Konstruktion.

Es ist $U_n = u\sqrt{2}$ und $I_{LB} = I_N/\sqrt{2}$ und folglich die Abschaltleistung an den Vorkontakten bei $\varphi = 90°$:

$$N_a = u I_N \quad \text{(VA)}. \tag{232}$$

Im anderen Grenzfalle bei $\varphi = 0°$ haben wir bereits die Abschaltleistung am Vorkontakt bei Abwärtsregelung zu $N_a = 2uI_N$ ermittelt. Die Abschaltleistung für Aufwärtsregelung ist hier $N_a = 0$, weil beide Faktoren zu Null werden (siehe Diagramm). Erstens wird der Teillaststrom $I_N/2$ vom Ausgleichstrom $-I_a$ und zweitens wird die Stufenspannung u vom Spannungsverlust im Widerstand $I_N R$, aufgehoben. Dieses gilt aber nur bei $K = 1$ und für den präzisen Fall: $\cos\varphi = 1$. In der Nähe dieses Grenzfalles tritt deshalb nur ein schwacher Lichtbogen bei der Abschaltung am Vorkontakt auf.

Die Abschaltleistung an den Hauptkontakten ist unabhängig von der Phasenverschiebung des Laststromes, sie beträgt bei Nennlast und $K = 1$ stets $N_a = u\,I_N$.

Die Schaltbewegungen des Sprungsystems sind aus Abb. 142 zu ersehen. Der Umschaltvorgang von Hauptstellung *I* nach *II* spielt sich

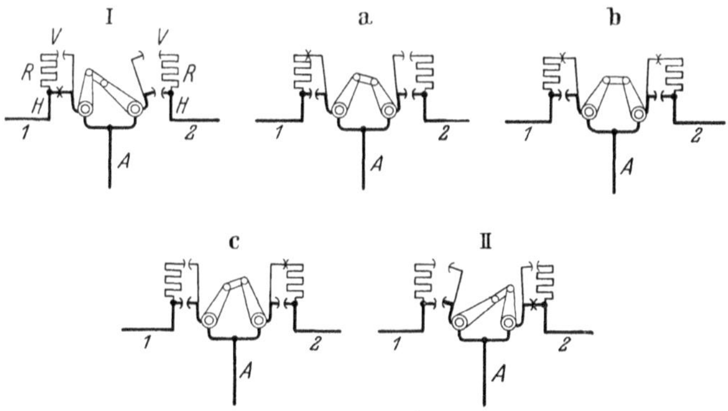

Abb. 142. Der einfache Sprunglastschalter. Schaltverfahren. Schaltbewegungen des beweglichen Systems mit Kontakten von Hauptstellung I nach II. (*1*, *2* Ableitungen zum Stufenwähler, *A* Ableitung zum Sternpunkt oder zur Wicklung.)

in etwa $^1/_{25}$ Sekunde ab. Der Lastschalter ist bei I über den Hauptkontakt voll eingeschaltet. Der Umschaltvorgang beginnt bei a und der Widerstand von Ableitung *1* zum Stufenwähler I wird eingeschaltet, während der Hauptkontakt gelöst wird. Bei b wird der zweite Widerstand von Ableitung *2* zum Stufenwähler II zugeschaltet und bei c der Widerstand von Ableitung *1* zum Stufenwähler I abgeschaltet. Bei II ist der Umschaltvorgang vollständig beendet. Abschaltungen über Lichtbögen treten hierbei zum Beispiel bei Abwärtsregelung am linken Hauptkontakt bei a und am linken Vorkontakt bei c auf. Wird weiter zur nächsten Stufe abwärts geregelt, so treten die Lichtbögen am rechten Haupt- und Vorkontakt auf, weil sich der Umschaltvorgang jetzt von II nach I abspielt. Wäre die Regelung nicht zur nächsten Stufe abwärts, sondern wieder zurück zur selben Stufe aufwärts erfolgt, so wären die Lichtbögen ebenfalls am rechten Haupt- und Vorkontakt entstanden. Nur in der Nähe des Grenzfalles $\varphi = 0°$ wäre allerdings der Lichtbogen am Vorkontakt nicht so stark wie bei der Abwärtsregelung ausgefallen. Es treten also im Betriebe mehr und minder starke Abbrände, je nach Belastung und Phasenverschiebung, an allen Haupt- und Vorkontakten des Sprunglastschalters auf.

Die beiden Schalthebel des Sprungsystems (Abb. 143) sind durch einen Kniegelenkhebel miteinander verbunden. In den beiden Hauptstellungen ist das Hebelsystem über die Totlage hinweg durchgeknickt und dadurch stark und dauerhaft arretiert. Die Zugfeder preßt den beweglichen Hauptkontakt gegen den mit Federung versehenen Gegenkontakt. Unter dem Kniegelenkhebel ist ein Schlitten, der durch eine Parallelfuhrung bei einer halben Umdrehung der Antriebswelle (180°)

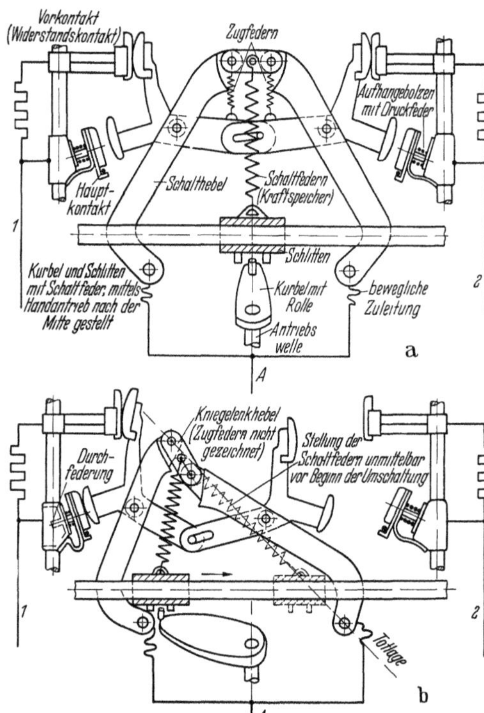

Abb 143 Der einfache Sprunglastschalter Das Hebel- und Kontaktsystem einer Phase. Schematische Darstellung a Mittelstellung, b Hauptstellung I.

uber Kurbel und Rolle geradlinig von rechts nach links oder umgekehrt bewegt werden kann. Dieser Schlitten ist durch zwei einstellbare Schaltfedern, in der Zeichnung ist nur die vordere sichtbar, mit dem Kniegelenkhebel verbunden. Während der stromlose Wähler umgestellt wird, bewegt auch die Antriebswelle den Schlitten. zum Beispiel von links nach rechts. Der Schlitten drückt unter gleichzeitiger Spannung der Federn das Kniegelenk durch, die Arretierung ist frei, und die Federn reißen den Schalter von der linken in die rechte Hauptstellung. Nur in der kurzen Zwischenzeit. von etwa zwei Perioden werden die Vorkontakte und damit die Überschaltwiderstände belastet. Zufolge des Freilaufes des Sprungsystems kann der Schalter in keiner Zwischenstellung steckenbleiben. Die praktische Ausführung eines einfachen Sprunglastschalters zeigt Abb. 144. Die feststehenden Hauptkontakte, auch Gegenkontakte genannt, sind mit Aufhängebolzen und Druckfedern versehen. Die Köpfe der Aufhängebolzen müssen beim Auflaufen der Kontakte nach rückwärts aus der Führung um das Maß der Durchfederung heraustreten. (Einfache Kontakte: Einstellung 6 bis 8 mm.) Nachstellung ist vorzunehmen, sobald die Durchfederung infolge des Abbrandes der Kontakte sich auf etwa 2 mm vermindert hat. Bei Hauptkontakten mit besonderen Abbrennkontakten ist die Einstellung etwa 12 mm für die oberen Abbrennkontakte, während die Einstellung der unteren Hauptkontakte so vorzunehmen ist, daß die Durchfederung 2 bis 3 mm beträgt. An den Vorkontakten ist keine Einstellung erforderlich. Bei Vornahme der Überprüfung der Reihenfolge der Schaltungen und ob die Hauptkontakte genügend Durchfederung haben, ist der Antrieb von Hand auf die Mittelstellung zwischen den beiden Hauptstellungen zu verstellen (Abb. 143 a). Die Lebensdauer der Lastschalterkontakte, die als Abwälzkontakte ausgebildet sind, wird durch einen Belag aus Wolframkupfer wesentlich erhöht. Allgemein können Kontakte bis etwa 50000 Lastschaltungen ohne Auswechslung verwendet werden.

Abb. 144. Sprunglastschalter 400 A für eine Phase. Beide Überschaltwiderstände sind abgenommen Fabrikat: Allgemeine Elektrizitätsgesellschaft.

4. Konstruktive Einzelheiten. In Abb. 145 ist der konstruktive Aufbau eines Sprunglastschalters mit Durchführung, Fabrikat Allgemeine Elektrizitätsgesellschaft, dargestellt. Der Sprunglastschalter kann, ohne das Öl des Lastschaltergefäßes abzulassen, nach Abnehmen des Gefäßdeckels und Abschließung der beiden Kontaktschienen, nach Entfernung der oberhalb des Lastschalters befindlichen 6 Muttern, aus dem Gefäß herausgehoben werden. Die Steckvorrichtung der Antriebswelle löst sich hierbei von selbst. Wiedereinsetzen des Lastschalters erfolgt ebenfalls in Mittelstellung. Ein dreiphasiger Stufenwähler für Sternpunktregelung ist aus Abb. 146 zu ersehen. Der Stufenwähler hat Kontakte, die aus zwei massiven, durch Federn gegeneinandergepreßten Kontaktbrücken bestehen. Sie schieben sich auf die messerartig ausgebildeten Gegenkontakte auf. Diese Kontakte sind nach Prinzip kurzschlußfest, weil die in beiden Brücken fließenden parallelen Stromhälften sich gegenseitig stark anziehen, wodurch bei Kurzschluß der Kontaktdruck erhöht wird. Die Bemessung ist so durchgeführt, daß die abhebenden Stromkräfte viel schwächer als die anziehenden Stromkräfte sind.

Bezuglich des konstruktiven Zusammenbaues der Regelschalteinrichtung, der aus Sprunglastschalter, Durchfuhrung und Stufenwahler je Phase und dem gemeinsamen Antrieb besteht, gibt es allgemein drei Anordnungen.

Bei der *ersten Anordnung* Abb. 147 und Abb. 148 sind die drei Sprunglastschalter und Stufenwähler durch ein Gestange und eine Durchfuhrung konstruktiv vereinigt und werden fur Sternpunktregelung bei Leistungstransformatoren verwendet (drei-

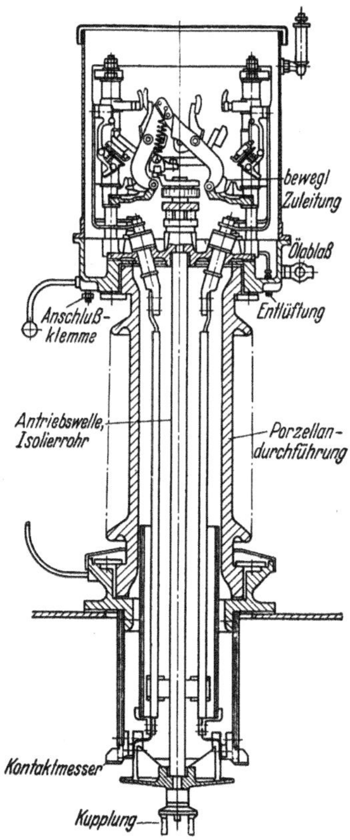

Abb 145 Sprunglastschalter mit Durchfuhrung. Konstruktiver Aufbau Schnittzeichnung Fabrikat Allgemeine Elektrizitatsgesellschaft Sprunglastschalter System Jansen

Abb 146 Stufenwahler 400 A, 110 kV fur 2 × 12 Stufen fur Sternpunktregelung mit Grobwahler (Dreiphasiger Stufenwahler) Fabrikat Allgemeine Elektrizitatsgesellschaft

phasiger Sprunglastschalter). Der dreiphasige Stufenwahler ist entweder direkt im Transformatorkessel oder in einem besonderen, erkerahnlichen, mit dem Transformatorkessel verbundenen oder durch eine Scheidewand getrennten oder schließlich in einem vollstandig getrennten mit eigenem Ausdehnungsgefaß versehenen Behalter untergebracht. Der Stufenwahler, der fur die volle Betriebsspannung isoliert ist, wird direkt unterhalb am Deckel befestigt, wahrend der Lastschalter mit Gefäß und Durchfuhrung sich oberhalb des Deckels befindet. Um den Stufenwahler zuganglich zu machen, wird zweckmaßigerweise seitlich am Behalter ein Vertikaldeckel vorgesehen. Da zwischen den Phasen nur die verkettete Stufenspannung vorhanden ist, wird der dichte Zusammenbau der drei Sprunglastschalter in einem Gefäß ermöglicht. Der Unterteil bzw. die Grundplatte des ölgefüllten Gefäßes bildet den Sternpunkt des Transformators. Hier werden die drei Ableitungen A der Sprunglastschalter angeschlossen, so daß über die Durchführung nur dreimal zwei Ableitungen zum Stufenwähler zu führen brauchen. Eine außen angebrachte Anschlußklemme gestattet die Sternpunktverbindung über Trennschalter zur Löschspulensammelschiene oder direkt zu einer Löschspule vorzunehmen. Die Durchführung ist vollisoliert ausgebildet, und das ganze Lastschaltergehäuse, das sich auf Sternpunktpotential befindet, ist als spannungführend zu betrachten. Es ist deshalb im Betrieb auf diese Tatsache durch entsprechende Warnungsschilder aufmerksam zu machen.

Abb. 147 Sprunglastschalter, dreiphasig mit Überschaltwiderstanden und mit Durchführung für 110 kV für Sternpunktregelung Fabrikat: Allgemeine Elektrizitatsgesellschaft.

Bei der *zweiten Anordnung* Abb. 149 sind die drei Sprunglastschalter und Stufenwähler einphasig eingerichtet und über Isoliergestänge am gemeinsamen Antrieb angeschlossen. Es sind drei Durchführungen und in den drei Gefäßen, über den Durchführungen, je ein Sprunglastschalter (einphasiger Sprunglastschalter bzw. Schalterpol) über dem Deckel des Transformators angeordnet vorhanden. Unter jeder Durchführung ist unterhalb des Transformatorendeckels ein einphasiger Stufenwähler vertikal am Deckel befestigt. Die Stufenwähler werden hier stets im gemeinsamen Ölraum mit dem Transformator untergebracht. Verwendet wird diese Anordnung bei Regelzusatztransformatoren mit Erregerspartransformator in Sternschaltung und auch in Dreieckschaltung oder bei direkter Regelung ohne besonderen Längstransformator und bei Regelleistungstransformatoren mit in Dreieck geschalteter Regelwicklung. Die einphasigen Stufenwähler und Sprunglastschalter werden naturgemäß auch bei Einphasentransformatoren verwendet.

Bei einem Längs- und Querregler werden zum Beispiel sechs einphasige Stufenregeleinrichtungen benötigt. Die Reihenschaltung der beiden Transformatoren bei direkter Regelung wird über Verbindungslaschen oberhalb des Deckels, die je zwei Lastenschalter, die zu einer

Phase gehören, mittels der Anschlußklemmen verbinden, hergestellt. Innerhalb der Durchführungen brauchen deshalb in diesem Falle nur je zwei Ableitungen zu dem einzelnen Stufenwähler geführt zu werden. Die Durchführungen sind hier ebenfalls vollisoliert ausgebildet, und das Lastschaltergehäuse ist spannungführend. Es gibt bei dieser Anordnung Lastschalterkonstruktionen für hohe Spannungen, bei denen je zwei Anschlußklemmen aus den Grundplatten isoliert herausgeführt sind. Der eine Anschluß dient als Hauptklemme des Transformators, der andere zur Bildung des Sternpunktes.

Abb. 148. Regelleistungstransformator mit Rohrenkessel in der Ausfuhrung als Wandertransformator. Betriebsart: DB. Kuhlungsart: OF. Nennleistung: 30000 KVA. Nennoberspannung: 104 kV. Nennunterspannung: 23,4 kV. Regelung im Sternpunkt mit dreiphasigem Lastschalter. Fabrikat: Allgemeine Elektrizitatsgesellschaft.

Bei der *dritten Anordnung* Abb. 154 liegt der einphasige Stufenwähler horizontal zum einphasigen Sprunglastschalter. Eine dreiphasige Regeleinrichtung besteht aus drei durch Isolierwellen gekuppelten Einphasenregeleinrichtungen. Die Rollenkontaktarme der Stufenwähler einer Phase sind über einen Malteserantrieb mit dem dahinterliegenden Sprunglastschalter gekuppelt. Eine Mitnehmerscheibe betätigt abwechselnd mal das eine und mal das andere Malteserrad. Die Anzapfungen der Regelwicklung werden mit zwei Mehrfachdurchführungen je Phase durch den Transformatordeckel öldicht in den unmittelbar darüber befindlichen Regelschalterraum geführt. Regelschalter -und Transformatorenöl sind voneinander getrennt. Für genaue Untersuchungen und für große Revisionen kann das Öl aus dem Behälter abgelassen und dieser selbst abgenommen werden. Die gesamte dreiphasige Stufenregeleinrichtung liegt damit vollkommen frei. Verwendet wird diese Anordnung bei Regelzusatztransformatoren mit Erregerspartransformatoren in Stern- bzw. Dreieckschaltung und vor allen Dingen bei der indirekten Regelung mit Erreger- und Längstransformator.

Allgemein lassen sich folgende fünf charakteristische Bauformen von Drehstromregeltransformatoren feststellen:

Bauform 1: mit 4 getrennten Ölräumen, für Transformator und für 3 Laststufenwähler.

Bauform 2: mit 3 getrennten Ölräumen, für Transformator, Stufenwähler und Sprunglastschalter (Anordnung 1).

Bauform 3: mit 2 getrennten Ölräumen, für Transformator und Stufenwähler gemeinsam und für Sprunglastschalter allein (Anordnung 1).

Abb. 149. Regelzusatztransformatoren mit Radiatorenkesseln und mit drei einphasigen Lastschaltern. Betriebsart: DB. Kühlungsart: OS. Fabrikat: Allgemeine Elektrizitätsgesellschaft.

Bauform 4: mit 4 (7) getrennten Ölräumen, für Transformator und Stufenwähler gemeinsam und für 3 (6) Sprunglastschalter (Anordnung 2).

Bauform 5: mit 2 getrennten Ölräumen, für Transformator allein und für Stufenwähler und Sprunglastschalter gemeinsam (Anordnung 3).

Das Öl in der Lastschalterdurchführung hat entweder Verbindung zum Transformatorenöl oder zum Öl des getrennten Stufenwählers. Es gibt aber auch Konstruktionen, bei denen das Öl in der Durchführung für sich getrennt abgedichtet ist. Bei Füllung sorgt ein vorhandenes Entlüftungsrohr oder eine Entlüftungsschraube für das Entweichen der Luft. Bei getrennten Stufenwählern (Bauform 2) muß mit Rücksicht auf die Ölausdehnung und auf die Einfüllung des Öles eine Rohrverbindung zum Transformatorkessel oder zum Ausdehnungsgefäß vorhanden sein.

5. Der Sprunglastschalter, der nach dem Schaltverfahren des Laststufenwählers arbeitet. Das Schaltverfahren eines Laststufenwählers zeigt in bezug auf die Spannungsverluste beim Überschalten günstige

Eigenschaften. Während des Überschaltens tritt nur einmalig eine Spannungsabsenkung auf, und bei $K = 1$ ist sie nicht größer als die Stufenspannung. Dagegen liegen beim einfachen Sprunglastschalter in dieser Beziehung viel ungünstigere Verhältnisse vor. Der Gedanke liegt deshalb nahe, den einfachen Sprunglastschalter nach der Schaltmethode des Last-

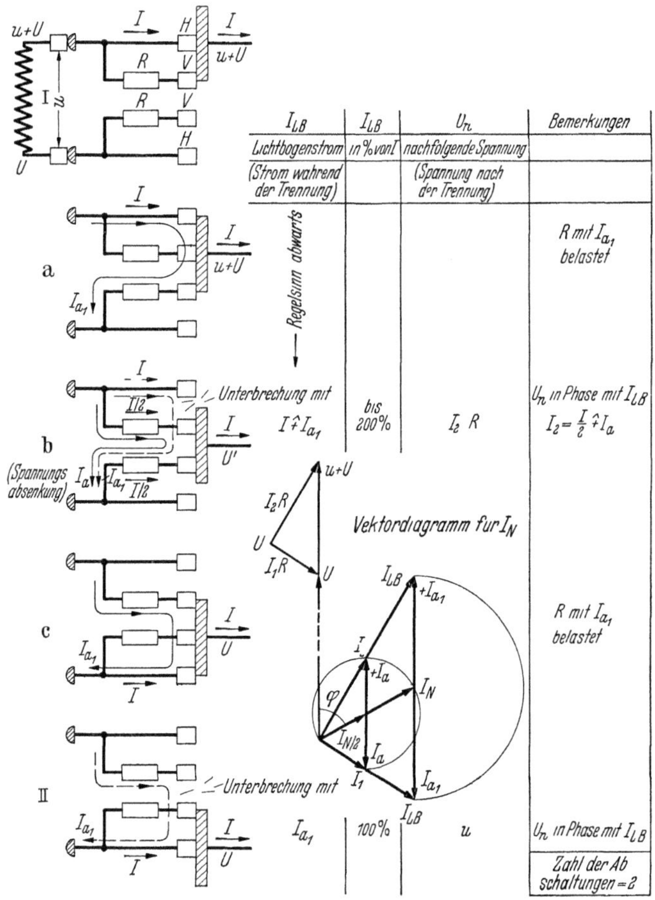

Abb 150. Beanspruchungen der Lastschalter beim Umschalten Schaltfolgeschema. Sprunglastschalter, der nach dem Schaltverfahren des Laststufenwählers (Abb 64) arbeitet

stufenwählers arbeiten zu lassen, um eine Verringerung der Spannungsverluste herbeizuführen. In Abb. 150 ist das Schaltfolgeschema für Laststufenwähler und in Abb. 151 sind die Schaltbewegungen des Sprungsystems eines Sprunglastschalters, der nach demselben Schaltverfahren arbeitet, dargestellt. Es sind zwei Ausgleichströme zu unterscheiden, und zwar I_{a1}, der in der Zwischenstellung a und c und I_a, der in der Zwischenstellung b entsteht. Bei $K = 1$ ist $I_{a1} = I_N$ und $I_a = I_N/2$.

An den Hauptkontakten ist abzuschalten der Laststrom $I \pm$ Ausgleichstrom I_{a1} mit der nachfolgenden Spannung $U_n = I_2 R$ bzw. $U_n = I_1 R$. An den Vorkontakten ist abzuschalten der Ausgleichstrom I_{a1} mit der Stufenspannung u. Wie aus dem Vektorendiagramm in Abb. 150 hervorgeht, besteht Phasengleichheit zwischen Lichtbogenstrom und nachfolgender Spannung.

Bei Leerlauf ist an den Hauptkontakten abzuschalten der Ausgleichstrom I_{a1} mit der halben und an den Vorkontakten mit der vollen Stufenspannung.

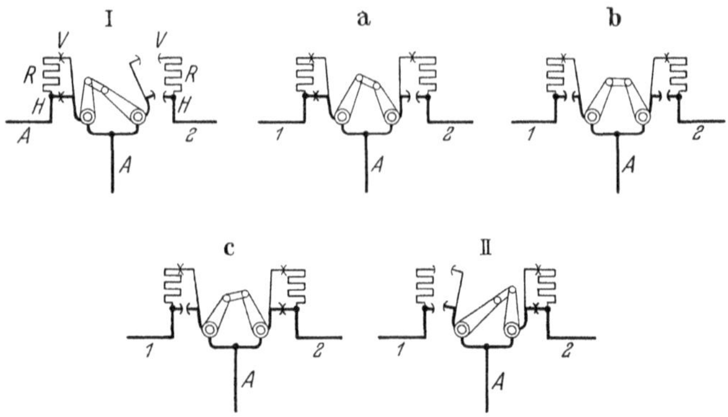

Abb. 151. Sprunglastschalter der nach dem Schaltverfahren des Laststufenwahlers arbeitet. Schaltbewegungen des beweglichen Systems mit Kontakten von Hauptstellung I nach II. (1, 2 Ableitungen zum Stufenwahler, A Ableitung zum Sternpunkt oder zur Wicklung.)

Die Abschaltleistung am Hauptkontakt ist bei $\cos\varphi = 1$

$$N_a = R\left(I_a I_{a1} + I_a I + I_{a1}\frac{I}{2} + I\frac{I}{2}\right) \quad \text{(VA)} \tag{233}$$

und bei $K = 1$ und Nennlast

$$N_a = 2 I_N u \quad \text{(VA)}. \tag{234}$$

Der Lichtbogenstrom an dem Hauptkontakt beträgt also den doppelten Nennstrom $I_{LB} = 2 I_N$ und muß mit der Stufenspannung u abgeschaltet werden.

Die Abschaltleistung an dem Vorkontakt ist

$$N_a = I_{a1} u = u I_N \quad \text{(VA)}. \tag{235}$$

Die Beanspruchungen am Haupt- und Vorkontakt sind hier, gegenüber dem einfachen Sprunglastschalter, hinsichtlich der Abschaltleistung zahlenmäßig gleich, aber vertauscht. Ein Widerstandszweig ist in den Zwischenstellungen a und c bei jeder Umschaltung mit Nennstrom belastet. Die strommäßigen Beanspruchungen sind aber zusammen mit dem doppelten Lichtbogenstrom hier bedeutend größer als beim einfachen Sprunglastschalter.

6. Der Doppel-Sprunglastschalter. Während beim einfachen Sprunglastschalter die Strombeanspruchungen nicht über die Größe des Nennstromes hinausgehen, aber große Spannungsverluste bestehen, liegen die

Verhältnisse beim Laststufenwähler gerade umgekehrt. Bei günstigen Spannungsverhältnissen sind die abzuschaltenden Ströme bedeutend höher, wie bereits oben festgestellt worden ist.

Das in Abb. 152 und 153 dargestellte Schaltverfahren des Sprunglastschalters mit doppelten Kontakten vereinigt die Vorzüge der beiden

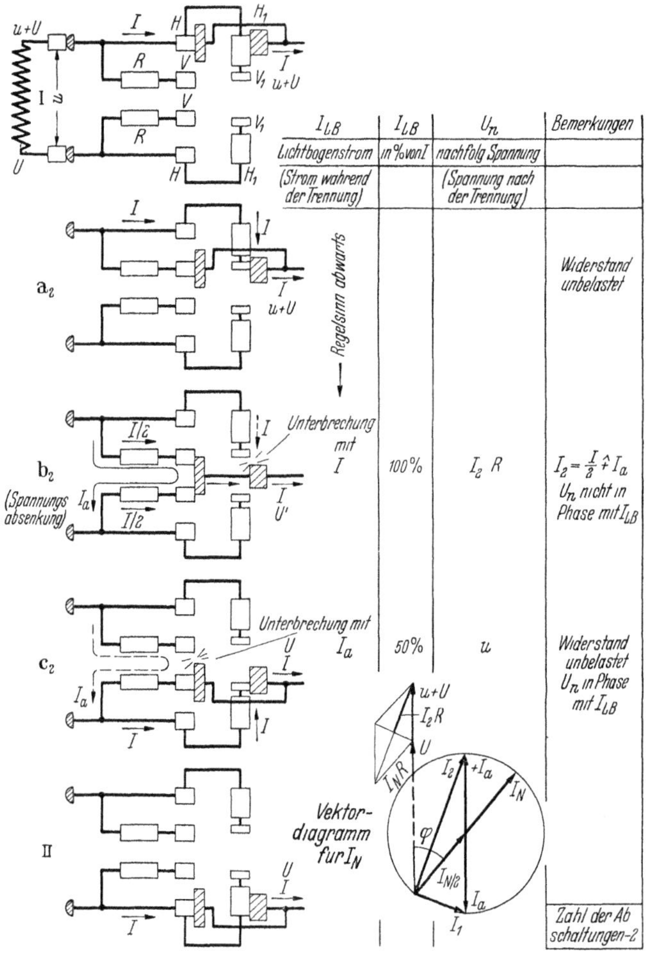

Abb. 152 Beanspruchungen der Lastschalter beim Umschalten Schaltfolgeschema. Der Doppel-Sprunglastschalter.

vorher beschriebenen Schaltverfahren und bringt noch eine wesentliche strommäßige Verbesserung mit. Allerdings ist der Aufwand an Kontakten doppelt so groß wie beim einfachen Sprunglastschalter. Das Spannungsdiagramm des Laststufenwählers hat hier Gültigkeit, und es besteht somit ein günstiges Überschalten von Stufe zu Stufe.

An den Vorkontakten V_1 ist der Laststrom I und an den Vorkontakten V stets nur der Ausgleichstrom I_a, der bei $K = 1$ nur $I_N/2$, also 50% vom Nennstrom beträgt, abzuschalten. Wie aus dem Vektorendiagramm Abb. 152 hervorgeht, ist bei Abschaltung des Laststromes, Zwischenstellung b_2, die nachfolgende Spannung nicht in Phase mit dem Lichtbogenstrom $I_{LB} = I_N$. Nur bei $\cos\varphi = 1$ besteht Phasengleichheit, und in diesem Falle ist bei Nennstrom die Abschaltleistung an V_1

$$N_a = I_N(I_2 R) = I_N\left(\frac{I_N}{2} + \frac{I_N}{2}\right) R = u I_N \quad \text{(VA)} \tag{236}$$

und an V

$$N_a = I_a u = \tfrac{1}{2} u I_N \quad \text{(VA)}. \tag{237}$$

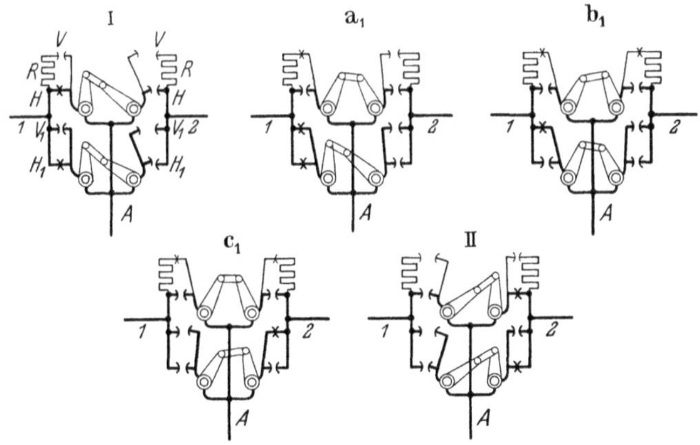

Abb. 153. Der Doppel-Sprunglastschalter. Schaltverfahren. Schaltbewegungen des beweglichen Systems mit Kontakten von Hauptstellung I nach II (1, 2 Ableitungen zum Stufenwähler, A Ableitung zum Sternpunkt oder zur Wicklung).

Die Abschaltleistungen sind insgesamt betrachtet viel geringer als bei den vorherigen Schaltverfahren. Die Hauptkontakte werden überhaupt nicht mit Lichtbogenströmen und die Überschaltwiderstände nur in der Zwischenstellung b_2 mit I_2 bzw I_1 belastet. Die Einschränkung des Lichtbogenstromes und die Verringerung der nachfolgenden Spannung trägt wesentlich zur Verlängerung der Lebensdauer des Schalters bei. Die Freihaltung der Hauptkontakte von Lichtbogenstromen führt zu einer guten Kontaktgabe in den Dauer- bzw. Hauptstellungen, weil keinerlei Abbrand entsteht. Dieses ist insbesondere beim Durchfließen von Überströmen bei Netzkurzschlüssen von großer Wichtigkeit.

Die Schaltbewegungen des Doppelsprunglastschalters sind aus Abb. 153 zu ersehen. Der Umschaltvorgang von I nach II spielt sich hier ebenfalls in $^1/_{25}$ Sekunde, d. h. in zwei Perioden ab. Die feststehenden und die beweglichen Kontakte sind doppelt ausgebildet, wobei die oberen beweglichen Kontaktarme, sowohl unten wie auch oben, vorgestellt sind. Auf diese Weise werden zwei Hauptkontakte H und H_1 und zwei Vorkontakte V und V_1 je Seite gewonnen. Der Vorkontakt V_1 funktioniert als Abbrandkontakt zum Hauptkontakt. Der Umschaltvorgang beginnt bei a_1 und der Widerstand von Ableitung *1* zum Stufenwähler I wird eingeschaltet, während der Hauptkontakt über H_1 und V_1 geschlossen bleibt. Bei a_2 (Abb. 152) ist V und V_1 eingeschaltet.

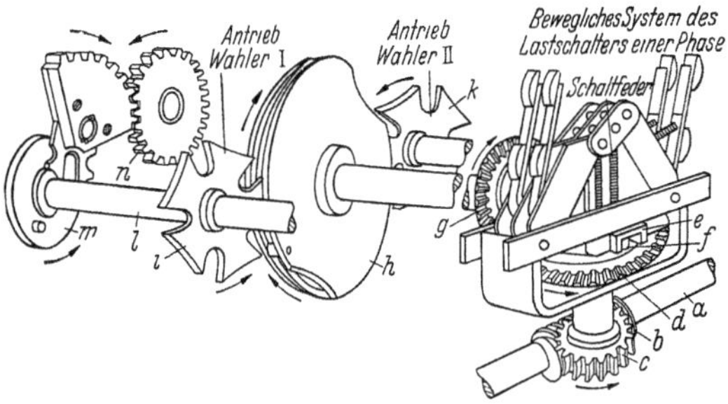

Abb. 154. Der Doppel-Sprunglastschalter. Konstruktiver Aufbau mit Wählerantrieb. Die Antriebswelle *a* bewegt die Schnecke *b* und Schneckenrad *c*. Letzteres ist mit Kegelrad *d* gekuppelt. Das Kegelrad *d* bewegt den Schlitten *e* mittels der Rolle *f* hin und her. Gleichzeitig wird das Kegelrad *g* bewegt, welches mit der Mitnehmerscheibe *h* gekuppelt ist. Die Mitnehmerscheibe *h* betätigt abwechselnd das Malteserrad *i* bzw. *k*. In einer bestimmten Schaltbewegung wird durch die an der Achse *l* des Malteserrades *i* der darauf befindliche Mitnehmer *m* mitgenommen, welche den Zahntrieb *n* in die vorgeschriebene Wählerstellung bringt.

Bei b_1 ist der Widerstand von Ableitung *2* zum Stufenwähler II bereits zugeschaltet und bei b_2 der Abbrandkontakt des Hauptkontaktes abgetrennt. Bei c_1 ist der Abbrandkontakt zur Ableitung *2* eingeschaltet und bei c_2 der Vorkontakt zur Ableitung *1* gelöst. Bei II ist der Schaltvorgang vollständig beendet, beide Hauptkontakte sind eingeschaltet. Die Schaltbewegungen werden so ausgeführt, daß eine direkte Überbrückung der Ableitungen *1* und *2* ausgeschlossen ist.

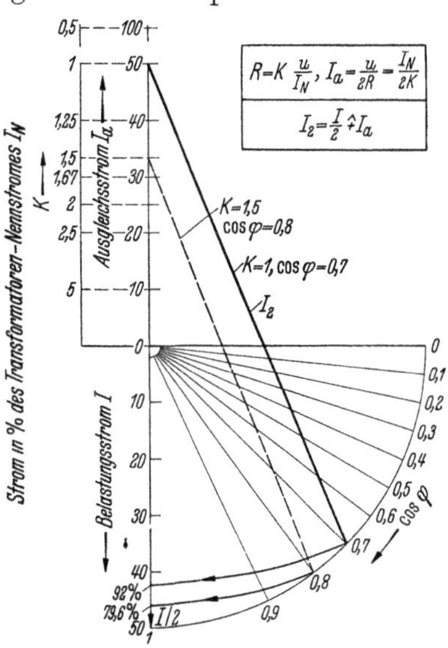

Abb. 155. Stromdiagramm für Mittelstellung *b* (b_2) beim Überschalten.

In Abb. 154 ist der konstruktive Aufbau mit Wählerantrieb dargestellt. Die feststehenden Kontakte sind in der Abbildung fortgelassen worden.

7. Das Stromdiagramm. Der höhere Belastungsstrom I_2 der Überschaltwiderstände kann auf einfacherweise mit Hilfe des Stromdiagramms Abb. 155 in Abhängigkeit von K und $\cos\varphi$ ermittelt werden. Im Diagramm ist für zwei Beispiele I_2 in Prozent des Nennstromes zeichnerisch festgestellt.

Bei $K = 1$ und $\cos\varphi = 0{,}7$ ist $I_2 = 50 + 42 = 92\%$ und bei $K = 1{,}5$ und $\cos\varphi = 0{,}8$ ist $I_2 = 33{,}3 + 46{,}3 = 79{,}6\%$.

Für verschiedene Werte von K sind die Ausgleichströme in folgender Tabelle berechnet.

Tabelle 14. *Ausgleichstrom I_a in % von I_N in Abhängigkeit von K.*

K	$I_N R$ (V)	I_a (A)	I_a in % von I_N
1,00	1,00 u	$\frac{1}{1{,}00}\,\frac{u}{2R} = \frac{I_N}{2}$	50
1,25	1,25 u	$\frac{1}{1{,}25}\,\frac{u}{2R} = \frac{I_N}{2{,}5}$	40
1,50	1,50 u	$\frac{1}{1{,}50}\,\frac{u}{2R} = \frac{I_N}{3}$	33,3
1,67	1,67 u	$\frac{1}{1{,}67}\,\frac{u}{2R} = \frac{I_N}{3{,}3}$	30
2,00	2,00 u	$\frac{1}{2{,}00}\,\frac{u}{2R} = \frac{I_N}{4}$	25
2,50	2,50 u	$\frac{1}{2{,}50}\,\frac{u}{2R} = \frac{I_N}{5}$	20
5,00	5,00 u	$\frac{1}{5{,}00}\,\frac{u}{2R} = \frac{I_N}{10}$	10

Der Spannungsverlust $I_N R$ steigt mit fallendem Ausgleichstrom. Die Zahl K gilt gleichzeitig als Faktor für die Stufenspannung bei Ermittlung des Spannungsverlustes.

8. Der Sprunglastschalter mit Umschaltung eines Überschaltwiderstandes. In neuester Zeit wurde von den Siemens-Schuckertwerken ein Sprunglastschalter entwickelt, der nur mit drei beweglichen und drei feststehenden Kontakten und einem umschaltbaren Überschaltwiderstand ausgerüstet ist.

Das bewegliche System ist als Doppelkniehebel, ähnlich wie bei den anderen Sprunglastschaltern, ausgebildet. Eine Koppel von passender Länge verbindet die beiden im Schalterfuß gelagerten Schalthebel. Ein Schwinghebel ist über die Schaltfedern mit der Koppel verbunden. Der Schwinghebel ist ebenfalls im Schalterfuß gelagert. In den beiden Hauptstellungen I und II sind die Schalthebel mit der Koppel durchgedrückt und über die Totlage arretiert. In den gabelförmig ausgebildeten Schwinghebel greift eine Rolle, die über einen Hebel mit der Lastschalterwelle verbunden ist. Die gleichmäßige Drehung des Antriebes wird durch ein Getriebe am Stufenwähler in eine hin- und hergehende Bewegung der Lastschalterwelle umgeformt. Bei Ausführung einer Umschaltung dreht sich die Lastschalterwelle um 60°. Der Schwinghebel spannt die Schaltfedern, und kurz bevor die stärkste Spannung erreicht wird, greift dessen oberes Ende unter den Schalthebel und drückt ihn über die Totlage zurück. Die Schaltfedern und die Federn der eingeschalteten Kontakte werfen das Hebelsystem unaufhaltsam in etwa $^1/_{15}$ Sekunde in die andere Hauptstellung. Die Verstellzeit der Regeleinrichtung beträgt für eine Stufe etwa 5 Sekunden. Die Umschaltzeit ist also nur ein kleiner Bruchteil der Verstellzeit.

Die beiden beweglichen Schaltstücke der Hauptkontakte sind als Wälzkontakte ausgebildet und sind federnd auf die Schalthebel befestigt. Auf der Koppel ist das Schaltstück des Vorkontaktes starr angeordnet.

Der Widerstandsumschalter arbeitet unabhängig vom Sprungsystem. Zwei Schaltstifte, die vom Schwinghebel langsam betätigt werden, schalten stromlos den Überschaltwiderstand vor Auslösung des Umschaltvorganges jeweils auf denjenigen Hauptkontakt, auf den das

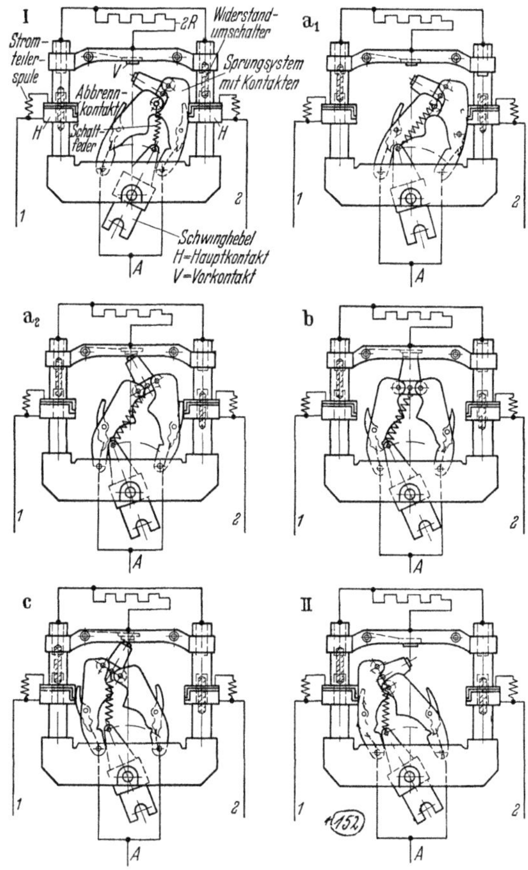

Abb. 156. Sprunglastschalter mit Umschaltung eines Überschaltwiderstandes. Schaltverfahren. Konstruktion: Siemens-Schuckertwerke, System: Jansen. (1, 2 Ableitungen zum Stufenwähler, A Ableitung zum Sternpunkt oder zur Wicklung.)

Sprungsystem nachfolgend umschaltet. Hierdurch wird erreicht, daß während eines Umschaltvorganges nur eine Abschaltung erforderlich wird.

Das Schaltverfahren ist in Abb. 156 dargestellt. Der Lastschalter ist bei I über den Hauptkontakt der Ableitung *2* voll eingeschaltet und sicher arretiert. Der Umschaltvorgang beginnt bei a_1 durch Spannen der Schaltfedern und Umlegung des Widerstandsumschalters von rechts nach links. Der stromlose Stufenwähler ist bereits um einen Schritt verstellt, und etwa 4 Sekunden der Verstellzeit sind verstrichen. Bei a_2 beginnt die Einschaltung des Überschaltwiderstandes für eine Zeit von etwa 1 bis 2 Halbwellen, während der Hauptkontakt noch geschlossen bleibt. In der Mittelstellung b ist nur der Widerstand eingeschaltet und führt während einer Zeit von etwa 3 Halbwellen (0,03 Sekunde) den Laststrom, der vorher unter Lichtbogenbildung vom Hauptkontakt abgeschaltet worden ist. Bei c ist bereits der Hauptkontakt der Ableitung *1* eingeschaltet und der Vorkontakt beginnt den Überschaltwiderstand stromlos zu öffnen. Bei II ist der Umschaltvorgang vollständig beendet.

Während Stufenwähler, Widerstandsumschalter und Vorkontakt stromlos geschaltet werden, treten im Betriebe des Sprunglastschalters bei den hin- und hergehenden Umschaltungen an beiden Hauptkontakten Beanspruchungen durch Lichtbogenströme auf.

Dieser Sprunglastschalter mit drei Kontakten eignet sich theoretisch für die unsymmetrische Anordnung des Überschaltwiderstandes unter Fortfall des Widerstandsumschalters. Allerdings müßte dann bei jeder zweiten Umschaltung eine zweimalige Abschaltung in Kauf genommen werden. Neben dem Laststrom wäre in diesem Falle, d. h. wenn der Widerstand zur Richtung der Schaltbewegung des Sprungsystems falsch liegt, auch die Abschaltung des Ausgleichstromes, am Vorkontakt, erforderlich.

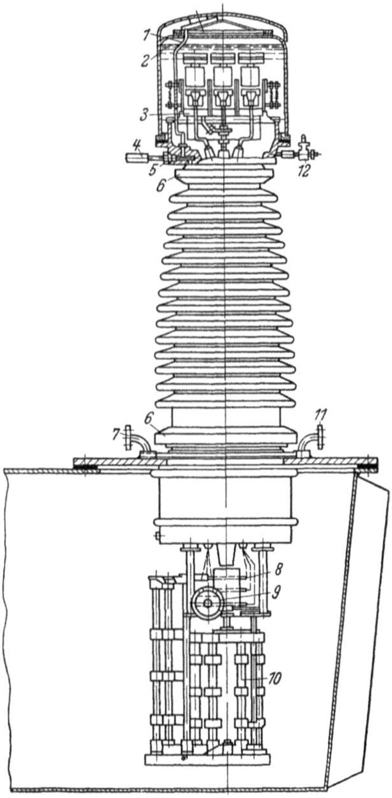

Abb. 157. Dreiphasiger Sprunglastschalter mit Durchführung und Stufenwähler für Sternpunktregelung. Fabrikat Siemens-Schuckertwerke. Bauform 110 mit Steckerdurchführung. Bezeichnungen: *1* Entlüftungsrohr für Lastschalterdurchführung, *2* niedrigster Ölstand bei −30°, *3* Sprunglastschalter, *4* Sternpunktanschluß, *5* Verschlußstopfen, *6* Druckring, *7* Anschluß der Lastschalterdurchführung zum Ausdehnungsgefäß, *8* Schleifring, *9* Antriebswelle, *10* Stufenwähler, *11* Ölablaß für Lastschalterdurchführung, *12* Ölablaß für Lastschalter.

Der konstruktive Aufbau eines dreiphasigen Sprunglastschalters mit Durchführung und Wähler für Sternpunktregelung ist in Abb. 157 dargestellt. Die Lastschaltersteckerdurchführung besteht aus einem Porzellanstulp und einem Hartpapierrohr. Letzteres ragt unterhalb des Deckels in eine Steckvorrichtung, welche die Durchführung mit dem Lastschalter aus dem Deckel herauszuziehen gestattet. Die Durchführung ist gegen das Öl des Transformator- oder Stufenwählerkessels abgedichtet. Ebenfalls gegen das Öl des Lastschalters. Die Durchführung besitzt somit einen besonderen Ölraum und wird an das Ausdehnungsgefäß angeschlossen und durch ein kleines Rohr entlüftet. Unterhalb des Deckels befindet sich ein Hartpapiertopf, an dem der Stufenwähler hängt. Die feststehenden, mit den Anzapfungen verbundenen Kon-

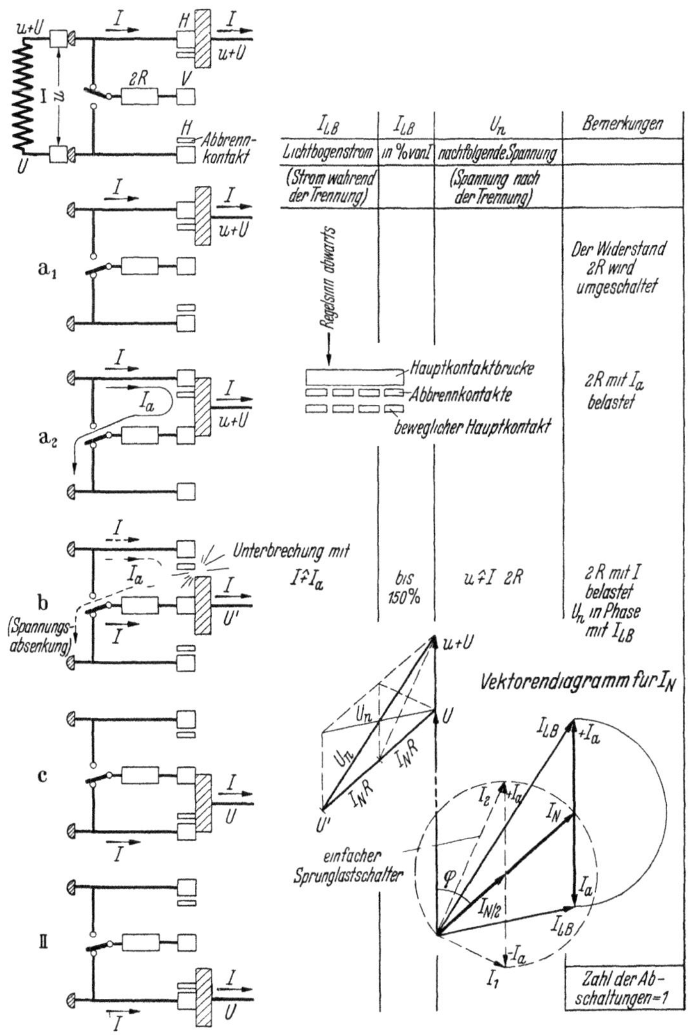

Abb. 158. Beanspruchungen der Lastschalter beim Umschalten. Schaltfolgeschema. Sprunglastschalter mit Umschaltung eines Überschaltwiderstandes.

takte des Stufenwählers werden von Hartpapierrohren getragen. Die beweglichen Stromabnehmer sind über Schleifringe mit den Hauptkontakten des Lastschalters verbunden. Der Porzellanstulp wird bei jedem Schaltvorgang schlagartig beansprucht.

Bei Probeschaltungen ohne Ölfüllung ist ein besonders hoher Kraftüberschuß des Sprunglastschalters vorhanden. Die Konstruktion der Durchführung ist so ausgeführt, daß in keinem Falle Porzellan und Dichtung überbeansprucht werden.

Zur näheren Untersuchung des Umschaltvorganges ist in Abb. 158 das Schaltfolgeschema mit Vektorendiagramm aufgestellt. Bei Stellung *b* tritt Spannungsabsenkung und kurz davor die einzige Abschaltung mit

$$I_{LB} = I \mathbin{\widehat{+}} I_a \quad \text{(A)} \quad \text{und} \quad U_n = u \mathbin{\widehat{+}} I\,2R \quad \text{(V)} \tag{238}$$

am Hauptkontakt auf. Der Ausgleichstrom wird hier ebenfalls auf $I_N/2$ begrenzt. Der Ohmwert von $2R$ ist also in einem Widerstand vereinigt. Dementsprechend ist die Spannungsabsenkung doppelt so groß als beim einfachen Sprunglastschalter.

Die maximale Abschaltleistung bei Nennlast und $\cos\varphi = 1$ ist

$$N_a = \left(I_N + \frac{I_N}{2}\right)(u + I_N\,2R) \quad \text{(VA)} \tag{239}$$

$$N_a = \tfrac{3}{2}\, I_N\, 3u = 4{,}5\, u\, I_N \quad \text{(VA)}. \tag{240}$$

Der Lichtbogenstrom beträgt demnach 150% vom Nennstrom und muß mit der dreifachen Stufenspannung am Hauptkontakt abgeschaltet werden.

Die Hauptkontakte müssen aber in den Hauptstellungen den thermischen Belastungen durch den Laststrom und den dynamischen und thermischen Beanspruchungen durch den Kurzschlußstrom standhalten. Um den Abbrand an den Hauptkontakten, der hier hinderlich im Wege steht, einzuschränken, werden Stromteilerspulen verwendet.

Bei Leerlauf ist der Laststrom $I = 0$, und bei primärer Anordnung der Regeleinrichtung fließt nur der geringe Leerlaufstrom durch den Lastschalter. Die Abschaltung des auf 50% des Nennstromes begrenzten Ausgleichstromes erfolgt am Hauptkontakt, und zwar ebenfalls nur einmal während einer Umschaltung. Durch den Kunstgriff der Vorumschaltung des Überschaltwiderstandes wird der Ausgleichstrom am Vorkontakt stets nur ein- aber niemals abgeschaltet. Die Abschaltleistung ist bei Leerlauf $N_a = 0{,}5\, u\, I_N$ (VA).

Stromteilerspulen. Der Abbrand durch Lichtbogen unter Öl nimmt etwa quadratisch mit der Stromstärke zu. Teilt man die Kontakte z. B. in 4 Teile auf und sorgt dafür, daß sich der Strom auch genau so aufteilt, dann fließt je Kontaktteil nur $^1/_4$ des Gesamtstromes. Der Abbrand geht somit je Kontaktteil auf $^1/_{16}$ und im ganzen auf $^4/_{16} = {}^1/_4$ zurück. Die natürliche Stromaufteilung bei parallelgeschalteten Kontakten ist labil. Sie wird stark durch kleinste Übergangswiderstände verändert. Die Stromteilerspulen haben die Aufgabe, eine gleichmäßige und stabile Stromverteilung herbeizuführen und während des Ausschaltvorganges aufrechtzuerhalten (induktive Stromteilung).

Sie bestehen aus einem kleinen Eisenkern mit zwei bifilar gewickelten Wicklungshälften. Die erzeugten Flüsse sind entgegengesetzter Richtung und heben sich bei Stromgleichheit infolge der engen Flußverkettung auf. Jeder Änderung des Stromgleichgewichtes läßt eine Spannung entstehen, die großere Stromdifferenzen unterbindet. Anfang und Ende der Wicklung wird mit je einem aufgeteilten Kontakt verbunden. Die Wicklungsmitte dient zur Stromzufuhr. Fur 4 Kontaktteile braucht man demnach zwei kleinere und eine großere Spule.

Abb 159 Regel-Leistungstransformator, Nennleistung 16000 kVA, Nennspannung 110 kV, mit Sternpunktregelung und Regeleinrichtung mit Schnellastschalter nach Bauart Dr Jansen Fabrikat der Regeleinrichtung Maschinenfabrik Reinhausen Type der Regeleinrichtung, D III/200 fur ± 12 Stufen

Konstruktion der Hauptkontakte. Die beweglichen und feststehenden Hauptkontakte des Sprunglastschalters sind aufgeteilt. Die beweglichen in 4 einzeln abgefederte und die feststehenden in 1 Gegen- und 4 Abbrennkontakte. Der Gegenkontakt erstreckt sich in geschlossener Hauptstellung als Brucke uber die 4 beweglichen Kontakte je Phase. Die Abbrennkontakte sind gegeneinander und gegen die Brucke isoliert. Der Gegenkontakt ist uber eine Ableitung mit einem Schleifring des Stufenwählers verbunden (siehe Abb. 84). Zwei kleinere Stromteilerspulen sind zwischen je 2 Abbrennkontakten und der entsprechend stärker bemessenen Spule angeschlossen. Die Wicklungsmitte der stärkeren Spule ist mit dem Gegenkontakt verbunden. Sobald sich die 4 beweglichen Schaltstücke im Verlaufe des Umschaltvorganges auf die 4 Abbrennkontakte abwälzen, übernehmen die Stromteilerspulen die Steuerung.

Betriebssicherheit. Die Abgleichung der treibenden und hemmenden Kräfte während des Umschaltvorganges und die Erhaltung der Abgleichung viele Jahre hindurch, garantiert für ein sicheres Arbeiten des Sprunglastschalters. Der Kraftspeicher des für alle drei Phasen zusammengefaßten Schalters bei Sternpunktregelung besteht aus zweimal 8 Schaltfedern. Die Beanspruchung der Federn ist niedrig gehalten. Im Falle eines Federbruches vermindert sich der Kraftüberschuß nur geringfügig. Die Betriebstüchtigkeit bleibt weiterhin erhalten. Gelegentlich einer Revision kann der Schaden behoben werden.

9. Der Schnellastschalter mit Drehbewegung (Bauart Dr. Jansen). Abweichend von den bisher beschriebenen Bauarten schaltet der von der Maschinenfabrik Reinhausen A. Scheubeck (Regensburg) nach der Konstruktion von Dr. Jansen hergestellte Schnellastschalter, der zusammen mit dem Stufenwähler als geschlossene Einheit anfgebaut ist, mit Drehbewegung. In Abb. 159 ist die Regeleinrichtung für Sternpunktregelung eines 16000 kVA-Regelleistungstransformators zu ersehen.

Lastschalter und Stufenwähler sind vertikal angeordnet, im Transformatorenkasten hineinversenkt und an einem Aufbauflansch befestigt. Der Stufenwähler liegt direkt im Transformatorenöl, während der Lastschalter durch ein besonderes Ölgefäß abgetrennt ist. Über dem Transformatorendeckel ragt nur der Reglerkopf hervor. Hier sind die Antriebe der Lastschalter, des Stufenwählers und des Wende- oder Grobwählers untergebracht. Das Ölgefäß des Lastschalters ist über eine rohrförmige Verlängerung mit der Schmutzölabführung am Boden des Transformatorenkessels verbunden. Die Verlängerung durchsetzt den Stufenwähler. Das verrußte Öl kann auch während des Betriebes abgezapft und durch frisches Öl aus dem Ausdehnungsgefäß ersetzt werden (Abb. 160). In der Rohrleitung zum Ausdehnungsgefäß ist ein Relais für Überwachung und Schutz der Regeleinrichtung eingebaut. Außerdem wird noch ein Druckwellenschutz vorgesehen.

Die feststehenden Kontakte des Stufenwählers sind auf senkrechten Stäben eines Isolierstabkäfigs, und zwar übereinander entsprechend der Phasen U, V, W, angebracht. In Zusammenhang mit der Bewegung des Lastschalters werden die Kontaktbrücken, die auf Schleifringen laufen, der in zwei Gruppen unterteilten Phasen (gradzahlig und ungradzahlig) von einem Maltesergetriebe abwechselnd über zwei Isolierwellen von Stufe zu Stufe bewegt. Isolierstrecken über Hartpapier kommen nur in vertikaler Richtung vor und sind durch vorgeschobene Elektroden elektrisch entlastet. In der Horizontalen gibt es nur reine Ölabstände, wodurch die Überspannungssicherheit besonders erhöht wird. Die Kontakte des Stufenwählers sind kurzschlußfest ($I_K = 50 I_N$). Der Lastschalter, der sich am unteren Ende eines Tragzylinders aus

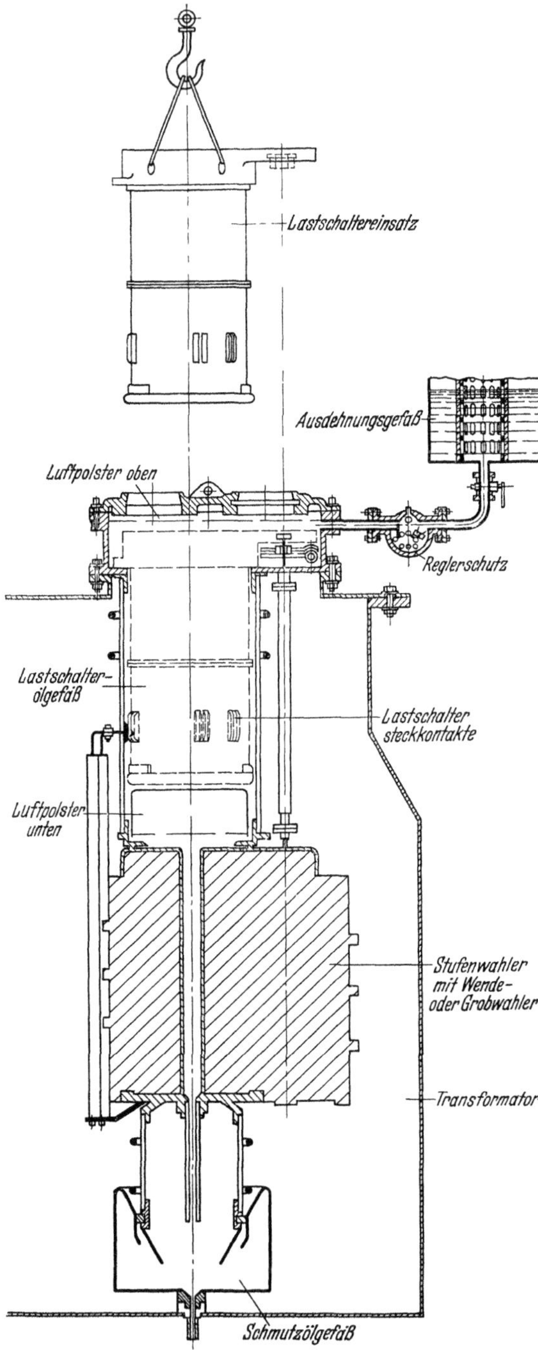

Abb. 160. Ölräume der Sternpunkt-Regeleinrichtung mit Schnellastschalter nach Bauart Dr. Jansen

Isolierstoff befindet, ist als dreiphasiger Sternpunktschnellschalter ausgeführt und mit Kraftspeicher und Kurbel ausgerüstet. Durch außerhalb und innerhalb des Ölgefaßes angebrachte, mit einer kraftigen Isolierschicht versehene Uberspannungsschirmringe ist für eine günstige Feldverteilung langs der vertikalen Isolierstrecke gesorgt. Die beweglichen Kontakte sind sternförmig angeordnet, wahrend die feststehenden am

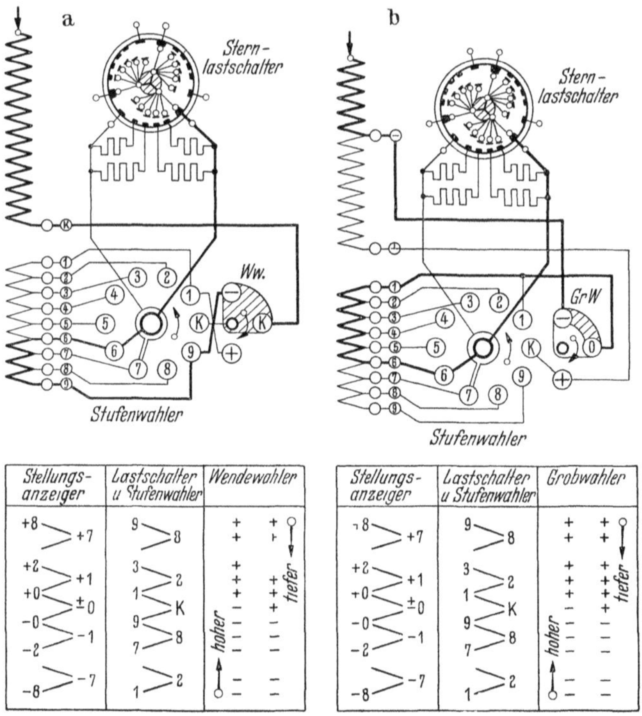

Abb 161. Schaltbild fur Regelleistungstransformatoren mit Sternpunktregelung Sternpunkt-Schnellastschalter mit 10teiligem Stufenwahler a) Zu- und Gegenschaltung mit Wendewahler (Ww) mit Schaltdiagramm b) Schalten einer Grobstufe mit Grobwahler (Grw) mit Schaltdiagramm

Umfang des Zylinders verteilt sind. Je Phase sind 4 feststehende großflachige Vorkontakte aus Kupfer und zwei unterteilte Hauptkontakte mit Wolfram-Kupferauflage sowie 6 bewegliche Kontakte vorhanden. Die Kurzschlußfestigkeit des Lastschalters wird durch Dauerhauptkontakte, die den Lastschalterkontakten parallel geschaltet sind, gewährleistet. I_K ist hier ebenfalls gleich $50 I_\lambda$. Die symmetrisch angeordneten Überschaltwiderstande sind aufgeteilt (Abb. 161). Bei Nennströmen uber 200 A bis 400 A werden zwei Kontakt- und Widerstandsysteme je 200 A angeordnet. Die gleichmaßige Aufteilung des Laststromes wird durch Stromteiler erzwungen.

Durch diese induktive Stromteilung an den Hauptkontakten und durch die ohmsche Stromteilung an den Vorkontakten werden die Schaltvorgange mit etwa halbierten Stromen und mit halbierter wieder-

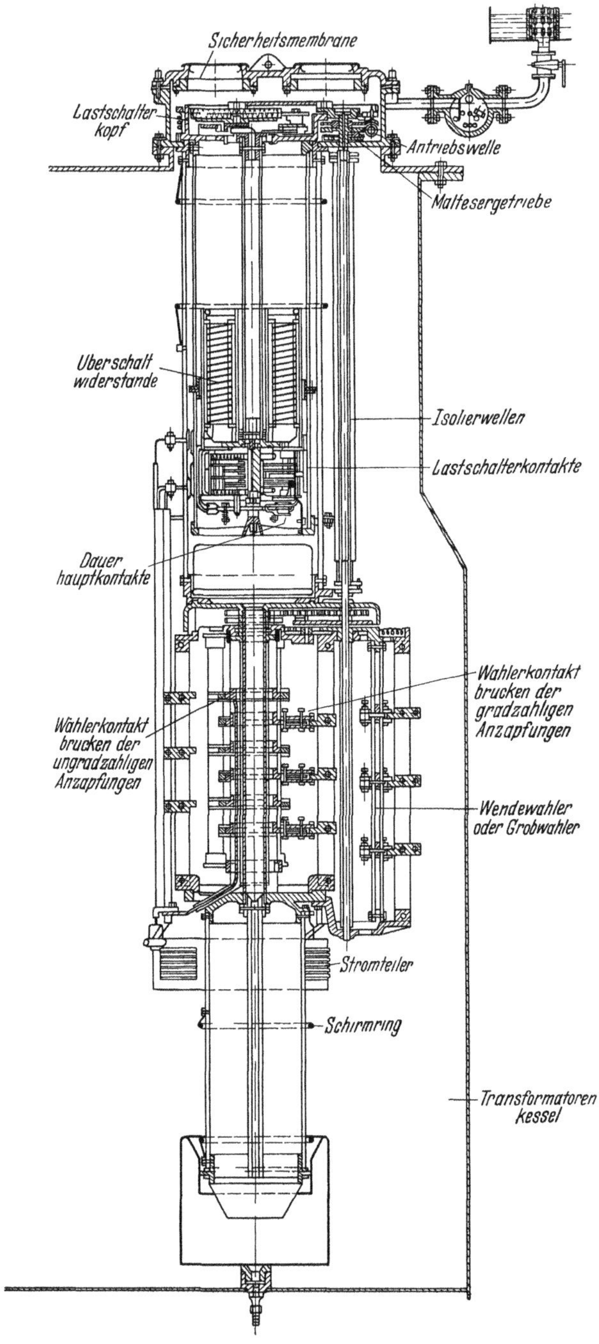

Abb 162 Sternpunkt Regeleinrichtung mit Schnellastschalter Bauart Dr Jansen Type D III/400, 110 KV, 40 000 kVA mit Stromteiler Fabrikat Maschinenfabrik Reinhausen

kehrender Spannung ausgeführt. Schaltsicherheit und Lebensdauer wachsen hierdurch erheblich. Die Schaltgeschwindigkeit der beweglichen Kontakte ist so gewählt, daß unnötige Lichtbogenlängen, die die Verrußung des Öles fördern, vermieden werden. Die Abschaltung der Ströme erfolgt innerhalb einer Halbwelle. Die Gesamtschaltdauer bzw. die Umschaltzeit beträgt von Hauptkontakt zu Hauptkontakt etwa 4 Halbwellen. Den konstruktiven Aufbau zeigt Abb. 162 und einen weiteren

Abb 163 4000 kVA Regelleistungstransformator Fabrikat Volta-Werke. Der Kern ist aus dem Kessel gehoben Im Vordergrund Schnellastschalter mit Stufenwähler nach Bauart Dr Jansen in einem gemeinsamen Hartpapier-Zylinder untergebracht

Sternpunktregler für einen 4000 kVA-Regelleistungstransformator Abbildung 163.

Außer dreiphasigen Sternpunktreglern werden auch in dieser Bauart einphasige Regeleinrichtungen, die sogenannten Polregler, hergestellt. Über Nennstrom, Nennspannung, Stufenzahl und Einbauhöhe gibt folgende Zusammenstellung Auskunft (s. Tabelle 15).

Das Schaltverfahren des Schnellastschalters ist in Abb. 164 anschaulich dargestellt. Der Schalter ist bei Hauptstellung I über den Dauerhauptkontakt DH der Ableitung *1* voll eingeschaltet. Der entsprechende Lastschalterhauptkontakt ist ebenfalls geschlossen. Der Umschaltvorgang beginnt mit Spannen des Kraftspeichers mittels der Kurbel und anschließende Auslösung der Umwerfung des Schaltarmes des beweg-

Tabelle 15.

Nennstrom, Nennspannung, Stufenzahl und Einbauhohe der von der Maschinenfabrik Rheinhausen A. Scheubeck (Regensburg) hergestellte Regeleinrichtungen.

KV		30	60	110
		Einbauhohe in mm		
dreiphasige Sternpunktregler	200 A 400 A	1981 2209	2211 2439	2824 3072
einphasige Polregler	200 A 400 A 600 A 800 A 1200 A	1717 1945 2209 2077 2209	1947 2175 2439 2307 2439	2528 2776 3072 2911 3072
Stufenzahl		± 8	± 8	± 12

(Stromteilerspulen werden über $I_N = 200$ A verwendet.)

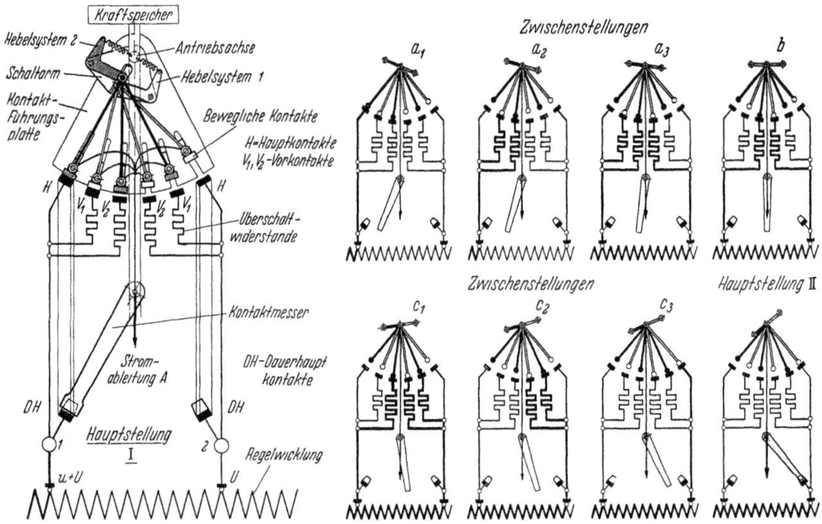

Abb 164. Der Schnellastschalter. Schaltverfahren. Schaltbewegungen des beweglichen Systems mit Kontakten von Hauptstellung I nach II.

lichen Kontakt- und Hebelsystems, auf einer Kreisbahn mit dem Drehwinkel der Kontakte von etwa 90°. Die sechs beweglichen Kontakte einer Phase gleiten in der Kontaktführungsplatte und werden von zwei Hebelsystemen über Gelenkstangen gesteuert. Bei Kontaktstellung a_1 ist der Dauerhauptkontakt gelöst und der Laststrom wird vom Lastschalterhauptkontakt übernommen. Die beiden Vorkontakte V_1 und V_2 sind eingeschaltet aber noch stromlos. Bei Kontaktstellung a_2 sind die beiden Teilwiderstände vom Laststrom parallel durchflossen. da kurz davor der Lastschalterhauptkontakt, unter Lichtbogenbildung, gelöst worden ist. Der Ausgleichstrom wird bei Kontaktstellung a_3 über den dritten Teilwiderstand und über den Vorkontakt V_2, der Ableitung 2, eingeschaltet. Relativ zum Laststrom sind die drei belasteten Teilwiderstände parallel geschaltet. Bei b ist die Mittelstellung erreicht und kurz davor ein Teilwiderstand über den Vorkontakt V_1 der Ableitung *1* unter Lichtbogenbildung abgeschaltet worden. Bei c_1 ist der zweite Teilwiderstand der Ableitung *2* eingeschaltet und vor c_2 der Ausgleich-

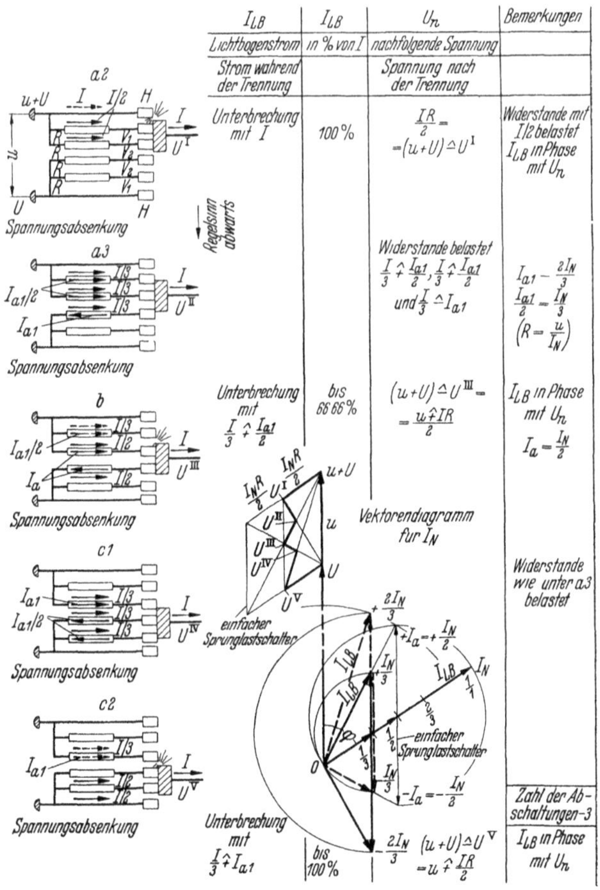

Abb. 165. Beanspruchungen der Lastschalter beim Umschalten Schaltfolgeschema Der Schnellastschalter

strom nebst Teillaststrom über den Vorkontakt V_2 unter Lichtbogenbildung abgeschaltet. Endlich ist bei c_3 der Lastschalterhauptkontakt der Ableitung *2* geschlossen und die beiden Teilwiderstände stromlos. Bei Hauptstellung II ist der Umschaltvorgang vollständig beendet und der Schnellastschalter über den Dauerhauptkontakt DH der Ableitung *2* eingeschaltet.

Zur näheren Untersuchung des Umschaltvorganges ist in Abb. 165 das Schaltfolgeschema mit Vektorendiagramm aufgestellt. Es sind zwei Ausgleichströme I_{a1} und I_a während des Umschaltvorganges vorhanden. Der Ausgleichstrom I_{a1} entsteht bei Kontaktstellung a_3 und c_1. Relativ zur Stufenspannung u sind in diesen Stellungen zwei Widerstandszweige parallel und ein Widerstandszweig vorgeschaltet. Der resultierende Widerstand ist

$$R_{a1} = \frac{R\,R}{R+R} + R = \frac{3}{2} R \quad \text{(Ohm)}. \tag{241}$$

Bei Verwendung des Normalwiderstandes $R = u/I_N$ wird der Ausgleichstrom

$$I_{a1} = \frac{u}{R_{a1}} = \frac{2}{3} I_N \quad \text{(A)}. \tag{242}$$

Der zweite Ausgleichstrom tritt wie üblich in der Mittelstellung auf, und es ist

$$I_a = \frac{u}{2R} = \frac{1}{2} I_N \quad \text{(A)}. \tag{243}$$

Die maximale Abschaltleistung entsteht hier nach dem Vektorendiagramm ebenfalls bei $\cos\varphi = 1$ weil in diesem Falle auch hier die Ausgleichströme mit dem Laststrom in Phase fallen. Es ist die maximale Abschaltleistung am Hauptkontakt vor Erreichung der Kontaktstellung a_2:

$$N_a = I \frac{IR}{2} = \frac{I^2 R}{2} = \frac{1}{2} u I \quad \text{(VA)} \tag{244}$$

und bei Nennlast

$$N_a = 0{,}5\, u I_N \quad \text{(VA)}, \tag{245}$$

also nur halb so groß als bei einem einfachen Sprunglastschalter der Fall ist. Die maximale Abschaltleitung am Vorkontakt V_1 vor Erreichung der Kontaktstellung b ist

$$N_a = \left(\frac{I}{3} + \frac{I_{a1}}{2}\right)\left(\frac{u + IR}{2}\right) \quad \text{(VA)} \tag{246}$$

und bei Nennlast

$$N_a = \left(\frac{I_N}{3} + \frac{I_N}{3}\right)\left(\frac{u + I_N \frac{u}{I_N}}{2}\right) = \frac{2}{3} u I_N = 0{,}66\, u I_N \quad \text{(VA)} \tag{247}$$

und schließlich die maximale Abschaltleistung am Vorkontakt V_2, vor Erreichung der Kontaktstellung c_2 ist

$$N_a = \left(\frac{I}{3} + I_{a1}\right)\left(u + \frac{IR}{2}\right) \quad \text{(VA)} \tag{248}$$

und bei Nennlast

$$N_a = \left(\frac{I_N}{3} + \frac{2}{3} I_N\right)\left(u + \frac{I_N \frac{u}{I_N}}{2}\right) = \frac{3}{2} u I_N = 1{,}5\, u I_N \quad \text{(VA)}. \tag{249}$$

Die Beanspruchungen der Vorkontakte sind also hier, infolge der ohmschen Stromteilung, ebenfalls niedriger.

Bei Leerlauf ist der Laststrom gleich Null und der Schnellastschalter hat bei Umschaltungen nur die Ausgleichströme abzuschalten. Kurz vor Stellung b wird der Ausgleichstrom $I_{a1}/2$ mit der halben und kurz vor der Stellung c_2 der Ausgleichstrom I_{a1} mit der vollen Stufenspannung abgeschaltet. Die Abschaltleistung im ersten Falle ist

$$N_a = \tfrac{1}{6}\, u\, I_N \quad \text{(VA)} \tag{249a}$$

und im zweiten Falle

$$N_a = \tfrac{4}{6}\, u\, I_N \quad \text{(VA)}. \tag{249b}$$

Während einer Umschaltung findet also beim Leerlauf, abgesehen vom Leerlaufstrom, eine zweimalige Abschaltung an den Vorkontakten V_1 und V_2 statt. Der Ausgleichstrom I_a wird auch hier stets nur ein-, aber niemals von den Kontakten abgeschaltet.

Aus dem Vektorendiagramm, der einen tieferen Einblick in die Zusammenhänge zwischen den Strömen und Spannungen während des Umschaltvorganges des Schnellastschalters zuläßt, ist die Halbierung der nachfolgenden Spannung und das schrittweise Abgleiten der Stufenspannung, von Kontaktstellung zur Kontaktstellung, deutlich erkennbar.

Während des Betriebes des Schnellastschalters treten, wie aus dem Schaltfolgeschema hervorgeht, an allen Haupt- und Vorkontakten Abbrände durch Lichtbögen auf. Innerhalb eines Umschaltvorganges werden drei Abschaltungen von den Kontakten ausgeführt. Es ergibt sich aber, daß das Schaltverfahren in bezug auf Spannungsverluste und Abschaltleistungen günstige Eigenschaften zeigt. Strommäßig sind die Kontakte zwar etwas stark beansprucht, die Beanspruchungen kommen aber nicht über die Größe des Nennstromes hinaus.

10. Prüfung von Regeltransformatoren vor der ersten Inbetriebnahme. Vor der ersten Inbetriebnahme oder nach größeren Reparaturen oder Revisionen sind Regeltransformatoren auf das richtige Zusammenarbeiten von Lastschalter und Wähler zu prüfen. Zu diesem Zwecke wird der Regeltransformator mit Niederspannung, gewöhnlich 220 oder 380 V, erregt und mittels Spannungsmesser die Arbeitsweise der Regeleinrichtung kontrolliert.

a) *Regelleistungstransformatoren mit Sternpunktregelung.* Die Prüfung wird grundsätzlich einphasig, für jede Phase getrennt durchgeführt. Der Spannungsmesser wird mit der einen Klemme an den Sternpunkt, mit der anderen an die Anschlußverbindung einer Phase gelegt, und zwar auf der Seite des Transformators, wo die Regeleinrichtung eingebaut ist. Die Erregung erfolgt entweder einphasig oder mit Drehstrom von der anderen Seite aus. Befindet sich die Regeleinrichtung auf der Unterspannungsseite, so kann der Spannungsmesser direkt angeschlossen werden. Ist sie dagegen auf der Oberspannungsseite, so ist die Verwendung eines Spannungswandlers erforderlich (Abb. 166a).

b) *Regelzusatztransformatoren in Sternschaltung bei direkter und indirekter Regelung.* Die Prüfung erfolgt dreiphasig und die Erregung mit Drehstrom. Die Niederspannung wird an die Klemmen der Festspannung angeschlossen, während drei Spannungsmesser mit den Klemmen der veranderlichen Spannung verbunden werden (Abb. 166b).

c) *Regeltransformatoren in Dreieckschaltung.* Die Prüfung erfolgt zweiphasig und die Erregung entweder ebenfalls zweiphasig oder mit Drehstrom. Das Voltmeter wird an zwei Anschlüsse der Dreieckswicklung angelegt. Sind die Regelwicklungen an den Enden der Schenkelwicklungen angeschlossen, so sind die Anschlusse an den Grundplatten

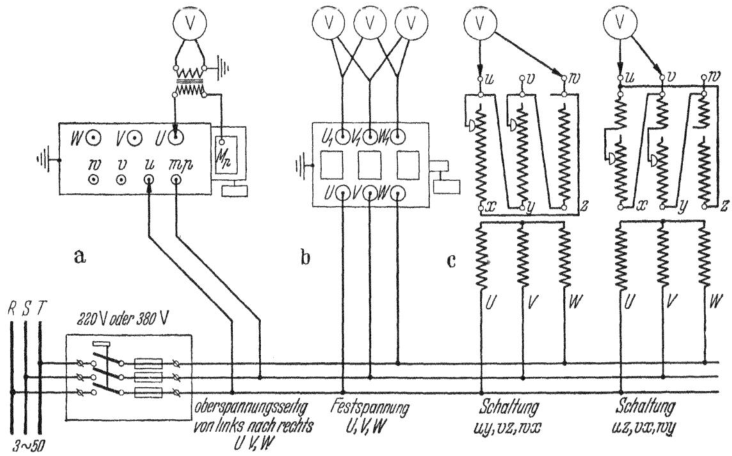

Abb 166. Prufung von Regeltransformatoren an der Einbaustelle vor der ersten Inbetriebnahme. a) Regelleistungstransformator mit Sternpunktregelung, b) Regelzusatztransformator, c) Regeltransformatoren in Dreieckschaltung.

der Lastschalter vorgesehen. Liegen die Regelwicklungen dagegen in der Mitte der Schenkelwicklungen, so sind drei besondere Anschlüsse vorhanden.

Jeder der drei Lastschalter muß getrennt geprüft werden, während einer der beiden anderen abmontiert ist. Sind die Lastschalter an *u*, *v* und *w* angeschlossen, so wird die Prüfung nach folgender Tabelle vorgenommen (Abb. 166c).

Tabelle 16. *Prufung der Lastschalter bei in Dreieck geschalteten Regelwicklungen.*

Schaltung	Prufung des Lastschalters		
	u	*v*	*w*
	Spannungsmesser anlegen an Phase		
uy vz wx	*u* — *w*	*v* — *u*	*w* — *v*
uz vx wy	*u* — *v*	*v* — *w*	*w* — *u*

Hierbei ist es gleichgultig, ob die Regelwicklung am Anfang oder in der Mitte der Schenkelwicklung angeordnet ist.

d) *Verlauf der Prufung.* Nach Aufsetzen der Handkurbel auf den Reglerantrieb wird von Hand langsam der ganze Regelbereich von Stufe zu Stufe, aufwarts und abwärts, durchgeschaltet. Allgemein sind

8 oder 12 Umdrehungen für 1 Schaltstufe erforderlich. Die Anzeige des Spannungsmessers wird für jede Stufe notiert und Stufenspannung und Regelbereich nachgerechnet. Die Spannung darf beim Durchschalten an keiner Stelle verschwinden. Die Durchschaltung ist für jede Phase einzeln auszuführen. Bei *b* können hiergegen alle 3 Spannungsmesser gleichzeitig beobachtet werden. Der mechanische und elektrische Stellungsanzeiger sind auf Übereinstimmung mit den Stellungen des Stufenwählers zu kontrollieren, ebenfalls, ob beim Aufsetzen der Handkurbel der Motorstromkreis automatisch unterbrochen worden ist.

Verschwindet beim Schalten der Stufen die Spannung vorübergehend, so sind allgemein entweder die beiden Ableitungen 1 und 2 am Lastschalter zu vertauschen oder es ist die Kurbel bzw. die Verbindung zwischen Lastschalter und Lastschalterantriebswelle um den Schaltwinkel zu versetzen. Stimmt die Stellung des Antriebes mit der Stellung des Stufenwählers nicht überein, so ist die Kupplung des Antriebes zu lösen. Der Antrieb ist auf die durch Messung festgestellte Stellung des Stufenwählers zu schalten und dann die Kupplung zu schließen. Die Endanschläge sind hierbei zu beachten. (Die Endanschläge sowie die Endabschalter sind stets in der Antriebsvorrichtung angebracht.) Wird hierdurch das Verschwinden der Spannung nicht behoben, so muß die Regeleinrichtung nach Öffnung des Transformators näher untersucht werden.

e) *Hochfahren mit Prüfmaschine.* Ist die richtige Schaltung des Regeltransformators mittels Niederspannung festgestellt, so kann mit einer besonderen Prüfmaschine langsam auf Hochspannung gefahren werden. Das Hochfahren hat in mehreren Absätzen zu erfolgen. Bei etwa halber Betriebsspannung wird der Regler mittels Fernantrieb durchgeschaltet und die Spannung in der Schaltanlage oder auf der Schaltwarte an Betriebsspannungsmesser beobachtet. Hierbei darf sich wieder keine Unterbrechung zeigen. Bei voller Betriebsspannung wird eine weitere Durchschaltung und die Messung des Regelbereiches durchgeführt. Dann folgt eine um 10% höhere Spannung zur Probe, 1 Minute lang.

Anschließend kann bis Nennstrom in dreiphasigem Kurzschluß hochgefahren werden. Ist der Nennstrom erreicht, so wird der Regler ebenfalls mit Fernantrieb nochmals von Stufe zu Stufe geschaltet und die Arbeitsweise des Lastschalters beobachtet. Die Messung der Kurzschlußspannungen kann die Prüfung ergänzen.

Arbeitet der Regeltransformator auch hier ordnungsgemäß, so gelten für die weitere Inbetriebnahme nur noch die Vorschriften eines Leistungstransformators.

J. Kompensation der Oberwellen.

1. Allgemeines. Die Höhe der Induktion im Eisenkern des Transformators ist durch die Rücksicht auf die Oberwellen des Magnetisierungsstroms begrenzt. Allgemein beträgt der größte zulässige Wert im Mittel etwa 13000 Gauß. Jede nennenswerte Erhöhung der Induktion, über diese Grenze hinaus, zwingt den Konstrukteur, sich mit dem Problem der Oberwellen auseinanderzusetzen.

Der gekrümmte Verlauf der Magnetisierungskurve erfordert, daß der sinusförmige Kraftfluß im Eisen von einem nicht sinusförmigen, aus Grundwelle und Oberwellen bestehenden Magnetisierungsstrom erzeugt wird. Der Anteil der Oberwellen zur Grundwelle nimmt mit der Erhöhung der Induktion zu. Bei Herabsetzung der Induktion wird der gesamte Magnetisierungsstrom verkleinert und damit der Anteil der Oberwellen verringert. Eine Kompensation der Oberwellen ist jedoch durch Senkung der Induktion nicht möglich.

Die Oberwellen verzerren die Netzspannung, belasten die Leitungen sowie die Ständer- und Dämpferwicklungen der Generatoren, können die Erdschlußkompensation erschweren und durch die Verzerrung der Spannung den Erdschlußreststrom erheblich steigern. Innerhalb eines Netzes liefern die zahlreichen kleinen Verteilertransformatoren der Schaltgruppe C 3 oder bei unbelastetem Sternpunkt A 2 einen erheblichen Beitrag zur Oberwellenerzeugung. Sie weisen, infolge ihrer niedrigen Nennleistung, einen hohen relativen Magnetisierungsstrom auf, und ihre Gesamtleistung ist im Verhältnis zu den größeren Transformatoren des Netzes meist ein Mehrfaches. Bei Leerlauf oder bei schwacher Belastung sind die Einwirkungen der Oberwellen größer als bei starker Belastung des Netzes. Zur Schwachlastzeit sind auch nur wenige Großtransformatoren in Betrieb, während die kleineren Ortsnetztransformatoren dauernd eingeschaltet bleiben. Verzerrungen der Spannung werden dann bemerkenswert, wenn Eigenfrequenz des Netzes der Frequenz einer Oberwelle im Magnetisierungsstrom nahekommt.

Zu der Kompensation der Oberwellen von Drehstromtransformatoren führen zwei Wege, und zwar erstens der natürliche äußere durch Schaltungsmaßnahmen im Betrieb des Netzes und zweitens der innere durch konstruktive Änderungen an Bauart und Bewicklung des Eisenkernes. Bei den Schaltungsmaßnahmen handelt es sich im wesentlichen um die Vermischung der Transformatoren durch Parallel- oder Hintereinanderschaltung von in Stern mit in Dreieck geschalteten Wicklungen im Verhältnis ihrer Eisenkerngewichte. Bei der Parallelschaltung werden Transformatoren, die primär im Stern und primär im Dreieck geschaltet sind, miteinander verbunden. Hierzu eignen sich die Schaltgruppen C 1 und C 3 am besten. Bei der Hintereinanderschaltung werden die Wicklungen, die miteinander verbunden werden, so ausgewählt, daß der eine in Stern und der andere in Dreieck angeordnet ist. Bei den Änderungen an der Bauart und Bewicklung des Eisenkernes wird hauptsächlich bei größeren Transformatoren durch Schlitzung der Joche und zusätzliche Bewicklung der Joche bei dreischenkligem oder nur durch Bewicklung der Joche bei fünfschenkligem Eisenkern eine magnetische und elektrische Dreieckschaltung der Joche herbeigeführt. Hierdurch werden eigentlich zwei Transformatoren, wobei der eine magnetisch und elektrisch in Stern und der andere magnetisch und elektrisch in Dreieck geschaltet ist, vereinigt und zur Kompensation der Oberwellen veranlaßt.

In Netzen, wo die Sternpunkte der Generatoren und Transformatoren nicht gleichzeitig und unmittelbar geerdet sind, also wo kein natürlicher primärer Sternpunktleiter vorhanden ist, können die durch drei teilbaren Oberwellen nicht fließen, weil sie in den drei Phasen gleichphasig sind. Sie sind deshalb in dem Magnetisierungsstrom nicht mehr vorhanden. Bei Transformatoren der üblichen Bauart, also mit drei Schenkeln in einer Ebene, verbleibt aber noch eine dritte Oberwelle und kommt zum Fließen, weil diese, durch den unsymmetrischen Aufbau des Kernes bedingten Oberwellen in einer Phase positiv und in den beiden anderen mit dem halben Betrag negativ gerichtet sind. Sie lassen sich durch Symmetrierung beseitigen. Zusammengenommen verbleiben für die Kompensierung, in den oben geschilderten Netzen, alle übrigen Oberwellen, also im wesentlichen die fünfte und die siebente Oberwelle.

Die konstruktiven Maßnahmen verteuern und komplizieren den Transformator und werden in neuester Zeit nicht mehr oder nur selten angewandt. Das Oberwellenproblem ist überhaupt, durch andere große Fortschritte im Transformatorenbau, verdrängt und interesselos geworden. Der schaltungstechnische Weg sollte aber benutzt und vor allen Dingen bei der Projektierung beschritten werden.

2. Grundlagen. Bei Anlegung von Wechselspannung an die Primärwicklung eines Einphasentransformators wird das Eisen durch den aufgenommenen Wechselstrom i_0 zyklisch ummagnetisiert. Es besteht Gleichgewicht zwischen dem Momentanwert der Klemmenspannung u und der Summe der Gegenspannungen, die vom Kraftfluß induziert bzw. im Widerstand hervorgerufen werden. Es ist also

$$u = i_0 R + n \frac{d\Phi}{dt}, \tag{250}$$

wobei n die Windungszahl bedeutet.

Bei Vernachlässigung der Spannung am Widerstand $i_0 R$ wird

$$u = n \frac{d\Phi}{dt}. \tag{251}$$

Ist u eine sinusförmige, einwellige Spannung, so ist der Kraftfluß auch sinusförmig, und die Amplitude beträgt

$$\Phi_{\max} = \frac{u_{\max}}{\omega n}. \tag{252}$$

Der Zusammenhang zwischen Φ und i_0 ist durch die Hysteresisschleife gegeben. In Abb. 167 ist zu jedem Wert des sinusförmigen Kraftflusses der zugehörige Strom i_0 aufgetragen. Die Kurve des Stromes hat, wie zu ersehen ist, eine verzerrte und spitze Form und liegt unsymmetrisch zur Kurve des Flusses. Der Strom i_0 eilt wenig, entsprechend der Hysteresisverluste, dem Kraftfluß vor. Würde die Ummagnetisierung ohne Hysteresis vor sich gehen (Abb. 168), erhielte man eine symmetrische Stromkurve i_μ, die mit dem Kraftfluß in Phase ist. Der aufgenommene Wechselstrom enthält also zwei Komponenten, die um 90° verschoben sind. Die eine Komponente i_h ist in Phase mit der Spannung und dient zur Deckung der Hysteresisverluste, während die andere Komponente i_μ um 90° gegen die Spannung verzögert und somit in

Phase mit dem Kraftfluß ist. Der Strom i_μ wird als Zeitwert des Magnetisierungsstromes bezeichnet. Die Wirbelstromverluste bedingen eine Erhöhung der Komponente, die mit der Spannung in Phase ist. Addiert man zu der sinusförmigen Spannung $n\,\frac{d\Phi}{dt}$ die Spannung am Widerstand

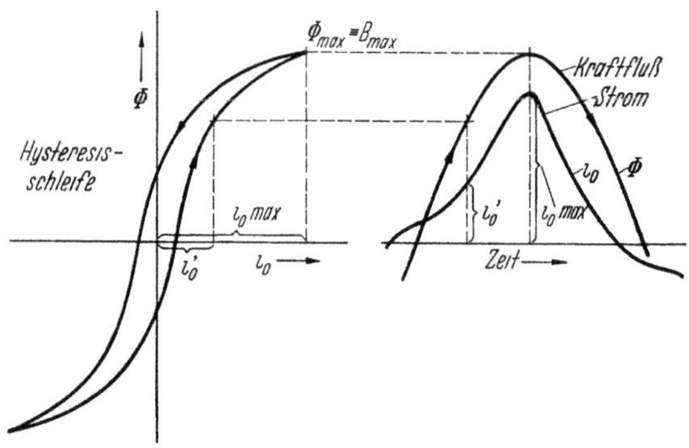

Abb. 167. Zeitlicher Verlauf des Leerlaufstromes i_0 eines Einphasentransformators.

die ebenfalls wie der Strom verzerrt ist, so ergibt sich, daß die Klemmenspannung nicht mehr sinusförmig ist. Umgekehrt bewirkt die Spannung am Widerstand eine Verzerrung des Kraftflusses trotz sinusförmiger Klemmenspannung.

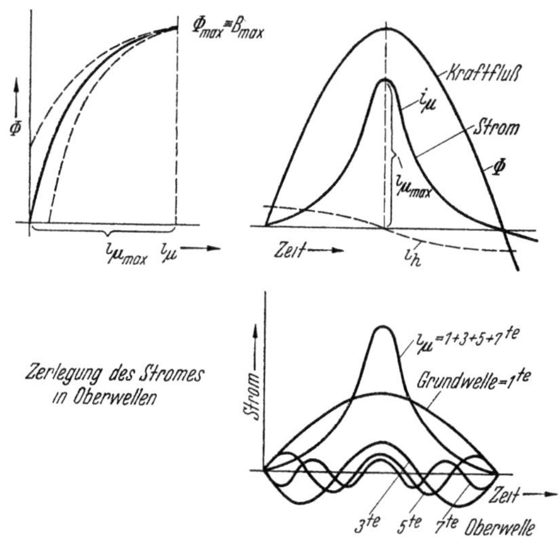

Abb. 168. Zeitlicher Verlauf des Magnetisierungsstromes i_μ und Zerlegung dieses Stromes in Grundwelle und ungradzahlige Oberwellen.

Die Verzerrung des Magnetisierungsstromes i_μ ist von der Höhe der Sattigung abhängig (s. Tabelle 17). Bei sehr schwacher Sättigung, die dem geraden unteren Teil der Magnetisierungskurve entspricht, aber für Transformatoren nicht in Frage kommt, würde ein sinusförmiger Kraft-

Tabelle 17. *Oberwellengehalt des Magnetisierungsstromes in Abhängigkeit von der Sättigung des Eisens.*

Induktion in Gauß	Grundwelle %	3. Oberwelle %	5. Oberwelle %	7. Oberwelle %
10000	100	−16,2	+ 5,0	− 1,0
12000	100	−28,7	+ 9,4	− 1,3
14000	100	−52,8	+26,7	−11,3
16000	100	−65,8	+33,1	−12,1

fluß auch von einem sinusförmigen Magnetisierungsstrom erzeugt werden. Bei starker Sättigung dagegen tritt ein stark verzerrter Magnetisierungsstrom bei sinusförmigem Kraftfluß auf. Da man bei Transformatoren meistens mit Sättigungen im Knie oder oberhalb des Knies der Magnetisierungskurve arbeitet, tritt der Transformator minder oder mehr dem speisenden Netz gegenüber als Oberwellenerzeuger auf. Die Oberwellenströme müssen, vom Generator ausgehend, über das Netz bis zum Transformator geführt werden. Diese hochfrequenten Ströme verursachen erhöhte Spannungsverluste an den Impedanzen des Netzes, und die Folge ist, daß die Netzspannung Verzerrungen unterworfen wird, obwohl der Generator sie sinusförmig erzeugt hatte.

Sind Luftspalte vorhanden, so ist der hierfür erforderliche Magnetisierungsstrom bei sinusförmigem Fluß ebenfalls sinusförmig, da im Luftraum Proportionalität zwischen Kraftfluß und Magnetisierungsstrom besteht. Dies bedeutet aber, daß mit steigender Luftspalte nur die Grundwelle vergrößert wird, dagegen die Oberwellen unverändert bleiben. Der Anteil an Oberwellen wird also im Verhältnis geringer. Je größer der Luftspalt wird, um so mehr nähert sich der Magnetisierungsstrom bei sinusförmiger Spannung der Sinusform. Bei einem Transformator ohne Eisen wäre theoretisch damit der Magnetisierungsstrom total sinusförmig.

Ein periodischer Strom kann nach Fourier zerlegt werden in eine sinusförmige Grundwelle von derselben Frequenz wie der periodische Strom und die Anzahl darübergelagerter sinusförmiger Oberwellen, deren Frequenz 2-, 3-, 4- usw. mal so groß ist wie die der Grundwelle.

Eine periodische Kurve, deren negative Halbwelle das Spiegelbild der positiven in bezug auf die Abszissensache ist, enthält nur ungradzahlige Oberwellen mit Cosinus- und Sinusgliedern und stellt einen reinen Wechselstrom, also einen Wechselstrom ohne Gleichstromglied dar. Ist diese periodische Kurve in bezug auf den Ursprung symmetrisch, so enthalten die ungradzahligen Oberwellen nur Sinusglieder.

Aus diesen Darlegungen ergibt sich, daß der Magnetisierungsstrom eines gesättigten Einphasentransformators, symmetrische sinnusförmige Spannung vorausgesetzt, alle ungradzahligen sinusförmigen Oberwellen mit der Ordnungszahl 3, 5, 7, 9, 11 usw., die nur durch Sinusglieder dargestellt werden, außer der sinusförmigen Grundwelle enthält. Die Kurve des Magnetisierungsstromes hat, wie festgestellt wurde, eine spitze Form (Abb. 168), und die Analyse ergibt folgende Gleichung:

$$i_\mu = 100 \sin x - 40 \sin 3x + 10{,}1 \sin 5x - 3{,}46 \sin 7x + \dots \qquad (253)$$

Bei normaler Sättigung betragt also im Durchschnitt die Amplitude der dritten Oberwelle 40%, der fünften 10,1%, der siebenten 3,46% der Grundwelle. Steigt die Sättigung, so nehmen die prozentualen Anteile der Oberwelle erheblich zu. Da der Kraftfluß sinusförmig ist, ist die induzierte Spannung als Differentialkurve des Flusses genau wie die aufgedrückte Spannung sinusförmig.

Diese physikalischen Zusammenhänge bei der Magnetisierung mit Wechselstrom bewirken bei den verschiedenartigen elektrischen und magnetischen Schaltungen und Anordnungen des Drehstromtransformators ein verschiedenartiges Verhalten gegenüber den Oberwellen des Magnetisierungsstromes. Der Oberwellengehalt kann bei Einphasentransformatoren nicht beseitigt werden. Wie aus nachstehendem hervorgeht, ist hiergegen bei Drehstromtransformatoren die Möglichkeit einer Kompensation gegeben.

Folgende kurze Angaben sollen noch zur Ergänzung dienen.

Die Kurvenform der Spannung ist in allen Phasen eines symmetrischen Mehrphasensystems gleich. Die enthaltenen Oberwellen treten in gleicher Größe und Lage relativ zur Grundwelle der einzelnen Phasen auf.

Der Phasenwinkel der Grundwelle überträgt sich auf die Oberwellen, entsprechend ihrer Wellenzahl bzw. Ordnungszahl. Sind zwei aufeinanderfolgende Phasen, bzw. die Grundwellen um $\frac{2\pi}{3} = 120°$, verschoben, was bei Drehstrom ja der Fall ist, so sind die entsprechenden k-ten Oberwellen um $k\frac{2\pi}{3}$ ihrer Wellenlänge gegeneinander verschoben. Ist $\frac{k}{3}$ eine ganze Zahl, so ist die Verschiebung ein ganzes Vielfaches von 2π. Dieses bedeutet aber dann, daß die Wellen untereinander phasengleich sind.

Unabhängig von der Ordnungszahl beträgt erklärlicher Weise die absolute Länge einer Welle 360°. Die relative Länge zur Grundwelle ist $360/k$ Grad. Innerhalb von zwei hintereinanderfolgenden Nulldurchgängen der Grundwelle sind $k + 1$ Nulldurchgänge der Oberwelle vorhanden, so daß die Halbwelle k Halbwellen von der Oberwelle umfaßt.

Geht die Grundwelle durch Null, so gehen sämtliche Oberwellen ebenfalls durch Null. Geht z. B. die Grundwelle von der negativen zur positiven Halbwelle über und erfolgt der Nulldurchgang der Oberwelle in diesem Zeitabschnitt ebenfalls im gleichen Sinne, so ist die Oberwelle positiv und im umgekehrten Falle negativ.

Die Polarität der Oberwellen ist nach Gl. (253) durch die Vorzeichen festgelegt. Es ist demnach die dritte Oberwelle negativ, die fünfte positiv, die siebente wieder negativ usw. Die Größe der Amplituden der Oberwellen nimmt mit wachsender Ordnungszahl ab.

Wird der Abszissenwert für die positive Amplitude der Grundwelle $\omega t = x = \pi/2 = 90°$ in Gl. (253) eingesetzt so ergibt sich, daß $\sin 3x = \sin 270° = -1$, $\sin 5x = \sin 90° = +1$ und $\sin 7x = \sin 270° = -1$ ist, wodurch alle Glieder der Gleichung für diesen Zeitpunkt positiv werden. Hieraus folgt, daß nach Gl. (253) bei der positiven Amplitude der

Grundwelle alle Oberwellen ein positives und bei der negativen Amplitude ein negatives Maximum haben.

3. Die durch drei teilbaren Oberwellen des Magnetisierungsstromes. (*k* gleich drei, neun usw.) a) *Kompensierung der durch drei teilbaren Oberwellen. Primäre Sternschaltung ohne Sternpunktleiter und primäre Dreieckschaltung.* Alle durch drei teilbaren Oberwellen des Magnetisierungsstromes eines Drehstromtransformators sind gleichphasig und können bei primärer Sternschaltung ohne Sternpunktleiter nicht fließen (Abb. 169). Durch die fehlende negative dritte Oberwelle des Magnetisierstromes verändert sich die sinusförmige Kurvenform des Kraftflusses und der induzierten Sternspannung. Der Kraftfluß wird mit einer positiven dritten Flußoberwelle, also mit dreifacher Frequenz, überlagert.

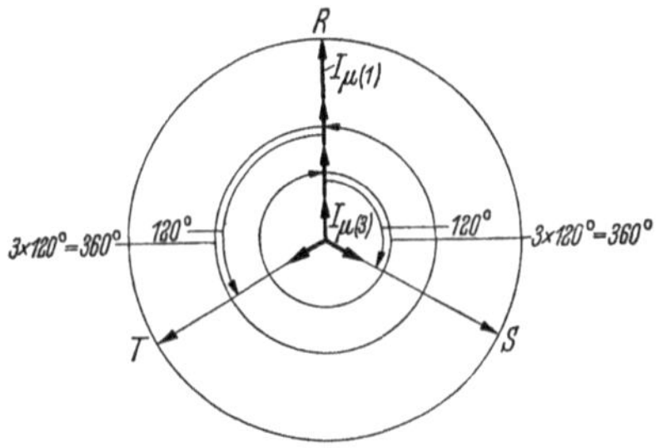

Abb. 169. Grundwelle $I_{\mu(1)}$ und dritte Oberwelle $I_{\mu(3)}$ des Magnetisierungsstromes bei Drehstromtransformatoren mit Sternschaltung der Primärwicklung. Die relative Wellenlänge für $I_{\mu(3)}$ beträgt 120°. Die Grundwelle der Phase *S* ist gegenüber der Phase *R* um 120° verschoben. folglich die dritte Oberwelle um 3 · 120° = 360°, ebenfalls die Phase *T* gegenüber *R* um 120° und die dritte Oberwelle um 360°. Die dritten Oberwellen sind somit phasengleich und können deshalb bei Sternschaltung ohne Sternpunktleiter nicht zum Fließen kommen. Zu beachten ist für das Diagramm, daß während $I_{\mu(1)}$ eine Umdrehung macht, dreht sich $I_{\mu(3)}$ dreimal um.

Bei Dreischenkeltransformatoren mit Stern-Stern-Schaltung ohne primären Sternpunktleiter, also mit erzwungener und unnatürlicher Magnetisierung, findet die dritte Oberwelle des Kraftflusses keinen Rückschlußweg im aktiven Eisen des Transformators, weil ein magnetischer Sternpunktleiter auch nicht vorhanden ist. Dieser Fluß kann sich nur über den Luftweg und Kesselwandung von Joch zu Joch schließen, wo er durch den großen magnetischen Widerstand stark gedämpft wird und nur als schwacher Streufluß in Erscheinung tritt. Die dritte Oberwelle des Kraftflusses kann sich hier daher nur gering ausbilden, wodurch die Verformung der Kurve des Kraftflusses und der induzierten Sternspannung gemildert wird. Der Luftfluß erzeugt zusätzlich Verluste in nichtaktiven Eisenteilen des Transformators und induziert elektromotorische Kräfte in den Wicklungen. Die elektromotorischen Kräfte sind gleichphasig und fallen, durch die Differenzbildung der Sternspannungen, in der verketteten Spannung aus. Da die Kapazität der Leitungen gegen Erde viel größer ist als die Kapazität des Sternpunktes gegen Erde, tritt eine merkbare Sternpunktspannung von dreifacher Frequenz auf.

Bei Fünfschenkeltransformatoren oder bei drei Einphasentransformatoren, also bei Transformatoren mit ungezwungener Magnetisierung, in Stern-Stern-Schaltung ohne primären Sternpunktleiter und deshalb mit unnatürlicher Magnetisierung, kann sich die dritte Kraftflußoberwelle, infolge der zur Verfügung stehenden Eisenwege, voll ausbilden.

Beim Fünfschenkeltransformator finden die gleichphasigen magnetischen Flüsse im vierten und fünften Schenkel ohne Zwang einen bequemen Rückschlußweg, und bei den Einphasentransformatoren ist infolge der unverketteten Flußausbildung ebenfalls ein Rückschluß und damit kein Zwang vorhanden. Die Verformung der Kurve des Kraftflusses und der induzierten Sternspannung wird hier stark ausgeprägt. Der Kraftfluß und die Sternspannung weisen kräftige dritte Oberwellen auf. Die Kurve des Kraftflusses hat, infolge der positiven dritten Oberwelle, einen gedrückten, flachen, sattelförmigen Verlauf. Die Sternpunktspannung dreifacher Frequenz steigt stark an.

Mit primärem Sternpunktleiter könnten die gleichphasigen dritten Oberwellen des Magnetisierungsstromes fließen. Der Kraftfluß und damit die induzierte Sternspannung hätten dann sinusförmige Kurvenform, weil eine natürliche und ungezwungene Magnetisierung, also ohne Luftfluß und mit negativer dritter Oberwelle, vorhanden wäre. In den drei Leitungen und im Sternpunktleiter würden aber Ströme von dreifacher Netzfrequenz, und in letzteren sogar mit dreifacher Stärke, fließen.

Bei primärer Dreieckschaltung besteht ebenfalls die Möglichkeit, daß die negative dritte Oberwelle des Magnetisierungsstromes fließen kann. Sie fließt jedoch nur innerhalb der Dreieckwicklung und in den Linienströmen ist sie deshalb nicht vorhanden. Die gleichphasigen Oberwellen fallen durch die Differenzbildung der Phasenströme, an den drei Verzweigungspunkten aus. In den Phasenströmen sind also sämtliche Oberwellen vorhanden, die für die Erzeugung eines sinusförmigen Kraftflusses erforderlich sind. Bei primärer Dreieckschaltung ist damit der Kraftfluß und die Sternspannung fast sinusförmig und es besteht eine natürliche und ungezwungene Magnetisierung.

Bei sekundärer oder tertiärer Dreieckwicklung fließt ebenfalls die negative dritte Oberwelle als Kurzschlußstrom innerhalb der Dreieckwicklung und unterbindet die Entstehung des Kraftflusses dreifacher Frequenz. Trotz fehlender dritter Oberwelle im Magnetisierungsstrom wird der Kraftfluß hierdurch fast sinusförmig. Alle Transformatoren, die eine Dreieckwicklung besitzen, werden deshalb natürlich magnetisiert.

Eine in sich geschlossene Dreieckwicklung stellt einen Kurzschluß für die dritte Kraftflußoberwelle dar. Die in den einzelnen Phasen der Dreieckwicklung induzierten elektromotorischen Kräfte sind gleichphasig und treiben einen Strom, der um 90° nacheilt und gegenüber dem Kraftfluß um 180° phasenverschoben ist. Die durch den Stromfluß entstehenden phasengleichen Durchflutungen dreifacher Frequenz wirken somit der dritten Kraftflußoberwelle entgegen und löschen diesen bis auf einen kleinen Restbetrag aus. Der Kurzschlußstrom in der Dreieckwicklung wird durch diesen Restkraftfluß induzierter elektromotorischer Kräfte aufrecht erhalten. Da die dritte Oberwelle des Kraftflusses positiv ist, wird der entstandene Strom in der Dreieckwicklung negativ.

Bei Dreischenkeltransformatoren wird durch eine Dreieckwicklung der Luftfluß kurzgeschlossen, und bei Fünfschenkeltransformatoren, bei denen die Dreieckwicklung an den drei Hauptschenkeln angeordnet werden muß, die im Kraftfluß vorhandene dritte Oberwelle unterbunden. Bei beiden Bauarten wird damit die Kurve des Kraftflusses und der Sternspannung fast sinusförmig und die Sternpunktspannung dreifacher Frequenzen aufgehoben.

Bei all diesen Vorgängen wird die Wechselwirkung zwischen magnetischem Fluß und elektrischem Strom deutlich erkennbar.

b) *Kompensierung der durch Unsymmetrie entstandenen dritten Oberwellen.* Bei Dreischenkeltransformatoren der üblichen Bauart befinden sich die drei Kerne in einer Ebene. Der Kernaufbau ist deshalb unsymmetrisch. Dieses wird auch durch die ungleichen Magnetisierungsströme der drei Phasen, gleichgültig, ob primäre Sternschaltung oder primäre Dreieckschaltung vorliegt, angezeigt. In der mittleren Phase ist nur der

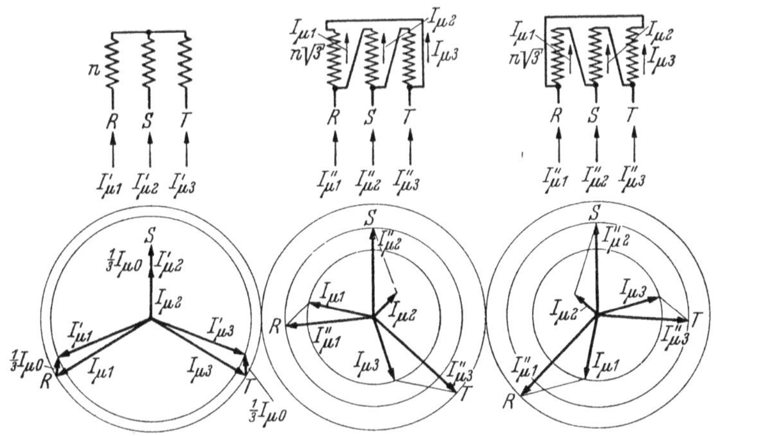

Abb. 170. Die ungleichen Magnetisierungsstrome von dreischenkeligen Transformatoren. Links Sternschaltung, Mitte und rechts Dreieckschaltung. (Siehe hierzu S. 52.)

magnetische Widerstand des Schenkels, während in den beiden äußeren von Schenkel und Joch, zu überwinden. Durch diese Unsymmetrie bleibt ein Restbetrag der dritten Oberwelle im Magnetisierungsstrom erhalten. Diese Oberwelle kommt aber zum Fließen weil sie in einer Phase positiv, in den beiden anderen mit dem halben Betrag negativ gerichtet ist.

Durch Schwächung des Eisenquerschnittes des mittleren Schenkels, so daß die magnetischen Widerstände aller drei Eisenwege gleich werden, kann die Symmetrierung herbeigeführt und der Restbetrag der dritten Oberwelle im Magnetisierungsstrom zu Null gemacht werden.

Eine andere Möglichkeit der Symmetrierung besteht durch Schaltmaßnahmen im Betrieb der Netze. Bei gleichsinnigem Anschluß mehrerer Transformatoren an die Phasen R, S und T im Netz, addieren sich die Restbeträge der dritten Oberwelle. Vertauscht man die Anschlüsse dreier Transformatoren zyklisch unter primärer Zusammenschaltung, so verschwindet aus der Summe der drei Magnetisierungsströme die dritte Oberwelle vollkommen. Hierbei werden die primär in Stern bzw. primär in Dreieck geschalteten zusammengebracht, so daß immer jeweils 3 Transformatoren in Stern und 3 Transformatoren in Dreieck an allen ihren drei Anschlüssen zyklisch vertauscht werden (Abb. 170). Sollen diese Transformatoren auch sekundär zusammengeschaltet, d. h. parallel geschaltet werden, so brauchen nur noch die Sekundäranschlüsse entsprechend vertauscht zu werden. Gleiche Schaltgruppe ist hierbei Voraussetzung.

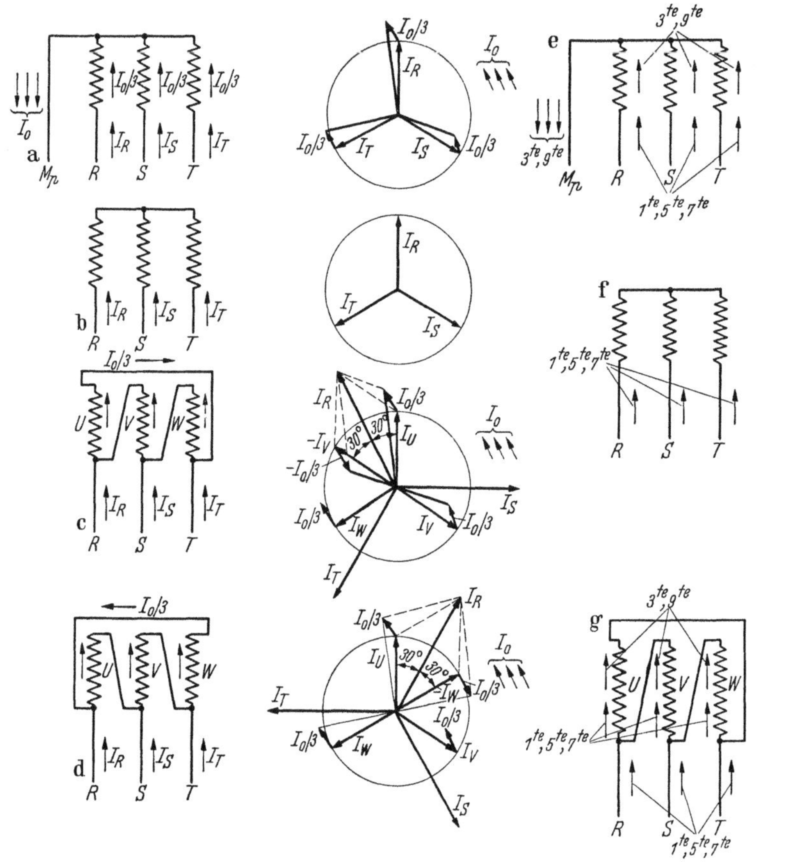

Abb. 171. Stern- und Dreieckwicklung mit einwelligen und mehrwelligen Stromen. a) Sternwicklung mit Sternpunktleiter. Belastung mit einwelligen Stromen. (Drehstrom und gleichphasiger Strom.) Durchfluß von gleichphasigen Stromen moglich. ($I_0/3$) 3 = I_0. b) Sternwicklung ohne Sternpunktleiter Belastung mit einwelligem Strom (Drehstrom). Durchfluß von gleichphasigen Stromen nicht moglich. $I_0/3 = 0$ c) Dreieckwicklung mit 30° nacheilendem Phasenstrom. Belastung mit einwelligen Stromen (Drehstrom und gleichphasiger Strom). Die gleichphasigen Strome $I_0/3$ fließen nur innerhalb des Dreiecks, in den Linienstromen fallen sie durch die Differenzbildung der Phasenstrome aus. Die Linienstrome sind:

$$I_R = I_U \triangleq I_V, \quad I_S = I_V \triangleq I_W, \quad I_T = I_W \triangleq I_U.$$

Die Phasenströme eilen als Komponenten dem Linienstrom um 30° vor und um 30° nach. d) Dreieckwicklung mit 30° voreilendem Phasenstrom. Belastung mit einwelligen Stromen (Drehstrom und gleichphasiger Strom). Sonst gleiche Verhaltnisse wie unter c. Die Linienstrome sind:

$$I_R = I_U \triangleq I_W, \quad I_S = I_V \triangleq I_U, \quad I_T = I_W \triangleq I_V.$$

e) Sternwicklung mit Sternpunktleiter. Belastung mit mehrwelligen Strömen. f) Sternwicklung ohne Sternpunktleiter. Belastung mit mehrwelligen Stromen. g) Dreieckwicklung. Belastung mit mehrwelligen Stromen.

In Abb. 171 ist zwecks Vertiefung des Verständnisses die Sternschaltung und die Dreieckschaltung mit einwelligen und mehrwelligen Strömen dargestellt. Die Vektorendiagramme gelten nur für die einwelligen Ströme.

Die Kompensierung der dritten, neunten usw. Oberwelle erfolgt nach den bisherigen Untersuchungen in einfacher Weise in Netzen mit isoliertem oder nicht unmittelbar geerdetem Sternpunkt.

Um einen fast oberwellenfreien Drehstromtransformator zu erhalten, müssen noch die fünften und siebenten Oberwellen beseitigt werden.

4. Die fünfte und siebente Oberwelle des Magnetisierungsstromes (k gleich fünf bzw. sieben). **a)** *Dreischenkeltransformatoren. Die elektrische Stern-Dreieckschaltung. Kompensation der fünften und siebenten Oberwelle.* Beim Dreischenkeltransformator, gleichgültig, ob primäre Stern- oder Dreieckschaltung vorliegt, enthält der Magnetisierungsstrom im wesentlichen nur noch die fünfte und siebente Oberwelle im Linienstrom. Es ergibt sich, daß der Magnetisierungsstrom bei Stern-Stern-Schaltung ohne primären Sternpunktleiter eine gestufte spitze Form, wie es in Abb. 172 dargestellt ist, besitzt. Die fünfte und die siebente Oberwelle ist hier, wie beim Einphasentransformator, in den Phasenströmen, die ja gleichzeitig Linienströme sind, positiv bzw. negativ. Zusammen mit der Grundwelle ergibt sich die oben angegebene Kurvenform.

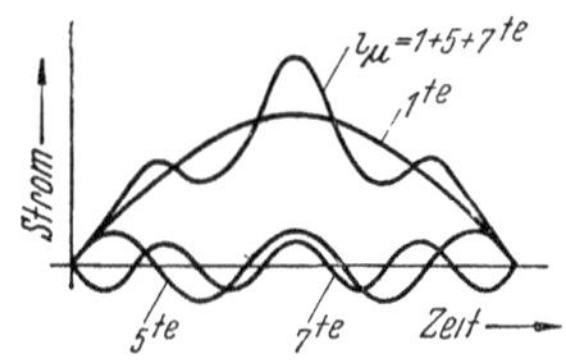

Abb. 172. Zeitlicher Verlauf des Magnetisierungsstromes i_μ eines Drehstromtransformators bei Sternschaltung ohne Sternpunktleiter. Zerlegung in Grundwelle und funfte und siebente Oberwelle.

Bei primärer Dreieckschaltung besteht zwischen Linienstrom und Phasenstrom eine Phasenverschiebung von 30° für die Grundwelle. Für die fünfte Oberwelle ergibt sich hieraus eine Phasenverschiebung von $30 \times 5 = 150°$. Da der Linienstrom aus zwei Phasenströmen, die 30° vor bzw. nacheilen, gebildet wird, wird die fünfte Oberwelle des Linienstromes ebenfalls aus zwei Komponenten, die aber 150° vor bzw. nacheilen, gebildet. Für die resultierende fünfte Oberwelle ergibt sich hieraus eine Phasenverschiebung von 180°. Die fünfte Oberwelle im Linienstrom ist deshalb negativ. Es ergibt sich weiterhin, daß die Größe der fünften Oberwelle bei Stern- und Dreieckschaltung nahezu gleich ist.

Für die siebente Oberwelle ergeben sich die gleichen Verhältnisse. Die Phasenverschiebung ist hier $30 \times 7 = 210°$, sind also um 60° weiter verschoben als die fünften Oberwellen. Es besteht somit Phasenvertauschung, und die resultierende Phasenverschiebung ist wieder 180°. Die siebente Oberwelle im Linienstrom ist deshalb positiv. Diese Verhältnisse sind in den Vektorendiagrammen der Abb. 173 anschaulich für den Zeitpunkt $x = \pi/2$ dargestellt. Da nun die fünfte und siebente Oberwelle bei Dreieckschaltung ihre Polarität gewechselt haben, ergibt sich zusammen mit der Grundwelle die gedrückte, flache und sattelförmige Form des Magnetisierungsstromes als Linienstrom, wie es in Abb. 174 angegeben ist.

α) *Primäre Zusammenschaltung.* Schaltet man zwei Transformatoren primär zusammen, und ist einer von diesen primär in Stern und der andere primär in Dreieck geschaltet, so verschwindet aus der Summe der beiden Magnetisierungsströme die fünfte und siebente Oberwelle fast vollkommen.

Es ist für Sternschaltung ohne Sternpunktleiter

$$i_\mu = \sqrt{2}\, I_{\mu(1)} \sin x + \sqrt{2}\, I_{\mu(5)} \sin 5x - \sqrt{2}\, I_{\mu(7)} \sin 7x \qquad (254)$$

und für Dreieckschaltung

$$i_\mu = \sqrt{2}\, I_{\mu(1)} \sin x - \sqrt{2}\, I_{\mu(5)} \sin 5x + \sqrt{2}\, I_{\mu(7)} \sin 7x, \qquad (255)$$

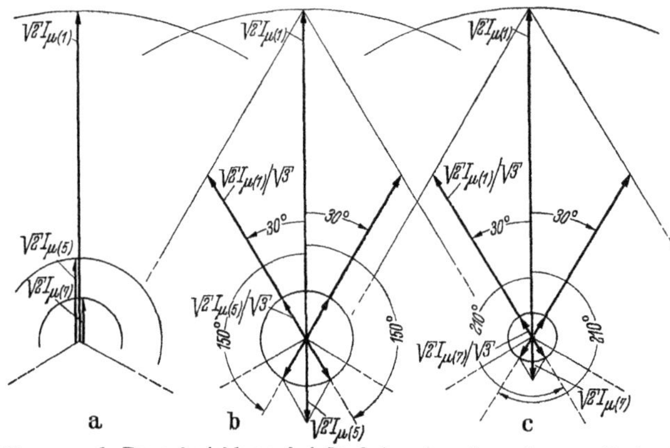

Abb. 173. Stern- und Dreieckwicklung bei Drehstromtransformatoren mit Amplituden der Grundwelle (1) der fünften (5) und der siebenten (7) Oberwelle des Magnetisierungsstromes im Zeitpunkt $x = \pi/2$. a) Sternwicklung: die fünfte Oberwelle $(\sqrt{2}\, I_{\mu(5)})$ ist positiv und die siebente Oberwelle $(\sqrt{2}\, I_{\mu(7)})$ negativ. Die Amplituden bei der positiven Amplitude der Grundwelle sind positiv. b) Dreieckwicklung: die Phasenströme $(\sqrt{2}\, I_{\mu(1)}/\sqrt{3})$ eilen dem Linienstrom $(\sqrt{2}\, I_{\mu(1)})$ um 30° vor bzw. 30° nach. Die beiden Komponenten der fünften Oberwelle $(\sqrt{2}\, I_{\mu(5)}/\sqrt{3})$ eilen deshalb um 150° vor bzw. 150° nach. Die resultierende fünfte Oberwelle im Linienstrom $(\sqrt{2}\, I_{\mu(5)})$ ist negativ. c) Dreieckwicklung: Die beiden Komponenten der siebenten Oberwelle $(\sqrt{2}\, I_{\mu(7)}/\sqrt{3})$ eilen um 210° vor bzw. 210° nach. Die siebente Oberwelle im Linienstrom $(\sqrt{2}\, I_{\mu(7)})$ ist positiv.

woraus zu ersehen ist, daß sich die fünften und siebenten Oberwellen in Gegenphase befinden. Es findet somit ein Austausch der magnetisierenden Oberwellen von Transformator zu Transformator statt, so daß vom Netz keine dieser Oberwellen bezogen werden braucht. In der gemeinsamen Zuleitung fließt nur die Summe der beiden Grundwellen.

Für gleichzeitige sekundäre Zusammenschaltung, d. h. für Parallelschaltung, ist DIN 57532, § 10, zu beachten. Siehe hierzu auch S. 9 und 11.

β) *Sekundäre Zusammenschaltung.* Bei der primären Zusammenschaltung werden die Transformatoren von einem gemeinsamen Netz oder einer gemeinsamen Stromquelle gespeist. Bei sekundärseitig auf einer Sammelschiene zusammengeschalteten Transformatoren handelt es sich dagegen um die Speisung über getrennte Netze oder getrennte

Stromquellen. Ist einer der auf diese Weise zusammengeschalteten Transformatoren sekundär in Stern und der andere sekundär in Dreieck geschaltet, so findet der Oberwellenaustausch sekundär statt, wodurch der Oberwellengehalt des Magnetisierungsstromes auf der Primärseite verringert wird. Dieses entsteht dadurch, daß die fünften und siebenten Oberwellen an der Streuinduktivität der Generatoren Spannungsverluste und damit Verzerrungen an der Kurve der Spannung verursachen. Die Spannungsverzerrungen werden auf die Sekundärseite der Transformatoren übertragen, und da sie entgegengesetzt gerichtet sind, erzeugen sie durch die Zusammenschaltung Ströme, die dann den gewünschten Oberwellenaustausch zwischen den Wicklungen bewirken. Die Spannungsverzerrungen auf der Primärseite sind klein, auf der Sekundärseite verschwinden sie vollständig.

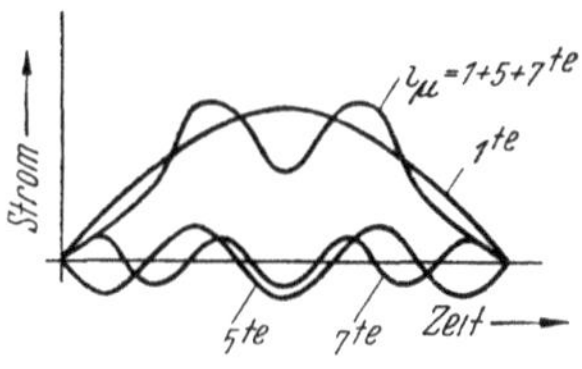

Abb. 174. Zeitlicher Verlauf des Magnetisierungsstromes i_μ eines Drehstromtransformators bei Dreieckschaltung. Zerlegung in Grundwelle und funfte und siebente Oberwelle.

γ) *Hintereinanderschaltung.* Werden zwei Transformatoren hintereinander geschaltet und ist einer der miteinander verbundenen Wicklungen in Stern und der andere in Dreieck geschaltet, so tritt ebenfalls ein Oberwellenaustausch der fünften und siebenten Oberwelle im Magnetisierungsstrom der Transformatoren auf.

b) *Fünfschenkeltransformatoren. Kompensation der fünften Oberwelle. Verfahren nach* HUETER *und* BUCH. *Einstellung der Größe der dritten Kraftflußoberwelle.* α) *Tertiärwicklung über Drosselspule kurzgeschlossen.* Beim Fünfschenkeltransformator, gleichgültig, ob eine Dreieckwicklung vorhanden ist oder nicht, enthält der Magnetisierungsstrom im wesentlichen ebenfalls nur noch die fünfte und siebente Oberwelle im Linienstrom. Vernachlässigt man die siebente Oberwelle, so ergibt sich, daß wenn keine Dreieckwicklung vorhanden ist, die fünfte Oberwelle ein negatives Vorzeichen aufweist. Zusammen mit der Grundwelle zeigt die Kurve des Magnetisierungsstromes einen sattelförmigen Verlauf, ähnlich, wie es in Abb. 174 dargestellt ist. Bei vorhandener Dreieckwicklung wechselt die Polarität der fünften Oberwelle; sie wird in diesem Falle positiv. Zusammen mit der Grundwelle zeigt deshalb die Kurve des Magnetisierungsstromes im Linienstrom eine abgestufte spitze Form, ähnlich wie in Abb. 172 dargestellt ist. Innerhalb der geschlossenen Dreieckwicklung fließt die negative dritte Oberwelle des Magnetisierungsstromes, so daß bei primärer Anordnung die Kurve des Phasenstromes, außer der Grundwelle und der negativen fünften Oberwelle, auch hiervon beeinflußt wird.

Während bei Sternschaltung die dritte Oberwelle im Strom fehlt und die dritte Oberwelle im Fluß voll ausgebildet ist, sind die Verhältnisse bei Dreieckschaltung gerade umgekehrt. Die dritte Oberwelle im Phasenstrom ist voll ausgebildet, und die dritte Oberwelle im Fluß ist fast Null. Die Polarität der fünften Oberwelle ist folglich von der Stärke der dritten Kraftflußoberwelle abhängig. Bei Stern-Stern-Schaltung mit

Tertiärwicklung können diese oben geschilderten Grenzfälle an einem Transformator leicht herbei geführt werden. Bei geschlossener Tertiärwicklung ist die dritte Kraftflußoberwelle fast Null, die dritte Stromoberwelle voll ausgebildet und die fünfte Oberwelle positiv. Bei geöffneter Tertiärwicklung ist die dritte Kraftflußoberwelle voll ausgebildet, die dritte Stromoberwelle gleich Null und die fünfte Oberwelle negativ. Zwischen diesen beiden Grenzfällen muß also der Kompensationspunkt, wobei die fünfte Oberwelle gleich Null wird, liegen.

Schließt man die Tertiärwicklung über eine Drosselspule, um den induktiven Charakter der Kurzschlußstromes zu wahren, kurz, so steigen die induzierten elektromotorischen Kräfte in der Tertiärwicklung und damit die Stärke der dritten Kraftflußoberwelle im Eisen des Transformators an. Bei passender Bemessung der Drosselspule tritt Kompensation der fünften Oberwelle im Magnetisierungsstrom auf, wobei jedoch eine andere in sich geschlossene Dreieckwicklung nicht vorhanden sein darf.

β) Schwache vierte und fünfte Schenkel ohne Bewicklung. Bei unnatürlicher und erzwungener Magnetisierung, also bei Stern-Stern-Schaltung und dreischenkligem Kern, war, wie oben gezeigt wurde, die fünfte Oberwelle positiv, während bei unnatürlicher und ungezwungener Magnetisierung, also bei Stern-Stern-Schaltung und fünfschenkligem Kern, sie entgegengesetzte Polarität hatte, d. h. negativ war. Bei ersterem war die dritte Kraftflußoberwelle fast Null und bei letzterem voll ausgebildet. Kompensation der fünften Oberwelle im Magnetisierungsstrom muß also auch dann eintreten, wenn die Stärke des Kraftflusses dreifacher Frequenz auf einen ganz bestimmten Betrag eingestellt wird. Aus diesen physikalischen Zusammenhängen haben Hueter und Buch, ebenfalls wie oben, ein Verfahren entwickelt, wobei die gewünschte Kompensation erreicht wird.

Durch Anordnung von schwachen Rückschlußschenkeln ohne Bewicklung, als vierte und fünfte Schenkel, bei der Fünfschenkelbauform wird der Weg für die dritte Kraftflußoberwelle stark eingeengt, wodurch eine Schwächung des Kraftflusses dreifacher Frequenz herbeigeführt wird. Bei passender Bemessung tritt deshalb Kompensation ein.

Die Kurve des Kraftflusses erfährt, bei diesen Anordnungen, durch die dritte Kraftflußoberwelle eine Abplattung, und die Kurve des Magnetisierungsstromes weist ebenfalls eine gedrückte Form auf. Der Effektivwert des Magnetisierungsstromes geht durch letzteren, gegenüber der Sinusform, um etwa 30% zurück.

Dieses Verfahren ist ebenfalls nur dann anwendbar, wenn keine Dreieckwicklungen, sei es als Arbeits- oder Tertiärwicklung, vorhanden sind. Also bei den am meisten für kleinere Transformatoren verwendeten Schaltgruppen C 3 und A 2.

c) *Dreischenkel- und Fünfschenkeltransformatoren. Kompensation der fünften und siebenden Oberwelle. Verfahren nach* Biermanns *und* Krämer. *Die magnetische Stern-Dreieck-Schaltung. α) Dreischenkeltransformatoren.* Vereinigt man die unter a) α) beschriebenen zusammengeschalteten Transformatoren in primärer Stern- und in primär Dreieckschaltung magnetisch zu einem Transformator, so tritt ebenfalls Kompensation der fünften und siebenten Oberwelle im Magnetisierungsstrom auf.

Nach dem Verfahren von BIERMANNS und KRÄMER wird die magnetische Stern-Dreieck-Schaltung bei Dreischenkeltransformatoren durch Schlitzung der Joche herbeigeführt. Durch diese Maßnahmen werden die an den in Doppelstern geschalteten Schenkeln angeschlossenen Joche in Dreieck geschaltet. Um die Entstehung eines Kraftflusses dreifacher Frequenz und von Streuflüssen in den geschlitzten Jochen zu verhindern, muß noch eine Ausgleichswicklung an den Jochteilen angebracht werden.

In Abb. 175a ist die *durchgehende Schlitzung* der Joche mit in Dreieck geschalteten Ausgleichswicklungen dargestellt. Die Ausgleichswicklung, die aus nur wenigen Windungen besteht, wird aus Kupferbändern hergestellt. Die Bänder werden um die Jochteile gewickelt, wobei sie durch die Schlitze gezogen werden müssen.

Die für die Symmetrierung erforderliche Gleichheit der magnetischen Widerstände der drei Jochdreieckseiten wird durch geeignete Wahl des

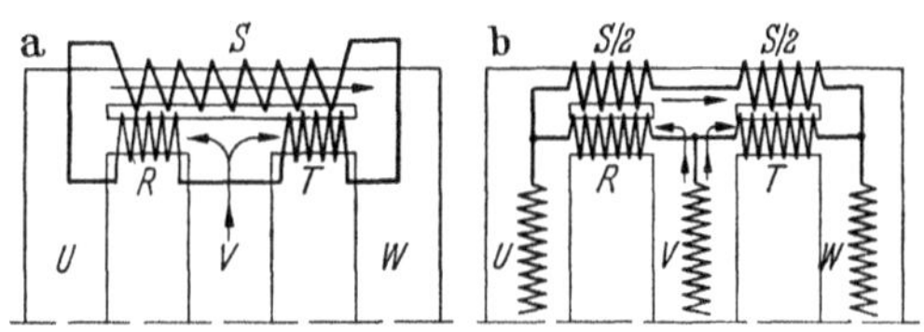

Abb. 175. Dreischenkeltransformatoren. Kompensation der funften und siebenten Oberwelle des Magnetisierungsstromes durch die magnetische Stern-Dreieck-Schaltung. a) Durchgehender Jochschlitz mit in Dreieck geschalteter Jochwicklung. b) Unterbrochener Jochschlitz mit in Dreieck geschalteter Jochwicklung, die an eine Erregerwicklung angeschlossen ist.

Querschnittes der kurzen und langen Jochteile herbeigeführt. Um die zu großen Längenunterschiede zu vermeiden, werden in Fortentwicklung der magnetischen Dreieckschaltung, statt ein, zwei Schlitze vorgesehen. Die *unterbrochenen Jochschlitze* sind aus Abb. 175b zu ersehen. Um eine starke Kopplung zwischen den Jochdreieckseiten und den Schenkeln herbeizuführen, wird die Ausgleichs- bzw. Jochwicklung an die Schenkel- bzw. Erregerwicklung angeschlossen, wodurch der magnetischen eine elektrische Sterndreieckschaltung übergelagert wird. Die Windungszahl der Jochwicklung ist hier entsprechend viel größer, als es bei der einfachen Bänderwicklung der Fall war. Die mittlere Jochdreieckseite S erhält gegenüber den anderen Seiten etwas weniger Windungen. Da nun die unteren bzw. oberen Spulen der Jochwicklung für die Dreieckseiten R und T für den Wicklungsaufbau des Transformators hinderlich sind, werden sie fortgelassen und die Jochwicklung, wie es in Abb. 176 gezeigt wird, in *V-Schaltung* ausgeführt.

Die V-Schaltung der Jochwicklung hat den Nachteil, daß zwei Dreieckseiten $(R + R')$ und $(T + T')$ fast streuungsfrei an die Schenkelwicklung angeschlossen sind, während zwischen der dritten Dreieckseite $(S + S')$ und den Schenkelwicklungen nur eine lose Kopplung besteht. Wenn nur in einem Joch das magnetische Dreieck gebildet wird, entstehen auch ungünstige Verhältnisse.

Die weitere Entwicklung und die günstigste und endgültige Lösung des Problems der Oberwellenkompensation von Dreischenkeltransformatoren ist in Abb. 177 dargestellt. Auf beiden Jochen ist nur eine einzige Dreieckwicklung angeordnet, die aber so verteilt ist, daß die oben geschilderten Schwierigkeiten, die infolge der Streuung der ungekoppelten Jochteile entstehen, zum Fortfall kommen. Von der Durchflutungsentlastung durch Streuung wird hier ein vollständiges Jochdreieck be-

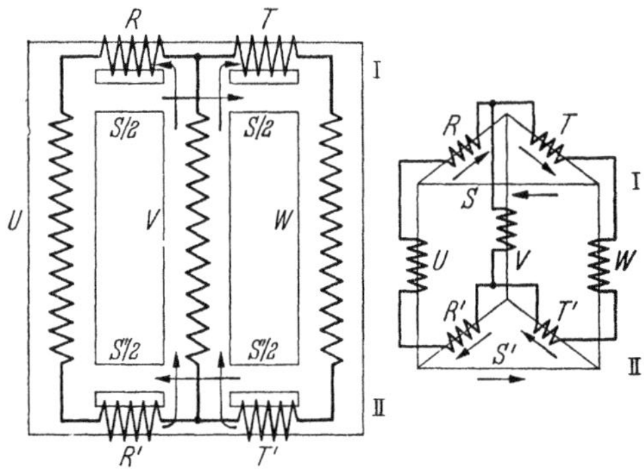

Abb 176. Dreischenkeltransformatoren. Kompensation der funften und siebenten Oberwelle des Magnetisierungsstromes durch die magnetische Stern-Dreieck-Schaltung. Eisenkern mit unterbrochenem Jochschlitz und V-Schaltung der Jochwicklung. Rechts: Schematische Darstellung der Eisenwege.

troffen, wodurch Symmetriestörungen nicht auftreten können. Außerdem ist der Durchflutungsanteil für die fünfte Oberwelle des Jochdreiecks R', S', T' unbedeutend.

Bei dieser Anordnung der Jochwicklung, als *verteilte Dreieckwicklung,* ist es möglich, bereits vorhandene Mittelspannungswicklungen in Sternschaltung unmittelbar zur Speisung der Jochwicklung zu benutzen. Ist Dreieckschaltung vorhanden, so kann durch geeignete Anzapfung der Jochwicklung die Erregerspannung in der richtigen Phasenlage zugeführt werden. Die Anzapfung der Schenkelwicklung erfolgt derart, daß der Anzapfungspunkt die Wicklung im Verhältnis 1 : 2 aufteilt. Während bei Stern-Dreieck-Schaltung in diesem Falle das Windungszahlverhältnis $n_j/n_s = 3$ beträgt, gilt für die Dreieck-Dreieck-Schaltung $n_j/n_s = 1$.

Der *Kompensationsvorgang* bei der magnetischen Stern-Dreieck-Schaltung ist folgender. Die in den Teiljochen fließenden Kraftflüsse sind gegenüber dem Kraftfluß des anliegenden Schenkels, genau wie beim vollkommen symmetrischen Aufbau des Eisenkernes der Fall ist, um 30° vor- und um 30° nacheilend. In der Abb. 177 ist im Kraftflußdiagramm dieses dargestellt. Um dieselben Winkel sind also die Grundwellen der Teilmagnetisierungsströme bzw. Teildurchflutungen für Schenkel und Ober- und Unterjoch verschoben. Folglich sind die fünften Oberwellen des Jochdreiecks gegenüber dem Schenkelstern um $5 \times 30 = 150°$ und die siebenten Oberwellen um $7 \times 30 = 210°$ verschoben.

Die erforderlichen magnetisierenden Teildurchflutungen des einen Schenkels und der beiden Teiljoche stehen also für die fünfte und siebente Oberwelle in Gegenphase, und es findet somit ein Austausch der Durchflutungen zwischen Schenkel und Joch statt. Bei passender Bemessung der magnetischen Leitfähigkeiten ist die Summe der Durchflutungen gleich Null. Dieses bedeutet aber dann, daß der Transformator keine magnetisierende Durchflutungen bzw. Magnetisierungsströme fünfter und siebenter Ordnungszahl für seine Magnetisierung benötigt.

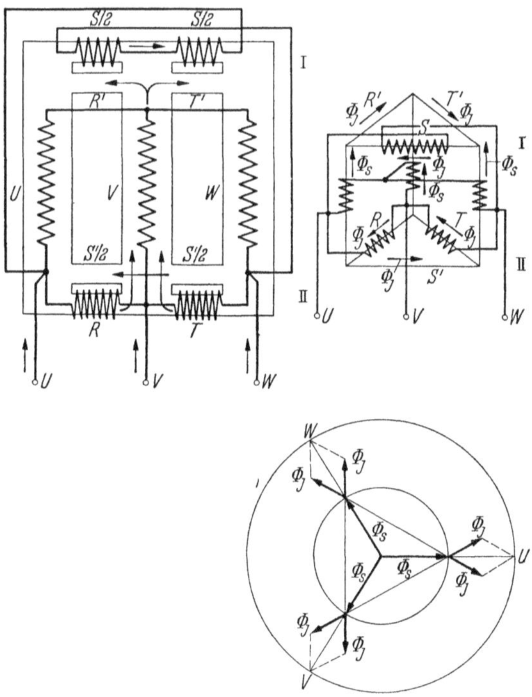

Abb. 177. Dreischenkeltransformatoren. Kompensation der fünften und siebenten Oberwelle des Magnetisierungsstromes durch die magnetische Stern-Dreieck-Schaltung. Eisenkern mit unterbrochenem Jochschlitz und Jochwicklung in verteilter Dreieckschaltung. Magnetisches Dreieck: $(R + R')$, $(S + S')$, $(T + T')$. Rechts: schematische Darstellung der Eisenwege und Vektorendiagramm der Schenkel (Φ_s) und Jochflusse (Φ_j).

Der Zeitwert des Magnetisierungsstromes als Summe für Schenkel und Joch je Phase ist (für $\omega t = x$ gesetzt):

$$i_\mu = \sqrt{2}\,(I_{\mu s(1)} + I_{\mu j(1)}\sqrt{3})\sin x + \sqrt{2}\,(I_{\mu s(5)} - I_{\mu j(5)}\sqrt{3})\sin 5x + {} + \sqrt{2}\,(I_{\mu j(7)} - I_{\mu s(7)}\sqrt{3})\sin 7x + \cdots \qquad (256)$$

Durch entsprechende Wahl der Sättigungen in Schenkel und Jochen kann

$$I_{\mu s(5)} = I_{\mu j(5)}\sqrt{3} \quad \text{und} \quad I_{\mu j(7)} = I_{\mu s(7)}\sqrt{3}$$

gemacht werden, wodurch die oben beschriebene Kompensation herbeigeführt wird und nur die Grundwelle bestehenbleibt.

Das Kompensationsverfahren von BIERMANNS und KRÄMER hat den Vorteil, daß es für alle Transformatoren anwendbar ist. Verwendet wird dieses Verfahren jedoch nur bei größeren Transformatoren, während das Verfahren von HUETER und BUCH nur auf kleinere Transformatoren beschränkt bleibt.

β) *Fünfschenkeltransformatoren.* Der fünfschenklige Eisenkern weist schon bereits eine magnetische Stern-Dreieck-Schaltung auf, so daß die Bauform des Kernes hier nicht geändert werden braucht. Um den Zusammenbau zu erleichtern, wird die obere Jochwicklung weggelassen, und es entsteht die in Abb. 178 dargestellte Kompensationsschaltung. Der Kompensationsgrad ist dabei bis etwa 16000 Gauß praktisch gleich, wenn dem unteren Joch den größeren Bedarf an Durchflutung zuordnet, sein Querschnitt also etwas kleiner wählt als der des oberen Joches. Für das in Abb. 178 dargestellte Kraftflußdiagramm gelten folgende Beziehungen: $\Phi_s = \Phi_{j1} \hat{+} \Phi_a$, $\Phi_s = \Phi_{j2} \hat{+} \Phi_b$, $\Phi_s = \Phi_{j1} \hat{+} \Phi_{j2}$, Φ_b und Φ_{j1} eilen Φ_s um 30° vor, Φ_{j2} und Φ_a eilen Φ_s um 30° nach. Φ_{j1} ist parallel zu UV, Φ_{j2} parallel zu VW und $\Phi_a = \Phi_b$ fällt mit WU zusammen.

5. Oberwellenübersicht. Um auf dem Gebiete der Oberwellenkompensation einen schnellen Überblick zu verschaffen, sind in folgender

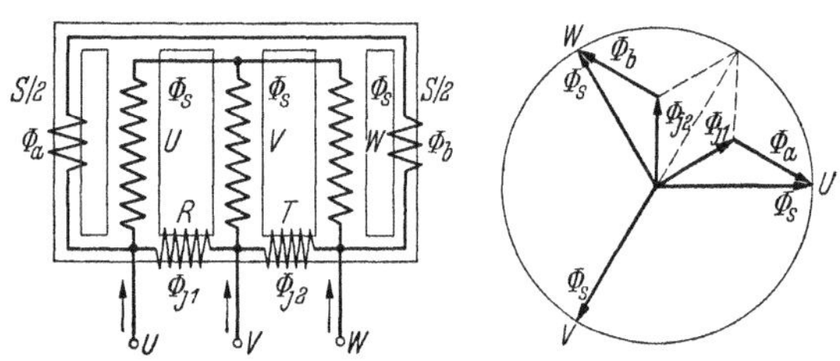

Abb. 178. Fünfschenkeltransformatoren. Kompensation der funften und siebenten Oberwelle des Magnetisierungsstromes durch die magnetische Stern-Dreieck-Schaltung. Eisenkern mit in Dreieck geschalteter Jochwicklung. Rechts: Vektorendiagramm der Schenkel (Φ_s) und Jochflusse (Φ_{j1}, Φ_{j2}, Φ_a und Φ_b).

Tabelle die Oberwellen der Transformatoren nach Bauart und Schaltung geordnet zusammengestellt. Die Kurvenformen vom Magnetisierungsstrom, Kraftfluß und Spannung sind mit aufgenommen worden.

IV. Hilfseinrichtungen.

Der Transformator benötigt für seinen Betrieb verschiedene Hilfseinrichtungen. Für die Abführung der in Wärme umgesetzten Verluste müssen Kühleinrichtungen am Kessel oder getrennt vorgesehen werden. Für Kühlanlagen, die Ölkühler, Ölumlauf- und Kühlwasserpumpen oder Ventilatoren nebst Meß- und Überwachungsapparate umfassen, sind erhebliche maschinelle Aufwendungen notwendig. Zur Aufnahme der Ölausdehnung und zum Schutz des warmen Öles werden Ausdehnungsgefäße erforderlich. Regeltransformatoren benötigen motorische An-

Tabelle 18. *Oberwellen der Transformatoren ohne primären Sternpunktleiter.*

	Kernbauart	Schaltung	Magnetisierungsstrom: 3. Oberwelle	Magnetisierungsstrom: 5. Oberwelle	Magnetisierungsstrom: 7. Oberwelle	Kraftfluß: 3. Oberwelle (positiv)	Kurvenform: Magnetisierungsstrom Linienstrom	Kurvenform: Kraftfluß	Kurvenform: Sternspannung	Kurvenform: Spannung (verkettet)
									(Abgesehen von dem Einwirken der 5., 7. u. 11. usw. Oberwelle)	
1	Dreischenkel	⅄ ⅄	0	+	—	als Streufluß im Luftraum[1]	gestuft spitz	annähernd schwache Sattel	schwach verzerrt durch 3. Spannungsoberwelle	sinus
2	Dreischenkel	△ ⅄	(—)	—	+	fast Null	flache Sattel	fast sinus	fast sinus	sinus
3	Fünfschenkel	⅄ ⅄	0	—		im Eisen[2]	flache Sattel	flache Sattel	verzerrt durch 3. Spannungsoberwelle	sinus
4	Fünfschenkel	△ ⅄	(—)	+		fast Null	gestuft spitz	fast sinus	fast sinus	sinus
5	Drei-Einphasen	⅄ ⅄	0	—		im Eisen[2]	flache Sattel	flache Sattel	verzerrt durch 3. Spannungsoberwelle	sinus
6	Drei-Einphasen	△ ⅄	(—)	+		fast Null	gestuft spitz	fast sinus	fast sinus	sinus
7	Ein-Einphasen	| |	—	+	—	Null	spitz	sinus	sinus	

Bemerkungen: ( ) fließt nur innerhalb der Dreieckwicklung und nicht im Linienstrom.

[1] erzwungene und unnatürliche Magnetisierung, weil gleichphasiger Luftfluß vorhanden und 3. Oberwelle fehlt.

[2] ungezwungene und unnatürliche Magnetisierung, weil gleichphasiger Eisenfluß vorhanden und 3. Oberwelle fehlt.

1 + 2 elektrische Zusammenschaltung: Kompensation der 5. und 7. Oberwelle.

1 + 3 schwacher Rückschlußschenkel: Kompensation der 5. Oberwelle.

3 + 4 Tertiärwicklung über Drossel kurzgeschlossen: Kompensation der 5. Oberwelle.

1 + 2 magnetisch, magnetische Zusammenschaltung: Kompensation der 5. und 7. Oberwelle.

triebe mit Steuerapparaten, Relais für automatische Regulierung und je nach Bedarf besondere Schutzeinrichtungen für den Lastschalter. Zu den Hilfseinrichtungen können auch die Meß-, Gefahrmelde- und Schutzanlagen des Transformators gezählt werden.

A. Kühlungsarten.

Man unterscheidet Kühlungsarten für Trockentransformatoren und Öltransformatoren. Bei den Trockentransformatoren wird bei Selbstkühlung die in den Wicklungen und im Eisen auftretende Verlustwärme unmittelbar an die Luft abgeführt. Bei Fremdlüftung wird die Geschwindigkeit der bewegten Luft künstlich erhöht. Trockentransformatoren sollen möglichst dauernd an Spannung angeschlossen bleiben, damit sie ständig warmgehalten werden und der Niederschlag von Feuchtigkeit vermieden wird. Die Aufstellungsräume müssen reichlich belüftet werden. In den USA werden Trockentransformatoren bis etwa 15 kV und 6000 kVA in großen Mengen hergestellt.

Bei größeren Leistungen und Spannungen erhalten die Transformatoren zum Zwecke der Isolation und der Kühlung eine Ölfüllung. Bei Selbstkühlung geben Wicklung und Eisen ihre Wärme an das Öl ab, das in Bewegung kommt und seinerseits die Wärme an die Kesselwandungen und damit an die Luft abführt. Die Oberfläche der Kesselwandungen werden durch konstruktive Maßnahmen je nach Bedarf vergrößert. Bei Fremdlüftung wird die Geschwindigkeit der bewegten Luft an den Kesselwandungen durch Anblasung oder künstlichen Zug erhöht. Bei Fremdkühlung wird das Öl oben aus dem Transformator durch eine motorisch angetriebene Kreisel- oder Schraubenpumpe abgesaugt und über den Ölkühler, der mittels Rohrleitungen verbunden im Kreislauf geschaltet ist, am unteren Ende des Transformators wieder hineingedrückt. Der Ölkühler selbst kann für Luft- oder Wasserkühlung eingerichtet sein.

In den USA hat der größte bisher gebaute Einphasenöltransformator eine Leistung, bei abgestellten Lüftern, von 50000 kVA und bei angestellten Lüftern von 88000 kVA, wobei diese Zahlen auf die Einphasenleistung des Drehstromsatzes bezogen sind.

a) *Trockentransformatoren* werden gebaut für

1. Selbstkühlung (TS) durch Strahlung und natürlichen Zug,
2. Fremdlüftung (TF) durch Lüfter oder künstlichen Zug,
3. Wasserkühlung (TW), einzelne Teile durch Wasser gekühlt.

b) *Öltransformatoren* werden gebaut für

1. Selbstkühlung (OS), Ölkessel durch Strahlung und natürlichen Zug,
2. Fremdlüftung (OF), Ölkessel durch Lüfter oder künstlichen Zug,
3. Ölumlauf und Fremdlüftung (OFU), wie 2., zusätzlich Ölumlauf zwangsweise,
4. Ölumlauf und innere Wasserkühlung (OWJ), Wasserkühler im Innern des Ölkessels,
5. Ölumlauf und äußere Wasserkühlung (OWA), Wasserkühler außerhalb des Ölkessels, Ölumlauf zwangsweise,
6. Ölumlauf und äußere Selbstkühlung (OSA), Luftkühler außerhalb des Ölkessels, durch Strahlung und natürlichen Zug,
7. Ölumlauf und äußere Fremdlüftung (OFA), Luftkühler außerhalb des Ölkessels, durch Lüfter oder künstlichen Zug, Ölumlauf zwangsweise.

B. Kessel und Kühlung.

Nur bei ziemlich kleineren Leistungen ist der Transformator in der Lage, seine Verlustwärme über einen Kessel mit glatten Wandungen abzuführen. Bei mittleren Leistungen wird die Vergrößerung der Oberfläche der Kesselwandungen erforderlich. Die Vergrößerung führt zunächst zu dem bekannten und oft verwendeten Wellblechkessel. Bei größeren Leistungen werden Röhrenkessel vorgesehen, die eine wesentliche Vergrößerung der Kühlfläche bringen. Bei noch größeren Leistungen, bei denen die Röhrenkessel Abmessungen erhalten würden, die mit Rücksicht auf das Bahnprofil nicht zulässig sind, werden ausschließlich Radiatorenkessel angeordnet.

Bei Transformatoren mit Selbstkühlung ist für eine gute Belüftung der Aufstellungsräume zu sorgen. Man rechnet mit etwa 2,5 m^3 Luft je kW Verluste und Minute.

a) *Glattblechkessel.* Glattblechkessel für Ölselbstkühlung können bis etwa 30 kVA Nennleistung verwendet werden. Bei einer Ölübertemperatur von etwa 55° C gibt ein Glattblechkessel eine Verlustwärme von 600 W/m^2 ab.

Größere Transformatoren mit Glattblechkessel, die getrennte Wasser- oder Luftkühler mit Ölumlauf- und Kühlwasserpumpe oder Ventilator haben, sind nicht einmal in der Lage, ihre Leerlaufverluste über die Glattblechkessel abzuführen. Die Kühlanlage muß deshalb schon im Leerlauf in Betrieb gesetzt werden. Die Oberfläche eines Glattblechkessels wächst bei linearer Vergrößerung aller Dimensionen quadratisch, während der Rauminhalt oder das Gewicht, oder die abzuführende Verlustwärme, mit der dritten Potenz wachsen, woraus folgt, daß bei Zunahme der Leistung und die dadurch bedingte Zunahme der natürlichen Oberfläche für die Kühlung nicht ausreicht. Eine gleichzeitig symmetrische Vergrößerung der Luft- und Ölkanäle genügt also nicht. Ein starker Kühleffekt kann nur dann erzielt werden, wenn bei Vergrößerung des Luftkanals eine entsprechende Verkleinerung der Ölkanäle vorgenommen wird.

b) *Wellblechkessel.* Die Kühlfläche ergibt sich aus der abgewickelten Fläche des Wellbleches.

Bei einer Rippenhöhe von 100 mm und einem Rippenabstand von 90 mm rechnet man mit 410 W/m^2 Abwicklung. Bei einem Rippenabstand von 60 mm sinkt dieser Wert auf etwa 370 W/m^3 oder bei Steigerung der Rippenhöhe um 200 mm auf etwa 340 W/m^2.

Aus Gründen der Stabilität kann die Kühloberfläche eines Wellblechkessels nicht beliebig vergrößert werden.

c) *Röhrenkessel.* Die Kühloberfläche ergibt sich aus der abgewickelten Oberfläche der Kühlrohre einschließlich der Kesseloberfläche.

Für einen Rohrdurchmesser von 50 mm und eine Teilung der Rohransatzlöcher im Kessel von 75 mm in beiden Richtungen gelten folgende Angaben:

Rohrreihen:	1	2	3	4	5
W/m^2 Abwicklung:	520	420	370	330	300

Mit zunehmender Anzahl der übereinander angeordneten Rohrreihen sinkt die spezifische Wärmeabgabe. Das an der höchsten Stelle sich sammelnde heiße Öl läuft in die am obersten Kesselrand einmündende Röhren, gleitet in den Röhren sich abkühlend nach unten und wird in der Nahe des Bodens dem Kessel wieder zugeführt. Bei mehreren Röhren übereinander greift ein Teil der Rohre unterhalb der heißesten Ölschicht an, wodurch ein Teil der Wärmeabgabe verlustig wird. Dieser Nachteil wird bei Radiatoren vermieden. Man baut deshalb auch Röhrenkessel mit harfenförmig ausgebildeten Rohrreihen.

d) *Radiatorenkessel.* Die spezifische Kühlleistung beträgt auch bei größeren Längen des Radiators etwa 280 bis 300 W/m² bei 55 °C Übertemperatur des in den Radiator eintretenden Öles.

Trotz des geringen Ölinhaltes eignet sich der Radiator in gleich günstiger Weise für Selbstkühlung als auch für Beblasung durch Ventilatoren. Durch diese Fremdlüftung läßt sich die Kühlwirkung nahezu verdoppeln. Die Vakuumfestigkeit übertrifft bei richtiger Pressung des Stahlbleches selbst die des Kessels.

Tabelle 19. *Wärmeabgabe von Stahlradiatoren für Transformatoren.* (*Maschinenfabrik Wiesbaden A.G.*)

Nabenabstand	Kühlfläche je Glied	Selbstkühlung OS je Glied 55° C	Selbstkühlung OS je m² 55° C	Fremdlüftung OF je Glied 55° C	Fremdlüftung OF je m² 55° C	Ölinhalt je Glied
mm	m²	Watt	Watt	Watt	Watt	Liter
500	0,30	123	412	223	745	2,65
1000	0,55	210	382	380	691	4,15
1500	0,80	288	361	524	655	5,65
2000	1,05	362	345	656	625	7,15
2500	1,30	429	330	774	595	8,65
3000	1,55	488	315	882	568	10,15

Die Wärmeabgabe ist, wie obige Tabelle zeigt, abhängig von der jeweils gewählten Anordnung. Sie wird beeinflußt durch die Höhenlage der Radiatoren zum Eisenjoch als Wärmequelle, durch den gegenseitigen Abstand und durch die Zahl der Glieder. Die beiden letzten Einflußgrößen gelten nur bei Selbstkühlung, weil bei Fremdlüftung die Wärmeabgabe unabhängig vom Abstand der Glieder ist und von der Gliederzahl nicht beeinflußt wird. Um bei Selbstkühlung die tatsächliche Wärmeabgabe zu erhalten, müssen für Höhenlage, Abstand und Gliederzahl Korrekturfaktoren in Rechnung gesetzt werden.

Die Radiatoren sollen möglichst hoch sitzen, so daß der obere Rohrstutzen direkt unter dem Kesseldeckel, der untere etwa in Höhe der Wicklungsunterkante einmündet. Der Höhenabstand von Jochmitte bis Radiatorenmitte ist maßgebend für die Zirkulationsgeschwindigkeit und beeinflußt dadurch die Wärmeabgabe.

Man ordnet Drosselklappen oder Absperrschieber an den oberen und unteren oder nur am unteren Rohrstutzen an, wodurch die Radiatoren, ohne daß der gesamte Ölinhalt des Transformators abgelassen zu werden braucht, zwecks Reparatur oder Reinigung bequem entfernt werden können.

Der Transport von größeren Transformatoren erfolgt meistens ohne angebaute Radiatoren. Sind nur am unteren, am Kessel befindliche Flansche, Absperrschieber oder Drosselklappen vorhanden, so wird das Öl nur so weit abgelassen, daß die oberen Flansche frei werden. Bei längerem Transport muß hierbei die Wicklung mit Sicherheit vom Öl bedeckt bleiben. Bei Drosselklappen, die nicht vollkommen dicht zu sein brauchen, sind Blindflansche zu verwenden. Beim Transport müssen die oberen freien Flansche ebenfalls blindgeflanscht werden.

Bei Transformatoren werden stets mehrere Radiatoren bzw. Elemente verwendet, die ihrerseits aus mehreren Gliedern bestehen.

Die Radiatoren sind nach DIN 42559 genormt.

Beispiel für die Berechnung von Radiatoren.

Für einen 15 MVA Transformator mit einem Gesamtverlust von $V_{ges} = 175000$ Watt sollen Radiatoren verwendet werden:

Es werden je Element für 55 °C Übertemperatur 4 Glieder abgestuft von 2100 bis 2300 mm und 10 Glieder mit 2300 mm Nabenabstand vorgesehen. Die Wärmeabgabe bei Fremdlüftung OF ist

$$\begin{aligned} 4 \cdot (681 + 728)/2 &= 2816 \text{ Watt} \\ 10 \cdot 728 &= 7280 \text{ Watt} \\ \hline &\ 10096 \text{ Watt} \end{aligned}$$

Korrekturfaktor I = 0,95 (für 400 mm Mitte Joch bis Mitte Nabe),
Korrekturfaktor II = 1,00 (über 500 mm Mittenabstand),
Korrekturfaktor III = 0,99 (für 14 Glieder).

Wärmeabgabe für 1 Element ist demnach

$$10096 \cdot 0{,}95 \cdot 0{,}99 \approx 9500 \text{ Watt.}$$

Es werden 18 Elemente gewählt, wodurch die Gesamtwärmeabgabe

$$18 \cdot 9500 = 171000 \text{ Watt}$$

wird. Die Übertemperatur steigt somit auf $55 \cdot 175/171 = 56{,}4\,°\,C$.

Die Wärmeabgabe bei Selbstkühlung OS errechnet sich zu

$$171000/1{,}8 = 95000 \text{ Watt.}$$

Die Eisenverluste betragen bei Nennspannung 37000 Watt, so daß auf die Wicklungsverluste $95000 - 37000 = 58000$ Watt entfallen. Dieses entspricht laut Kurve für die Wicklungsverluste einer Belastung von 70%.

Selbstkühlend werden abgegeben	95000 Watt
durch Lüfter sind abzuführen	80000 Watt
Gesamtverlust V_{ges}	175000 Watt

Für je 10000 Watt Verluste ist ein Propellerlüfter notwendig. Es werden daher insgesamt 8 Lüfter verwendet.

Die Kühloberfläche beträgt

$$(4 \cdot 1{,}15 + 10 \cdot 1{,}2) \cdot 18 \approx 300 \text{ m}^2.$$

Die Warmeabgabe der Radiatoren und die Korrekturfaktoren sind nach den Tabellen der Maschinenfabrik Wiesbaden A.G. errechnet worden (siehe auszugsweise auch Tab. 19).

e) *Verwendung für Ölselbstkühlung OS bis 10000 kVA.* Wellblechkessel von 30 bis etwa 3000 kVA und Röhrenkessel von etwa 3000 bis 10000 kVA.

f) *Verwendung für Fremdlüftung OF über 10000 kVA.* Röhrenkessel von 10000 bis etwa 35000 kVA und Radiatorenkessel von 10000 bis etwa 50000 kVA. Bei Beblasung steigt die Kühlwirkung bei Röhrenkessel und bei Radiatorenkessel um den rund 1,8fachen Wert gegenüber Ölselbstkühlung OS. Die Steigerung der Transformatorenleistung hängt vom Verhältnis der Eisenverluste zu den Kupferverlusten ab.

Bis 60% der Nennleistung ist OS zulässig. Jedoch bei Röhrenkessel nur bis 25000 kVA. Für je 10000 Watt abzuführende Verlustwärme wird ein Propellerlüfter benötigt. Bei größeren Leistungen werden zwei starke Ventilatoren mit Blechkanälen und Düsen für die Beblasung angeordnet. Bei Röhrenkessel können die nahtlos gezogenen dünnwandigen Stahlrohre, bündelweise zusammengefaßt, ebenfalls abnehmbar gemacht werden.

C. Kühlanlagen.

Bei höheren Spannungen und Leistungen werden die Kesselkonstruktionen nebst Kühleinrichtungen und die erforderliche Ölmenge zu schwer und teuer, so daß eine getrennt aufgestellte Kühlanlage wirtschaftlicher wird. Der Glattblechkessel, der nun wieder zur Verwendung kommen kann, dessen Wandungen den Transformator bis auf die notwendigen Isolationsabstände eng umschließen, bringt eine wesentliche Material- und Ölersparnis.

Bei Kühlanlagen wird, wie bereits erwähnt, die Absaugung des Öles oben, also an der heißesten Ölschicht des Transformators vorgenommen. Die Wiederzuführung des durch den Ölkühler um einige Grade abgekühlten Öles erfolgt indessen unten, also an der Stelle der kältesten Ölschicht. Um die Ölbewegung im innern des Transformators zu verbreitern, werden die Anschlußflansche für Warmölaustritt und Kaltöleintritt diagonal versetzt auf den gegenüberliegenden langen Seiten angeordnet. Der Ölkühler muß stets auf der Druckseite der Ölumlaufpumpe in der Rohrleitung eingebaut werden, damit Kühlwasser bzw. Kühlluft nicht in den Ölkreislauf bei Undichtigkeiten hineingelangen kann. Aus diesem Grunde muß der Öldruck im Kühler stets größer als der Druck des Kühlwassers bzw. der Kühlluft sein.

a) *Öl-Wasser-Kühler* (OWK). Die Öl-Wasser-Kühler sind nach DIN 42556 genormt.

Die Kühlleistungen sind wie folgt gestuft

75	150	225	300 kW

Die Pumpleistungen sind aus den erforderlichen Öl- und Wassermengen

Öl m^3/h	25	50	75	100
Wasser m^3/h	4,5	9	13,5	18

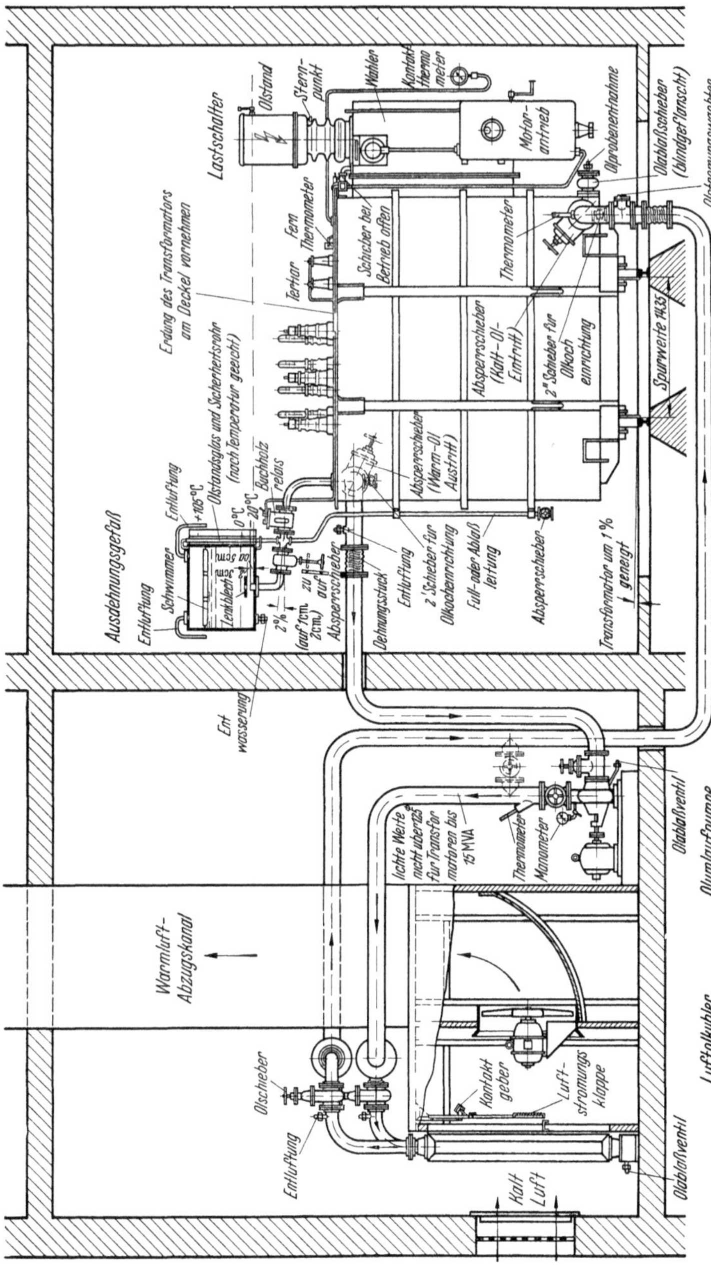

Abb. 179. Regelleistungstransformator mit Öl-Luft-Kuhlanlage (OLK).

und aus dem Strömungswiderstand, der auf der Ölseite höchstens 6,5 mWS und auf der Wasserseite höchstens 1,5 mWS betragen darf, zu berechnen.

b) *Öl-Luft-Kühler* (OLK). Die Öl-Luft-Kühler sind nach DIN 42557 genormt.

Jedes Element hat eine Kuhlleistung von 75 kW und besitzt einen Schraubenlüfter. Die Elemente können nebeneinander aufgestellt und im Ölweg parallel angeschlossen werden. Die umlaufende Ölmenge je Element beträgt 25 m³/h bei 80° C eintretendem und 73,5° C austretendem Öl. Der Strömungswiderstand beträgt maximal 5 mWS.

Der Lüfter hat eine Förderleistung je Element von 10000 m³/h bezogen auf 35° C und bei 35° C eintretender und 60° C austretender Luft. Der Strömungswiderstand beträgt maximal 18 mm WS (Antriebsmotor 2,2 kW, 1450 Umdr/min, 380/220 V, 50 Hz, Schutzart P 33 fur ununterbrochenen Dauerbetrieb in Luft von maximal 60° C.)

In Abb. 179 ist eine Öl-Luft-Kühlanlage für einen Regelleistungstransformator dargestellt, bei der ein BEETZ-Lüfter die Kühlung zentral für alle Elemente vornimmt.

Man rechnet mit 0,83 l Wasser je kWh Durchgangsarbeit bei Wasserkühlung der Transformatoren.

Für den Eigenbedarf für Kühlung von mittelgroßen Transformatoren zwischen 15 bis 20 MVA rechnet man im Jahresdurchschnitt etwa 0,15% von der Durchgangsarbeit in kWh.

Der in Abb. 179 angegebene Ölströmungswächter hat den Zweck, den Stillstand der Ölumlaufpumpe, der infolge irgendeiner Störung erfolgt ist, sofort anzuzeigen. Dieses ist erforderlich, da wie schon erwähnt, die glatten Kesselwände ohne Ölkühlanlage nicht einmal imstande sind, die Leerlaufverluste für längere Zeit abzuführen. Ohne Ölumlaufpumpe müssen diese Transformatoren so schnell wie möglich außer Betrieb genommen werden. In lebenswichtigen Betrieben ordnet man deshalb zur Sicherheit zwei Ölumlaufpumpen, die im Ölweg über Absperrschieber parallel geschaltet werden, an.

Die Ölkühler arbeiten nach dem Gegenstromprinzip.

Beim *Öl-Wasser-Kühler* tritt das Kühlwasser unten ein, durchfließt ein Röhrensystem und tritt oben aus, während das Öl umgekehrt oben eintritt, die Kühlräume durchfließt und unten austritt. Die Verwendung erfolgt dort, wo geringer Raumbedarf von Bedeutung ist und sauberes Kühlwasser zur Verfügung steht. Falls kein sauberes Wasser vorhanden ist, bzw. nur Fluß- oder Seewasser zur Verfügung stehen, werden Kühlschlangen verwendet. Bei Aufstellung von Öl-Wasser-Kühlern im Freien muß gegebenfalls durch einen Heizwiderstand dafür gesorgt werden, daß das Einfrieren des Wassers, im Winter, vermieden wird.

Beim *Öl-Luft-Kühler* wird das Öl durch ein Rohrsystem gepumpt, gegen das ein Luftstrom, mittels eines Ventilators, geblasen oder gesaugt wird. Zur Vergrößerung der wirksamen Oberfläche ist eine große Anzahl von Kühlrippen an den Rohren angebracht. Zur Führung des Luftstromes erhält der Kühler Lenkbleche und einen Blechmantel. Bei Freiluftaufstellung kann unter Umständen auf den Ventilator verzichtet werden. Das Röhrensystem ist in einzelnen Gruppen eingeteilt. Das Öl fließt von Gruppe zu Gruppe in entgegengesetzter Richtung zur Luftströmung.

Die Luftkühlung hat gegenüber der Wasserkühlung allgemein den Vorteil, daß das Kühlmittel weder herangebracht noch weggeschafft werden braucht. Zur Überwachung der Wasser- bzw. Luftströmung werden Strömungswächter in den Kühlanlagen eingebaut.

Da Fundamente und Fanggruben, Kanäle, Rohrleitungen und der umbaute Raum bei einer stationären Öl-Kühlanlage erhebliche Kosten

Abb. 180. Maschinentransformator mit Glattblechkessel und angebauter Kuhlanlage Nennleistung: 50 MVA; Nennspannung: 10,5/28 kV; Schaltgruppe: C2 ⋀/⅄, Betriebsart: DB; Kuhlungsart: OWA. Links und rechts Öl-Wasser-Kuhler (OWK), in der Mitte Ölumlaufpumpen ohne Stopfbuchsen. Die Motoren laufen in Öl. Alle Durchfuhrungen haben Funkenstrecken. Fabrikat: Siemens-Schuckertwerke.

verursachen, ist man bestrebt, Vereinfachungen soweit wie tragbar vorzunehmen. Eine Möglichkeit auf diesem Wege zeigt Abb. 180, wobei die Kühlanlage direkt an den Transformator anmontiert ist. Bei Großtransformatoren sind meistens die Verluste nicht nur durch den vorgeschriebenen Wirkungsgrad, sondern auch durch die Kosten für die Wärmeabfuhr begrenzt. Die wirtschaftliche Gestaltung der Kühleinrichtungen ist daher von großer Bedeutung.

D. Ausdehnungsgefäße für Öltransformatoren.

Die Ausdehnungsgefäße der ölgekühlten Transformatoren. auch Konservatoren oder Ölschützer genannt, haben folgende Aufgaben zu erfüllen:

1. Aufnahme der Ölausdehnung bei Erwärmung und

2. Abdeckung des warmen Öles gegen die Luft, um Oxydation und Verschlammung zu verhindern.

Zur Lösung der ersten Aufgabe muß das Ausdehnungsgefäß ein bestimmtes Volumen aufweisen, das vom Ölinhalt des Transformators mit Kühlanlage, vom Ausdehnungskoeffizient und dem erforderlichen Temperaturbereich abhängig ist. Die zweite Aufgabe wird dadurch gelöst, daß der Ölspiegel im Ausdehnungsgefäß, wo sich das warme Öl vom Transformator kommend sammelt, durch einen Schwimmer aus Eisenblech abgedeckt wird, wie es in Abb. 181 dargestellt ist. Zur Vermeidung von Schwitzwasserbildung wird das Ausdehnungsgefäß am Deckel mit zwei Entluftungsrohren ausgerüstet. Damit keine Wassertropfen in den Transformator gelangen können, muß das Verbindungsrohr zwischen Ausdehnungsgefäß und Transformator etwa 5 cm in das Gefäß hineinragen. Es empfiehlt sich, 2 bis 3 cm über dem Rohrende noch eine Abdeckung aus Eisenblech vorzusehen. Die im Ausdehnungsgefäß enthaltene Ölmenge ist folgenden Bedingungen unterworfen:

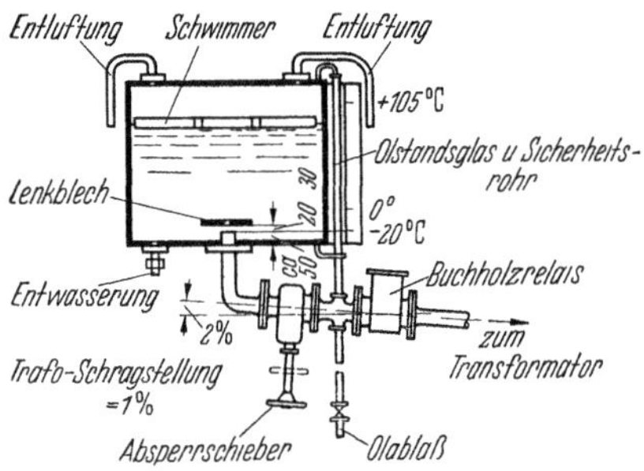

Abb. 181. Ausdehnungsgefaß fur Öltransformatoren mit den erforderlichen Einrichtungen.

1. Auch bei den höchsten Temperaturen darf kein Öl überlaufen;

2. beim niedrigsten Temperaturwert darf das Öl nicht aus dem Gefäß verschwinden. Sonst tritt Luft in den Transformator ein, und das Buchholz-Relais spricht unnötigerweise an.

Die richtige Füllung kann nicht ohne weiteres mit Hilfe des Ölstandglases festgestellt werden. Früher brachte man Marken für den Kaltstand oder für 20° C an. Um Trugschlüsse zu vermeiden, ist es zweckmäßig, die Höhe des Ölstandes im Gefäß nach der Öltemperatur in °C zu eichen. Dann entspricht die ablesbare Höhe des Ölstandes einer bestimmten mittleren Temperatur des Öles im Transformator. Da aber weder Ölmenge noch mittlere Temperatur genau feststellbar sind, ist die rechnerische Eichung nie ganz genau, und wenn man großen Wert auf absolute Genauigkeit legt, muß man die Skala durch einen Versuch überprüfen. Die Erfahrung hat aber gelehrt, daß die Korrekturen für den praktischen Betrieb unberücksichtigt bleiben können, sofern man den nachstehend erläuterten Rechnungsgang anwendet. Als Bezugstemperatur wird hierbei die mit einem Quecksilber-Feder-Fernthermometer gemessene Deckeltemperatur des Transformators genommen. Nach dieser Temperatur wird das Ausdehnungsgefäß während des Betriebes nachgefüllt, wobei die nachzufüllende Ölmenge aus ΔV_L errechnet wird.

a) *Berechnung der Temperatureinteilung am Ölstandglas.* Der Rechnung werden folgende Werte des Transformatorenöles zugrunde gelegt:

Kubischer Ausdehnungskoeffizient $a = 0{,}00068$ bei 18° C gilt annähernd auch zwischen 0° und 100° C.

Temperaturbereich $-20°$ bis $+105° = 125°$ C;

spezifisches Gewicht $s = 0{,}92$ kg/l bei 18° C.

Für 1 ° C beträgt die Ausdehnung des Öles also 0,068 %, und für den gesamten Temperaturbereich ist die Ausdehnung 0,068 · 125 = 8,5 %. Hierzu rechnet man für den Schwimmer und Kondenswasserfang einen Zuschlag von 1,5 %, so daß das gesamte Fassungsvermögen des Ausdehnungsgefäßes 10 % der Gesamtölmenge betragen muß.

α) *Rechteckige Ausdehnungsgefäße.* Die Bezeichnungen gehen aus Abb. 182 hervor. Das Gesamtvolumen des Gefäßes ist

$V = F \cdot H$ in cm³ und der Inhalt in Liter

$V_L = V/1000.$

Der Inhalt für 1 cm Gefäßhöhe ist

$\Delta V_L = F/1000$ in l/cm.

Ist Q_{kg} das Gewicht des Öles in Transformator und Kühlanlage, so ist der gesamte Ölinhalt bei 18 ° C

$Q_{18} = Q_{\text{kg}}/0{,}92$ Liter

Das Ölvolumen bei ϑ ° C ist in Liter:

$$Q_\vartheta = Q_{18}(1 + a(\vartheta - 18)). \quad (257)$$

Ändert sich die Öltemperatur um 1 ° C, so wird das Ölvolumen

$$Q_1 = Q_{18}(1 + a(19 - 18)) = Q_{18} + a\,Q_{18} = Q_{18} + \Delta Q. \quad (258)$$

Die Ölausdehnung für 1 ° C Temperaturzunahme ist somit

$$\Delta Q = 0{,}00068\,Q_{18}\,(\text{l}/°\text{C}). \quad (259)$$

Der Ölstand gemessen, über dem einragenden Rohr, ist dann für 1 ° C

$$\Delta H = \frac{\Delta Q}{\Delta V_L}\ (\text{cm}/°\text{C}). \quad (260)$$

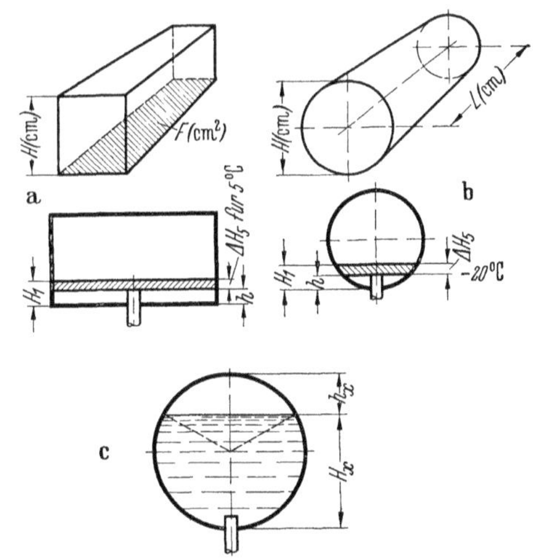

Abb. 182. Geometrische Masse von Ausdehnungsgefaßen fur Öltransformatoren. a) Rechteckiges Ausdehnungsgefaß, b) Zylindrisches Ausdehnungsgefaß, c) Zylindrisches Ausdehnungsgefaß: Berechnung der Bogenhohe H_x.

Aus dieser Gleichung läßt sich nun die Temperatur zu jedem Ölstand berechnen. Es wird

$$\text{für } 5\,°\text{C}\ \Delta H_5 = 5\,(\Delta Q/\Delta V_L) \quad \text{und} \quad H_1 = h + \Delta H_5,$$

der Ölstand vom Boden in cm und

$$\text{für } 10\,°\text{C}\ \Delta H_{10} = 10\,(\Delta Q/\Delta V_L) \quad \text{und} \quad H_2 = h + \Delta H_{10} \text{ usw.}$$

Hierbei ist h nach Abb. 182 die Einraghöhe des Verbindungsrohres im Ausdehnungsgefäß.

Beispiel. Maße des Ausdehnungsgefäßes sind gegeben für

$$L = 1740, \quad B = 540, \quad H = 800 \text{ mm}$$

Inhalt je cm Höhe = 9,4 Liter = ΔV_L,
Gesamtinhalt = 752 Liter = V_L.

Geometrische Charakteristik:

cm	10	20	30	40	50	60	70	80
Liter	94	188	282	376	470	564	656	752

Ölinhalt ist gegeben fur

Transformator	$= 6{,}9\,\mathrm{t} =$	7680 Liter
Kühlanlage		1370 Liter
Gesamtinhalt Q_{18}		9050 Liter

Nach Gl. (258) wird

$$Q_1 = 9050\,(1 + 0{,}00068 \cdot 1) = 9056{,}15 \text{ Liter},$$

oder bei 1° C ist eine Ölausdehnung von 6,15 Liter eingetreten.
Nach Gl. (260) wird

$$\varDelta H = \frac{\varDelta Q}{\varDelta V_L} = \frac{6{,}15}{9{,}4} = 0{,}655 \text{ cm je } 1^\circ \text{ C},$$

oder 6,15 Liter Ölausdehnung entsprechen einem Ölstand im Ausdehnungsgefäß von 0,655 cm, also wenn die Temperatur des Öles im Transformator sich um 1° C erhoht hat.

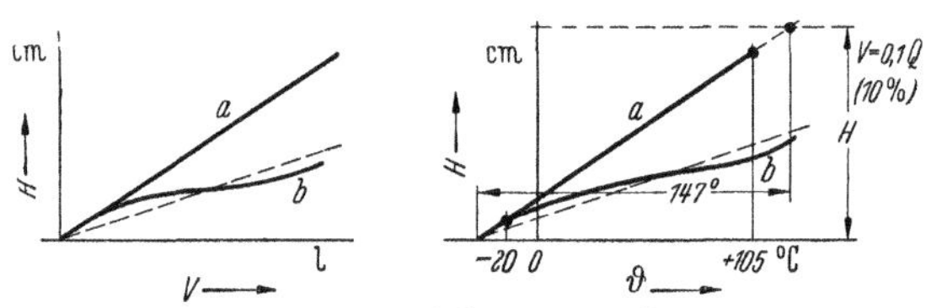

a fur rechteckige, b fur zylindrische Gefäße

Abb. 183. Charakteristik von Ausdehnungsgefaßen fur Öltransformatoren. Links geometrische Charakteristik, rechts thermische Charakteristik.

Die Skala des Ölstandglases am Ausdehnungsgefäß wird nach folgender Tabelle in °C Öltemperatur, gemessen am Kontaktthermometer des Transformators, mit rund 6,5 cm je 10° C, geeicht.

Ölspiegel uber dem Boden des Ausdehnungsgefaßes und dazugehorige Öltemperatur. Thermische Charakteristik.

2,0 cm = − 20° C
8,5 cm = − 10° C
15,0 cm = 0° C
21,5 cm = + 10° C
28,0 cm = + 20° C
34,5 cm = + 30° C
41,0 cm = + 40° C
47,5 cm = + 50° C
54,0 cm = + 60° C
60,5 cm = + 70° C
67,0 cm = + 80° C

β) *Zylindrische Ausdehnungsgefäße.* Das Gesamtvolumen ist

$$V = \frac{H^2 \pi}{4} L \quad (\mathrm{cm}^3), \tag{261}$$

und da dieses Volumen nicht linear mit der Hohe h zunimmt, sind auch $\varDelta V_L$ und $\varDelta Q / \varDelta V_L$ keine konstanten Größen. Um einen Wert von H_1

zu ermitteln, wird zunächst $5\Delta Q$ (in Liter für 5° C) berechnet und zu dem Volumen für die Bogenhöhe h addiert. Das Volumen für h ist

$$V_h = L\left(\frac{H}{2}\right)^2 \frac{(\pi/180)\varphi - \sin\varphi}{2} = L\left(\frac{H}{2}\right)^2 A \quad (\mathrm{cm}^3). \tag{262}$$

Hierbei ist φ der Zentriwinkel für h. Man bildet nun die reduzierte Bogenhöhe

$$h' = \frac{h}{H/2} \tag{263}$$

für den Halbmesser *1* und sucht in einer Tabelle der Bogenhöhen und Flächen des Kreisabschnitte die zum Wert h' gehörende Fläche A des Kreisabschnittes.

Fur die Bogenhöhe H_1 ist das Volumen

$$\begin{aligned} V_{H_1} &= V_h + 5\,\Delta Q \\ &= L(H/2)^2 A_1 \quad (\mathrm{cm}^3) \end{aligned} \tag{264}$$

und hieraus

$$A_1 = \frac{V_h + 5\,\Delta Q}{L(H/2)^2}. \tag{265}$$

Zu diesem Wert der Fläche des Kreisabschnittes sucht man nun in der selben Tabelle die reduzierte Bogenhöhe h_1', und es wird dann

$$H_1 = h_1' \,(H/2) \quad (\mathrm{cm}). \tag{266}$$

Auf gleiche Weise errechnet man weiterhin V_{H_2} und A_2 für 10° C, sucht in der Tabelle hierzu h_2' und ermittelt die Bogenhöhe

$$H_2 = h_2' \,(H/2) \quad (\mathrm{cm}). \tag{267}$$

Für 15° C, 20° C usw. erfolgt die Berechnung analog. Überschreitet V_{H_x} den Wert von $(H^2\pi/4)L/2$, so wird A_x größer als $1{,}5708\,(h' = 1)$ und der Zentriwinkel größer als 180°. Um H_x berechnen zu können, wird das Volumen für h_x aus der Gleichung

$$V_{h_x} = \frac{H^2\pi}{4} L - (V_h + x\,\Delta Q) \quad (\mathrm{cm}^3) \tag{268}$$

ermittelt und hieraus der Wert A_x berechnet. Aus der Tabelle findet man wieder die reduzierte Bogenhöhe und schließlich h_x, woraus die Bogenhöhe $H_x = H - h_x$ berechnet werden kann.

γ) *Charakteristik und Vergleich der Gefäße.* Nach einem anderen Verfahren stellt man erst die geometrische Charakteristik des Gefäßes auf, indem man für $H_1 = 0{,}1\,H$, $H_2 = 0{,}2H$, $H_3 = 0{,}3\,H$ usw. die Flächen der Kreisabschnitte nach Multiplikation mit der Länge des Gefäßes nach den Gleichungen

$$V_{H_1} = \frac{L(H/2)^2 A_1}{1000} \text{ Liter und } h_1' = \frac{H_1}{H/2} \tag{269}$$

berechnet und hieraus A_1 ermittelt. Man erhält dann eine Kurve für die Höhe des Ölspiegels in cm, abhängig von dem Inhalt des Gefäßes in Liter. Hierauf ermittelt man das Volumen der Ölausdehnung für 5° C, 10° C, 15° C usw. nach der Gleichung $V_{H_1} = V_h + 5\Delta Q$ usw. und kann aus der

Kurve die entsprechenden Höhen des Ölspiegels entnehmen. Abb. 183 zeigt die geometrische und die thermische Charakteristik, die das Rechnungsergebnis klar überblicken läßt. Die thermische Charakteristik stellt die Höhe des Ölspiegels im Ausdehnungsgefäß in Abhängigkeit von der Temperatur dar. Bei rechteckigen Gefäßen wird sie durch eine gerade Linie, bei zylindrischen Gefäßen durch eine Kurve dargestellt. An Hand solcher Charakteristiken können die Ausdehnungsgefäße miteinander verglichen werden.

Rechteckige Gefäße sind günstiger als zylindrische, da sie die Anwendung eines Schwimmers gestatten und auch rechnerisch, in bezug auf die Temperatureinteilung des Ölstandsglases, einfacher zu behandeln sind. Zylindrische Gefäße (Abbildung 184) finden allgemein in Freiluftanlagen Verwendung.

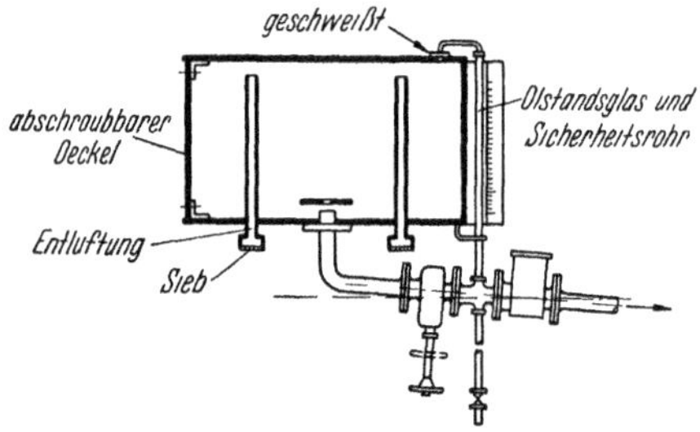

Abb. 184. Zylindrisches Ausdehnungsgefäß für Freilufttransformatoren.

δ) *Temperaturbereich.* Ist $V_L = 0{,}1 Q_{18}$, also 10%, so reicht H für einen Temperaturbereich von $10/0{,}068 = 147°$ C aus. Zu beschriften ist das Ölstandsglas höchstens für einen Bereich von 125° C, so daß für die Höhe des Schwimmers und des einragenden Rohres 22° C übrigbleiben. Man legt den tiefsten Punkt −20° C in die Höhe des einragenden Rohres und prüft den Abstand von +105° C bis zum Gefäßdeckel für den Platz des Schwimmers. Da in Wirklichkeit die Öltemperatur im Betriebe meistens etwa nur zwischen +5° und +70° C schwankt, ist damit genügend Sicherheit für eine ungehinderte Ölausdehnung vorhanden.

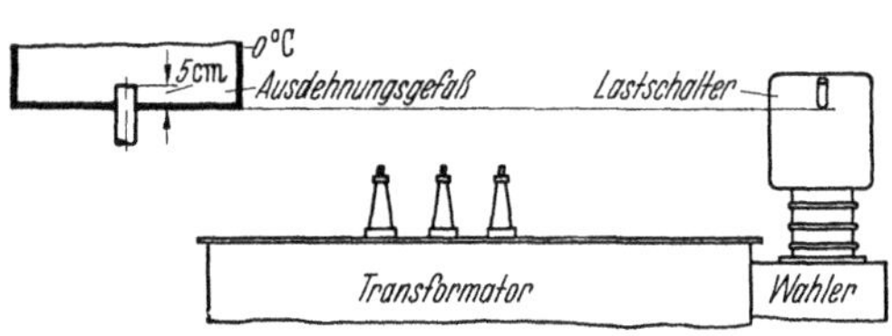

Abb. 185. Höhenlage des Ausdehnungsgefäßes bei einem Regelleistungstransformator mit Sternpunktregelung.

Sollte V_L abweichend nicht 10% von Q_{18} sein, so ist der Temperaturbereich kleiner zu wählen, z. B. von −5° bis +90° C.

b) *Einbauverhältnisse.* Die Höhe, in der man das Ausdehnungsgefäß anbringt, richtet sich nach betrieblichen Erfordernissen. Besitzt der Transformator kittlose, ölgefüllte Durchführungen am Deckel und Stufenregeleinrichtung mit Lastschalter, so trifft man eine Anordnung gemäß Abb. 185. Dabei sind folgende Gesichtspunkte maßgebend:

1. Die ölgefüllten Durchführungen sollen beim tiefsten Ölstand noch genügend Druck erhalten, um Lufteintritt zu verhindern;

2. das verrußte Öl des Lastschalters muß durch den hohen Druck des Transformatorenöles daran gehindert werden, in den Wählerkasten oder Transformatorenkessel einzudringen, falls die Dichtung des Lastschalters nachlassen sollte. Das Gefäß würde in diesem Falle überlaufen, was besser ist, als eine Lastschaltung ohne Öl vorzunehmen.

E. Buchholz-Relais für Öltransformatoren.

Im Betrieb der Transformatoren können innere und äußere Fehler durch verschiedene Ursachen auftreten. Gegen die Zerstörung durch diese Fehler muß ein ausreichender Schutz vorhanden sein. Der Schutz gegen innere Fehler ist bei Öltransformatoren mit einfachen Mitteln möglich. Bei einem auftretenden inneren Fehler wird an der Fehlerstelle Wärme erzeugt, wodurch sich Gase bilden, die in einem Relais unter Öl aufgefangen zur Auslösung der Leistungsschalter benutzt werden können. Dieser Schutz der nach seinem Erfinder BUCHHOLZ-Schutz genannt wird, soll untenstehend näher behandelt werden. Der Buchholz-Schutz stellt einen sehr empfindlichen Überwachungs-Relais dar, der auf alle inneren Fehler anspricht und schon während der Entstehung der Fehler eine Warnung abgibt.

Bei größeren Transformatoren kann mit Vorteil der Buchholz-Schutz durch einen Differentialschutz ergänzt werden. Hierbei soll der Differentialschutz hauptsächlich die äußeren Fehler, wie z.B. Klemmenüberschlag, zur raschen Abschaltung bringen. Ferner kann der Differentialschutz wenn man die Stromwandler unmittelbar hinter die Leistungsschalter legt, auch die Zuleitungen zum Transformator schützen. Die Einstellung dieses Schutzes erfolgt allgemein auf $0{,}5 I_N$ und 0,5 sec. Diese Zeitverzögerung ist zwecks Vermeidung von Auslösungen durch den Magnetisierungsstromstoß beim Einschalten erforderlich. Der Differentialschutz, wird dreipolig ausgeführt. Bei Regeltransformatoren muß stabilisierter Differentialschutz mit Sperrelais verwendet werden. Gegen *Überbelastung* werden kleinere Transformatoren in unbesetzten Stationen durch Bimetallrelais, kleinere bzw. größere Transformatoren gegen *Kurzschlußbelastung* durch Unabhängige-Maximal-Zeit bzw. Impedanz Relais geschützt. Die Unabhängige-Maximal-Zeit Relais werden nur in zwei Phasen vorgesehen. Bei Impedanz-Relais, die meistens auch zweipolig ohne Doppelerdschlußumschaltung angeordnet werden, werden Sammelschienenkurzschlüsse auf Ober- und Unterspannungsseite selektiv erfaßt. Bimetallrelais werden auf etwa 80° C Öltemperatur und die anderen Schutzrelais auf $2\,I_N$ und etwa 1 bis 2 sec eingestellt. Mit Erdschlußschutz werden Transformatoren nur selten ausgerüstet.

Bei Transformatoren wird stets sowohl auf der Oberspannungs- als auch auf der Unterspannungsseite normalerweise je ein Leistungsschalter eingebaut. Durch die Schutzrelais müssen immer beide Leistungsschalter gleichzeitig zur Auslösung gebracht werden. Bei Maschinentransformatoren, wobei Generator und Transformator eine Einheit bilden, genügt hiergegen nur ein Leistungsschalter auf der Oberspannungsseite des Transformators.

a) *Arbeitsweise.* Das im Verbindungsrohr zwischen Transformator und Ölausdehnungsgefäß eingebaute Buchholz-Relais erfaßt auftretende innere Fehler im Transformator, wie Windungsschluß, Wicklungsschluß, Gehäuseschluß, mangelhafte Verbindungen, Eisenbrand usw. Die Arbeitsweise beruht auf der Tatsache, daß bei jedem Fehler in einem Transformator durch die damit verbundene örtliche Erwärmung eine mehr oder minder heftige Gasentwicklung stattfindet. Es spricht also nicht auf Änderung der elektrischen Größen, sondern auf physikalische Vorgänge bei Fehlern an Wicklung und Eisen des Transformators an.

α) *Leichte Fehler.* Die Gasentwicklung ist schwach, und die Gasblasen steigen langsam hoch, gelangen ins Buchholz-Relais, wo sie an der höchsten Stelle gesammelt werden. Hierdurch sinkt der Ölspiegel im Relais, und ein Schwimmer betätigt eine Kontaktvorrichtung für die Warnung.

β) *Schwere Fehler.* Die Gasentwicklung ist heftig und stark, und es tritt eine plötzliche Ölströmung durch das Buchholz-Relais zum Ausdehnungsgefäß auf. Durch die Ölströmung wird eine Klappe oder ein Schwimmer bewegt und eine Kontaktvorrichtung für die Abschaltung betätigt. Bei Verwendung von verschiedenen Schwimmern oder eines Schwimmers und einer Klappe für Gasansammlung und für Ölströmung kann man durch das Relais also eine Unterscheidung zwischen leichtem und schwerem Fehler erhalten.

Bei den leichten Fehlern braucht nur ein Warnsignal gegeben zu werden; bei schweren Fehlern dagegen muß der Transformator unverzüglich abgeschaltet werden.

γ) *Ölströmungen* treten auch betriebsmäßig beim Einschalten der Ölumlaufpumpe oder bei äußeren Kurzschlüssen durch Bewegung der Wicklung auf. Die Ölströmung bei schweren Fehlern im Transformator ist aber stets größer als die eben erwähnten.

Durch richtige Einstellung des Ansprechwertes kann also erzielt werden, daß das Relais nur bei größeren Ölströmungen, also bei Fehlern, anspricht und kleinere Ölströmungen aber unberücksichtigt läßt.

Außer elektrischen Fehlern spricht das Relais auch bei Ansammlung von Luft oder bei Ölverlust im Transformator an.

δ) *Ansammlung von Luft.* Die Luft kann im Transformator durch undichte Stopfbuchsen an der Ölumlaufpumpe oder durch undichte Stellen an der Saugseite der Rohrleitung hineingezogen werden.

ε) *Ölverlust.* Wenn der Ölstand auf ein den Transformator gefährdendes Maß absinkt, sinken die Schwimmer ebenfalls und betätigen die Kontaktvorrichtungen.

Es gibt Einschwimmerrelais, die bei allen Fehlern abschalten, und Zweischwimmerrelais mit Auslöseklappe, die bei leichten Fehlern warnen und bei schweren Fehlern abschalten. Letztere können für Ölverlust entweder auf Warnung oder auf Warnung mit nachfolgender Abschaltung eingestellt werden (Abb. 187).

b) *Schrägstellung des Transformators.* Die Schrägstellung der Transformatoren ist mit Rücksicht auf das Funktionieren des Buchholz-Schutzes von besonderer Bedeutung. Es soll hierdurch ermöglicht werden, daß Gasbläschen am Deckel oder an Konstruktionsteilen entlang zum Ausdehnungsgefäß abrollen können. Die Schrägstellung hat deshalb so zu erfolgen, daß der höchste Punkt am Deckel an der Stelle des Anschlusses vom Verbindungsrohr zum Ausdehnungsgefäß liegt. Die Schrägstellung soll etwa 1 bis 2% betragen. Die Unterlagen aus Flacheisen sind direkt unter die Räder oder unter bzw. über der Achse zu setzen. Bei Unterlagen direkt unter den Rädern ist eine ausreichende Befestigung des abgeschrägten Flacheisens an den Schienen notwendig. Nach Möglichkeit soll der Spurkranz nicht außerhalb des Schienenprofils zu liegen kommen. Bei Unterlagen unter dem Achsgestell — also nicht genau am Auflagepunkt — ist eine Vorausberechnung der Stärke der Unterlagen notwendig.

Da die Räder für Längs- und Querfahrt eingerichtet sind, ist der Achsabstand ungefähr gleich dem Radabstand zu setzen. Deshalb gelten die unten angegebenen Maße für beide Fahrtrichtungen.

Die Normalspur der Transformatoren ist:

Schienenmitte bis Schienenmitte = 1505 mm,
Spurweite = 1435 mm.

Bezeichnet man die vier Auflagepunkte der Räder auf die Schienen mit A, B, C, D, wobei AC und BD auf je einer Schiene liegen, so sind die Stärkemaße der Unterlagen am Auflagepunkt in mm bei den verschiedenen Schrägstellungen wie folgt.

α) Einfacher Schrägstellung für den Fall, wenn das Verbindungsrohr zum Ausdehnungsgefäß sich in der Mitte zwischen A und B befindet,

A	B	C	D	Schragstellung in %
20	20	0	0	$\frac{20}{1505} 100 = 1{,}33\%$
30	30	0	0	$\frac{30}{1505} 100 = 1{,}99\%$

β) Doppelter Schrägstellung für den Fall, wenn das Verbindungsrohr zum Ausdehnungsgefäß sich in einer Ecke, z. B. über B, befindet,

A	B	C	D	Schragstellung in %
16	20	0	4	$\frac{20}{1505 \cdot \sqrt{2}} 100 = 0{,}94\%$
24	30	0	6	$\frac{30}{1505 \cdot \sqrt{2}} 100 = 1\ 41\%$

Innerhalb dieser Grenzen, also von 1,33 bis 1,99% bzw. von 0,94 bis 1,41%, können die Stärkemaße der Unterlagen nach Bedarf verändert werden. Bei der doppelten Schrägstellung ist zu beachten, daß in dem Maße, wie die eine Ecke gehoben wird, die andere Ecke des Transformators zu senken ist. Das Maß auf der 0-Seite ist hierbei möglichst klein zu halten, also innerhalb der Grenzen von 4 bis 6 mm. Die Abmessung des diagonal liegenden Punktes ergibt sich aus 20 — 4 = 16 mm bzw. 30 — 6 = 24 mm. Die Ebene des Deckels wird um die Diagonale 0—20 bzw. 0—30 gedreht.

c) *Verhalten beim Ansprechen des Buchholz-Schutzes.* Spricht das Buchholz-Relais eines Transformators durch Warnung an, so sind sofort Maßnahmen zu ergreifen, die eine Abschaltung des Transformators ohne Beeinflussung der Weiterversorgung der Abnehmer ermöglichen. Ist die ununterbrochene Stromlieferung gesichert, so ist der Transformator, dessen Relais gewarnt hat, umgehend abzuschalten.

Erst nach erfolgter Abschaltung ist zu untersuchen, aus welchem Grunde das Buchholz-Relais angesprochen hat.

Ist die Abschaltung des entsprechenden Transformators nicht möglich, so muß im äußersten Fall der Transformator, dessen Buchholz-Relais gewarnt hat unter Beobachtung weiter in Betrieb gehalten werden. Liegt der Buchholz-Schutz außerhalb der Reichweite der Spannung, z. B. außerhalb des Aufstellungsraumes, so kann in solchen Fällen eine Prufung der Relais auch im eingeschalteten Zustand des Transformators vorgenommen werden.

Bei Regelzusatztransformatoren, die zwischen zwei Stationen in eine Verbindungsleitung eingebaut sind, wird meistens nur der Leistungsschalter auf der einen Seite von dem Buchholz-Relais ausgelöst. In diesem Falle bleibt der Regler einseitig unter Spannung. Es muß daher zwischen den Werken eine sofortige Verständigung eingeleitet werden, damit die Öffnung des zweiten Leistungsschalters ohne Zeitverzögerung vorgenommen werden kann. Am besten ordnet man in solchen Fällen Leistungsschalter vor und hinter dem Regler an oder, wenn die Kurzschlußrückleistung es zuläßt, einen Leistungstrennschalter hinter dem Regler an. Im letzteren Fall darf bei Kabelfehlern nur der Leistungsschalter auslösen. Es sind deshalb zweckmäßigerweise zur Lenkung der Auslösung besondere Steuerrelais einzubauen.

Bei Regelzusatztransformatoren muß die Buchholz-Auslösung mittels eines Hebelschalters abschaltbar sein, damit beim Überbrücken des Reglers die Auslösung — bei Ausführung von Arbeiten an dem Regler — unwirksam gemacht werden kann.

d) *Prüfung des im Buchholz-Relais enthaltenen Gases.* Wie die Erfahrung zeigt, ist es nicht immer möglich, das nach dem Ansprechen des Buchholz-Schutzes im Relais vorhandene Gas, trotzdem es Zersetzungsprodukte des Öles oder der Isolation enthält, zu entflammen. Dieser Fall tritt dann im allgemeinen ein, wenn in den Zersetzungsgasen unverhältnismäßig viel Luft enthalten ist, was bei Lufteinbruch oder, insbesondere bei neuen oder überholten Transformatoren, bei ungenügender Evakuierung eintreten kann. Beim negativen Ausfall der Prüfung auf Brennbarkeit entsteht hierbei nun der Eindruck, daß lediglich die Ansammlung von Luft der Grund zur Warnung des Buchholz-Schutzes gewesen ist. Ferner macht die Brennbarkeitsprobe bei Freilufttransformatoren häufig bei ungünstigen Witterungsverhältnissen, wie Wind und Regen, Schwierigkeiten. Um Fehlschlüsse zu vermeiden, ist deshalb zunächst das abgeschiedene Gas einer chemischen Prufung zu unterziehen.

α) *Azetylenprobe.* Da die Ölzersetzungsgase Azetylen enthalten, können diese Gase durch eine Reaktion mit Silbernitrat ($AgNO_3$, Höllenstein) nachgewiesen werden, wobei sich Azetylensilber als weißer Niederschlag ausscheidet, der sich nach längerer Zeit unter der Einwirkung des Tageslichtes braun färbt.

β) *Kohlenoxydprobe.* Bildet sich kein weißer Niederschlag, so besteht die Möglichkeit, daß das Gas aus der Zersetzung von festen Isolierstoffen (Baumwolle, Papier) herrührt, wobei sich nur geringfügige Mengen

Azetylen, dagegen größere Mengen Kohlenoxyd bilden. Der Nachweis von Kohlenoxyd kann erfolgen durch eine ammoniak-alkalische Silbernitratlösung. Beim Durchleiten des Gases entsteht eine Reaktion zwischen Gas und Flüssigkeit. Ist Kohlenoxyd vorhanden, so bildet sich kolloidales Silber, das als tiefbrauner Niederschlag ausfällt.

Da durch das eventuelle Aufsetzen eines Entnahme- oder Prüfgerätes dem ausströmenden Gas ein gewisser Widerstand entgegengesetzt wird, ist zu beachten, daß der erforderliche Druck durch genügend hohen Ölstand im Ausdehnungsgefäß vorhanden sein muß. Bei der Prüfung auf Brennbarkeit ist allgemein darauf zu achten, daß die Zündung am Rande des Gasstromes erfolgen muß, da sonst die Streichholzflamme verlischt. Ferner ist hierbei mit gewisser Vorsicht vorzugehen, damit durch die Stichflamme nicht Verletzungen des Prüfenden hervorgerufen werden können.

e) *Ansprechen des Buchholz-Schutzes, ohne daß ein Defekt im Transformator vorliegt.* α) *Luftansammlung und Absinken des Ölspiegels.* Angesammelte Luftblasen, die entweder von Luftpolstern bei einer Neufüllung des Transformators mit Öl oder durch undichte Stellen im Vakuumgebiet eingesogene Luft herrühren, können die Warnung des Buchholz-Relais zum Ansprechen bringen.

Auch, wie bereits erwähnt, beim Absinken des Ölspiegels bis zur Höhe des Relais spricht ebenfalls die Warnung an. Die Ursache dieses Absinkens kann in ungenügender Füllung des Ausdehnungsgefäßes und Rückgang der Öltemperatur oder in Leckwerden des Transformators liegen. Beim Absinken des Ölspiegels besteht die Gefahr, daß die Absenkung so weit fortschreitet, daß Luft unterhalb des Deckels des Transformators eintritt und ein Abreißen der Ölsäule in eventuell vorhandenen kittlosen Durchführungen herbeigeführt wird. Beim Leckwerden des Transformators besteht die Gefahr, daß durch rasches Verschwinden des Öles spannungsführende Teile freigelegt werden, wodurch Überschläge und Defekte die Folge sein können.

Die richtige Füllung des Ausdehnungsgefäßes wird durch Eichung des Ölstandes nach der Öltemperatur ermöglicht, wenn man die erforderliche Nachfüllung in regelmäßigen Zeitabständen nach dieser Skala vornimmt.

Um den Gefahren, die bei einem Verschwinden des Öles eintreten können, zu begegnen, wird in unbesetzten Stationen die Warnung des Zweischwimmer-Relais auf Auslösung geschaltet bzw. auf Warnung mit nachfolgender Abschaltung eingestellt. Beim Ölverlust erfolgt also in diesem Falle die Auslösung der Leistungsschalter des Transformators.

β) *Ölgase.* Im Laufe der letzten Jahre wurden mehrere Fälle bekannt, wo bei der Prüfung des im Buchholz-Relais enthaltenen Gases nach Ansprechen der Warnung festgestellt wurde, daß das Gas nicht brennbar war. Auf Grund der chemischen Prüfung wurde ein brauner Niederschlag ermittelt. Dieser Niederschlag zeigte auf das Vorhandensein von Kohlenoxyd- (CO-) Gasen. Die Untersuchung der Transformatoren ergab jedoch, daß sie fehlerfrei waren. Weitere Feststellungen ergaben, daß sich im Ölumlaufsystem des Transformators eine undichte Stelle befand, wodurch Luft eingesaugt worden ist. Die kleinen Luftbläschen haben sich scheinbar beim Durchwandern heißer Ölschichten mit Ölgasen angereichert und füllten das Buchholz-Relais mit einem Luft-Öl-Gas-Gemisch auf. Die chemische Untersuchung des Gases ergab

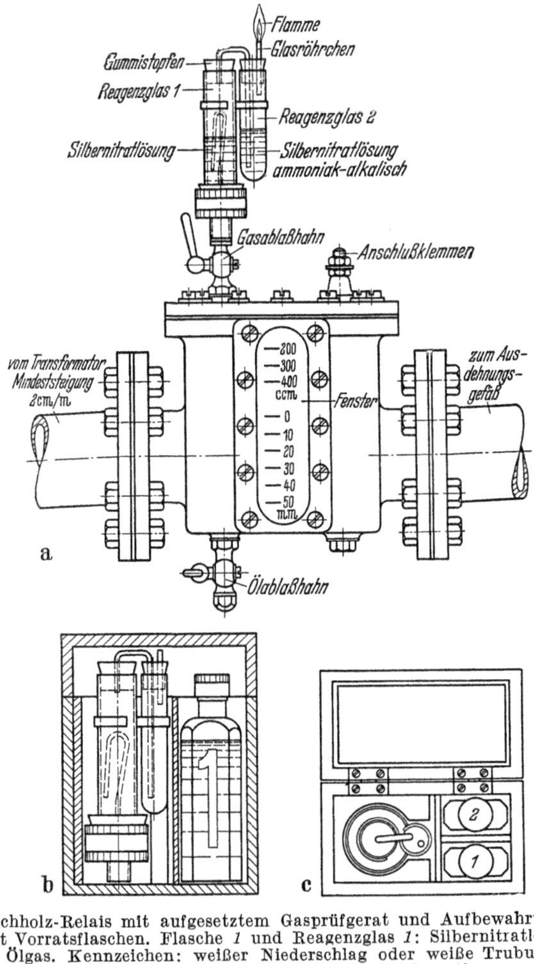

Abb. 186. Buchholz-Relais mit aufgesetztem Gasprüfgerat und Aufbewahrungskasten fur ein Prufgerat mit Vorratsflaschen. Flasche *1* und Reagenzglas *1*: Silbernitratlosung 5% zur Adsorption von Ölgas. Kennzeichen: weißer Niederschlag oder weiße Trubung. Flasche *2* und Reagenzglas *2*: ammoniakalkalische Silbernitratlosung zur Adsorption von Kohlenoxyd (CO). Kennzeichen: braune bis schwarze Färbung oder gleichfarbiger Niederschlag.

Bemerkungen zur Prüfung des Relais: Bei der regelmäßigen Kontrolle der Warnung des Buchholz-Relais wird mittels einer am Gasablaßhahn angesetzter Luftpumpe Luft in das Relais hineingepumpt. Hierdurch wird das Öl oben verdrangt, und an der Skala des Fensters kann der Ansprechwert in cm^3 des Warnschwimmers abgelesen werden. Nach der Prufung wird die eingepumpte Luft wieder abgelassen. Bei Prufung auf Ölverlust wird der Absperrschieber des Ausdehnungsgefaßes geschlossen und das Öl aus der Verbindungsrohrleitung entweder an der Ablaßleitung oder am Ölablaßhahn des Relais abgelassen. Hierbei muß der Gasablaßhahn langsam geoffnet werden. Am Fenster kann das Absinken des Ölspiegels beobachtet werden. Zuerst muß der Warnschwimmer und dann die Auslosung ansprechen, vorausgesetzt, daß die Auslosung des Relais auf Ölverlust eingestellt ist. Der Stand in mm beim Ansprechen der Auslosung des Relais wird notiert. Nach der Prufung und nach Öffnung des Absperrschiebers wird die eingedrungene Luft über den Gasablaßhahn abgelassen. Ein Teil der Luft entweicht auch über das Sicherheitsrohr des Ausdehnungsgefäßes. (a: Buchholzrelais mit Prufgerat, b und c: Aufbewahrungskasten fur Prufgerat mit Vorratsflaschen.)

ebenfalls Kohlenoxyd, jedoch ohne Spuren von Wasserstoff und Azetylen. Es wurden bis zu 3 V-% CO festgestellt.

Die Erfahrung an diesen Fällen ergibt einwandfrei, daß nur, *wenn das Gas brennbar ist*, mit Sicherheit angenommen werden kann, daß ein *Defekt im Transformator* vorliegt.

Wenn sich irgendwelche Fehler im Transformator einstellen, müssen *brennbare Gase* erzeugt werden, und zwar werden in diesem Zusammenhang stets Wasserstoff oder Azetylen ausgeschieden.

f) *Prüfung der Transformatoren nach Ansprechen des Schutzes.* Hat die Warnung des Buchholz-Relais angesprochen und hat man festgestellt, daß das Gas nicht Luft ist, so wird, um unnötige Arbeit und Kosten zu ersparen, der Transformator in seiner Zelle im Kurzschluß und im Leerlauf, also auf Strom und Spannung, hochgefahren, und zwar werden Strom und Spannung innerhalb der Nennwerte so lange gesteigert, bis die Gasentwicklung einsetzt. Das Gas aus dem Buchholz-Relais kann dann einer genaueren chemischen Untersuchung zur Verfügung gestellt werden.

War das *Gas nicht brennbar*, so wird man feststellen, daß beim Hochfahren keinerlei Gasentwicklung eintritt. Nach bestandener Prüfung kann dann der Transformator in Betrieb genommen und die undichte Stelle muß gewissenhaft gesucht werden.

Ist ein Defekt im Transformator vorhanden, so kann durch das Hochfahren so viel Gas erzeugt werden, daß die Brennbarkeit einwandfrei festgestellt werden kann.

Ist die Fehlerstelle freigebrannt oder auch durch dynamische Stromkräfte aufgerissen und tritt das hochwertig isolierende Öl zwischen die unterbrochenen Leiter, so kann es vorkommen, daß beim Hochfahren mit einer Prüfmaschine auf Strom und Spannung keinerlei Gasentwicklung mehr eintritt, weil infolge der eben geschilderten Vorgäng ein Lichtbogen nicht auftreten kann. In diesem Fall sind aber ein oder mehrere Wicklungsstränge vollkommen abgetrennt, und die Messung des Gleichstromwiderstandes aller Phasen mit der THOMSON-Meßbrücke muß einwandfrei die Fehlerhaftigkeit des Transformators ermitteln. Auch dann, wenn nur ein Wicklungsstrang, von mehreren parallelgeschalteten, vollkommen frei ist, wird die Erhöhung des Widerstandes der betreffenden Phase durch die Messung fast immer erkennbar.

Wird anschließend eine Übersetzungsmessung am Transformator durch Anlegung von Niederspannung an die in Stern geschaltete Oberspannungswicklung vorgenommen, so ist empfehlenswert, vor Ausführung der Messung sämtliche zugänglichen Dreieckswicklungen zu öffnen. Hierdurch werden gegebenfalls sich bildende innere Ströme der Dreieckswicklungen unterbunden. Die Messung der Spannung erfolgt am besten phasenweise.

g) *Einstellung des Buchholz-Relais.* Bei schwachen oder schleichenden Fehlern, wie z. B. Windungsschluß, Eisenbrand und dergleichen, streben die erzeugten Gase nach oben und gleiten bei richtiger Deckelausbildung und genügender Schrägstellung des Transformatorenkessels sowie mit

Steigung verlegtem Verbindungsrohr in das Buchholz-Relais. Das sich im Relais sammelnde Gas verdrängt das Öl, der Warnschwimmer sinkt nach unten und spricht bei einer ganz bestimmten Gasmenge an. Diese ist an einer cm^3 geeichten Skala am Glasfensters des Relais ablesbar. Der Ansprechwert des Warnschwimmers liegt bei einer Gasmenge von 150 bis 300 cm^3.

Bei schweren oder kurzschlußähnlichen Fehlern, wie z. B. Wicklungsschluß, Gehäuseschluß und dergleichen, entsteht durch die heftige Gasentwicklung ein starker Überdruck im Transformatorenkessel, wodurch eine Verdrängung des Öles in Richtung zum Ausdehnungsgefäß hervorgerufen wird. Das Öl strömt je nach dem Umfang und der Zeitspanne des Verdrängungsvorganges mit mehr oder minder großer Geschwindig-

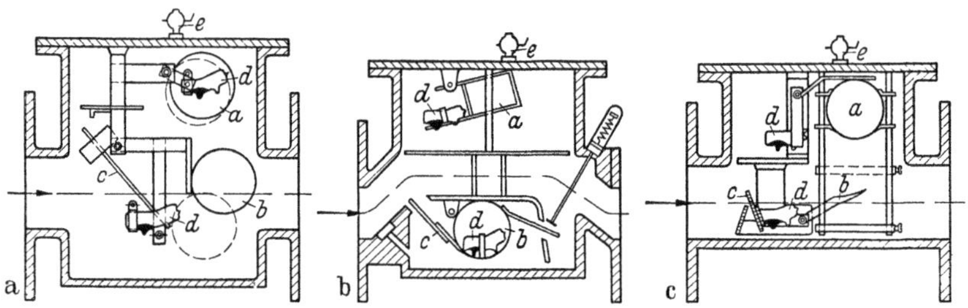

Abb. 187. Buchholz-Relais in drei verschiedenen Ausführungen nach Art des Zweischwimmerrelais. Erklärung: *a* Warnschwimmer, *b* Auslöseglied bei Ölverlust, *c* Auslöseklappe für Ölströmung, *d* Quecksilberkontakte *e* Gasablaßhahn → Richtung der Ölströmung. a) Konstruktion der Siemens-Schuckertwerke. b) Konstruktion der Allgemeinen Elektrizitätsgesellschaft. c) Konstruktion der Berliner Kraft und Licht (Bewag) AG.

keit durch das Relais. Auf diese Strömung spricht die Strömungsklappe des Buchholz-Relais an und betätigt über ein Auslöserelais gleichzeitig die Auslösung der beiden Transformatorenleistungsschalter. Die Einrichtung ist jedoch so getroffen, daß bei Handbetätigung beide Leistungsschalter getrennt ein- und ausschaltbar sind.

Die Erfahrung lehrt, daß bei Ölgeschwindigkeiten von 70 bis 100 cm/sec die als Folge von Störungen auftreten, die sofortige Abschaltung des Transformators notwendig ist. Dabei ist bei Transformatoren unter 1000 kVA mit 1 Zoll, zwischen 1000 und 10000 kVA mit 2 Zoll und über 10000 kVA mit 3 Zoll Relais gerechnet worden. Die sekundlich durch das Relais fließende Ölmenge $Q\ cm^3/sec = F\ cm^2\ v\ cm/sec$ ist entsprechend der Nennleistung der Transformatoren abgestuft. Bei gleichem Transformator, also bei gleicher Ölmenge in der Zeiteinheit, verhalten sich die Geschwindigkeiten umgekehrt proportional mit dem Eintrittsquerschnitt $F_1\, v_1 = F_2\, v_2$ bzw. umgekehrt proportional mit dem Quadrat des Durchmessers vom Eintrittsquerschnitt des Buchholz-Relais $D_1^2\, v_1 = D_2^2\, v_2$.

Die Auslöseklappe ist für eine bestimmte Ölströmungsgeschwindigkeit geeicht und kann zwischen 75 und 300 cm/sec bezogen auf den Eintrittsquerschnitt eingestellt werden. Die Auslösezeit ist von der Stärke der Strömung abhängig und beträgt 6 bis 0,1 sec.

Der Ansprechwert der Auslösung soll bei Einbau mit 0% und 4% Neigung bei einer Ölviskosität zwischen 0,6° und 5° E innerhalb der Streugrenzen von ±15% des Sollwertes liegen.

Der große Wert des Buchholz-Schutzes beruht allgemein auf der Tatsache, daß beim inneren Fehler eines, mit diesem Relais geschützten Transformators eine ernste Beschädigung derselben verhindert wird. Dies ist von Wichtigkeit sowohl für die Herabsetzung der Instandsetzungskosten als auch der Reparaturzeit. In vieler Hinsicht werden unsere Kenntnisse, durch diesen Schutz, über das Verhalten der Transformatoren im Betriebe vertieft. Die Wirksamkeit und die Empfindlichkeit übertrifft alle anderen Schutzeinrichtungen des Transformators.

In Abb. 186 ist ein Buchholz-Relais mit aufgesetztem Gasprüfgerät nebst Aufbewahrungskasten und in Abb. 187 drei verschiedene Konstruktionen, nach Art der Zweischwimmerrelais mit Auslöseklappe, dargestellt.

V. Betrieb der Transformatoren.

Die wärmetechnische Bemessung des Transformators richtet sich nach dem Verwendungszweck und damit nach der vorgesehenen *Betriebsart*. Die am meisten verwendete Betriebsart ist der Dauerbetrieb, der für Übertragung, Verteilung und Verbrauch der elektrischen Energie in Frage kommt. Im einzelnen sind untenstehend die für Transformatoren geltenden Betriebsarten zusammengestellt und kurz erläutert.

Bei großen Durchgangsleistungen in Kraft- und Umspannwerken entstehen Vorteile für den Betrieb, wenn die erforderliche Transformatorenleistung auf mehrere Einheiten aufgeteilt wird. Erstens kann hierdurch die eingeschaltete Transformatorenleistung der mit der Tageszeit schwankenden Belastung angepaßt, zweitens kann der Betrieb bei Ausfall eines Transformators ohne Unterbrechung weitergeführt und schließlich drittens die Reservehaltung in wirtschaftlich tragbaren Grenzen gehalten werden.

Die Aufteilung der Leistung erfordert aber, daß der notwendige Parallelbetrieb der Transformatoren einwandfrei und ohne Schwierigkeiten durchgeführt werden kann. Durch Einhaltung einiger Bedingungen ist dieses Ziel auch nicht schwer erreichbar. Bei gleicher Primärspannung und gleichem Leerlaufübersetzungsverhältnis weisen *verschiedene Schaltgruppen* zwar gleiche Größen der sekundären Spannungsvektoren, aber Abweichungen in den Phasenlagen auf, so daß ein Parallelbetrieb in solchen Fällen nicht zustande kommen kann. Bei verschiedenen parallel arbeitenden Transformatoren kann weiterhin der Fall eintreten, daß einige überlastet werden, obwohl die anderen noch in der Lage wären, Last aufzunehmen. Bei solchen Verhältnissen handelt es sich meist um stark verschiedene Streureaktanzen bzw. Kurzschlußimpedanzen der Transformatoren. Gewünscht wird aber naturgemäß, daß sich die Last entsprechend der Nennleistungen aufteilt, was aber nur dann erreicht wird, wenn die Streureaktanzen bzw. Kurzschlußimpedanzen umgekehrt proportional der zugehörigen Nennleistungen sind. Aus diesen Überlegungen heraus sind die untenstehend angegebenen drei Hauptbedingungen für den *Parallelbetrieb* entstanden.

Die Belastung der Transformatoren im Betriebe ist allgemein, wie bereits oben erwähnt, nicht konstant, sondern mehr oder minder Schwankungen unterworfen. Dementsprechend zeigt auch die Kurve der Temperaturen einen mit der Zeit veränderlichen, also keinen stetigen Verlauf. Die Temperatur der Wicklung und die des Öles folgt der Belastung auf verschiedene Art. Während die Wicklungstemperatur getrennt betrachtet, infolge ihrer kleinen Zeitkonstante rasch den Belastungsänderungen nachkommt und merklich exponential verläuft, folgt die Temperatur des Öles infolge seiner großen Zeitkonstante nur langsam nach und zeigt kurvenmäßig einen flachen Verlauf. Bei kurzzeitigen Überlastungen tritt ein steiler Anstieg der Wicklungstemperatur auf. Trotz mäßiger Öltemperatur herrscht also in diesem Falle eine hohe Temperatur in den Wicklungen. Bei Kurzschlußbelastung treten diese Verhältnisse besonders deutlich hervor, denn es findet wegen der sehr kurzen Zeitdauer eine Wärmeabgabe an das Öl nur in sehr geringem Umfang statt. Bei einer maximalen Kurzschlußdauer von 10 sec sind es nur etwa 1%. Der Temperaturanstieg in der Wicklung ist auch von der Nennleistung des Transformators abhängig. Bei einem Klemmenkurzschluß eines 200 kVA-Transformators würde beispielsweise die Temperatur in der Wicklung in 2 sec bereits um etwa 100° C gestiegen sein, während bei einem 100000 kVA-Transformator wegen seiner größeren Kurzschlußspannung in der gleichen Zeit nur ein Anstieg um etwa 15° C erfolgt. Die sich einstellende Öltemperaturerhöhung ist sehr niedrig, sie beträgt etwa 0,01 bis 0,1° C, selbst wenn die Wicklung dabei auf 180° C erwärmt wird. Bei einem 200 kVA-Transformator würde das Kupfer bereits geschmolzen sein, ehe das Öl sich um 1° C erwärmt hätte. Bei einem 100000 kVA-Transformator dagegen entspricht 1° C Ölerwärmung einem Wicklungstemperaturanstieg um etwa 600° C. Aus diesen Darlegungen geht deutlich hervor, daß die Temperatur des Öles keinerlei Rückschlüsse auf die thermische Beanspruchung der Wicklungen bei *kurzzeitigen Überlastungen* gestattet. Einrichtungen, die in Abhängigkeit von der Öltemperatur arbeiten und Hinweis oder Schutz gegen die thermische Überbeanspruchung der Wicklungen liefern oder bieten sollen, sind in bezug auf kurzzeitige Vorgänge völlig ungeeignet.

A. Betriebsarten.

Bei Transformatoren werden folgende Betriebsarten unterschieden:

a) *Dauerbetrieb* (DB). Dauerbetrieb liegt dann vor, wenn die Betriebszeit so lang ist, daß die dem Beharrungszustand entsprechende Endtemperatur erreicht wird.

Der Nennbetrieb muß bei Transformatoren für Dauerbetrieb beliebig lange Zeit hindurch geführt werden können, ohne daß die

Erwärmung die zulässigen Grenzwerte überschreitet. Transformatoren für Energieübertragungs-, Verteilungs- und Industrieanlagen werden für Dauerbelastung bemessen.

b) *Kurzzeitiger Betrieb* (KB). Die Betriebszeit ist so kurz, daß die Beharrungstemperatur nicht erreicht wird. Die Betriebspause des Transformators ist so lang, daß die Abkühlung auf die Temperatur des Kühlmittels erfolgt. Als Betriebspause gilt der spannungslose Zustand.

c) *Dauerbetrieb mit kurzzeitiger Belastung* (DKB). Die Belastungszeit ist so kurz, daß die Beharrungstemperatur nicht erreicht wird. Die Leerlaufpause des Transformators ist so lang, daß die Abkühlung auf die Beharrungstemperatur bei Leerlauf erfolgt.

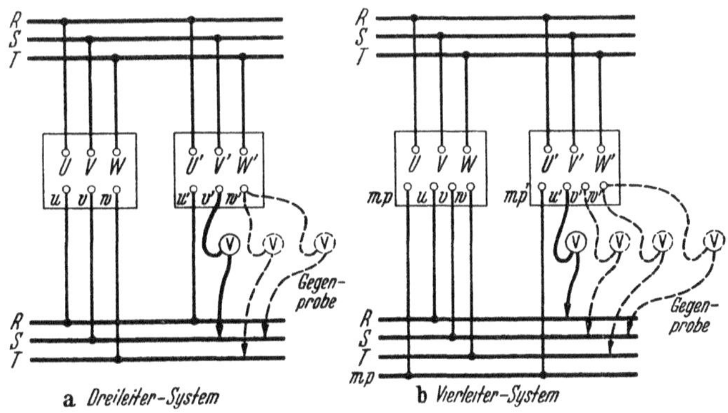

Abb. 188. Prufung von Transformatoren auf Phasengleichheit vor dem erstmaligen Zuschalten eines Transformators. Bei Phasengleichheit zeigt der Spannungsmesser an den Phasen *S* und *T* bzw. *R*, *S* und *T* Null und bei der Gegenprobe die Betriebsspannung an. Bei Hochspannung sind Spannungswandler zu verwenden und sinngemaß zu schalten. Der Meßbereich des Spannungsmesser betragt bei a) Dreileiter-System: die doppelte Betriebsspannung und bei b) Vierleiter-System: die doppelte Sternspannung.

Bei kurzzeitigem Betrieb und Dauerbetrieb mit kurzzeitiger Belastung muß der Nennbetrieb während der durch Vereinbarung bestimmten Belastungszeit hindurch geführt werden können, ohne daß die zulässigen Grenzwerte überschritten werden. Bei Anlaßtransformatoren dürfen diese Grenzwerte um 10° C überschritten werden.

d) *Aussetzender Betrieb* (AB). Die Einschaltzeiten wechseln mit spannungslosen Betriebspausen. Die Betriebspausen genügen nicht, um die Bedingung für den kurzzeitigen Betrieb zu erreichen.

e) *Dauerbetrieb mit aussetzender Belastung* (DAB). Die Belastungszeiten wechseln mit Leerlaufpausen. Die Leerlaufpausen genügen nicht, um die Bedingung für den Dauerbetrieb mit kurzzeitiger Belastung zu erreichen.

α) Die gesamte *Spieldauer*, die sich bei AB aus Einschaltzeit und Betriebspause und bei DAB aus Belastungszeit und Leerlaufpause zusammensetzt, beträgt höchstens 10 Minuten.

β) Die *relative Einschaltdauer* ist das Verhältnis von Einschalt- bzw. Belastungszeit zur Spieldauer.

Der Nennbetrieb muß bei regelmäßigem Spiel beliebig lange Zeit geführt werden können.

f) *Landwirtschaftlicher Betrieb* (LB). Etwa 500 Stunden im Jahr beträgt die tägliche Überlastung 100% des Nennsekundärstromes. Die Überlastung kann täglich bis zu 12 Stunden ausgedehnt werden.

Der Nennbetrieb wird nicht durch die Erwärmung, sondern durch den Spannungsverlust bestimmt. Bei 100% Überlast darf die Erwär-

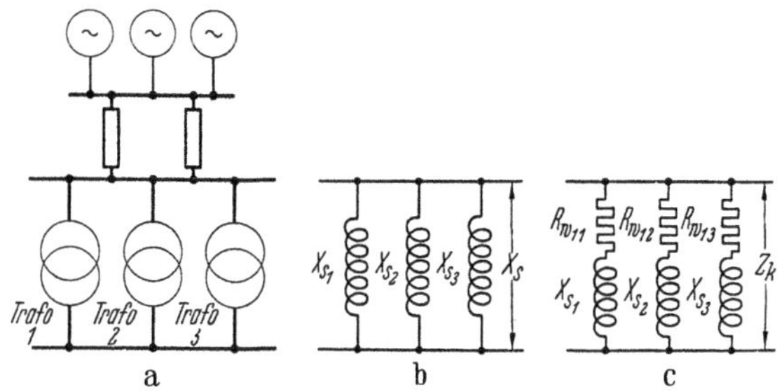

Abb. 189. Transformatoren in Sammelschienen — Parallelbetrieb. a) Schaltschema in einpoliger Darstellung. b) Ersatzschaltbild unter Vernachlassigung der ohmschen Widerstande. c) Ersatzschaltbild mit Berucksichtigung der ohmschen Widerstände. $Z_{K1} = R_{W11} + j\,X_{S1} = \sqrt{R_{W11}^2 + X_{S1}^2}$ (Ohm) $\alpha_1 = \operatorname{arc\,tg} \frac{X_{S1}}{R_{W11}}$, Berechnung von Z_{K2} und Z_{K3} sowie α_2 und α_3 erfolgt entsprechend.

mung um 10% über die zulässigen Grenzwerte überschritten werden. In der Regel können derartige Transformatoren mit dem 1,6fachen Nennsekundärstrom dauernd belastet werden.

B. Elektrischer Parallelbetrieb.

Sind Transformatoren, sowohl primär als auch sekundär zusammengeschaltet, in Betrieb, so liegt Parallelbetrieb vor.

Beim Parallelbetrieb wird angestrebt, daß sich die Gesamtbelastung, entsprechend der Nennleistungen der Transformatoren, aufteilt. Ein dauernder Parallelbetrieb beim Nennleistungsverhältnis größer als 3 : 1 ist nicht empfehlenswert.

Parallel arbeitende Transformatoren müssen folgende Voraussetzungen für den einwandfreien Betrieb aufweisen:

1. gleiche Nennspannung primär und sekundär und damit gleiches, Leerlaufübersetzungsverhältnis,
2. gleiche Schaltgruppe und
3. gleiche Nennkurzschlußspannung.

Nur bei Erfüllung dieser Bedingungen treten beim Leerlauf keine Ausgleichströme auf, und die Last verteilt sich entsprechend der Nennleistungen der Transformatoren. Die Verbindung gleichnamiger Klemmen mit den gleichsinnigen Sammelschienen ist hierbei selbstverständliche Voraussetzung. Von Transformatoren verschiedener Schaltgruppen können nur die mit den Schaltgruppen C und D parallel arbeiten, wenn sie nach Tabelle 2 angeschlossen werden.

Die Phasenlage der Belastungsströme der einzelnen Transformatoren wird gleich, wenn eine weitere Bedingung, nämlich die eines gleichen Kurzschlußwinkels α, erfüllt wird. Das bedeutet, daß sowohl die Streuspannung bzw. der Streuspannungsverlust als auch der ohmsche Spannungsverlust, d. h. u_S als auch u_R (s. Abb. 14) übereinstimmen müssen. Hierbei ist es selbstverständlich gleichgültig, ob die Nennleistungen gleich oder ungleich sind, weil es sich hier um Spannungen oder auf die Nennspannung bezogene Spannungen handelt. Die Widerstände X_S und R_{W1} müssen dagegen bei ungleichen Nennleistungen im Verhältnis zueinander übereinstimmen, denn bei gleicher Nennkurzschlußspannung ist die Streureaktanz X_S umgekehrt proportional der Nennleistung. Bei den heutigen allgemeinen Konstruktionen der Transformatoren weichen die Kurzschlußwinkel nicht sehr voneinander ab, solange die Nennleistungen annähernd in derselben Größenordnung liegen.

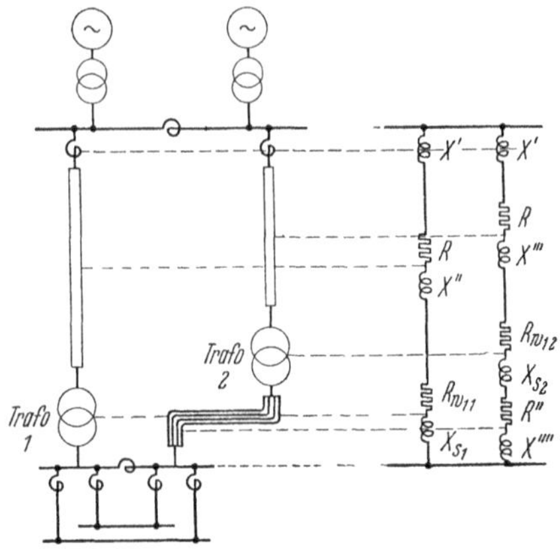

Abb. 190. Beispiel fur Netz-Parallelbetrieb. Schaltschema in einpoliger Darstellung mit Ersatzschaltbild.

$Z_{K1} = (R + R_{W11}) + j(X' + X'' + X_{S1})$ (Ohm).

$Z_{K2} = (R' + R_{W12} + R'') + j(X' + X''' + X_{S2} + X'''')$ (Ohm).

Es zeigt sich im Betrieb, daß Transformatoren mit einer prozentualen Abweichung des Übersetzungsverhältnisses bis $^1/_{20}$ des Prozentsatzes der Nennkurzschlußspannung noch gut parallel arbeiten können. Bei einem Transformator z. B. mit 10% Nennkurzschlußspannung darf damit das Übersetzungsverhältnis um 0,5% vom anderen abweichen. Auch ist der Parallelbetrieb noch einwandfrei, wenn die Nennkurzschlußspannung eines Transformators nicht mehr als $\pm 10\%$ vom Mittelwert der Nennkurzschlußspannungen abweicht.

Wenn Transformatoren mit verschiedenen Nennleistungen, deren Nennkurzschlußspannungen auch abweichend sind, parallel arbeiten sollen, so muß zwecks Vermeidung der Überlastung des kleineren Transformators dessen Nennkurzschlußspannung die größere sein. Stark abweichende Nennkurzschlußspannungen können durch Eisenreaktanzen ausgeglichen werden.

Vor der erstmaligen Parallelschaltung eines Transformators ist die Prüfung auf die Richtigkeit der Schaltung, d. h. auf gleiche Phasenlage der sekundären Spannungen, vorzunehmen. Wie aus Abb. 188a für Dreileitersysteme zu ersehen ist, wird nach sekundärer einpoliger Verbindung zwischen u' und u Spannung zwischen $v'v$ und $w'w$ gemessen. Wenn die Spannungen gleich Null sind, kann sekundär dreipolig zugeschaltet werden. Die Gegenprobe erfolgt durch Messung zwischen $v'w$ und $w'v$.

In Abb. 188b ist die Prüfschaltung für Vierleitersysteme dargestellt. Bei Spannungen über 1000 V sind Spannungswandler zu verwenden.

Bei größeren Transformatoren wird die Prüfung, wenn ein zweiter bereits in Betrieb gewesener Transformator zur Verfügung steht, durch Hochfahren von zwei parallel geschalteten Transformatoren gleicher Schaltgruppen auf Spannung mittels eines Prüfgenerators vorgenommen. Bei Phasenvertauschung treten hohe Ausgleichströme auf, so daß man statt auf Spannung, schon bei schwacher Erregung, auf Strom kommt. Dreiphasige Strom- und Spannungsmessung ist beim Hochfahren zweckmäßig.

a) *Sammelschienen-Parallelbetrieb.* Hierbei müssen die Nennkurzschlußspannungen die oben angegebenen Bedingungen erfullen. Auf verschieden lange Verbindungen der Transformatoren ist zu achten, damit die gute Verteilung der Last nicht gefährdet wird. In Abb. 189 ist der Sammelschienen-Parallelbetrieb nebst Ersatzschaltbild ohne und mit Berücksichtigung der ohmschen Widerstände dargestellt.

b) *Netzparallelbetrieb.* Durch die zwischen den einzelnen Transformatoren liegenden Netzstrecken kann ein Ausgleich bei verschiedenen Nennkurzschlußspannungen eintreten, so daß im allgemeinen die oben angegebene Bedingung nicht notwendig ist. In Abb. 190 ist ein Beispiel für den Netzparallelbetrieb dargestellt.

c) *Berechnung der Lastverteilung bei gleichen Übersetzungsverhältnissen.* Unter der Voraussetzung, daß Sammelschienen-Parallelbetrieb vorliegt und die Übersetzungsverhältnisse der Transformatoren untereinander übereinstimmen, kann die Lastverteilung für die untenstehenden verschiedenen Fälle wie folgt berechnet werden.

α) *Nennleistungen verschieden, Nennkurzschlußspannungen gleich.* Wenn die Nennkurzschlußspannungen genau übereinstimmen, so verteilt sich die Gesamtbelastung im Verhältnis der Nennleistungen der Transformatoren.

Bezeichnet man mit N_{N1}, N_{N2}, N_{N3} usw. die Nennleistung der einzelnen Transformatoren und mit N_1, N_2, N_3 usw. die jeweilige Belastung, so sind die Summen

$$\text{Gesamtnennleistung} = N_N = N_{N1} + N_{N2} + N_{N3} + \cdots \quad \text{(kVA)}, \tag{270}$$

$$\text{Gesamtbelastung} = N = N_1 + N_2 + N_3 + \cdots \quad \text{(kVA)}, \tag{271}$$

und die Gesamtbelastung N verteilt sich auf

$$\left.\begin{aligned} &\text{Trafo 1:} \quad N_1 = N \frac{N_{N1}}{N_{N1} + N_{N2} + N_{N3}} \quad \text{(kVA)},\\ &\text{Trafo 2:} \quad N_2 = N \frac{N_{N2}}{N_{N1} + N_{N2} + N_{N3}} \quad \text{(kVA)},\\ &\text{Trafo 3:} \quad N_3 = N \frac{N_{N3}}{N_{N1} + N_{N2} + N_{N3}} \quad \text{(kVA)},\\ &\text{Trafo 4:} \quad \text{entspr.} \ \ldots\ldots\ldots\ldots\ldots \end{aligned}\right\} \tag{272}$$

Der Transformator mit der größten Nennleistung übernimmt stets den größten Belastungsanteil.

β) *Nennleistungen gleich, Nennkurzschlußspannungen verschieden.* Bezeichnet man mit u_{k1}, u_{k2}, u_{k3} usw. die Nennkurzschlußspannung der einzelnen Transformatoren, so ergibt sich die resultierende bzw. gemeinsame oder gesamte Nennkurzschlußspannung aus

$$\frac{1}{X_S} = \frac{1}{X_{S1}} + \frac{1}{X_{S2}} + \frac{1}{X_{S3}} + \cdots \quad \text{und} \quad X_S = \frac{u_k U_{N1}^2 10}{N_N} \quad \text{(Ohm)},$$

nach Gl. (34) unter Vernachlässigung der ohmschen Widerstände oder

$$\frac{1}{Z_k} = \frac{1}{Z_{k1}} + \frac{1}{Z_{k2}} + \frac{1}{Z_{k3}} + \cdots \quad \text{und} \quad Z_k = \frac{u_k U_{N1}^2 10}{N_N} \quad \text{(Ohm)}$$

ebenfalls nach Gl. (34) bei Berucksichtigung der ohmschen Widerstände aber bei gleichem Kurzschlußwinkel α, damit alle Kurzschlußimpedanzen gleiche Richtung haben, zu

$$u_k = \frac{N_N}{\frac{N_{N1}}{u_{k1}} + \frac{N_{N2}}{u_{k2}} + \frac{N_{N3}}{u_{k3}} +} \quad (\%). \tag{273}$$

Bei gleicher Nennleistung verhalten sich die Teilbelastungen wie die Nennkurzschlußspannungen.

Die Gesamtlast N verteilt sich auf

$$\left.\begin{aligned} &\text{Trafo 1:} \quad N_1 = \frac{N}{3}\frac{u_k}{u_{k1}} \quad \text{(kVA)}, \\ &\text{Trafo 2:} \quad N_2 = \frac{N}{3}\frac{u_k}{u_{k2}} \quad \text{(kVA)}, \\ &\text{Trafo 3:} \quad N_3 = \frac{N}{3}\frac{u_k}{u_{k3}} \quad \text{(kVA)}, \end{aligned}\right\} \tag{274}$$

wobei in diesem Fall die Anzahl der Transformatoren gleich 3 gesetzt worden ist.

Der Transformator mit der großten Nennkurzschlußspannung übernimmt stets den kleinsten Belastungsanteil (Abb. 191).

γ) *Nennleistung verschieden, Nennkurzschlußspannungen verschieden.* Die gemeinsame oder gesamte Nennkurzschlußspannung ist wie bereits oben angegeben zu berechnen.

Die Gesamtbelastung N verteilt sich nach den bis jetzt ermittelten Gleichungen wie folgt auf die einzelnen Transformatoren.

$$\left.\begin{aligned} &\text{Trafo 1:} \quad N_1 = N\frac{N_{N1}}{N_{N1} + N_{N2} + N_{N3}}\frac{u_k}{u_{k1}} \quad \text{(kVA)}, \\ &\text{Trafo 2:} \quad N_2 = N\frac{N_{N2}}{N_{N1} + N_{N2} + N_{N3}}\frac{u_k}{u_{k2}} \quad \text{(kVA)}, \\ &\text{Trafo 3:} \quad N_3 = N\frac{N_{N3}}{N_{N1} + N_{N2} + N_{N3}}\frac{u_k}{u_{k3}} \quad \text{(kVA)}. \\ &\text{Trafo 4:} \quad \text{entspr.} \ldots\ldots\ldots\ldots \end{aligned}\right\} \tag{275}$$

Außer der Nennkurzschlußspannung beeinflußt die Nennleistung die Aufteilung der Belastung. Die Rechnung entscheidet, welcher Transformator den kleinsten bzw. den größten Belastungsanteil von der Gesamtbelastung übernimmt.

Beispiel für die Verteilung der Last: Drei Transformatoren arbeiten mit folgenden elektrischen Größen parallel, und es soll die Lastverteilung bei gegebener Gesamtbelastung berechnet werden.

$$\begin{aligned} &\text{Trafo 1:} \quad N_{N1} = 10000\,\text{kVA}, \quad u_{k1} = 8\% \\ &\text{Trafo 2:} \quad N_{N2} = 8000\,\text{kVA}, \quad u_{k2} = 10\% \\ &\text{Trafo 3:} \quad N_{N3} = 5000\,\text{kVA}, \quad u_{k3} = 6\% \\ &\qquad\qquad\; N_N = 23000\,\text{kVA} \end{aligned}$$

Die Gesamtbelastung soll $N = 20000$ kVA betragen.

Die gemeinsame Nennkurzschlußspannung ist nach obigen Angaben

$$u_k = \frac{10000 + 8000 + 5000}{\frac{10000}{8} + \frac{8000}{10} + \frac{5000}{6}} \approx 8\%.$$

Die Verteilung der Last ist

$$\begin{aligned} &\text{Trafo 1:} \quad N_1 = 20\,\frac{10}{23}\,\frac{8}{8}\,1000 = 8700\,\text{kVA} \\ &\text{Trafo 2:} \quad N_2 = 20\,\frac{8}{23}\,\frac{8}{10}\,1000 = 5580\,\text{kVA} \\ &\text{Trafo 3:} \quad N_3 = 20\,\frac{5}{23}\,\frac{8}{6}\,1000 = 5720\,\text{kVA} \\ &\qquad\qquad\qquad\qquad\qquad\quad N = 20000\,\text{kVA} \end{aligned}$$

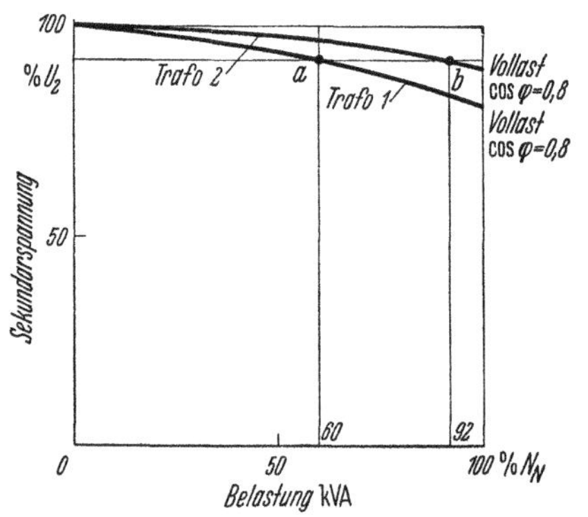

Abb. 191. Der Einfluß unterschiedlicher Nennkurzschlußspannungen bei gleicher Nennleistung und Kurzschlußwinkel α auf die Lastverteilung im Parallelbetrieb. Der Transformator 2 mit dem geringeren Spannungsverlust bzw. kleineren Nennkurzschlußspannung nimmt so lange Last auf, bis seine Spannung (Punkt b) gleich der des Transformators 1 mit dem großeren Spannungsverlust bzw. großeren Nennkurzschlußspannung ist (Punkt a). Transformator 2 nimmt 92% und Transformator 1 nur 60% von der Nennleistung auf.

Die Rechnung zeigt, daß bei der Gesamtbelastung von 20000 kVA der Transformator 3 etwas überlastet wird, ohne daß die anderen vollbelastet wären.

d) *Zusammenfassung der Ergebnisse.* Zusammenfassend ergibt sich, daß *die Lastaufnahme eines parallel arbeitenden Transformators* von folgenden drei Faktoren abhängig ist, und zwar

1. von der Gesamtbelastung N der Transformatoren,

2. von dem Verhältnis der eigenen Nennleistung zur Gesamtnennleistung der parallel arbeitenden Transformatoren N_N und schließlich

3. von dem umgekehrten Verhältnis der eigenen Nennkurzschlußspannung zur resultierenden bzw. gemeinsamen Nennkurzschlußspannung u_K der parallel arbeitenden Transformatoren.

Sind die Kurzschlußspannungen gleich, so wird der dritte Faktor gleich 1, und sind die Nennleistungen gleich, so beträgt der zweite

Faktor gleich $1/n$, wobei n die Anzahl der parallel arbeitenden Transformatoren bedeutet. In folgender Tabelle sind die Gleichungen übersichtlich zusammengestellt, um bei Nachberechnungen die richtige Gleichung schnell finden zu können. Bei Netzparallelbetrieb müssen außer diesen Faktoren die Impedanzen der Netzstrecken und die Reaktanzen der Kurzschlußdrosselspulen in Rechnung gesetzt werden.

Tabelle 20. *Lastverteilung bei Parallelbetrieb von Transformatoren mit gleichem Übersetzungsverhaltnis.*

Nennleistung	verschieden	gleich	verschieden
Nenn-kurzschlußspannung	gleich	verschieden	verschieden
Transf. 1: $N_1 =$	$N \frac{N_{N1}}{N_N}$	$\frac{N}{n} \frac{u_K}{u_{K1}}$	$N \frac{N_{N1}}{N_N} \frac{u_K}{u_{K1}}$
Transf. 2: $N_2 =$	$N \frac{N_{N2}}{N_N}$	$\frac{N}{n} \frac{u_K}{u_{K2}}$	$N \frac{N_{N2}}{N_N} \frac{u_K}{u_{K2}}$
usw.	usw.	usw.	usw.

hiervon bedeuten:

$N_N = N_{N1} + N_{N2} + N_{N3} + \cdots$ (kVA) Gesamtnennleistung

$N = N_1 + N_2 + N_3 + \cdots$ (kVA) Gesamtbelastung

$$u_K = \frac{N_N}{\frac{N_{N1}}{u_{K1}} + \frac{N_{N2}}{u_{K2}} + \frac{N_{N3}}{u_{K3}} + \cdots} \quad (\%) \text{ Gesamtnennkurzschlußspannung}$$

n Anzahl der Transformatoren

$N_{N1}, N_{N2} \ldots$ (kVA) Nennleistung
$N_1, N_2 \ldots$ (kVA) Belastung
$u_{K1}, u_{K2} \ldots$ (%) Nennkurzschlußspannung
} der einzelnen Transformatoren

e) *Berechnung der Lastverteilung bei ungleichen Übersetzungsverhaltnissen.* Unter der Voraussetzung, daß Sammelschienen-Parallelbetrieb vorliegt und die Übersetzungsverhältnisse und Nennkurzschlußspannungen nicht stark voneinander abweichen, kann nach Rösch die Lastverteilung wie folgt berechnet werden. Gleiche Kurzschlußwinkel α werden hierbei vorausgesetzt.

Wird die Sekundärspannung bei Leerlauf mit

$$U_{L21}, \quad U_{L22}, \quad U_{L23} \quad \text{usw.}$$

und die Sekundärspannung bei Nennlast mit

$$U_{21}, \quad U_{22}, \quad U_{23} \quad \text{usw.}$$

der einzelnen Transformatoren bezeichnet, so ist die bei Nennlast der Gruppe, sich einstellende gemeinsame Sekundärspannung

$$U_2 = \frac{\frac{N_{N1}}{u_{K1}} U_{21} + \frac{N_{N2}}{u_{K2}} U_{22} + \frac{N_{N3}}{u_{K3}} U_{23} + \cdots}{\frac{N_{N1}}{u_{K1}} + \frac{N_{N2}}{u_{K2}} + \frac{N_{N3}}{u_{K3}} + \cdots} \text{ (V)}. \qquad (276)$$

oder

$$U_2 = \frac{\frac{N_{N1}}{u_{K1}} U_{21} + \frac{N_{N2}}{u_{K2}} U_{22} + \frac{N_{N3}}{u_{K3}} U_{23} + \cdots}{\frac{N_N}{u_K}} \quad \text{(V)}. \qquad (277)$$

α) *Nennleistungen verschieden, Nennkurzschlußspannungen verschieden und Übersetzungsverhaltnisse verschieden.* Die Last verteilt sich auf die einzelnen Transformatoren wie folgt:

$$\left.\begin{aligned}
&\text{Trafo 1:}\quad N_1 = \left[N + N_{N2}\frac{U_{L21} - U_{L22}}{u_{K2}\,U_{L22}}100 + N_{N3}\cdot\right.\\
&\qquad\left.\cdot\frac{U_{L21} - U_{L23}}{u_{K3}\,U_{L23}}100 + \cdots\right]\frac{N_{N1}\,u_K}{N_N\,u_{K1}} \quad \text{(kVA)},\\
&\text{Trafo 2:}\quad N_2 = \left[N + N_{N1}\frac{U_{L22} - U_{L21}}{u_{K1}\,U_{L21}}100 + N_{N3}\cdot\right.\\
&\qquad\left.\cdot\frac{U_{L22} - U_{L23}}{u_{K3}\,U_{L23}}100 + \cdots\right]\frac{N_{N2}\,u_K}{N_N\,u_{K2}} \quad \text{(kVA)},\\
&\text{Trafo 3:}\quad N_3 = \left[N + N_{N1}\frac{U_{L23} - U_{L21}}{u_{K1}\,U_{L21}}100 + N_{N2}\cdot\right.\\
&\qquad\left.\cdot\frac{U_{L23} - U_{L22}}{u_{K2}\,U_{L22}}100 + \cdots\right]\frac{N_{N3}\,u_K}{N_N\,u_{K3}} \quad \text{(kVA)},\\
&\text{Trafo 4:}\quad \text{entspr.} \ldots\ldots\ldots\ldots\ldots\ldots\ldots\ldots
\end{aligned}\right\} \qquad (278)$$

Die fehlenden Glieder in der Reihe mit den Zählern $U_{L21} - U_{L21}$, $U_{L22} - U_{L22}$, $U_{L23} - U_{L23}$usw. fallen innerhalb der Klammer, weil sie Null sind, fort.

Beispiel fur die Verteilung der Last: Drei Transformatoren arbeiten mit folgenden elektrischen Größen auf eine Gruppe parallel und es soll die Lastverteilung bei der Gesamtbelastung gleich der Gesamtnennleistung berechnet werden. Die *Schaltgruppen und die Kurzschlußwinkeln α sind gleich,* und die Primärspannung beträgt 20000 Volt. Der Leistungsfaktor ist $\cos\varphi = 0{,}8$. Die Daten sind:

Trafo 1: $N_{N1} = 1600\,\text{kVA}$, $u_{K1} = 5{,}5\%$, $U_{L21} = 3000\,\text{V}$, $U_{21} = 2869\,\text{V}$

Trafo 2: $N_{N2} = 2000\,\text{kVA}$, $u_{K2} = 6{,}0\%$, $U_{L22} = 3100\,\text{V}$, $U_{22} = 2952\,\text{V}$

Trafo 3: $N_{N3} = 2500\,\text{kVA}$, $u_{K3} = 5{,}0\%$, $U_{L23} = 3050\,\text{V}$, $U_{23} = 2929\,\text{V}$

$N_N = 6100\,\text{kVA}$

Die sich bei Nennlast der Gruppe einstellende gemeinsame Sekundärspannung ist

$$U_2 = \frac{\frac{1600}{5{,}5}2869 + \frac{2000}{6{,}0}2952 + \frac{2500}{5{,}0}2928}{\frac{1600}{5{,}5} + \frac{2000}{6{,}0} + \frac{2500}{5{,}0}} = 2920\,\text{V}.$$

Die Verteilung der Last ist bei $N = 6100$ kVA wie folgt

$$\text{Trafo 1: } N_1 = \left[6100 + 2000\frac{3000-3100}{6{,}0\cdot 3100}100 + 2500\frac{3000-3050}{5{,}0\cdot 3050}100\right]\cdot$$

$$\cdot\frac{1600\left(\dfrac{6100}{\dfrac{1600}{5{,}5}+\dfrac{2000}{6{,}0}+\dfrac{2500}{5{,}0}}\right)}{6100\cdot 5{,}5} = 1085 \text{ kVA}$$

Trafo 2: $N_2 =$ . . . . $= 2330$ kVA

Trafo 3: $N_3 =$ . . . . $= 2685$ kVA

$N = 6100$ kVA

Die Rechnung zeigt, daß Transformator 2 und 3 etwas überlastet werden.

β) *Nennleistungen verschieden, Nennkurzschlußspannungen verschieden und Übersetzungsverhältnisse gleich.* Sind die Übersetzungsverhältnisse gleich, so sind $U_{L21} = U_{L22} = U_{L23}$, wodurch der Klammerausdruck der Gleichungen (278) auf N zurückgeht. Die so entstehenden Gleichungen stimmen mit den bereits oben entwickelten Gl. (275), für ungleiche Nennleistungen und Nennkurzschlußspannungen, überein.

Für obiges Beispiel ist jetzt die Verteilung der Last wie folgt

$$\text{Trafo 1: } N_1 = 6100\frac{1600\left(\dfrac{6100}{\dfrac{1600}{5{,}5}+\dfrac{2000}{6{,}0}+\dfrac{2500}{5{,}0}}\right)}{6100\cdot 5{,}5} = 1580 \text{ kVA}$$

Trafo 2: $N_2 =$ . . . . $= 1820$ kVA

Trafo 3: $N_3 =$ . . . . $= 2700$ kVA

$N = 6100$ kVA

Die Rechnung zeigt, daß jetzt Transformator 1 und 2 unterbelastet sind, woraus folgt, daß bei gleichen Übersetzungsverhältnissen und wenn $N = N_N$ ist, stets der Transformator mit der kleinsten Nennkurzschlußspannung $u_{K\,\min}$ *überlastet* wird.

Soll diese Überlastung vermieden werden, so darf die Gesamtbelastung der Gruppe folgenden Wert nicht übersteigen, und zwar

$$N_g = \frac{u_{K\,\min}}{u_{K1}} N_{N1} + \frac{u_{K\,\min}}{u_{K2}} N_{N2} + \cdots + \frac{u_{K\,\min}}{u_{K\,\min}} N_{Nm} \quad (\text{kVA}), \qquad (279)$$

wobei N_{Nm} die Nennleistung des Transformators mit der Nennkurzschlußspannung $u_{K\,\min}$ bedeutet.

Für obiges Beispiel wird

$$N_g = \frac{5{,}0}{5{,}5}1600 + \frac{5{,}0}{6{,}0}2000 + 2500 = 1460 + 1670 + 2500 = 5630 \text{ kVA},$$

wobei die Teillasten für Trafo 1: $N_1 = 1460$ kVA, für Trafo 2: $N_2 = 1670$ kVA und für Trafo 3: $N_3 = 2500$ kVA gleich der obigen als Summanden berechneten Werte sind.

Soll die Gruppe voll *ausgelastet* werden, so müssen die Transformatoren mit der kleineren Nennkurzschlußspannungen *Eisenreaktanzen* vorgeschaltet bekommen. Die Größe der Eisenreaktanz ergibt sich aus der Differenz zwischen der höchsten Nennkurzschlußspannung und der des betreffenden Transformators.

γ) Nennleistungen gleich oder verschieden, Nennkurzschlußspannungen gleich und Übersetzungsverhältnisse verschieden. Bei gleichen Nennkurzschlußspannungen, aber verschiedenen Übersetzungsverhältnissen der parallel geschalteten Transformatoren tritt ein Ausgleichstrom auf, der bei zwei parallel geschalteten Transformatoren den mit der höheren Nennsekundärspannung in gleicher Richtung als der Leerlauf- oder Belastungsstrom durchfließt und im anderen Transformator die umgekehrte Richtung hat. Zur genaueren Ermittlung der Lastverteilung der parallel arbeitenden Transformatoren soll im Folgendem vektoriell gerechnet werden.

Setzt man den Wirkspannungsverlust und den Blindspannungsverlust bezogen auf die jeweilige Nennleistung des Kreises zu

$$a = \frac{u_{R1}}{N_{N1}} + \frac{u_{R2}}{N_{N2}} \quad \text{und} \quad b = \frac{u_{S1}}{N_{N1}} + \frac{u_{S2}}{N_{N2}}, \tag{280}$$

wobei der ohmsche Spannungsverlust u_R nach Gl. (28) und der Streuspannungsverlust u_S nach Gl. (30) zu berechnen und die Nennleistungen N_{N1} und N_{N2} in MVA einzusetzen sind, so gilt die Vektorengleichung für die Ausgleichsleistung bei zwei Transformatoren

$$N_A = \frac{a - j\,b}{a^2 + b^2}\,u_l \quad (\text{MVA}), \tag{281}$$

wobei u_l den Spannungsunterschied zwischen den Leerlaufübersetzungen bzw. der Längsspannungen oder, bei Regeltransformatoren, der Längszusatzspannungen in Prozent bedeutet. Sind die Primärnennspannungen gleich, dann ist $u_l = (U_{N22} - U_{N21})\,100/U_{N21}$ (%), und wenn sie verschieden sind, dann wird nach Umrechnung auf gleiche Primärspannung $u_l = (U_{L22} - U_{L21})\,100/U_{L21}$ (%).

Für die Einzellasten der beiden Transformatoren gilt die Vektorengleichung für die Gesamtbelastung N gleich der Gesamtnennleistung N_N in MVA

$$N_1' = N_N \frac{1}{1 + \dfrac{u_{R1} + j\,u_{S1}}{u_{R2} + j\,u_{S2}}\,\dfrac{N_{N2}}{N_{N1}}} \quad (\text{MVA}) \tag{282}$$

und

$$N_2' = N_N \frac{1}{1 + \dfrac{u_{R2} + j\,u_{S2}}{u_{R1} + j\,u_{S1}}\,\dfrac{N_{N1}}{N_{N2}}} \quad (\text{MVA}), \tag{283}$$

und die Gesamtteillast eines Transformators ist folglich

$$N_1 = N_1' \pm N_A \ (\text{MVA}) \quad \text{bzw.} \quad N_2 = N_2' \mp N_A \quad (\text{MVA}), \tag{284}$$

wobei die Größen N_a, $N = N_N$, N_1', N_2', N_1 und N_2 als Vektoren zu rechnen sind. Die Richtung von u_l wird in die positive reele Achse und die Richtung von $-j$ in die positive imaginäre Achse gelegt.

f) *Parallelbetrieb der Einheitstransformatoren und Transformatoren mit genormten Kurzschlußspannungen.* Das Verhältnis der Nennleistungen soll, wie bereits oben erwähnt, nicht größer als 3 : 1 sein. Außerdem soll der kleinere Transformator stets die größere Nennkurzschlußspannung erhalten.

Die Einheitstransformatoren und die Transformatoren mit den genormten Kurzschlußspannungen sind so bemessen, daß sie ohne weiteres den vorgeschriebenen Bedingungen hinsichtlich der Nennkurzschlußspannung genügen.

Transformatoren der Hauptreihe und Transformatoren der Sonderreihe sollen nicht miteinander parallel arbeiten, weil die Transformatoren der Sonderreihe dabei nicht voll ausgenutzt werden können.

C. Wirtschaftlicher Parallelbetrieb.

Ein Teil der primären Durchgangsarbeit wird bei der Umspannung der elektrischen Energie zur Deckung der Verlustarbeit der Transformatoren benötigt. Man ist bestrebt, die Verlustarbeit so klein wie möglich zu halten, denn die elektrische Energie muß auf seinem Wege vom Erzeuger zum Verbraucher mehrmals transformiert werden, und es hat eine große wirtschaftliche Bedeutung, wenn die notwendige Transformation mit einem Minimum des Aufwandes an Verlustarbeit durchgeführt werden kann.

Im Betriebe der Transformatoren kann, wie unten gezeigt werden soll, durch Anwendung des wirtschaftlichen Fahrplanes dieses Ziel ziemlich weitgehendst verwirklicht werden. Hierbei werden Transformatoren mit gleichen Nennleistungen und solche mit ungleichen Nennleistungen unterschieden. Bei mindestens zwei Transformatoren ist die Verwendung des Fahrplanes möglich. Aber es ist sogar an einem einzelnen Tranformator erreichbar, Verlustarbeit, allerdings durch Änderung der Schaltung, einzusparen.

a) *Die Nennleistungen der Transformatoren sind gleich groß.* In einem Umspannwerk mit n Transformatoren beträgt die installierte Durchgangsleistung

$$N_D = n\,N_N \quad (\text{kVA}), \tag{285}$$

wenn die Nennleistung eines der gleichen Transformatoren, wie üblich, mit N_N (kVA) bezeichnet werden kann. Die Belastung eines solchen Werkes schwankt im allgemeinen mit der Tageszeit. Die Höchstbelastung kann, wenn man von einer Überlastung der Transformatoren absehen will, bis zu N_D (kVA) gesteigert werden. Diese Höchstbelastung tritt aber meistens im Jahr nur für eine kurze Zeit auf. In der übrigen Zeit sinkt die Belastung auf kleinere Werte herab. Die Last kann transformiert werden, wenn

1. dauernd alle Transformatoren durchgefahren,
2. die Transformatoren je nach der anfallenden Last ein- bzw. ausgeschaltet werden.

Entscheidend für die Fahrweise der Transformatoren ist außer der Betriebssicherheit des Umspannwerkes auch die Wirtschaftlichkeit, und es frag't sich, nach welcher Methode die meisten Verluste in kW bzw. die meiste Verlustarbeit in kWh eingespart werden können.

Der Wirkungsgrad der Transformatoren beeinflußt die Wirtschaftlichkeit der elektrischen Energieübertragung und Verteilung maßgebend. Bedenkt man, daß die elektrische Energie mehrmals umgespannt werden muß, ehe sie dem Verbraucher zugeführt werden kann, so ist der bedeutsame Einfluß des Wirkungsgrades einleuchtend. Die Herabsetzung der Verluste ist daher im Transformatorenbau schon von jeher die vornehmste Aufgabe der Konstrukteure gewesen. Es gibt bereits Großtransformatoren, bei denen Wirkungsgrade bis zu 99,2% erzielt worden sind (Verluste nur 0,8%). Mit diesen hervorragenden Leistungen sind wohl für den Konstrukteur alle Möglichkeiten, die Wirtschaftlichkeit eines Transformators noch weiterhin zu steigern, erschöpft. Für den Betrieb jedoch ergeben sich im allgemeinen noch weitere Wege, vorausgesetzt, daß in einem Umspannwerk mehr als ein Transformator installiert ist.

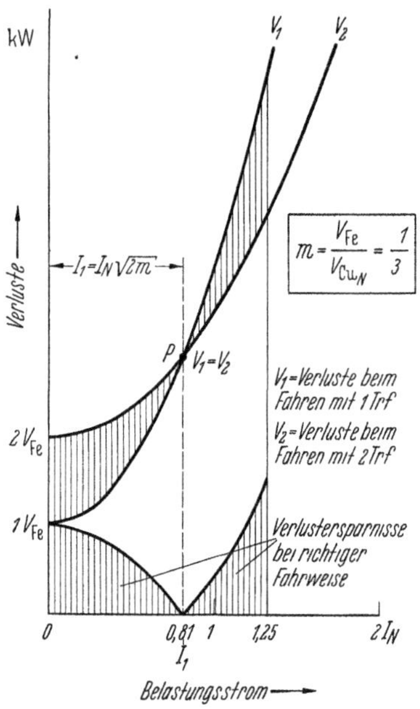

Abb. 192. Gesamtverluste und Verlustersparnis bei zwei Transformatoren mit gleichen Nennleistungen und Verlusten fur Einzel- und Parallelbetrieb.

Ein Umspannwerk arbeitet wirtschaftlich, wenn bei geringster Verlustarbeit (kWh) die höchstmöglicheDurchgangsarbeit erzielt werden kann, wogegen ein Transformator dann wirtschaftlich ist, wenn bei geringstem Materialaufwand der höchstmögliche Wirkungsgrad erzielt und damit Verlustleistung (kW) eingespart werden kann.

Die Verluste eines Transformators lassen sich, wie bereits besprochen, wie folgt einteilen:

1. in die lastunabhängigen Verluste, kurz Eisenverluste genannt, die quadratisch mit der Spannung wachsen, zuzüglich Hilfsmaschinen, wie Ölumlaufpumpen, Ventilatoren usw.

2. in die lastabhängigen Verluste, kurz Wicklungsverluste genannt, die quadratisch mit dem Belastungsstrom wachsen.

Sind Zusatzregeltransformatoren im Stromkreis der Haupttransformatoren eingefügt, so müssen die Verluste dieser Regler entsprechend der obigen Einteilung zu den Verlusten der Haupttransformatoren addiert werden.

Da die Spannung im Betrieb ungefähr konstant betrachtet werden kann, stellen die Eisenverluste keine wesentlich veränderliche Größe dar. Im Betrieb des Transformators treten beide Verluste gleichzeitig auf, und die Summe ergibt die Gesamtverluste. Die Verlustgleichung für einen Transformator lautet daher:

$$V_1 = V_{Fe} + I^2 \, 3 R_{W1} \quad \text{(W)}, \tag{286}$$

wobei $3 R_{W1}$ den ohmschen Gesamtwiderstand mal Wirbelstromfaktor bedeutet. Sind dagegen zwei Transformatoren parallel in Betrieb, so werden die Gesamtverluste

$$V_2 = 2 V_{Fe} + I^2 \, 3 R_{W1}/2 \quad \text{(W)}. \tag{287}$$

Die Eisenverluste werden also verdoppelt und die Wicklungsverluste durch Verringerung des ohmschen Widerstandes infolge der Parallelschaltung halbiert. Beim Betrieb mit 2 Transformatoren werden also gegenüber dem Betrieb mit 1 Transformator die Eisenverluste erhöht und die Wicklungsverluste vermindert. Für den Fall, daß die Erhöhung der Eisenverluste gleich der Verminderung der Wicklungsverluste wird, ist $V_1 = V_2$.

Man kann die beiden Gleichungen für V_1 und V_2 zeichnerisch darstellen, wobei die beiden Verlustkurven sich im Punkt P bei der Strombelastung I_1 schneiden. In Abb. 192 ist dieses durchgeführt. Ist die Strombelastung kleiner als I_1, so ist $V_2 > V_1$; ist die Strombelastung dagegen größer als I_1, so wird $V_1 > V_2$. Es ist also wirtschaftlicher, unterhalb der Stromstärke I_1 mit einem Transformator und oberhalb der Stromstärke I_1 mit zwei Transformatoren zu fahren.

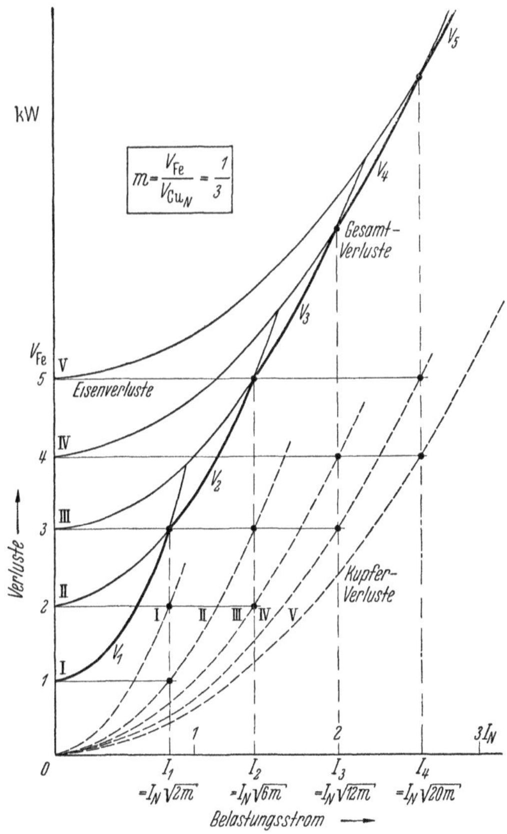

Abb. 193. Fahrplan für den wirtschaftlichen Einsatz der Transformatoren mit gleichen Nennleistungen und gleichen Verlusten

Für den Schnittpunkt P gilt die Bedingung $V_1 = V_2$ bzw. $V_2 - V_1 = 0$. Nach Einsetzen obiger Gleichungen wird

$$V_2 - V_1 = V_{Fe} - I_1^2 \, 3 R_{W1}/2 = 0 \tag{288}$$

oder

$$V_{Fe} = I_1^2 \, 3 R_{W1}/2. \tag{289}$$

Hieraus ergibt sich der wirtschaftliche Umschaltstrom zu

$$I_1 = \sqrt{\frac{2 V_{Fe}}{3 R_{W1}}} \quad \text{(A)}. \tag{290}$$

Setzen wir in diese Gleichung die Nennwicklungsverluste $V_{CuN} = I_N^2 \, 3 \, R_{W1}$ und das Verhältnis der Eisenverluste zu den Nennwicklungsverlusten $m = V_{Fe}/V_{CuN}$ ein, so erhalten wir die einfache Beziehung für den wirtschaftlichen Umschaltstrom zu

$$I_1 = I_N \sqrt{2m} \quad \text{(A)}, \tag{291}$$

wobei I_N, wie üblich, den Nennstrom des Transformators bedeutet.

Auf ähnliche Weise lassen sich nun die wirtschaftlichen Umschaltströme für den dritten, vierten usw. Transformator errechnen. Hierdurch läßt sich ein Fahrplan für den Einsatz der Transformatoren in Abhängigkeit von der Gesamtbelastung aufstellen. Es gilt allgemein für alle Drehstrom-Transformatoren, bei gleichen Nennleistungen und gleichen oder annähernd gleichen Verlusten, daß nach diesem Fahrplan der zweite Transformator einzuschalten ist bei

$$I_1 = I_N \sqrt{2m} \quad \text{(A)}, \tag{292}$$

der dritte Transformator einzuschalten ist bei

$$I_2 = I_N \sqrt{6m} \quad \text{(A)}, \tag{293}$$

der vierte Transformator einzuschalten ist bei

$$I_3 = I_N \sqrt{12m} \quad \text{(A)}, \tag{294}$$

der fünfte Transformator einzuschalten ist bei

$$I_4 = I_N \sqrt{20m} \quad \text{(A)}, \tag{295}$$

und schließlich, daß der n-te Transformator einzuschalten ist bei

$$I_{n-1} = I_N \sqrt{(n^2 - n)\, m} \quad \text{(A)}. \tag{296}$$

In Abb. 193 ist dieser Wirtschaftlichkeitsfahrplan fur

$$m = \tfrac{1}{3} = 0{,}33$$

zeichnerisch dargestellt.

Die einzelnen Umschaltströme sind vom Nennstrom I_N und einem Faktor $k = \sqrt{(n^2 - n) m}$ abhängig. In Abb. 194 ist dieser Faktor in Abhängigkeit von m aufgetragen, wobei $a = n - 1$ gesetzt worden ist. Aus diesen Kurven lassen sich nun die Grenzen des wirtschaftlichen Betriebes der Transformatoren ermitteln.

Ist m größer als 0,5, so müßten die Transformatoren bis über den Nennstrom hinaus belastet werden, um wirtschaftlich zu bleiben. Nähert sich dagegen m dem Wert Null, so müßten die Transformatoren bei immer geringerer Last geschaltet werden, wodurch Verlustersparnisse in immer geringerem Maße anfallen würden.

Man erkennt hieraus, daß die Zahl m sofort Auskunft über die Möglichkeit der wirtschaftlichen Fahrweise gibt. Da bei Umspannwerk- und Verteilertransformatoren die Zahl m sich in der Größenordnung zwischen 0,5 und 0,2, also innerhalb obiger Grenzen bewegt, ist die wirtschaftliche Fahrweise der Transformatoren nach Last allgemein durchführbar.

Die eingangs vorgelegte Frage, nach welcher Methode die meisten Verluste eingespart werden können, kann jetzt einwandfrei beantwortet werden. Werden alle Transformatoren dauernd durchgefahren, so wäre theoretisch eine Wirtschaftlichkeit nur bei $m = 0$ zu erwarten. Dieses bedeutet aber, daß Transformatoren ohne Eisenverluste verwendet werden müßten. Das ist aber unmöglich, so daß also auch keine Verluste bei dieser Methode eingespart werden können. Werden die Transformatoren dagegen nach der Last gefahren, und wird der oben entwickelte Wirtschaftlichkeitsfahrplan zugrunde gelegt, so wird ein Optimum an Verlustersparnissen erzielt.

Erwähnenswert ist in diesem Zusammenhang die Beziehung zwischen den Umschaltstrom und der Stromstärke, bei dem der größte

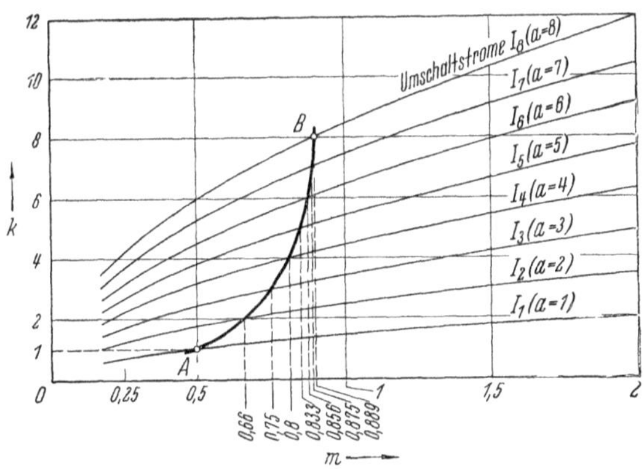

Abb. 194. Der Faktor k in Abhängigkeit von m. Umschaltstrom $I_{n-1} = k\, I_N$. Rechts von der Kurve A—B wirtschaftlicher Fahrplan aus thermischen Grunden nicht mehr moglich, wenn der Nennstrom als Grenze eingehalten werden soll.

Wirkungsgrad eines Transformators auftritt, also bei dem, wo die Wicklungsverluste gleich den Eisenverlusten werden.

Dieses ist bei einer Strombelastung (siehe Abb. 7) von

$$I = I_N \sqrt{m} \quad \text{(A)} \tag{297}$$

der Fall. Der wirtschaftliche Umschaltstrom wird dagegen dann erreicht, wenn die Erhöhung der Eisenverluste gleich der Verminderung der Wicklungsverluste wird, also bei

$$I_1 = I_N \sqrt{2m} \quad \text{(A)}. \tag{298}$$

Das Verhältnis der Ströme ist

$$\frac{I}{I_1} = \sqrt{\frac{1}{2}} = 0{,}707, \tag{299}$$

d. h. die Stromstärke I_1 liegt stets höher als I.

Mit zunehmendem Einsatz der Transformatoren nähert sich aber der jeweilige wirtschaftliche Umschaltstrom allmählich der Stromstärke, bei der die Transformatoren mit ihrem größten Wirkungsgrad arbeiten, so daß bei einer größeren Anzahl in Betrieb befindlicher Transformatoren die weitere Zuschaltung von Transformatoren nach Eintritt des größten Wirkungsgrades erfolgt. Hierdurch wird gewährleistet, daß ein Verband von Transformatoren fahrplanmäßig im Bereich des größten Wirkungsgrades arbeitet, wodurch weiterhin Verlustersparnisse erzielt werden.

b) *Berechnung der Verlustersparnisse.* Für eine genaue Berechnung der Verlustersparnisse eines Jahres müssen für jeden Belastungstag einzeln die Ersparnisse ermittelt werden. Da dieses Verfahren außerordentlich zeitraubend ist, genügt es fur den praktischen Gebrauch, eine angenäherte Berechnung, wie im folgenden gezeigt wird, vorzunehmen.

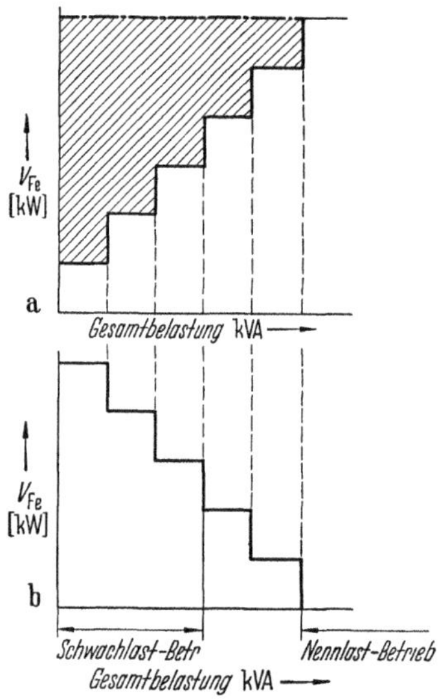

Abb. 195 Die Eisenverluste bei der wirtschaftlichen Fahrweise der Transformatoren mit gleichen Nennleistungen und Verlusten. a) Eisenverluste nach ohne (— —·—) und mit (—) Last-Fahrplan. b) Einsparung von Eisenverlusten in Abhangigkeit von der Gesamtbelastung.

α) *Die Jahres-Eisenverlustarbeit.* Die Jahres-Eisenverlustarbeit ist

$$B_{Fe} = V_{Fe}\, h_S \quad \text{(kWh)}, \qquad (300)$$

wobei h_S die Summe der Jahres-Betriebsstunden der Transformatoren bedeutet. Werden sämtliche Transformatoren dauernd in Betrieb gehalten, so ist die Jahres-Eisenverlustarbeit

$$A_{Fe} = V_{Fe}\, 8760\, n \quad \text{(kWh)} \qquad (301)$$

und das Verhältnis

$$p = \frac{A_{Fe}}{B_{Fe}} = \frac{n\, 8760}{h_S} = \frac{\text{Anzahl der Transformatoren} \cdot 8760}{\text{Summe der Betriebsstunden}}. \qquad (302)$$

Die Ersparnisse sind folglich

$$E_{Fe} = A_{Fe} - B_{Fe} = A_{Fe}\left(1 - \frac{1}{p}\right) \quad \text{(kWh)}. \qquad (303)$$

Da p stets größer als 1 ist, sind diese Ersparnisse stets positiv. Die Ersparnisse in Prozent sind

$$E_{Fe} = \frac{A_{Fe} - B_{Fe}}{B_{Fe}} 100 = (p - 1)\, 100 \quad (\%). \qquad (304)$$

In Abb. 195 sind die Einsparungen von Eisenverlusten in Abhängigkeit von der Gesamtbelastung dargestellt.

β) *Die Jahres-Wicklungsverlustarbeit.* Die mittlere Jahresbelastung eines Transformators beträgt in kW bei dauernder Fahrweise

$$N_{kW1} = \frac{\text{Durchgangsarbeit in kWh pro Jahr}}{8760\, n} \quad \text{(kW)} \qquad (305)$$

und bei Fahrweise nach dem Lastfahrplan

$$N_{kW2} = \frac{\text{Durchgangsarbeit in kWh pro Jahr}}{h_S} \quad \text{(kW)}. \qquad (306)$$

Unter Zugrundelegung eines mittleren Leistungsfaktors laßt sich hieraus die mittlere Scheinleistung nach

$$N_{kVA} = N_{kW}/\cos\varphi_m \tag{307}$$

bestimmen. Dann wird die Jahres-Wicklungsverlustarbeit bei dauernder Fahrweise

$$A_{Cu} = C\, N_{kVA\,1}^2\, 8760\, n \quad \text{(kWh)}, \tag{308}$$

wobei C eine Konstante bedeutet. Bei Fahren nach Lastfahrplan ist entsprechend

$$B_{Cu} = C\, N_{kVA\,2}^2\, h_s \quad \text{(kWh)} \tag{309}$$

und das Verhältnis unter Berucksichtigung der Gleichungen (305), (306) und (307)

$$r = \frac{A_{Cu}}{B_{Cu}} = \frac{1}{p} = \frac{\text{Summe der Betriebsstunden}}{\text{Anzahl der Transformatoren} \cdot 8760}, \tag{310}$$

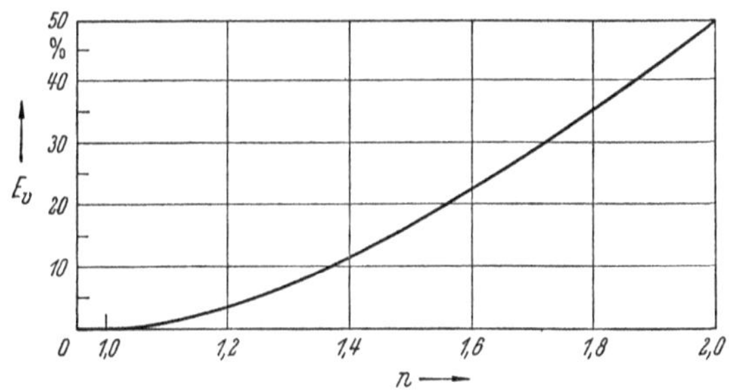

Abb. 196. Gesamtverlustersparnisse. $E_v = \left(p + \frac{1}{p} - 2\right) 100$ (%) $p = n \cdot 8760/h_s$, n = Anzahl der Transformatoren h_s = Gesamt-Betriebsstunden der Transformatoren im Jahr

und die Zunahme der Verluste ist

$$Z_{Cu} = B_{Cu} - A_{Cu} = \frac{C\, A_D^2}{\cos^2\varphi_m}\left(\frac{1}{h_s} - \frac{1}{8760\, n}\right) \quad \text{(kWh)}, \tag{311}$$

wobei A_D die Durchgangsarbeit im Jahr in kWh bedeutet. Da h_S stets kleiner als $8760\, n$ ist, wird die Zunahme stets positiv. Die Zunahme in Prozent ist

$$Z_{Cu} = \frac{Z_{Cu}}{B_{Cu}}\, 100 = (1 - r)\, 100 = \left(1 - \frac{1}{p}\right) 100 \quad (\%). \tag{312}$$

γ) *Die Jahres-Gesamtverlustersparnisse.* Die Einsparung an Gesamtverlusten wird erhalten, wenn man die Differenz aus den eingesparten Eisenverlusten und der Erhöhung der Wicklungsverluste bildet. Die Einsparung ist demnach

$$E_V = E_{Fe} - Z_{Cu} = \left(p + \frac{1}{p} - 2\right) 100 \quad (\%). \tag{313}$$

Diese Gleichung liefert einen angenäherten Wert für die Gesamtersparnisse an Verlustkilowattstunden in Prozent. Die Umrechnung direkt in kWh ergibt im Verhältnis ungenaue Resultate. Die angenäherte Bestimmung von E_V in Prozent stellt aber ein ausgezeichnetes Hilfsmittel zur Überwachung der wirtschaftlichen Fahrweise der Transformatoren dar. In Abb. 196 sind diese Ersparnisse in Abhängigkeit von p dargestellt.

c) *Die Nennleistungen der Transformatoren sind verschieden groß.* Bei stark veränderlicher Gesamtbelastung und bei bekannter Höchstbelastung eines Umspannwerkes ist es von Vorteil, wenn nach Möglichkeit zwei Transformatoren mit verschiedenen Nennleistungen zum Einbau gelangen. Bei niedriger Last wird dann der mit der kleineren Nennleistung, bei mittlerer Last der mit der größeren Nennleistung und bei der Höchstbelastung werden beide Transformatoren eingeschaltet.

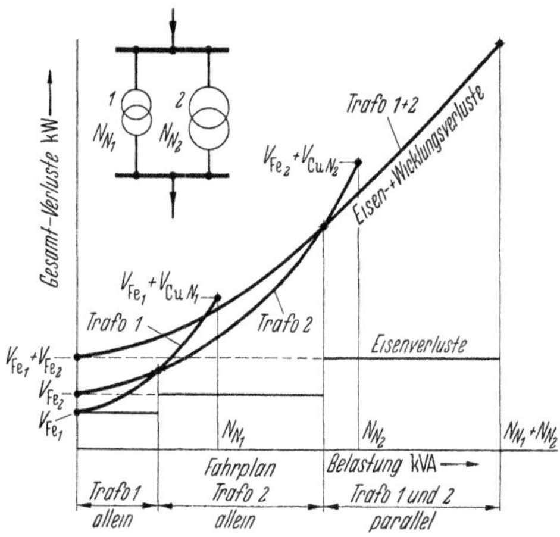

Abb. 197. Zeichnerische Ermittlung des Fahrplans bei zwei Transformatoren mit verschiedenen Nennleistungen fur den Einzel- und Parallelbetrieb.

In Abb. 197 ist ein derartiger Fahrplan zeichnerisch aus den Verlustkurven der ungleichen Transformatoren ermittelt worden. Man erhält durch Einhaltung der Schaltpunkte beste Anpassung an die jeweilige Gesamtbelastung und damit die wirtschaftlichste Ausnutzung der Transformatoren.

Die Schaltpunkte bzw. die wirtschaftlichen Umschaltströme können auch rechnerisch bestimmt werden. In den Schnittpunkten der Verlustkurven werden die Verluste der Transformatoren, wie bereits oben gezeigt, gleichgesetzt, wodurch die entsprechenden Gleichungen aufgestellt werden können.

Verkehrt wäre es, für die zu erwartende Höchstbelastung nur einen Transformator vorzusehen, da es dann u. a. an Reserve fehlen würde. Unzweckmäßig wäre es auch, zwei gleiche Transformatoren bei stark veränderlicher Belastung einzubauen.

Bei der Aufstellung der Kurven, wird hier, genau wie bereits oben, vorausgesetzt, daß die Wicklungsverluste sich mit dem Quadrat der Belastung ändern und die Transformatoren beim Parallelbetrieb sich an der Gesamtbelastung, entsprechend ihrer Nennleistung, beteiligen.

Außer der Einsparung von Verlustkilowattstunden werden beim Fahren der Transformatoren nach Last auch deren Isolierungen und Ölfüllungen geschont, wodurch ihre Lebensdauer wesentlich verlängert wird. Dieser wirtschaftliche Einsatz reicht allgemein bis fast zur höchsten Gesamtbelastung des Umspannwerkes hinauf.

Einen einzelnen Transformator kann man auch an eine veränderliche Gesamtbelastung anpassen. Hierzu wird die Oberspannungsseite für Stern/Dreieck und die Unterspannungsseite für Zickzack-Doppelstern umschaltbar eingerichtet. Die erste Schaltung wird für den Schwachlastbetrieb und die zweite für den Starklastbetrieb verwendet.

In Abb. 4 ist eine Zickzack-Doppelstern-Schaltung dargestellt, wodurch obige Umschaltmöglichkeiten verständlicher werden.

d) *Zusammenfassung.* In Umspannwerken mit mindestens zwei Transformatoren für den Betrieb empfiehlt es sich, um kostspielige Verlustarbeit zu ersparen, die Fahrweise der Transformatoren der mit der Zeit veränderlichen Belastung anzupassen. Es wird deshalb in Abhängigkeit von der Gesamtbelastung ein Wirtschaftlichkeits-Fahrplan aufgestellt, der rein rechnerisch für alle Drehstromtransformatoren aus den Gleichungen leicht ermittelt werden kann, wenn nur das Verhältnis der Eisenverluste zu den Nennwicklungsverlusten und der Nennstrom eines der gleichen Transformatoren bekannt sind. Bei ungleichen Nennleistungen und bei gleichem oder ungleichem Verlustverhältnis oder bei gleichen Nennleistungen, aber stark ungleichen Verlusten läßt sich der Fahrplan zeichnerisch ermitteln. Die Einhaltung der Fahrpläne gewährleistet weitgehende Ersparnisse an Verlustkilowattstunden der Transformatoren.

D. Die Erwärmung.

a) *Allgemeines.* Gibt ein Körper, dem Wärme zugeführt wird, an seine Umgebung Wärme ab, so steigt seine Temperatur so lange, bis die Wärmeabgabe gleich der Wärmeaufnahme ist. Steigt die Temperatur des Körpers trotz dauernder und konstanter Wärmezufuhr nicht weiter, so ist der *Beharrungszustand* erreicht. Eine weitere Erhöhung der Temperatur ist also nicht möglich, da Gleichgewicht zwischen zugeführter und abgeführter Wärme besteht.

Wird nur während des Temperaturanstieges also in der Anheizzeit keine Wärme abgegeben, so steigt die Temperatur des Körpers proportional der Zeit der Wärmezufuhr, bis der Beharrungszustand erreicht wird. In Wirklichkeit wird aber auch während der Anheizzeit Wärme abgegeben, wodurch der Anstieg der Temperatur des Körpers langsamer wird. Die Temperatur verläuft hierbei nicht geradlinig wie vorher, sondern nach einer *Exponentialkurve.*

Die Beharrungsübertemperatur bzw. die maximale Temperatur über der Temperatur der Umgebung ist

$$\vartheta_N = T\frac{d\vartheta}{dt} + \vartheta \quad (^\circ\text{C}) \tag{314}$$

und nach Umformung

$$\frac{d\vartheta}{\vartheta_N - \vartheta} = \frac{dt}{T}. \tag{315}$$

Durch Integration dieser Gleichung und nach Einsetzen der Integrationskonstanten $c = \vartheta_N$ wird die Gleichung der Erwärmungskurve erhalten. Sie lautet:

$$\vartheta = \vartheta_N\left(1 - e^{-\frac{t}{T}}\right) \quad (^\circ\text{C}) \text{ oder } (\%). \tag{316}$$

Hierbei bedeuten:

ϑ Übertemperatur zur Zeit t (° C) oder (%),
ϑ_N Beharrungsübertemperatur bei der Belastung mit Nennlast in (°C) oder (%),
e Basis der natürlichen Logarithmen = 2,7183,
t Betriebszeit von der Inbetriebnahme an (sec) oder (Zeitkonstanteneinheiten),
T thermische Zeitkonstante (sec) oder (gleich 1).

Wird t größer als 5 T, so tritt praktisch Beharrungszustand ein, vorausgesetzt, daß während der ganzen Betriebszeit t die gleichbleibende Nenn-Dauerbelastung N_N aufrechterhalten wurde.

Transformatoren oder ganz allgemein alle elektrischen Maschinen müssen bei Dauerbetrieb der Belastung N_N und der dazugehörigen Übertemperatur ϑ_N entsprechend bemessen sein.

Bei Wicklungen von elektrischen Maschinen ohne EMK wird die ganze der Wicklung zugeführte Leistung in Wärme umgesetzt,

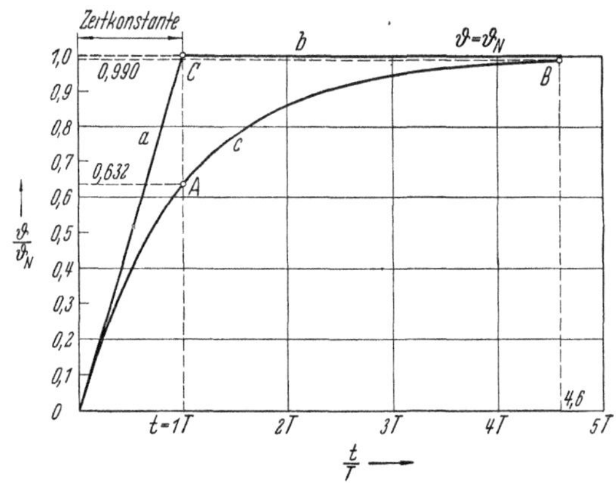

Abb. 198. Erwärmungskurven. a: Erwärmungskurve ohne Wärmeabgabe während der Anheizzeit. b: Beharrungszustand. c: Erwärmungskurve mit Wärmeabgabe während der Anheizzeit. ϑ/ϑ_N: relative Übertemperatur, t/T: relative Zeit. A: nach 1 T ist $\vartheta/\vartheta_N = 0{,}632$; B: nach 4,6 T ist $\vartheta/\vartheta_N = 0{,}990$; C: nach 1 T ist $\vartheta/\vartheta_N = 1{,}000$.

während bei Wicklungen mit EMK nur ein Teil in Wärme umgewandelt wird, weil der andere Teil der Leistung zur Überwindung der EMK benötigt wird.

In Abb. 198 ist nach den Werten der Tabelle 25 die mathematische bzw. ideelle Erwärmungskurve aufgezeichnet. Die relativen Abszissenwerte sind $t_1/T = 1$, $t_2/T = 2$ usw. entsprechend $t_1 = 1\ T$, $t_2 = 2\ T$ usw. in Zeitkonstanteneinheiten aufgetragen. Für Punkt A beträgt der Wert der relativen Abszisse $t = 1\ T$ und der relativen Ordinate $\vartheta/\vartheta_N = 0{,}632$ und für Punkt B der relativen Abszisse $t = 4{,}6\ T$ und der relativen Ordinate $\vartheta/\vartheta_N = 0{,}990$. Bei Punkt B fehlen also nur noch 0,01 bzw. 1% bis zur Erreichung der Beharrungsübertemperatur ϑ_N. Die Absolutbeträge für Ordinate bzw. Abszisse erhält man für irgendeinen Erwärmungsvorgang durch Multiplikation mit der angenommenen oder zugelassenen Beharrungsübertemperatur ϑ_N bzw. mit der Zeitkonstante des betreffenden Körpers. Die Gerade a

stellt den Temperaturanstieg während der Anheizzeit ohne Wärmeabgabe dar und geht bei Punkt C in die parallele Gerade *b*, also in die Linie der Beharrungsübertemperatur ϑ_N, über. Die Erwärmungskurve nähert sich asymptotisch der Linie *b*. Die Beharrungsübertemperatur wird theoretisch erst nach einer unendlich langen Zeit erreicht. Der Abstand des Punktes C von der Ordinatenachse ist mit der Zeitkonstante T identisch und die Gerade *a* ist die Tangente an die Erwärmungskurve *c*. Der Neigungswinkel dieser Tangente und damit die Geschwindigkeit des Temperaturanstieges beim Erwärmungsvorgang ist also von der Zeitkonstante abhängig.

Hört die Wärmezufuhr auf, so beginnt sofort die Abkühlung des erwärmten Körpers, und die Abkühlungskurve, die ein Spiegelbild

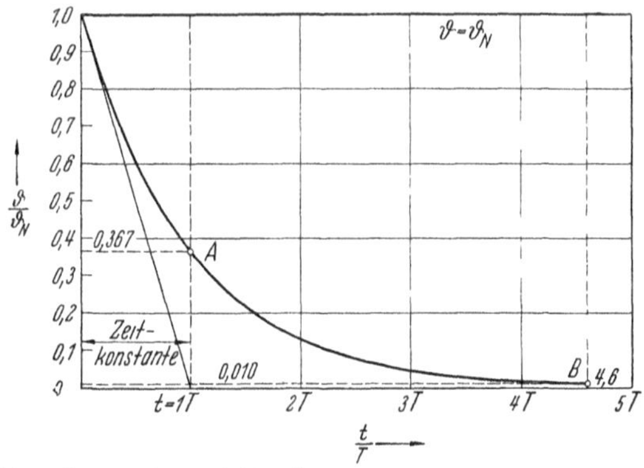

Abb. 199. Abkuhlungskurve. δ/δ_N: relative Übertemperatur t/T: relative Zeit. A: nach $1\,T$ ist $\vartheta/\vartheta_N = 0{,}367$ B, nach $4{,}6\,T$ ist $\vartheta/\vartheta_N = 0{,}010$.

der Erwärmungskurve ist, verläuft nach folgender Gleichung. Sie lautet:

$$\vartheta = \vartheta_N e^{-\frac{t}{T}} \quad (^\circ\mathrm{C}) \text{ oder } (\%). \tag{317}$$

In Abb. 199 ist nach den Werten der Tabelle 25 die mathematische bzw. ideelle Abkühlungskurve aufgezeichnet. Für Punkt A beträgt der Wert der relativen Abszisse $t = 1\,T$ und der relativen Ordinate $\vartheta/\vartheta_N = 0{,}367$ und für Punkt B der relativen Abszisse $t = 4{,}6\,T$ und der relativen Ordinate $\vartheta/\vartheta_N = 0{,}01$. Bei Punkt B ist also nur noch 0,01 bzw. 1% von der Beharrungsübertemperatur ϑ_N übrig.

Die Gleichung der Erwärmungs- und Abkühlungskurve gilt strenggenommen nur für homogene Körper, die beim Erwärmungsvorgang in allen Punkten gleiche Temperatur annehmen. Die Transformatoren bestehen aber hauptsächlich aus Eisen, Kupfer, Papier, Öl und Porzellan, sind also keineswegs homogene Körper. Außerdem sind diese Baustoffe mit verschiedenen Gewichtsanteilen am Gesamtgewicht und mit verschiedenen spezifischen Wärmen am Gesamtkörper beteiligt. Beim Erwärmungsvorgang treten deshalb an verschiedenen Punkten verschiedene Temperaturen auf. Betrachtet man einen Teil, z. B. eine

Wicklung des Transformators, so muß man feststellen, daß die Erwärmungskurve nicht nach Gl. (316) verläuft, sondern ein Charakter mit einer veränderlichen Zeitkonstante, wie es in Abb. 200 dargestellt ist, aufweist. In solchen Fällen muß man, um den Erwärmungsvorgang beurteilen zu können, eine *mittlere Zeitkonstante* bestimmen. Bei Öltransformatoren sind, wenn eine Wicklung getrennt betrachtet wird‘ zwei Erwärmungsvorgänge, nämlich die des Öles und der Wicklung, vorhanden. Beim Erwärmungsvorgang erreicht die Wicklung für sich gegen die Umgebung bzw. gegen das Öl infolge seiner kleinen Zeitkonstante schnell die Beharrungsübertemperatur, während das Öl für sich gegen die Umgebung bzw. gegen den Raum infolge seiner großen Zeitkonstante den Endzustand nur langsam erreicht. Die *wirkliche Erwärmung der Wicklung* entsteht durch die Überlagerung dieser beiden Erwärmungsvorgänge, durch Addition der Ordinaten der beiden Erwärmungskurven, so daß die mittlere Zeitkonstante annähernd gleich mit der Zeitkonstante des Öles wird.

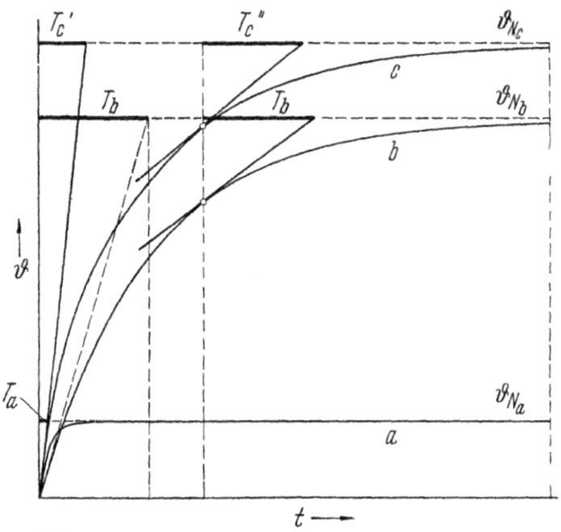

Abb. 200. Erwärmungskurven mit unveränderlichen und veränderlichen Zeitkonstante. a: Erwärmungskurve mit kleinen und unveränderlichen Zeitkonstante T_a und mit Beharrungsübertemperatur ϑ_{Na}. b. Erwärmungskurve mit großen und unveränderlichen Zeitkonstante T_b und mit Beharrungsübertemperatur ϑ_{Nb}. $c = a + b$: Erwärmungskurve mit veränderlicher Zeitkonstante T_c', T_c'' usw. und mit Beharrungsübertemperatur ϑ_{Nc}.

Die thermischen Größen für die Transformatorenbaustoffe sind in folgender Tabelle zusammengestellt. Nach dieser, er-

Tabelle 21. *Thermische Größen für Transformatorenbaustoffe.*

Bezeichnung	Dimension	Transformatoren-Öl	Kupfer	Öl-getranktes Papier	Transformatorenblech etwa 4% Si
Spezifisches Gewicht = s	kg/dm³	0,92	8,9	0,75	7,6
Kubischer Wärmeausdehnungskoeffizient = a . .	1/° C	$680 \cdot 10^{-6}$	$48 \cdot 10^{-6}$	$75 \cdot 10^{-6}$	$37{,}5 \cdot 10^{-6}$
Spezifische Wärme[1] = c . .	kcal/°C kg	0,43	0,091	0,32	0,108
Gewicht = G	%	100	32	1,7	100
Wärmekapazität $C = cG$.	%	100	6,4	1,2	24
Volumina = V	%	100	3,2	2,0	11,7
Wärmeausdehnung bei 10° C Temperaturerhöhung = $a \cdot V$ . . .	%	100	0,22	0,215	0,63
Spezifischer Wärmewiderstand	cm °C/W	780	0,26	600	4,5

[1] Für Wasser ist $c = 1{,}0$ und für Luft $c = 0{,}239$ bei 18° C.

sichtlich an Richtwerten, ist die Wärmekapazität des Öles etwa das 15fache die des Kupfers und etwa das 4fache die des Eisens. Es genügt deshalb praktisch für die Berechnung der Zeitkonstante allgemein nur das Ölgewicht des Transformators zugrunde zu legen.

b) *Normen für die Erwärmung der Transformatoren.* In folgenden Tabellen sind die Wärmebeständigkeitsklassen und die Grenzerwärmungen mit Meßverfahren für Transformatoren zusammengestellt.

Tabelle 22. *Wärmebeständigkeitsklassen nach DIN 57532.*

I Klasse	II Isolierstoff	III Behandlung
A	Baumwolle, Seide, Papier und ähnliche Faserstoffe	getränkt oder in Füllmasse
A_0	Baumwolle, Seide. Papier und ähnliche Faserstoffe, Lackdraht	unter Öl
B	Glimmer- und Asbestpräparate und ähnliche mineralische Stoffe	mit Bindemittel
	Lackdraht	—
C	Glimmer	ohne Bindemittel
	Porzellan, Glas, Quarz und ähnliche feuerfeste Stoffe	—

Eine Isolierung wird als „*getränkt*" bezeichnet, wenn die Luft zwischen den Fasern durch einen geeigneten Stoff ersetzt wird, auch wenn dieser Stoff nicht alle Räume zwischen den einzelnen isolierten Leitern vollständig ausfüllt. Sind diese Zwischenräume vollständig ausgefüllt, so wird die Isolierung als „*in Füllmasse*" bezeichnet. Das Tauchen einer mit ungetränktem Draht gewickelten Spule ohne Anwendung von Druck oder Vakuum gilt nicht als Tränkung.

Von einem brauchbaren *Tränkmittel* wird verlangt, daß es gute Isoliereigenschaften hat, daß es die Fasern vollständig einhüllt und sie aneinander und am Leiter haften läßt, daß es bei der zugelassenen Grenztemperatur nicht tropfbar weich wird und daß es wärmebestandig ist. Von einer brauchbaren *Füllmasse* wird verlangt, daß sie gute Wärmeleitfähigkeit und erforderliche Isoliereigenschaften hat, daß sie die Hohlräume zwischen den isolierten Leitern praktisch ausfüllt und keine Hohlräume bildet, daß sie bei der zugelassenen Grenztemperatur nicht tropfbar weich wird und daß sie wärmebeständig ist.

Die Grenzerwärmungen gelten unter der Voraussetzung, daß bei

1. Luftkühlung die Kühlmitteltemperatur 35° C,
2. Wasserkühlung die Kühlmitteltemperatur 25° C

nicht überschreitet.

Für die Temperatur gelten Grenzwerte, die 35° C über den Werten der Tab. 23 liegen. Diese Grenzwerte für die Temperatur gelten immer, da angenommen wird, daß bei dem in unseren Breiten herrschenden Klima die Temperatur der Umgebung bzw. die Raumtemperatur 35° C nicht übersteigt. Bei höheren Raumtemperaturen darf die Erwärmung, bzw. die Übertemperatur der Wicklung, nur entsprechend niedriger zugelassen werden. Die Erwärmung ϑ_R von *Kupferwicklungen bei Öltransformatoren* aus der Widerstandszunahme wird nach

Tabelle 23. *Grenzerwarmungen mit Meßverfahren nach DIN 57532.*

a) Grenzerwärmungen in ° C.

I	II	III	IV	V
Wicklungen mit Isolierung nach Klasse[1]	A	A_0	B	C
Alle Wicklungen mit Ausnahme von einlagigen, blanken und dauernd kurzgeschlossenen Wicklungen .	60	70	80	Nur beschränkt durch den Einfluß auf benachbarte Isolierteile
Einlagige blanke, ebenso dauernd kurzgeschlossene Wicklungen[2] . .	65	75	85	
Eisenkerne bei Trockentransf. . .	60	—	80	80
Eisenkerne bei Öltranformatoren .	—	70	—	—

I	II
Öl in der obersten Schicht	60
Alle anderen Teile	Nur beschränkt durch den Einfluß auf benachbarte Isolierteile

b) Meßverfahren.

Alle Wicklungen mit Ausnahme der einlagigen blanken	Widerstandszunahme
Einlagige blanke, ebenso dauernd kurzgeschlossene Wicklungen sowie alle anderen Teile	Thermometermessung

[1] Ungetrankte Isolierstoffe sollen im allgemeinen nicht verwendet werden. Wenn in Ausnahmefallen davon Gebrauch gemacht wird, so sind die Grenzerwarmungen hierfur um 15° C gegenuber den fur Isolationsklasse A zulässigen Werten zu erniedrigen.

[2] Wicklungen in Dreieckschaltung und Ausgleichwicklungen mit mehr als einer Windung gelten nicht als Kurzschlußwicklungen.

folgender Gleichung für alle Transformatoren, ausgenommen Betriebsart KB und DKB, berechnet.

$$\vartheta_R = \frac{R_{warm} - R_{kalt}}{R_{kalt}} (235 + \vartheta_{kalt}) - (\vartheta_{Kuhlmittel} - \vartheta_{kalt}) \quad (°\,\mathrm{C}). \qquad (318)$$

Hierbei bedeuten

- ϑ_R die Erwärmung in ° C,
- R_{kalt} Widerstand der kalten Wicklung in Ohm,
- R_{warm} Widerstand der warmen Wicklung in Ohm,
- ϑ_{kalt} die Temperatur der kalten Wicklung in ° C,
- $\vartheta_{Kuhlmittel}$ die Temperatur des Kühlmittels in ° C.

Die Messung der Widerstandszunahme wird nach beendeter Erwärmungsfahrt bzw. Probelauf unmittelbar nach dem Ausschalten vorgenommen. Die Kühlluft oder das Kühlwasser ist gleichzeitig mit dem Ausschalten abzustellen. An Hand der aufgenommenen Abkühlungskurve der Wicklung ist der Wert von R_{warm} durch Verlängerung der Kurve rückwärts auf Ausschaltaugenblick zu ermitteln. Am vorteilhaftesten führt man hier die Messung der ohmschen Wicklungswiderstände R_{kalt} und $R_{warm\,1}$, $R_{warm\,2}$, $R_{warm\,3}$ usw. als Kurvenpunkte, in Abhängigkeit von der Zeit, mit Gleichstrom nach der Strom-Spannungs-Meßmethode, wie es in Abb. 201 dargestellt ist, durch. Hierbei können gleichzeitig ein Teil der Oberspannungs- und Unterspannungswicklung gemessen werden. Der Vorschaltwiderstand dient zur Verringerung der elektrischen Zeitkonstante des Meßstromkreises. Der Schalter *a* wird bei Einregulierung der Stromstärke geschlossen und bei Messung der ohmschen Widerstände geöffnet, wobei die Spannungsmesser mittels der Schalter *d* zugeschaltet werden.

Nach Tab. 23 dürfen die Wicklungen hierbei, die mit Baumwolle, Seide, Papier oder ähnlichen Faserstoffen umwickelt und getränkt oder mit Füllmasse isoliert sind, eine Grenzerwärmung von

$$\vartheta_N = 60^\circ \text{ C}$$

sofern sich die Wicklungen unter Öl befinden von

$$\vartheta_N = 70^\circ \text{ C}$$

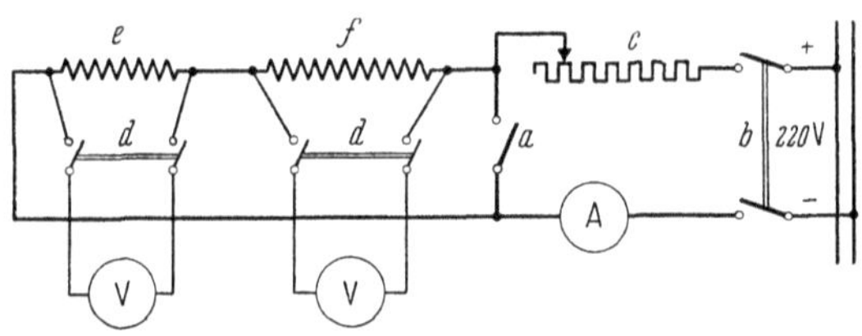

Abb. 201. Messung der ohmschen Wicklungswiderständen von Transformatoren mit Gleichstrom. Bezeichnungen: *a* Kurzschließer zur Einregulierung der Meßstromstarke. *b* Hauptschalter. *c* Vorschaltwiderstand etwa 12 Ohm. *d* Meßschalter. *e* und *f* Unter- und Oberspannungswicklung des Transformators z. B, Phase *uv* und *UV* oder Phase *r* mp und *S* Mp. (Messung des Gleichstromwiderstandes der Wicklung.)

annehmen. Für das Öl in der obersten Schicht ist eine Grenzerwärmung von

$$\vartheta_N = 60^\circ \text{ C}$$

zugelassen.

Beim Nennbetrieb für die Betriebsart Dauerbetrieb gelten demnach folgende Grenztemperaturen für Luftkühlung und allgemein:

$$\begin{aligned} \text{Öl:} \quad & 35^\circ + 60^\circ = \;\; 95^\circ \text{ C}, \\ \text{Wicklung:} \quad & 35^\circ + 70^\circ = 105^\circ \text{ C}. \end{aligned}$$

Bei *Aluminiumwicklungen von Öltransformatoren* kann die Gl. (318) unverändert verwendet werden. Der Wert 235 stellt auch einen Mittelwert für die bei Transformatorenwicklungen normalerweise verwendeten Aluminiumsorten dar. Der entsprechende Wert von Al beträgt sonst 245.

Als Erwärmung einer Wicklung bei *Trockentransformatoren* gilt der höhere der beiden folgenden Werte:

1. Mittlere Erwärmung, errechnet aus der Widerstandszunahme, letztere unmittelbar nach Beendigung des Probelaufes gemessen.

2. Örtliche Erwärmung an der vermutlich heißesten zugänglichen Stelle, gemessen mit dem Thermometer.

Bei *Öltransformatoren* wird die mittlere Erwärmung einer Wicklung, wie bereits oben erläutert, aus der Widerstandszunahme ermittelt.

Über Probelauf bzw. Erwärmungsfahrt siehe Näheres in DIN 57532. Die zeichnerische Bestimmung der Enderwärmung, z. B. des Öles aus den gemessenen Öltemperaturen oder der Wicklung aus den Thermometermessungen bei Trockentransformatoren, ist untenstehend bei g) angegeben. Weicht die Dauerlast N_R bei der Erwärmungsfahrt von der Nennlast N_N um etwa 10 bis 15% ab, so kann die nach Gl. (318) errechnete mittlere Erwärmung einer Wicklung ϑ_R mit Hilfe der Gl. (322) nach $\vartheta_N = \vartheta_R (N_N/N_R)^2$ auf Nennlast umgerechnet werden[1].

c) *Die thermische Zeitkonstante.* Die Zeitkonstante gibt diejenige Zeit an, in der die Beharrungsübertemperatur erreicht werden würde, wenn während der Anheizzeit ohne Wärmeabgabe, die Temperatur mit der zum Beginn der Erwärmung vorhandenen Anstieg, proportional mit der Zeit, weiter steigen würde. Bei Körpern mit gleicher Zeitkonstante ist der Verlauf der Erwärmung gleichartig. Die Zeitkonstante und damit die Anheizzeit ist um so größer, je höher das Gewicht und die spezifische Wärme des Körpers ist. Diejenige Wärmemenge, die notwendig ist, um einen Körper von 1 kg Gewicht um eine Temperatur von 1° C zu erhöhen, wird als die spezifische Wärme des Körpers bezeichnet. Sie ist vom Stoff des Körpers abhängig und kann wie folgt in Wattsekunden umgerechnet werden: kcal/° C kg · 4190 = Watt · sec/° C · kg.

Die thermische Zeitkonstante ergibt sich nach folgender Gleichung, wenn als Wärmekapazität nur die des Öles berücksichtigt wird:

$$T = \frac{G\,c\,\vartheta_N}{V_{ges}} \quad \text{(sec)}. \tag{319}$$

Hierbei bedeuten

G Ölgewicht in kg,
c spezifische Wärme des Öles = 1800 Watt · sec/° C · kg,
ϑ_N 60° C,
V_{ges} Gesamtverluste in Watt.

Die Zeitkonstanten einiger ausgeführter alter und neuer Transformatoren für mittlere Spannungen sind nach Gl. (319) berechnet und in folgender Tabelle zusammengestellt.

Die Gesamtwärmekapazität des Transformators setzt sich aus der Wärmekapazität des Eisen, des Kupfers und des Öles zusammen. Es kann deshalb geschrieben werden:

$$C_T = G_{Fe}\,0{,}108 + G_{Cu}\,0{,}091 + G_{Öl}\,0{,}43 \quad \text{(kcal/° C)}. \tag{320}$$

Je größer die Wärmekapazität, um so höher muß die zugeführte Wärmemenge sein, um eine Temperaturerhöhung von 1° C zu erzielen.

Aus dem Verlustverhältnis m läßt sich zwar die prozentuale Gewichtsaufteilung des Kernes in G_{Fe} und G_{Cu} ermitteln, aber man macht keinen großen Fehler, wenn man nach folgender Gleichung rechnet:

$$C_T = G_{Kern}\,0{,}095 + G_{Öl}\,0{,}43 \quad \text{(kcal/° C)} \tag{321}$$

Bei gleichen Gewichten von Kern und Öl hat das Öl, wie bereits festgestellt, die rund vierfache Wärmekapazität des Kernes.

[1] Die Ölerwärmung ist proportional den Gesamtverlusten nach $\vartheta_N = \vartheta_{R\,Öl}$ $(V_{ges}/V_{ges\,R})$ umzurechnen, wobei $\vartheta_{R\,Öl}$ die Beharrungsölübertemperatur und $V_{ges\,R}$ die Gesamtverluste bei N_R bedeuten.

Tabelle 24. *Thermische Zeitkonstanten von Öltransformatoren nebst Gewicht- und Verlustaufteilung.*

	Nennleistung kVA	Ölgewicht t	Kuhlungsart	Zeitkonstante in Minuten
1	5000	11,0	Ölselbstkühlung OS	320
2	8000	9,8	Ölselbstkühlung OS	220
3	10000	6,7	Ölumlauf und äußere Fremdlüftung OFA	88
4	12500	10,5	Bis 10000 kVA Ölselbstkühlung OS, darüber Fremdlüftung OF	160
5	12500	6,9	Ölumlauf und äußere Fremdlüftung OFA	75
6	15000	10,0	Bis 9000 kVA Ölselbstkühlung OS, darüber Fremdlüftung OF.	103
7	15000	8,9	Ölumlauf und äußere Fremdlüftung OFA	77
8	20000	14,6	Ölumlauf und äußere Wasserkühlung OWA	122

	Kerngewicht t	Eisenverluste V_{Fe} (kW)	Wicklungsverluste $V_{Cu\,N}$ (kW)	Gesamtverluste V_{ges} (kW)
1	11,90	14,25	48,00	62,25
2	19,70	13,80	65,00	78,80
3	22,00	25,90	111,00	136,90
4	20,00	15,88	99,50	115,38
5	17,50	25,60	197,00	222,60
6	36,00	37,00	138,00	175,00
7	33,10	22,50	185,00	207,50
8	43,30	95,50	120,00	215,50

Bei Rechnungen, wo der Kern berücksichtigt werden soll, kann dieser Wert in Gl. (319) zur Ermittlung der Zeitkonstante des Transformators, in Wattsekunden umgerechnet, eingesetzt werden.

Je größer die Zeitkonstante ist, um so langsamer folgt die Öltemperatur den Veränderungen der Belastung des Transformators. Andererseits folgt auch die Öltemperatur bei großen Ölmengen und bei Ölselbstkühlung den Schwankungen der Außen- oder Raumtemperatur ebenfalls nur langsam. Bei Freiluftaufstellung und auch gegebenenfalls bei Aufstellung in Zellen müssen deshalb Transformatoren mit großen Ölmengen bei schnellem Übergang von kalter zu warmer Witterung zwecks Vermeidung von Feuchtigkeitsniederschlägen und Eisbildung bei längeren Betriebspausen, im Leerlauf oder in Belastung warmgefahren werden.

d) *Berechnung der Wicklungsübertemperatur.* Die Wicklungsübertemperaturen sind bei verschiedenen Belastungen des Transformators im Beharrungszustand den Wicklungsverlusten proportional, und die Wicklungsverluste wachsen quadratisch mit der Belastung. Es folgt deshalb

$$\frac{\vartheta_{N1}}{\vartheta_N} = \left(\frac{N_1}{N_N}\right)^2 = \ddot{u}_N^2. \tag{322}$$

Hierbei bedeuten

ϑ_{N1} Übertemperatur im Beharrungszustand bei der Belastung N_1 des Transformators,

$\ddot{u}_N$ Belastungsfaktor $= N_1/N_N$ des Transformators.

Die folgenden Gleichungen gelten für die Berechnung der Wicklungsübertemperatur gegenüber dem Kühlmittel, also gegen Wasser- oder Lufttemperatur oder bei Selbstkühlung gegen Raumtemperatur. Für die Berechnung der Ölübertemperatur, also ebenfalls gegenüber dem Kühlmittel, Wasser- oder Lufttemperatur oder bei Selbstkühlung gegen Raumtemperatur sind dagegen die Gleichungen (328) und (329) maßgebend.

Die Wicklungsübertemperatur folgt annähernd bei der Belastung N_1 einer Erwärmungskurve mit der Gleichung

$$\vartheta = \vartheta_{N1}\left(1 - e^{-\frac{t}{T}}\right) = \vartheta_N \ddot{u}_N^2 \left(1 - e^{-\frac{t}{T}}\right) \quad (^\circ\mathrm{C}). \tag{323}$$

Setzt man die Beharrungsübertemperatur $\vartheta_N = 100\%$, so wird

$$\vartheta = 100\,\ddot{u}_N^2\left(1 - e^{-\frac{t}{T}}\right) \quad (\%), \tag{324}$$

woraus für jeden Belastungsfall und mit den Werten der Tabelle 25 die Erwärmungskurve in Zeitkonstanteneinheiten aufgezeichnet werden kann.

Ermittelt oder kennt man die Zeitkonstante, so kann damit für die Abszisse der Zeitmaßstab berechnet werden.

Mit Hilfe der Gl. (324) kann für $\ddot{u}_N = 0{,}8$, 0,9, 1,0, 1,05, 1,1, 1,15, 1,2, 1,25, 1,3, 1,4, 1,5, 1,75 und 2,0 eine ganze Schar von Erwärmungskurven aufgezeichnet werden, aus denen die Erwärmungs- bzw. die zulässige Überlastungszeiten $t_{\ddot{u}}$ für eine bestimmte Übertemperatur entnommen werden können.

Sollen z. B. die gesuchten Erwärmungszeiten zwichen $\vartheta = 100\%$ und 105% bzw. $\vartheta = 100\%$ und 110% ermittelt werden, so zieht man in den Punkten $\vartheta = 100\%$, $\vartheta = 105\%$ und $\vartheta = 110\%$ drei parallele Geraden zur Abszissenachse und ermittelt zu den durch die parallelen Geraden herausgeschnittenen Kurvenabschnitte gehörenden Abszissenabschnitte in mm, so kann die gesuchte Erwärmungszeit nach folgender Gleichung

$$t_{\ddot{u}} = \frac{M_{t/T}}{M_{mm}}\,T \quad (\mathrm{sec}) \tag{325}$$

berechnet werden. Hierbei bedeuten

$M_{t/T}$ Abszissenabschnitt in mm,

M_{mm} Maßstab für $t/T = 1$ in mm.

Für eine andere Zeitkonstante,

Tabelle 25. *Abszissen- und Ordinatenwerte der ideellen Erwärmungs- und Abkühlungskurve.*

Abszisse $\frac{t}{T}$	Ordinate Erwärmung $1 - e^{-\frac{t}{T}}$	Ordinate Abkühlung $e^{-\frac{t}{T}}$
0,1	0,09516	0,90484
0,5	0,39347	0,60653
1,0	0,63212	0,36788
1,5	0,77687	0,22313
2,0	0,86466	0,13534
2,5	0,91792	0,08208
3,0	0,95021	0,04979
3,5	0,96980	0,03020
4,0	0,98168	0,01832
4,6	0,99000	0,01000
5,0	0,99326	0,00674
6,0	0,99752	0,00248
6,3	0,99816	0,00184

z. B. für T', kann die einmal ermittelte Zeit $t_ü$ nach

$$t'_ü = \frac{t_ü T'}{T} \quad \text{(sec)} \tag{326}$$

umgerechnet werden.

Für obiges Beispiel gilt die gesuchte Erwärmungszeit bzw. zulässige Überlastungszeit für eine *Vorbelastung* von 100%, weil der Bezugspunkt bzw. die Bezugsgerade zu $\vartheta = 100\%$ gewählt worden ist. Ist die Vorbelastung kleiner als 100%, so erhöht sich die zulässige Überlastungszeit um den Wert von Δt. Für eine Vorbelastung von z. B. 80% ergibt sich nach Gl. (322) zu $\vartheta = 100 \left(\frac{80}{100}\right)^2 = 64\%$ und aus der Erwärmungskurve mit der gewählten oder berechneten $ü_N$ ergibt der zum Ordinatenabschnitt zwischen 100% und 64% gehörende Abszissenabschnitt die gesuchte zusätzliche Zeit Δt.

Folgendes Beispiel soll die Anwendbarkeit der Berechnung der zulässigen Überlastungszeit auf Grund der Wicklungsübertemperatur und an Hand der dazugehörigen Erwärmungskurve für den praktischen Betrieb zeigen.

Beispiel für die Berechnung der zulässigen Überlastungszeit. Vier Transformatoren von je 12500 kVA arbeiten parallel und sind während der Spitzenzeit mit $4 \cdot 12500 = 50000$ kVA belastet. Vor Eintritt der Spitzenzeit fällt ein Transformator aus, und es ist zu ermitteln, wie lange die übrigen drei Transformatoren die Spitzenbelastung übernehmen können. Die Vorbelastungen der Transformatoren sind:

Trafo 1:	$N_1 = 6000$ kVA	$(N_1/N_N)\,100 = 48\%$
Trafo 2:	$= 8000$ kVA	$= 64\%$
Trafo 3:	$= 10000$ kVA	$= 80\%$
Trafo 4:	$= 12500$ kVA	$= 100\%$

Die mittlere Zeitkonstante der Transformatoren wird mit $T = 75$ min angenommen. Der Belastungsfaktor ist $ü_N = \frac{50000}{37500} = 1{,}33$. Nach Gl. (324) wird eine Erwärmungskurve für die Wicklung mit

$$\vartheta = 100 \cdot 1{,}33^2 \left(1 - e^{-\frac{t}{T}}\right) \quad (\%)$$

in Zeitkonstanteneinheiten gezeichnet. Für die zu erwartende Überlastung wird eine 10% höhere Wicklungsübertemperatur als ϑ_N zugelassen (siehe unter E. dieses Kapitels). Entsprechend der Vorbelastung ergibt sich für

$$\text{Trafo 1: } \vartheta = 100 \cdot \left(\frac{48}{100}\right)^2 = 23\%$$

$$\text{Trafo 2: } \quad = 100 \cdot \left(\frac{64}{100}\right)^2 = 41\%$$

$$\text{Trafo 3: } \quad = 100 \cdot \left(\frac{80}{100}\right)^2 = 64\%$$

$$\text{Trafo 4: } \quad = 100 \cdot \left(\frac{100}{100}\right)^2 = 100\%$$

Zwischen diesen Prozentwerten und 110% werden die Ordinatenabschnitte auf die Erwärmungskurve übertragen und die dazugehörigen Abszissenabschnitte in Zeitkonstanteneinheiten ermittelt. Hieraus läßt sich dann die Zeit $\Delta t + t_ü$ berechnen. Es ist

Trafo 1:	T-Einheit $= 0{,}84$	$\Delta t + t_u = 63$ min
Trafo 2:	$= 0{,}71$	$= 53$ min
Trafo 3:	$= 0{,}52$	$= 39$ min
Trafo 4:	$= 0{,}14$	$= 10$ min

Die Rechnung zeigt, daß von der Größe der Vorbelastung, von der Zeitdauer der Spitzenbelastung und welcher von den vier Transformatoren für den Betrieb ausfällt, abhängig ist, ob die Spitze ohne Reservetransformator und ohne Lasteinschränkung ausgefahren werden kann oder nicht.

e) *Berechnung der Ölübertemperatur.* Bei der Belastung N_1 des Transformators mit den Gesamtverlusten $V_{ges\,1}$ wird theoretisch nach unendlich langer Zeit die Beharrungsölübertemperatur ϑ_{N1}, bei konstanter Last, erreicht. Dieser Erwärmungsverlauf erfolgt mit der Zeitkonstante T des Transformators. Es kann deshalb nach Gl. (319) gesetzt werden:

$$\frac{G\,c\,\vartheta_N}{V_{ges}} = \frac{G\,c\,\vartheta_{N1}}{V_{ges\,1}}, \tag{327}$$

woraus sich

$$\frac{\vartheta_N}{\vartheta_{N1}} = \frac{V_{ges}}{V_{ges\,1}} \tag{328}$$

ergibt, und es folgt, daß die Beharrungsölübertemperaturen den jeweiligen Gesamtverlusten direkt proportional sind. Die unbekannte Beharrungsölübertemperatur ϑ_{N1} läßt sich aus dieser Gleichung berechnen, wobei die Gesamtverluste nach

$$V_{ges\,1} = V_{Fe} + V_{Cu\,N}\left(\frac{N_1}{N_N}\right)^2 \quad \text{(W)} \tag{329}$$

zu ermitteln sind. Wird N_1 in Prozent angegeben, so ist an der Stelle von N_N die Zahl 100 zu setzen.

Nach der Betriebszeit t_1 mit $N_1 = \text{const}$ wird eine Ölübertemperatur von

$$\vartheta_1 = \vartheta_{N1}\left(1 - e^{-\frac{t'}{T}}\right) \quad (^\circ\text{C}) \tag{330}$$

erreicht. Die Zeit t' setzt sich aus der Anfangszeit t_0 und aus der Betriebszeit t_1 zusammen. Es ist für Erwärmung

$$\frac{t'}{T} = \frac{t_1}{T} + \frac{t_0}{T} \tag{331}$$

und fur Abkühlung

$$\frac{t'}{T} = \frac{t_1}{T}. \tag{332}$$

Die Zeit t_0/T wird nach der Anfangsübertemperatur ϑ_0 zeichnerisch aus der Erwärmungskurve ermittelt. Zwecks Durchführung der Ermittlung wird die Erwärmungskurve und die Abkühlungskurve mit den Werten der Tabelle 25 in möglichst großem Maßstabe aufgezeichnet. Nach Berechnung von ϑ_{N1} ergibt sich die relative Anfangsölübertemperatur zu

$$O_\vartheta = \frac{\vartheta_0}{\vartheta_{N1}}, \tag{333}$$

mit diesem Wert als Ordinate wird aus der Kurve als Abszisse die Zeit t_0/T entnommen. Die Zeit t_1 ist ja gegeben und nach Teilung mit der Zeitkonstante des Transformators kann die Zeit t'/T berechnet werden.

Die relative Ölübertemperatur zur Zeit t_1 wird mit $O_{t/T}$ bezeichnet, und es wird ebenfalls aus der Erwärmungskurve als Ordinatenwert für den Abszissenwert t'/T entnommen. Die absolute Ölübertemperatur zur Zeit t_1 ergibt sich dann schließlich zu

$$\vartheta_1 = \vartheta_{N1} O_{t/T} \quad (^\circ\text{C}). \tag{334}$$

Erfolgt anschließend die Belastung des Transformators mit $N_2 = \text{const}$ und mit der Betriebszeit t_2, so gilt für die Berechnung der Zeit t_0/T das Verhältnis $\vartheta_1/\vartheta_{N2}$ als relative Anfangsölübertemperatur. Die Anfangsölübertemperatur ist hier also ϑ_1.

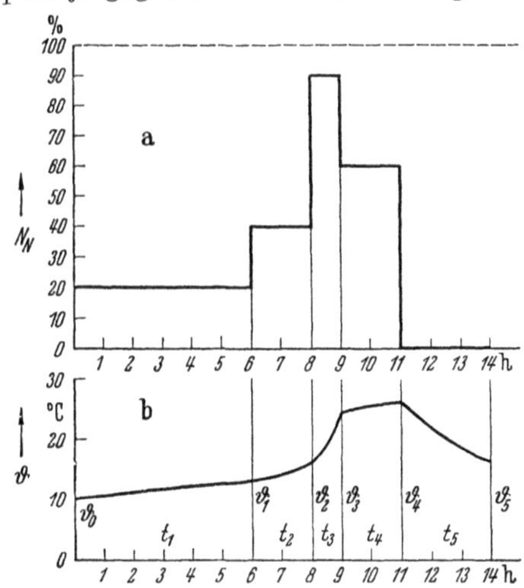

Abb. 202. Berechnung der Ölübertemperatur eines Transformators mit der Kuhlungsart OS. a) Belastungsdiagramm; b) Ölubertemperatur.

Auf diese Weise läßt sich für einen gegebenen Belastungsdiagramm, in konstanten Belastungen aufgeteilt, die Ölübertemperatur für jeden Zeitpunkt berechnen. Für die Beurteilung der Belastungs- und Überlastungsfähigkeit von Transformatoren im Betriebe, können derartige Berechnungen wertvoll sein.

Beispiel für die Berechnung der Ölübertemperatur: Gegeben sei ein Transformator mit $N_N = 100$ kVA, $G_{öl} = 300$ kg und $V_{ges} = 600 + 2300 = 2900$ Watt. Gerechnet wird mit $\vartheta_N = 55^\circ$ C, dann ist die Zeitkonstante

$$T = \frac{300 \cdot 1800 \cdot 55}{2.00 \cdot 60} \approx 180\,\text{min} = 3\,\text{Std}.$$

Die Anfangsölübertemperatur zur Zeit t_0 beträgt $\vartheta_0 = 10^\circ$ C. Nach gegebenem Belastungsverlauf ist die Erwärmungskurve des Öles zu berechnen. In folgender Tabelle ist die Berechnung für fünf verschiedene aufeinanderfolgender Belastungsfälle durchgeführt.

Die Berechnung der Ölübertemperatur am Ende des Gesamtbetriebszeit kann zwecks Kontrolle nach der Mittelwertsmethode vor-

Tabelle 26. *Berechnung der Ölubertemperatur. Beispiel.*

Belastung in % der Nennlast: Betriebszeit: t_1, t_2 usw.	20% 6 Std.	40% 2 Std.	90% 1 Std	60% 2 Std.	0% 3 Std
Eisenverluste: $V_{Fe} = 600$ Wicklungsverl.: $V_{Cu} = 2300$	600 W 92 W	600 W 370 W	600 W 1860 W	600 W 830 W	600 W 0 W
Gesamtverluste: $V_{ges} = 2900$	692 W	970 W	2460 W	1430 W	600 W
Relative Gesamtverluste: V_{ges1}/V_{ges}, V_{ges2}/V_{ges} usw.	0,238	0,334	0,85	0,494	0,206
Beharrungsöl-übertemperatur: $\vartheta_{N1} = 55\frac{V_{ges1}}{V_{ges}}$, $\vartheta_{N2} = 55\frac{V_{ges2}}{V_{ges}}$ usw. . . .	13,1° C	18,4° C	46,8° C	24,2° C	11,4° C
Relative Betriebszeit: $\frac{t_1}{T}$, $\frac{t_2}{T}$ usw.	2	0,667	0,333	0,667	1,0
Relative Anfangsölüber-temperatur: $O_\vartheta = \frac{\vartheta_0}{\vartheta_{N1}}$, $\frac{\vartheta_1}{\vartheta_{N2}}$ usw. .	$\frac{10,0}{13,1} = 0,763$	$\frac{12,6}{18,4} = 0,686$	$\frac{15,5}{46,8} = 0,332$	$\frac{24,3}{27,3} = 0,89$	
hieraus aus Erwärmungs-kurve $\frac{t_0}{T}$	1,44	1,16	0,4	2,2	
Zeit $\frac{t'}{T}$	3,44	1,827	0,733	2,867	1,0
hieraus aus Erwärmungs-kurve $O_{t/T}$:	0,96	0,84	0,52	0,94	0,333[1]
Ölubertemperatur: $\vartheta_1 = \vartheta_{N1} O_{t/T}$, $\vartheta_2 = \vartheta_{N2} O_{t/T}$ usw.	12,6° C	15,5° C	24,3° C	25,6° C	16,1°C[2]

genommen werden. Aus der Summe der einzelnen Gesamtverluste und aus der Summe der Betriebsstunden wird der Mittelwert gebildet und danach die Beharrungsolübertemperatur berechnet und anschließend aus der Erwärmungskurve die Ölübertemperatur ermittelt.

Summe V_{ges}: $692 + 970 + 2460 + 1430 + 600 = 13212$ Watt

Summe t: $6 + 2 + 1 + 2 + 3 = 14$ Std.

Mittelwert 13212/14 = 944 Watt.

$$\vartheta_{N1} = 55\frac{944}{2900} = 17{,}9\,^\circ\mathrm{C}, \qquad \frac{t}{T} = \frac{14}{3} = 4{,}67,$$

$$O_\vartheta = \frac{\vartheta_0}{\vartheta_{N1}} = \frac{10}{17{,}9} = 0{,}56,$$

[1] Wert aus Abkühlungskurve.

[2] Ölübertemperatur am Ende der Gesamtbetriebszeit (Berechnung der Abkühlung: 0,333 [25,6 − 11,4] = 4,7° C, Ölübertemperatur am Ende = 11,4 + + 4,7 = 16,1° C).

hiernach aus Erwärmungskurve

$$\frac{t_0}{T} = 0{,}82, \qquad \frac{t'}{T} = 4{,}67 + 0{,}82 = 5{,}49,$$

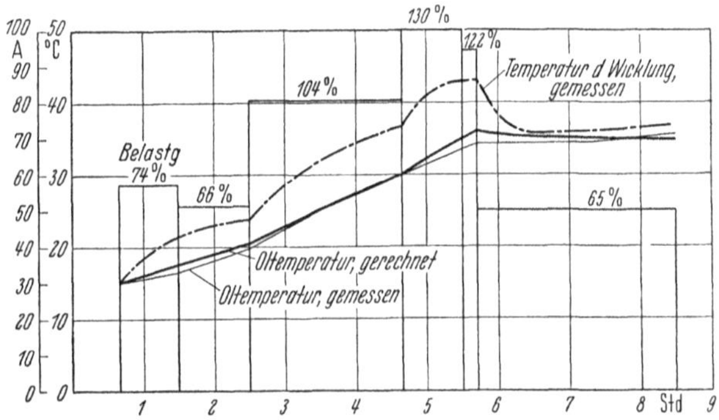

Abb. 203. Öl- und Wicklungstemperatur eines Transformators mit der Kuhlungsart OS Zeitkonstante 372 min.

hiernach aus Erwärmungskurve $O_{t/T} = 0{,}995$ und schließlich die Endtemperatur

$$\vartheta_1 = 17{,}9 \cdot 0{,}995 = 17{,}8^\circ \text{ C}.$$

Gegenüber 16,1 ° C ist also der Unterschied nicht sehr groß.

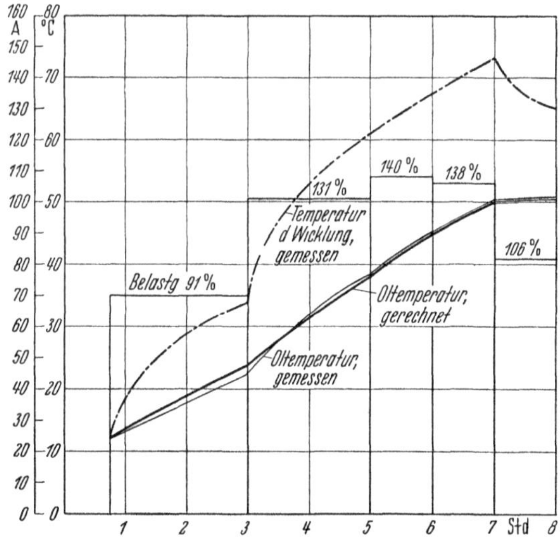

Abb. 204. Öl- und Wicklungstemperatur eines Transformators mit der Kuhlungsart OS. Zeitkonstante 311 min.

In Abb. 202 ist nach obigem Beispiel die Belastung und der dazu errechnete Verlauf der Ölübertemperatur des Transformators dargestellt.

In den Abb. 203 und 204 sind Belastungs- und Erwärmungskurven von zwei Transformatoren gleicher elektrischer Nenngrößen aber verschiedener Fabrikate für Öl und Wicklung zu ersehen, wobei die errechneten Ölübertemperaturen mit der gemessenen verglichen werden. Der Temperatursprung zwischen Wicklung und Öl weist erhebliche Unterschiede auf und ist auf die verschiedenen Konstruktionen der Transformatoren zurückzuführen. Die gemessenen und die errechneten Ölübertemperaturen weisen dagegen fast keine Abweichungen auf.

f) *Die Verteilung der Temperatur.* Die Verteilung der Temperatur im Innern eines Transformators erfolgt nach einer sogenannten Temperaturtreppe. Als erste Stufe gilt die Temperatur des Kühlmittels bzw. die Außentemperatur ϑ_A, dann folgt die Ölübertemperatur, die Stufe ϑ_W zwischen Öl- und Wicklungstemperatur und schließlich die letzte Stufe ϑ_{Wh}, der Temperatursprung zur heißesten Stelle. Die Ölübertemperatur im Beharrungszustand verändert sich direkt proportional mit dem Gesamtverluste und der Temperatursprung zwischen Öl und Wicklung mit etwa der 1,6-Potenz der Wicklungsverluste. Dagegen ist das Gesetz für den Sprung nach der heißesten Stelle ϑ_{Wh} infolge der schwierigen Erfassung der Zusammenhänge und durch die zahlreichen und wechselnden Einflußgrößen kaum zu ermitteln. Mit großer Annäherung kann die Gesetzmäßigkeit, daß $\vartheta_W + \vartheta_{Wh}$ sich mit der 1,6-Potenz der Wicklungsverluste ändert, angenommen werden. Man rechnet allgemein mit einem Sprung zwischen Wicklung und Öl

bei $^3/_4$ Nennlast und Selbstkühlung mit etwa 9° C
und Fremdkühlung mit etwa 12° C,

bei $^1/_1$ Nennlast und Selbstkühlung mit etwa 18° C
und Fremdkühlung mit etwa 25° C.

Für den Sprung nach der heißesten Stelle kann hierzu für $^1/_1$ Nennlast etwa 15° bis 17° C addiert werden.

Es ergeben sich nach den bisherigen Feststellungen für Dauerbetrieb und $^1/_1$ Nennlast folgende Grenztemperaturen und Temperatursprünge:

$\vartheta_A = 35°$ C,

$\vartheta_A + \vartheta_N = 35 + 60 = 95°$ C,

$\vartheta_A + \vartheta_N + \vartheta_W = 35 + 60 + 18\,(25) = 113°$ C (120° C),

$\vartheta_A + \vartheta_N + \vartheta_W + \vartheta_{Wh} = 35 + 60 + 18\,(25) + 15 = 128°$ C (135 °C),

wobei die Klammerwerte für Fremdkühlung gelten.

Die Erwärmungsvorgänge bei Transformatoren kann man an Hand eines Wärmeflußbildes anschaulich darstellen, wobei die Temperatursprünge zwischen Wicklung und Öl und zwischen Eisenkern und Öl vom Wärmestrom abhängig gemacht werden. Für die Ölerwärmung bestehen zwei Wärmequellen, nämlich die Wicklung und der Eisenkern, der seinerseits seine Wärme von der Wicklung empfängt. In Beziehung mit den Wärmedurchgangswiderstand kann eine Gesetzmäßigkeit, die dem ohmschen Gesetz ähnelt, abgeleitet werden. Die Wärmemenge, die das aktive Material erwärmt, wird hierbei als Wärmespeicherung, ähnlich mit der Wirkung eines elektrischen Kondensators, als zweite Gesetzmäßigkeit in Rechnung gesetzt.

g) *Zeichnerische Ermittlung der Beharrungsübertemperatur und der Zeitkonstante.*

α) *Die Beharrungsübertemperatur.* Durch die Eigenart der Erwärmungskurve nach Gl.(316) wird bedingt, daß linear mit der steigenden Übertemperatur die Zunahme der Übertemperatur in gleichen Zeitabschnitten immer kleiner wird, bis schließlich nach Erreichung des Beharrungszustandes die Zunahme den Wert gleich Null annimmt.

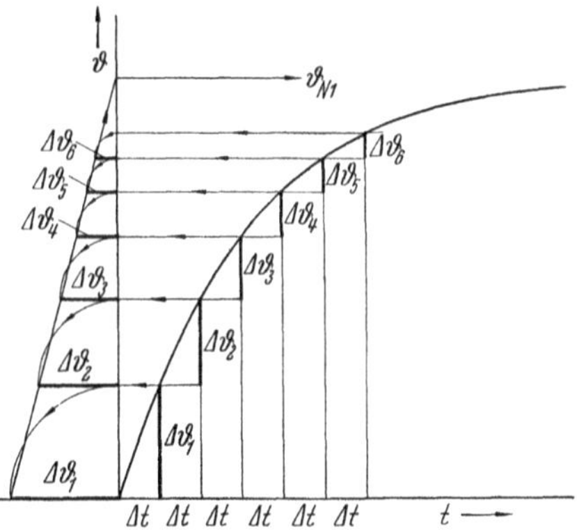

Abb. 205. Zeichnerische Ermittlung der Beharrungsubertemperatur. ϑ_{N1}.

Dieses läßt sich mathematisch leicht beweisen, und es kann auf Grund dieser Gesetzmäßigkeit, bei nicht vollständig gegebener Erwärmungskurve, die Beharrungsubertemperatur ϑ_{N1}, wie es in Abb. 205 gezeigt wird, zeichnerisch ermittelt werden. Die einzelnen Zunahmen $\varDelta\vartheta_1$, $\varDelta\vartheta_2$ usw. in gleichen Zeitabschnitten $\varDelta t$, als negative Abszissen zu der Erwärmungskurve aufgetragen, bilden eine gerade Linie, und der Schnittpunkt mit der Ordinatenachse ergibt die gesuchte Beharrungsübertemperatur ϑ_{N1}.

β) *Die Zeitkonstante.* Das Gegenstück zur Abb. 205 ist die zeichnerische Ermittlung der Zeitkonstante. Teilt man die gegebene Erwarmungskurve in gleiche Zunahmen $\varDelta\vartheta$ ein und errichtet in diesen Punkten Tangenten zu der Erwärmungskurve, so läßt sich parallel zu diesen Tangenten ein Polygon zeichnen, wie es in Abb. 206 durchgeführt worden ist, da alle Dreiecke eine gemeinsame Kathete aufweisen. Denn jede Tangente schneidet auf der Achse der Beharrungsübertemperatur, gerechnet von der Zeit des Berührungspunktes, die Strecke für die Zeitkonstante der Erwärmungskurve ab.

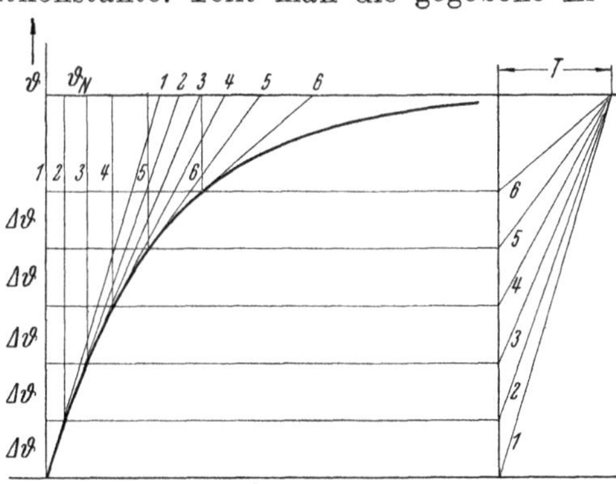

Abb. 206 Zeichnerische Ermittlung der Zeitkonstante: T.

Die gemeinsame Kathete des Polygons ist die Zeitkonstante T der gegebenen Erwärmungskurve. Bei veränderlicher Zeitkonstante läßt sich durch diese zeichnerische Methode die mittlere Zeitkonstante leicht ermitteln.

E. Die Überlastung.

Arbeitet ein Transformator dauernd mit seiner Nennleistung und ist die höchst zugelassene Kühlmitteltemperatur wirklich vorhanden, so kann allgemein gemäß den Normen eine Überlastung nicht gefordert werden.

Überlastungen sind nur zulässig, wenn

1. der Transformator mit weniger als seiner Nennlast längere Zeit belastet war oder
2. die Kühlmitteltemperatur bei Luftkühlung weniger als 35° C oder bei Wasserkühlung weniger als 25° C beträgt.

Die Ölgrenztemperatur ist kein Maß für Überlastungen, weil der Temperatursprung zwischen Wicklung und Öl, wie bereits oben erwähnt, mit der Überlastung stark ansteigt. Denn während die Öltemperatur noch niedrige Werte aufweist, kann die Wicklungstemperatur bereits auf hohe unzulässige Werte gekommen sein. Für die Belastungsgrenze gilt allein die Grenzemperatur der Wicklung mit 105° C. Gemäß den Vorschriften ist diese Grenztemperatur aber nur eine mittlere, weil meßtechnisch am einfachsten die mittlere Wicklungstemperatur bestimmt werden kann. In Wirklichkeit bestehen Temperaturunterschiede zwischen der unteren und oberen Schicht der Wicklung. Bei Selbstkühlung beträgt dieser Unterschied annähernd 25° bis 30° C, wogegen bei Fremdkühlung nur etwa 2° bis 4° C wegen des künstlich erzeugten Ölumlaufes vorhanden sind. Transformatoren mit Fremdkühlung sind also überlastungsfähiger als mit Selbstkühlung, da bei der mittleren Wicklungsgrenztemperatur von 105° C in der obersten Schicht nicht annähernd, wie unten erläutert, eine Temperatur von 120° C, sondern nur ungefähr 107° C herrscht. Im normalen Betrieb eines Transformators tritt selten die höchste Wicklungstemperatur auf. Einerseits treten hohe Belastungen meistens im Winter auf, wo die Kühlmitteltemperatur niedrig ist, während andererseits eine Beanspruchung mit Dauernennlast kaum als normal in Frage kommt. Außerdem sind bei Fremdkühlung die Kühlanlagen reichlicher bemessen, um eine gewisse Sicherheit zu haben, als dieses mit Rücksicht auf die tatsächlichen Gesamtverluste erforderlich wäre. Man kann also ohne Bedenken eine 10%ige Erhöhung der Erwärmung zulassen. Bei Fremdkühlung kann dieses ohne weiteres geschehen. Eine maximale Wicklungstemperatur von *120° C* darf aber dann eigentlich niemals überschritten werden.

Da die Übertemperatur der Wicklung im Beharrungszustand gegenüber dem Kühlmittel sich proportional dem Quadrat der Belastung des Transformators ändert, kann gegenüber Auslegung abweichenden Kühlmitteltemperaturen die Überlastung nach Gl. (322) zu

$$N_1^2 = N_N^2 \frac{\vartheta_{N1}}{\vartheta_N} \quad \text{(kVA)} \qquad (335)$$

berechnet werden.

Über die Berechnung der Wicklungs- und Ölübertemperaturen bei Überlastungen sind hier im gleichen Kapitel unter D. d) und e) Beispiele gegeben worden.

Im allgemeinen gelten folgende Normen für die Überlastungsfähigkeit der Transformatoren:

a) *Länger dauernde Überlastungen. Grenzerwärmung der Wicklung 70° C.* Die Transformatoren der Hauptreihe und der Sonderreihe werden so bemessen, daß sie die nachstehenden *Überlastungen* zulassen, ohne den angegebenen Grenzwert der Erwärmung zu überschreiten.

α) *Transformatoren der Hauptreihe* (HET). Im Anschluß an einen 10stündigen Betrieb mit *halber* Nennleistung:

10% während 3 h oder
30% während 1 h.

β) *Transformatoren der Sonderreihe* (SET). *Landwirtschaftliche Betriebe.* Im Anschluß an Dauerbetrieb mit *voller* Nennleistung:

60% dauernd oder
75% während 3 h oder
110% während 1 h.

Bei Zulassung einer Grenzerwärmung der Wicklung von 80° C:

100% während 12 h,

aber höchstens 500 Stunden im Jahr (s. unter b).

γ) *Transformatoren allgemein.* Nach DIN 42549 sind für alle Öltransformatoren in der Tab. 27 die Überlastungswerte einheitlich für 25° C Kühlmitteltemperatur zusammengestellt, weil im Jahresmittel in Mitteleuropa die Lufttemperatur nicht mehr als 25° C beträgt. Neben den Vorbelastungen sind auch die zugehörigen Öltemperaturen angegeben, da letztere im praktischen Betrieb leicht feststellbar sind. Am Ende der angegebenen Überlastungszeiten erreicht die Wicklungstemperatur den zulässigen Grenzwert von 105° C bei OFA und 95° C bei OWA, während die Öltemperatur besonders bei den hohen Überlastungen weit unter dem zulässigen Wert von 95° C bei OFA und 85° C bei OWA, bleibt.

Tabelle 27.
Überlastungsmoglichkeit fur Öltransformatoren bei 25° C Kuhlmitteltemperatur.

Vorangehende Dauerleistg. in % der Nennleistg.	Ausgangs-Oltemp. in ° C bei Kuhlart			Zulassige Uberlastungsdauer fur eine Uberlastung in % der Nennleistung von:				
	OS	OFA	OWA	10%	20%	30%	40%	50%
50	55	49	41	3 h	1 h 30 min	1 h	30 min	15 min
75	68	60	50	2 h	1 h	30 min	15 min	8 min
90	78	68	58	1 h	30 min	15 min	8 min	4 min

b) *Länger dauernde Überlastungen. Grenzerwärmung der Wicklung 80° C.* Die Wicklungserwärmung von 80° C ist nur dann zulässig, wenn die in folgender Tabelle zusammengestellten Überlastungen höchstens 500 Stunden im Jahr betragen.

c) *Kurzzeitige Überlastungen im Kurzschluß.* Bei den hohen Überlastungen im Kurzschluß wird, wie bereits eingangs besprochen, praktisch keine Wärme an das Öl abgegeben. Die zulässige Kurzschluß-

Tabelle 28. *Zulässige Überlastungen für Transformatoren der Haupt- und Sonderreihe.*

Dauer der Überlastung	Zulässige Überlastung in % der Nennleistung							
	nach Dauernennlast		nach Dauerhalblast		nach Dauerleerlauf		vom kalten Zustand aus	
	Hauptreihe	Sonderreihe	Hauptreihe	Sonderreihe	Hauptreihe	Sonderreihe	Hauptreihe	Sonderreihe
1 min	150	500	270	550	330	600	350	650
2 min	90	340	170	370	200	400	250	450
3 min	70	280	140	300	160	330	200	370
5 min	60	240	115	260	130	280	170	300
10 min	50	210	90	220	100	230	130	250
20 min	45	180	75	190	85	200	110	220
30 min	40	170	65	175	75	180	95	210
1 h	35	150	55	155	60	160	75	180
2 h	28	125	40	130	45	135	55	150
3 h	25	115	30	120	35	125	40	130
4 h	22	110	27	115	30	115	35	120
6 h	20	105	23	105	25	105	27	110
12 h	20	100	20	100	20	100	20	100

dauer t für starre Netze läßt sich auf einfache Weise wie folgt berechnen. Es gilt die Gleichung für die Grenztemperatur ϑ_G für Kurzschlußbelastung

$$\vartheta_G = \vartheta_D + a\,\delta_K^2\,t \quad (^\circ\mathrm{C}). \tag{336}$$

Hierbei bedeuten

ϑ_D Grenztemperatur fur Dauerbetrieb mit Nennleistung (105° C),
a bei Cu-Wicklungen 0,008, bei Aluminiumwicklungen 0,018,
δ_K Stromdichte A/mm² im Kurzschluß.

Für die Grenztemperatur bei Kurzschlußbelastung gilt:
Für Kupferwicklungen $\vartheta_G = 250\,^\circ$C (Nennstromdichte: $\delta_N = 4\,\mathrm{A/mm^2}$).
Für Aluminiumwicklung $\vartheta_G = 220^\circ$ C bei den kleinsten und
$\vartheta_G = 165^\circ$ C bei den größten Nennkurzschlußspannungen (Nennstromdichte: $\delta_N = 2{,}8\,\mathrm{A/mm^2}$).

Die mechanische Festigkeit nimmt bei Aluminium mit der Temperatur rasch ab. Bei dynamisch hoch beanspruchten Großtransformatoren mit Aluminiumwicklung muß die Kurzschlußerwärmung kleiner gehalten werden, als es mit Rücksicht auf die thermische Widerstandsfähigkeit der Isolation notwendig wäre.

Für starre Netze ist der Dauerkurzschlußstrom

$$I_K = \frac{100}{u_k} I_N \quad (\mathrm{A}), \tag{337}$$

woraus das Verhältnis

$$\frac{I_K}{I_N} = \frac{100}{u_k} \tag{338}$$

in Abhängigkeit von der Nennkurzschlußspannung berechnet werden kann. Da die Stromdichte proportional dem Strom ist, folgt weiterhin

$$\frac{\delta_K}{\delta_N} = \frac{I_K}{I_N} \quad \text{oder} \quad \delta_K = \delta_N \frac{I_K}{I_N} \quad (\mathrm{A/mm^2}), \tag{339}$$

woraus die Stromdichte im Kurzschlußfall ermittelt werden kann.

Mit diesen Angaben läßt sich nun nach Gl. (336) die zulässige Kurzschlußdauer t berechnen.

Nach DIN 42549 ergeben sich hiernach in Abhängigkeit von der Nennkurzschlußspannung des Transformators folgende Werte:

Nennkurzschlußspannung u_k (%)	3,5	4	5	6	7	8	9	10	11	12
I_K/I_N	28,5	25	20	16,7	14,3	12,5	11	10	9	8,3
Kurzschlußdauer t in Sekunden										
fur Kupferwicklungen	1,4	1,8	2,8	4	5,5	7,2	9	11	13	16
für Aluminiumwicklungen			2	2,5	3,5	4	5	6	6	6

Bei nachgiebigen, elastischen Netzen ist der tatsächlich auftretende Kurzschlußstrom für die Abschaltzeit des Transformators maßgebend.

d) *Belastung nach der Wicklungstemperatur.* Um Transformatoren bis zur Grenze ihrer Belastbarkeit ausfahren zu können, wird bei Bedarf nach der Temperatur sogenannter Transformatormodelle die Höhe der Last des Transformators bestimmt. Diese thermischen Abbildungen sind Wicklungsmodelle, die im Öl des Transformators liegen, dasselbe Erwarmungsverhalten wie die Transformatorenwicklungen haben und von einem dem Transformatorstrom proportionalen Strom durchflossen werden und geben als Widerstands-Fernthermometer ausgebildet annahernd die mittlere Wicklungstemperatur an.

F. Ein- und Ausschaltvorgänge.

Bei der Ein- und Ausschaltung von Transformatoren können Ausgleichschwingungen durch die plötzliche Zustandsänderung, der elektrischen und magnetischen Verhaltnisse, auftreten. Bei der Einschaltung können hierbei Überströme und bei der Ausschaltung Überspannungen entstehen.

a) *Einschaltung von leerlaufenden Transformatoren.* Bei Transformatoren eilt der Kraftfluß und der Magnetisierungsstrom der angelegten Spannung um 90° nach. Je nachdem, in welchem Augenblick die sinusförmig veränderliche Spannung an den spannungslosen Transformator geschaltet wird, entstehen verschiedenartige Zustandsanderungen.

α) *Schließen der Kontakte des Schalters im Augenblick des Spannungsmaximums.* Im Spannungsmaximum sind der Kraftfluß und der Magnetisierungsstrom im Transformator Null. Mit fallender Spannung wächst der Fluß von Null sinusförmig an, und der Transformator nimmt einen dem jeweiligen Zeitwert des Kraftflusses entsprechenden Magnetisierungsstrom auf.

Der Stromkreis kommt somit beim Einschalten sofort in den stationären Zustand, und es entsteht kein Stromstoß. Dieses ist aber nur dann absolut genau der Fall, wenn keine Remanenz vorhanden ist. Die Einschaltung eines Transformators im Spannungsmaximum geschieht also, abgesehen von der Remanenz, vollkommen zwanglos.

β) *Schließen der Kontakte des Schalters im Augenblick des Nulldurchganges der Spannung.* Beim Nulldurchgang der Spannung müßte der Kraftfluß und damit der Magnetisierungsstrom das Maximum haben, besitzt aber im spannungslosen Transformator den Wert Null. Da der Magnetisierungsstrom nicht plötzlich auf seinen normalen stationären Wert ansteigen kann, weil dies eine unendlich große Spannung erfordern würde, stellt sich eine vermittelnde Ausgleichschwingung ein, nach deren Abklingen der stationäre Stromzustand vorhanden ist.

Die Ausgleichschwingung kann durch eine Differentialgleichung dargestellt werden.

Aus der Integration mit der Einschaltbedingung $\Phi = 0$ für Zeit $t = 0$ ergibt sich, daß sich dem normalen Wechselfluß ein Gleichfluß von der Größe des Scheitelwertes des Wechselflusses überlagert. Nach einer Halbperiode ($\omega t = \pi$) wird demnach der Augenblickswert des Flusses

$$\Phi_a = 2\,\Phi_{Sch} \quad \text{(Maxwell)} \tag{340}$$

sein. Die erste Amplitude ist also gleich mit dem doppelten Scheitelwert des Kraftflusses im stationären Zustand. Der zu Φ_a gehörige Magnetisierungsstrom kann aus der Magnetisierungskurve bestimmt werden. Es ergibt sich, daß dieser Magnetisierungsstrom ein hohes Vielfaches des normalen Magnetisierungsstromes beträgt.

Wenn der Eisenkern im Moment der Einschaltung einen Remanenzfluß Φ_R besitzt, der sich zu $2\,\Phi_{Sch}$ addiert, wird die erste Amplitude des Magnetisierungsstromes hierdurch nochmals erhöht.

γ) *Der Magnetisierungsstromstoß* kann bei ungünstigen Dämpfungsverhältnissen den 60- bis 80fachen Wert des normalen Magnetisierungsstromes, also auch ein Mehrfaches des Nennstromes, betragen. Je höher die Sättigung des Eisenkernes gewählt worden ist, um so höher wird auch der Stromstoß.

Der Magnetisierungsstromstoß wird gedämpft durch

1. den Wechselstromwiderstand einer Wicklung r_{W1} je Phase,
2. den Spannungsverlust des Magnetisierungsstromes an der Streuinduktivität $I_\mu \omega L_{S1}$,
3. den Streufluß einer Wicklung.

Das Gleichstromglied klingt infolge der Dämpfung des Widerstandes r_{W1} nach einer Exponentialfunktion rasch ab.

Der Streufluß, als ein Teil des Gesamtkraftflusses verkleinert den Hauptkraftfluß, d. h. den Kraftfluß im Eisen des Transformators.

Das Dämpfungsverhältnis ist durch r_{W1}/L_0 gegeben, wobei L_0 die Leerlaufinduktivität je Phase $U_N/\sqrt{3}\,I_0\,\omega$ bedeutet und ein Vielfaches der Streuinduktivität L_{S1} beträgt [s. Gl. (346)].

Beispiel: Gegeben sei ein Transformator mit $N_N = 15$ MVA, 30/6 kV, $u_k = 7{,}7\%$ und $I_0 = 7{,}1\%$ von I_N, dann ist $L_{S1} = 14{,}1$ mH und $L_0 = 2570$ mH.

Bei einem Dämpfungsverhältnis von z. B. $r_{W1}/L_0 = 0{,}05$ wird statt des Wertes von $2\,\Phi_{Sch}$ nach einer Halbperiode nur noch $1{,}86\,\Phi_{Sch}$ erreicht. Der Ausgleichvorgang ist nach Verschwinden des Gleichstromgliedes allgemein nach einigen Halbperioden beendet.

Der unter β dargestellte ungünstigste Schaltmoment wird nur selten erreicht. Kurz vor Berührung der Kontakte des Schalters erfolgt nämlich meistens ein Überschlag der restlichen kleinen Schaltstrecke im

Schalter. Durch diesen Überschlag wird die Einschaltung des Transformators deshalb oft in der Nähe des Spannungsmaximums durchgeführt.

Da der Einschaltvorgang schon in wenigen Perioden abgeklungen ist, nimmt man eventuell auftretende Stromstöße, die weder dem Netz noch dem Transformator schaden, in Kauf. Allerdings müssen Relais oder Sicherungen so weit in der Auslösung verzögert werden, daß sie auf den Einschaltstromstoß nicht die Auslösespule des Leistungsschalters betätigen bzw. nicht durchbrennen. Es genügt z. B. eine Zeitverzögerung von 0,3 bis 0,5 sec bei Einstellung auf $0{,}5 \cdot I_N$ für den Differentialstromschutz, um beim Einschalten eines größeren Transformators eine Auslösung des Leistungsschalters zu verhindern.

b) *Einschaltung von sekundär kurzgeschlossenen oder sekundär an die Verbraucher geschalteten Transformatoren.* Ähnlich wie bei leer laufenden können auch bei sekundär kurzgeschlossenen oder belasteten Transformatoren im Augenblick der Einschaltung Ausgleichschwingungen auftreten.

α) *Transformator sekundär kurzgeschlossen.* Die Ausgleichvorgänge können zu einer zeitweisen Vergrößerung des Dauerkurzschlußstromes I_K führen. Wirksam sind im kurzgeschlossenen Transformator je Phase der Gesamtwechselstromwiderstand R_{W1} und die Gesamtstreuinduktivität L_S. Die aus ihnen auftretenden Gegenspannungen müssen in jedem Augenblick der angelegten EMK $= U_{Sch} \sin \omega t/\sqrt{3}$ das Gleichgewicht halten.

Aus dieser Bedingung wird der Ansatz zu der Differentialgleichung der Ausgleichschwingung für den Strom gestellt, und die Lösung führt zu zwei Gliedern, und zwar zum Wechselstromglied, das den Dauerkurzschlußstrom I_K darstellt, und zum Gleichstromglied, das nach einer Exponentialfunktion abklingt.

Die höchste Stromspitze, die bei Einschaltung eines ungedämpften, also widerstandsfreien, kurzgeschlossenen Transformators beim Nulldurchgang der Spannung entsteht, beträgt das Doppelte vom Scheitelwert des Dauerkurzschlußstromes I_K.

Beim Einschalten im Augenblick des Spannungsmaximums tritt kein Gleichstromglied auf. Der Stromkreis schwingt ohne Ausgleichvorgang in den Dauerzustand ein.

Da stets eine Dämpfung R_{W1}/L_S vorhanden ist, ist die höchste Stromspitze beim Schalten im Nulldurchgang der Spannung nicht das Doppelte, sondern nur etwa das 1,8fache von I_K.

β) *Transformator sekundär an Verbraucher geschaltet.* Es überlagern sich hierbei zwei Vorgänge beim Einschalten, und zwar erstens der Magnetisierungsstromstoß und zweitens der Ausgleichvorgang bei der Einschaltung der Verbraucher. Letzterer ist selbst bei rein ohmschen Verbrauchern vorhanden, weil die Streuinduktivität des Transformators im Stromkreise liegt.

Die Gleichstromkomponente des Magnetisierungsstromstoßes verteilt sich auf die Primär- und Sekundärseite des Transformators. Gegenüber dem Ausgleichstrom wirken die Primär- und Sekundärseite als parallel geschaltet. Der Stromstoß wird hierdurch verringert, die Abklingzeit wegen der geringeren Dämpfung durch die Parallelschaltung vergrößert. Ist auf der Sekundärseite eine kapazitive Belastung vorhanden, so wird der Stromstoß ebenfalls verringert, weil der voreilende Belastungsstrom dem Magnetisierungsstrom entgegenwirkt.

c) *Abschaltung von leerlaufenden Transformatoren.* Wie bereits unter a) erwähnt, hängt die Entstehung einer Ausgleichschwingung von dem Augenblick ab, an dem die sinusförmig veränderliche Spannung an einen Transformator geschaltet wird. Auch bei der Abschaltung von leer laufenden Transformatoren können Ausgleichschwingungen eintreten, die ebenfalls von dem Moment der Kontakttrennung abhängig sind.

α) *Trennung der Kontakte des Schalters im Augenblick des Nulldurchganges des Magnetisierungsstromes.* Unterbricht der Schalter im Augenblick des Nulldurchganges des Magnetisierungsstromes den leer laufenden Transformator, so ist die Abschaltung völlig zwanglos. Es entsteht keine Ausgleichschwingung, weil die magnetische Energie Null ist.

β) *Trennung der Kontakte des Schalters nicht im Nulldurchgang des Magnetisierungsstromes.* Erfolgt die Unterbrechung bei dem Magnetisierungsstrom i_μ, so ist in diesem Moment die magnetische Energie

$$A_M = \tfrac{1}{2}\, i_\mu^2\, L_0 \quad \text{(Ws)} \tag{341}$$

im Transformator noch vorhanden.

Diese Energie kann zur Stromquelle nicht mehr zurückfließen, weil die Kontakte des Schalters offen sind. Andererseits kann sie auch nicht plötzlich verschwinden, woraus folgt, daß hierdurch eine Ausgleichschwingung, zwecks Vermittlung, zum Entstehen gebracht wird.

Solange der Lichtbogen brennt, ist ja auch ein Schwingungskreis vorhanden, der durch die dem Transformator vorgeschalteten Induktivitäten des Netzes L_N, die Streuinduktivität des Transformators L_{S1} und die Kapazität C_T des Teiles der Schaltanlage zwischen Transformator und Schalter und den Transformator selbst zwischen den Phasen gebildet wird. Die Netzkapazitat C_N schließt den Schwingungskreis. Da C_N im Verhältnis zu C_T sehr groß ist, bedeutet dieses nahezu einen Kurzschluß für den Schwingungskreis.

Nach dem Erlöschen des Lichtbogens schwingt der Transformatorenkreis über die Kapazität C_T und über die Leerlaufinduktivität L_0 — die ein Vielfaches der Streuinduktivität beträgt — aus. Durch die bedeutende Erhöhung der Induktivität entsteht eine viel kleinere Schwingfrequenz als im vorherigen Schwingungskreis. Die Energie pendelt im Kreise so lange, bis sie in den Wirkwiderständen verzehrt wird. Dabei wird die Energie hin und her von magnetischer, die ihren Sitz im Eisenkern, in elektrische Energie, die ihren Sitz in der Kapazität hat, und wieder zurück umgewandelt.

Die aufgespeicherte Energie in der Kapazität ist

$$A_E = \tfrac{1}{2}\, U_u^2\, C_T \quad \text{(Ws)}. \tag{342}$$

Nach dem Energiegesetz läßt sich die Überspannung bei dem Ausschwingvorgang durch den Ansatz $A_M = A_E$ nach

$$U_{ü} = i_\mu \sqrt{\frac{L_0}{C_T}} \quad (\mathrm{V}) \tag{343}$$

berechnen. Die Kapazität ist in Farad und die Induktivität in Henry einzusetzen. Führt man die dreiphasige Leerlaufleistung $N_0 = U_N I_0 \sqrt{3}$ (VA) des Transformators ein, so ergibt sich die Frequenz des Ausschwingvorganges zu

$$f_0 = \frac{\sqrt{\omega}}{2\pi U_N} \sqrt{\frac{N_0}{C_T}} \quad (\mathrm{Per/sec}), \tag{344}$$

wobei $\omega = 2\pi\, 50 = 314$ bei Netzfrequenz $f = 50$ ist. f_0 kann einige hundert Perioden betragen.

Der Scheitelwert der Überspannung beträgt

$$U_{ü_{Sch}} = \sqrt{\frac{2}{3\omega}} \sqrt{\frac{N_0}{C_T}} \quad (\mathrm{V}), \tag{345}$$

wenn die Unterbrechung im Maximalwert des sinusförmig angenommenen Magnetisierungsstromes erfolgt. Da aber in Wirklichkeit bei der Unterbrechung mit einen stets kleinerem Magnetisierungsstrom zu rechnen ist und somit auch N_0 kleiner wird, ergeben sich für die Überspannungen niedrigere Werte als die nach Gl. (345) berechneten.

Die Leerlaufinduktivität L_0 ist infolge der magnetischen Sättigung keine konstante Größe. Sie hangt von der Größe des Zeitwertes i_μ ab. Es ist aber hier zulässig, L_0 aus den Effektivwerten von Spannung und Leerlaufstrom zu berechnen.

Es ist die Leerlaufreaktanz je Phase

$$\omega L_0 = \frac{U_N}{\sqrt{3}\, I_0} \quad (\mathrm{Ohm}), \tag{346}$$

woraus L_0 ermittelt werden kann.

Ebenso verändert sich die Kapazität der Wandler und Transformatoren mit der Frequenz. Die Vorgänge sind also von mehreren veränderlichen Einflußgrößen abhängig. Diese Naherungsrechnung genügt aber für den praktischen Betrieb.

Wesentliche Überspannungen treten nur in jenen Teilen der Schaltanlage auf, die zwischen dem abgeschalteten Transformator und den beiden dazugehörigen Leistungsschaltern liegen. Überschläge können hierbei auch an den Klemmen des Transformators auftreten.

Die Energie, die hinter den Überspannungen steht, ist gering [Gl. (341)], so daß eventuelle Überschläge keine wesentlichen Schäden verursachen können. Ein Fehlerstrom kann dem Überschlag nicht folgen, weil der Transformator bereits vom Netz abgeschaltet ist.

Die Größe der Überspannung ist von N_0 und C_T nach Gl. (345) abhängig. Je größer N_0, d. h. je größer der Leerlaufstrom bzw. die Sättigung, und je kleiner C_T ist, um so größer werden die auftretenden Überspannungen. Außer diesen wird die Überspannung von der Betriebsspannung der Abschaltseite und durch die Unterbrechungsvorgänge im Leistungsschalter selbst beeinflußt.

Mit steigender Betriebsspannung werden die Überspannungen, wie folgende Zahlen zeigen, immer kleiner:

Betriebsspannung kV	3	6	30	100
Faktor fur Überspannung	4,7	4,7	3,2	1,4

Die Unterbrechnungsvorgänge in dem Leistungsschalter können auch zur Milderung der Überspannungen beitragen. So wirkt z. B. die Wasserfüllung bei Expansionsleistungsschaltern als Dämpfungswiderstand vorteilhaft.

d) *Schaltregeln für Transformatoren.* Mit gewöhnlichem Lufttrennschalter kann man eine Transformatorenleistung von etwa 25 kVA bei 5 kV bis 40 kVA bei 30 kV abschalten. Die Transformatorenleistung, bei der nur der Leerlaufstrom mit Trennschaltern abschaltbar ist, beträgt etwa 400 kVA bei 5 kV bis 650 kVA bei 30 kV.

Bei größeren Transformatoren verwendet man für die Ein- und Ausschaltung normale Öl-, Expansions- oder Druckgasleistungsschalter, wobei der Nennstrom des Schalters etwa um eine Stromstufe höher als der Nennstrom des Transformators zu wählen ist.

Die zu wählende Abschaltleistung der Leistungsschalter hängt von der Größe des Transformators und von dem Charakter des Netzes ab.

Die Schutzrelais des Transformators wirken über ein Zwischenrelais auf die Auslösung der beiden Ober- und Unterspannungsleistungsschalter ein, so daß sie gleichzeitig zur Ausschaltung gebracht werden. Die betriebsmäßige Ausschaltung muß hiervon unabhängig sein. Bei Hand bzw. Fernschaltung darf nur der betreffende Leistungsschalter auslösen, dessen Steuerschalter betätigt worden ist.

Zwecks Vermeidung von Spannungseinsenkungen im Sekundärnetz und zur Verminderung der Überspannungen sind im allgemeinen größere Transformatoren wie folgt ein- bzw. auszuschalten:

1. *Einschaltung.*

α) Primärleistungsschalter ein (Transformator befindet sich dann im Leerlauf).

β) Sekundärleistungsschalter ein (Transformator ist dann belastet).

Bei Regeltransformatoren muß vorher die sekundäre Leerlaufspannung auf die Spannung des Sekundärnetzes eingeregelt werden.

2. *Ausschaltung.*

α) Unterspannungsleistungsschalter aus (Transformator ist dann entlastet).

β) Oberspannungsleistungsschalter aus (Transformator befindet sich dann in spannungslosem Zustand).

Es gilt also die allgemeine Regel, daß die Transformatoren stets auf der Seite der höheren Spannung zuletzt abgeschaltet werden müssen. Es empfiehlt sich, um die Überspannungen zu vermindern, die Kapazität nach Gl. (345), auf der Oberspannungsseite zu vergrößern. Auch ist von Vorteil, Transformatoren mit geringer Leerlaufleistung zu verwenden. Normale Überspannungsableiter können den Energiegehalt der Ausgleichschwingungen wegen der verhältnismäßig langen Dauer und der großen Höhe der Überspannungen nicht aufnehmen.

G. Überspannungsbeanspruchung.

a) *Bewicklung.* Allgemein werden die Drähte und Stäbe der Wicklungen der Transformatoren für höhere Spannungen mit einer weichen mit Öl durchtränkten Kabelpapierisolation bewickelt. Diese Isolationsart hat sich in jeder Beziehung bewährt und gestattet auch die Einhaltung kleinster Abstände. Die wichtige Kriechwegisolation kann bei Lagenwicklungen durch aufgewickelte Papierlagen mit entsprechenden Einschnitten an den Rändern und Umbördelung der entstehenden Segmente hergestellt werden, wodurch Isolationsstücke aus Hartpapiermaterial entfallen. Die Lagenwicklung schafft außer diesen Vorzügen auch die Möglichkeit, die Wärmeabfuhr sehr günstig zu gestalten. Die einzelnen Lagen werden mit besonderen Leisten versehen, wodurch Öllängskanäle gebildet werden, die für die Ölzirkulation von Vorteil sind.

Die Einführung der Lagenwicklung hat den Bau von nahezu schwingungsfreien Transformatoren ermöglicht.

b) *Überspannungen.* Die Transformatoren müssen außer der gelegentlichen Erhöhung der Betriebsspannung um 10 oder 20% auch Überspannungen, die durch Schaltvorgänge oder atmosphärische Erscheinungen ausgelöst werden, aushalten.

Bei unerträglich hohen Überspannungen soll hierbei der Überschlag nicht unter dem Deckel, sondern außen stattfinden. Günstig wirkt hierauf bei Öltransformatoren, daß das Öl gegenüber der Luft dem Durchschlag eine erhöhte Verzögerung entgegensetzt.

Die gefährlichsten und häufigsten Überspannungen treten bei Blitzschlägen als Stoßüberspannungen auf. Bei diesen Vorgängen treten grundsätzlich andersartige Beanspruchungen als bei Betriebsspannung ein, so daß die einfache Verstärkung der Wicklung nicht zum Erfolg führen kann. Die Überspannungen rufen nämlich komplizierte Schwingungsvorgänge mit Spannungsspitzen an ganz unerwarteten und dazu noch während des Schwingungsvorganges veränderlichen Stellen hervor.

Die Abdämpfung dieser gefährlichen Schwingungsvorgänge wird durch die schwingungsfreie Wicklungsanordnung nahezu erreicht.

c) *Stoßfestigkeit.* Die Stoßfestigkeit oder Schwingungsfreiheit werden durch Aufteilung der Wicklung in einlagige und in axiale Längen zweckentsprechend abgestufte Spulen, wobei die äußerste Lage nur wenige breite Windungen enthält, weitgehend gewährleistet. Metallbelege, die an die Eingangswindungen angeschlossen werden, können hierdurch in Fortfall kommen, weil die Wicklungen den Charakter einer konzentrierten Kapazität erhalten und der größte Teil der von der Überspannungsstoßwelle getroffenen Wicklung sehr bald das Potential der Eingangswindung annimmt. Schwingungen können daher bei dieser Wicklungsanordnung nur in geringem Maße auftreten.

Bei Transformatoren mit direkt geerdetem Sternpunkt kann die Höhe der Wicklungsisolation, schwingungsfreien Wicklungsaufbau vorausgesetzt, vom Eingang bis zum Sternpunkt abnehmen. Ist der Sternpunkt dagegen isoliert, so muß die Wicklungsisolation durchgehend gleiche elektrische Festigkeit aufweisen. Die starke Beanspruchung der

Isolation, die beim dreipoligen Stoß — drei Wellen gleicher Höhe und gleicher Polarität — beim isolierten Sternpunkt auftreten kann und vom Anfang der Wicklung bis zum Sternpunkt reicht, wird durch den schwingungsfreien Aufbau der Wicklung ebenfalls weitgehendst verringert.

Die noch verbleibende Überspannung am Sternpunkt kann durch Anschluß von Kondensatoren oder Überspannungsableitern gesenkt werden. Dieses kann erforderlich sein bei Regeltransformatoren mit Sternpunktregelung, wenn empfindliche Teile, wie Stufenwähler, Wende- oder Grobwähler und Lastschalter, besonders geschützt werden sollen.

Die Isolation zwischen den Spulen und Lagen sowie zwischen Wicklung und anderen Teilen des Transformators muß allgemein hinreichend bemessen sein, damit eine übermäßige Gefährdung der Isolation von Windung zu Windung der Röhrenspulen selbst bei steilsten Überspannungsstoßwellen nicht eintreten kann.

Tabelle 29. *Schlagweiten der Isolatoren der Transformatoren.*

Reihenspannung	Schlagweite in Luft		unter Öl
	Innenraum	Freiluft	
kV	mm	mm	mm
1	40		
3	75		40
6	100		50
10	125	180	60
20	180	260	90
30	260	360	120
45	360	470	
60	470	580	
110	800	1000	
150		1450	
220		2200	

d) *Innere Beanspruchung.* Die innere Beanspruchung eines Transformators wächst proportional mit dem Scheitelwert der auftreffenden Überspannungsstoßwelle. Allgemein ist die Höhe des Scheitelwertes der Stoßwelle, die auf die Transformatorenwicklung auftreffen kann, durch die Stoßüberschlagsspannung der Eingangsdurchführungsisolatoren des Transformators gegeben. Je nach dem verwendeten Durchführungsmodell unterliegt diese Grenze aber erheblichen Schwankungen. Bei Überbemessung wird die Stoßüberschlagsspannung der Durchführung derartig hoch, daß bei Stoßbeanspruchungen ein Überschlag innerhalb des Transformators, also unterhalb des Deckels, eintreten kann. Bei Freiluftaufstellung des Transformators ist man zwecks Einhaltung des Sicherheitsgrades gezwungen, den Durchführungsisolatoren wegen Feuchtigkeit und Verschmutzung eine höhere Schlagweite zuzuordnen, als bei Innenraumaufstellung erforderlich wäre. Die Stoßfestigkeit der Freiluftdurchführung ist deshalb, entsprechend ihrer größeren Schlagweite, höher als die für Innenraum. Man müßte also die Stoßfestigkeit der Wicklung des Transformators höher bemessen, um das richtige Verhältnis zwischen Außen- und Innenisolation herbeizuführen.

e) *Funkenstrecken.* Um einerseits die Stoßüberschlagsspannung der Durchführungen und damit die Beanspruchung der Wicklungen herabzusetzen und andererseits eine Vereinheitlichung der Bemessung der Wicklungen gegenüber Stoßspannungen herbeizuführen, werden die Durchführungen mit Parallelfunkenstrecken ausgerüstet. Die Einstellung der Schlagweite der Funkenstrecken und die dazugehörigen positiven Überschlagsstoßspannungen sind nach VDE 0670/XII. 40 festgelegt.

Die Parallelfunkenstrecke hält die Stoßfestigkeit der Freiluftdurchführungen auf etwa derselben Höhe wie die der Innenraumdurchführungen.

Die vorgeschriebenen Werte, die für alle Durchführungen — sowohl für Innenraum als auch für Freiluft — gelten, sind in Tab. 30 in Abhängigkeit von der Reihenspannung angegeben. Zum Vergleich sind Mittelwerte der Überschlagsstoßspannungen der Parallelfunkenstrecken für positive und negative Wellen herangezogen. Alle Werte gelten für ein Ansprechverhältnis von 50% und eine Stoßwelle der Eigenschaft 1/50 μs.

Die vorgeschriebenen Schlagweiten sind etwas niedriger gehalten, als für Innenraumanlagen bzw. Innenraumdurchführungen gleicher Reihenspannung vorgesehen ist. Letztere können aus Tab. 29 entnommen werden.

Nur Stoßspannungen, die tiefere als in der Tab. 30 vermerkte Maximalwerte aufweisen, gelangen in die Wicklung des Transformators, selbstverständlich vorausgesetzt, daß die Durchführungen selbst höhere Überschlagswerte besitzen. Bei gleichen oder höheren Maximalwerten erfolgt der Überschlag an der Parallelfunkenstrecke der Durchführung, also, ohne ein Schaden anzurichten, außerhalb des Transformators.

Die Mittelwerte geben einen Anhalt, mit welchen Stoßspannungen an der Wicklung eines Transformators zu rechnen ist. Eine stoßsichere Wicklung muß mindestens diesen Beanspruchungen standhalten.

Tabelle 30. *Schlagweite der Parallelfunkenstrecken und Überschlagsstoßspannungen der Isolatoren der Transformatoren.*

Reihenspannung der Durchfuhrung	Schlagweite der Parallel-Funkenstrecken	50% Überschlagsstoßspannung der Parallel-Funkenstrecken in kV		
		Untere Grenzwerte nach VDE	maximal Mittelwerte	
kV effektiv	mm	positiv	positiv	negativ
10	110	90	95	115
20	170	130	142	167
30	235	165	185	215
45	330	220	250	275
60	420	270	305	330
110	750	450	510	552
220	1450	820	948	1020

Die Funkenstrecken sind in genügendem Abstand anzubringen, damit der Lichtbogen vom Porzellan ferngehalten wird (s. hierzu DIN 42531).

VI. Betriebsüberwachung.

Im allgemeinen benötigen Transformatoren im Verhältnis zu anderen elektrischen Maschinen wenig Wartung und verursachen geringe Kosten für die Unterhaltung. Kleinere und mittelgroße Öltransformatoren mit Selbstkühlung können monatelang unbewacht in unbesetzten Stationen in Betrieb gehalten werden. Voraussetzung hierfür ist jedoch, daß der Transformator in solchen Fällen außer der normalen Schutzeinrichtung mit einem Thermoschutz, wie z. B. Bimetallrelais oder Kontaktthermometer, der auf 80° C Öltemperatur einzustellen ist, und mit einem Buchholz-Relais mit einem oder mit zwei Schwimmern, wobei bei letzteren die Warnung auf Auslösung zu schalten ist, ausgerüstet wird.

Größere Transformatoren mit Fremdkühlung und mit Handregulierung der Spannung oder der Spannung und der Leistung können hiergegen nicht ohne Bewachung überlassen werden.

Die Anweisungen und Vorschriften für die Betriebsüberwachung sind je nach Verhältnissen, örtlicher Lage und Bedeutung der Umspannstellen verschieden und werden von mannigfaltigen Bedingungen beeinflußt. Es können deshalb im folgenden nur die Grundzüge für derartige Anweisungen und Vorschriften gegeben werden. Um eine technisch einwandfreie Betriebsüberwachung zu ermöglichen, ist die regelmäßige und ordnungsmäßige Führung von Ablesebüchern, Wachbüchern, Revisionsbüchern und Reparaturbüchern, sowie die Aufstellung von Revisionsplänen zu empfehlen.

A. Betriebsrevisionen an Leistungs- und Regeltransformatoren.

1. Tägliche Revisionen. a) *Leistungs- und Regeltransformatoren.* α) Kontrolle der Temperatur. Bei Großtransformatoren stündliche Ablesung der Temperatur am Fern- und Kontaktthermometer. Kontrolle der Belastung. Bei Großtransformatoren stündlich Ablesung von Reglerstellung, Spannung, Strom, Wirk- und Blindleistung. In der Spitzenzeit halbstündlich oder viertelstündlich. Zähler um 24 Uhr ablesen.

β) Beobachtung und Bedienung der Kühlanalge. Ablesungen der Öl- und Luft- bzw. Wassertemperaturen an den Pumpen bzw. Ventilatoren, Kontrolle der Dichtigkeit der Rohrleitungen.

Einschaltung des Ventilators bei etwa 60° C Öltemperatur und Ausschaltung bei etwa 45° C Öltemperatur.

Ablesungen des Druckes an der Öl- und Wasserpumpe bzw. des Unterdruckes am Ventilator.

γ) Kontrolle des Ölstandes im Ausdehnungsgefäß.

δ) Kontrolle des Transformatorkessels auf Öldichtigkeit.

ε) Beobachtung des Geräusches am Transformator.

ζ) Beobachtung der Schutzanlage z. B. von Buchholz-, Differential- und N-Schutz.

η) Kontrolle der Antriebs- und Schaltapparate bei Regeltransformatoren gelegentlich während des Schaltens zwecks Feststellung von Geräuschen.

ϑ) Kontrolle der Durchführungen am Transformator durch Augenschein.

b) *Kühler, Pumpen und Ventilatoren.* α) Kontrolle der Lager auf Erwärmung und Öldichtheit sowie Lauf der Schmierringe und Ölfüllung.

β) Kontrolle der Rohrleitungen auf Dichtheit.

γ) Kontrolle des Druckes am Manometer an der Ölpumpe, Kontrolle des Mengenmessers sowie der Öltemperatur.

δ) Kontrolle der Absperrschieber auf vollständige Öffnung im Betriebe.

ε) Kontrolle der Jalousien am Lüfter. Kontrolle des Unterdruckes sowie der Temperatur der angesaugten Kühlluft.

Abb 207 Öl-Luft-Kuhler (OLK) mit mehreren parallel geschalteten Elementen in großer Revision. Die vorderen Elemente sind entfernt worden. Starke Verschmutzung der Kuhlrohre, durch Öl und Staub, sind deutlich sichtbar.

2. Monatliche Revisionen.

a) *Leistungs- und Regeltransformatoren.* α) Kontrolle der Durchführungsisolatoren auf Sauberkeit und Öldichtigkeit, wenn notwendig, Reinigung vornehmen.

β) Kontrolle der Durchschlagssicherungen auf der Niedervoltseite auf Betriebs- und Schutzfähigkeit, Kontrolle der Erdleitungen.

γ) Kontrolle des Ausdehnungsgefäßes auf richtige Ölfüllung, wenn erforderlich, Öl nachfüllen. Reinigung des Ölstandglases, wenn Verschmutzung festgestellt.

δ) Kontrolle der Gefahrmeldeanlage für Buchholz-Warnung, für maximale Öltemperatur, für Ölumlauf und für Luft- bzw. Wasserkühlung. Die Kontrolle kann z. B. durch Kurzschließung der Arbeitskontakte an den Warngeber erfolgen.

ε) Kontrolle der beweglichen Teile der Reglerantriebe, Ölung bzw. Einfettung derselben. Kontrolle der Schaltschütze, des Antriebsmotors und des Bremslüftmagnetes.

b) *Kühler, Pumpen und Ventilatoren.* Kontrolle der Lager und Stopfbuchsen.

3. Jährliche Revisionen. a) *Leistungs- und Regeltransformatoren.*

α) Allgemeine äußere Reinigung des Transformators.

β) Kontrolle sämtlicher außerhalb des Kessels liegenden Schraubverbindungen sowie Nachziehen sämtlicher Kontaktstellen, auch an den Durchführungsisolatoren. Nachprüfung der Erdverbindungen auf sichere Kontaktgabe.

γ) Reinigung sämtlicher Kanäle bzw. Rohrleitungen für die Kühlwasser- bzw. Kühlluft- und Ölumlaufanlage. Anstricherneuerung, wenn erforderlich. Bei Kühlwasserschlangen auf Korrosionserscheinungen achten. Ausblasen der Kühler mittels Preßluft.

δ) Kontrolle der Temperaturmeßanlage, des Widerstandfernthermometers, Quecksilberfederfernthermometers und sämtlicher Stabthermometer. Kontrolle und Prüfung des Buchholz-Schutzes, Prüfung der Öle (s. besondere Anweisung in diesem Kapitel unter B.), Gefahrmeldeanlage nachprüfen.

b) *Stufenregler:* Öffnung der Lastschaltergehäuse, allgemeine Reinigung nach Ablassen des Öles, Prüfung der Kontakte auf Abbrand, wenn notwenig, nacharbeiten. Kontrolle der mechanischen beweglichen Teile, Messung des Überschaltwiderstandes mittels Meßbrücke sowie Prüfung des Öles oder Ölauswechslung (s. S. 105 und 106).

c) *Drehregler:* Öffnen der Drehregler durch Abnehmen der Lagerschilder, allgemeine Reinigung, auch eventuelle Ausblasung sowie Ölung und Einfettung der beweglichen Teile. Kontrolle der Bänder und Bänderkästen oder Schleifringe und Bürsten, der Schnecke und des Schneckenrades sowie der mechanischen Anschläge und des Endabschalters, sonst sinngemäß wie bei Generatoren und Motoren verfahren.

d) *Kühler, Pumpen und Ventilatoren.* α) Allgemeine Reinigung sowie Nachprüfung sämtlicher Schraubverbindungen.

β) Kontrolle der Getriebe der Vorgelege, Kupplungen, Lager und Stoffbuchsen durch Auseinanderbau und genaue Nachprüfung der Einzelteile, wenn erforderlich, die Teile, die einem starken Verschleiß unterworfen sind, auswechseln.

γ) Öffnung der Ölumlaufpumpe zwecks Kontrolle des Laufrades und des Luftspaltes, wenn vorher Unregelmäßigkeiten im Betriebe beobachtet wurden.

4. Große Revisionen (alle 10 bis 16 Jahre). **a)** *Leistungs- und Regeltransformatoren.* α) Demontieren der elektrischen Verbindungsleitungen und Ölrohrleitungen zum Transformator. Transport des Transformators von der Transformatorenzelle nach der Montagehalle. Entnahme von Ölproben für Beginn der großen Revision.

β) Öffnung des Transformators, Ausfahren des Kernes aus dem Kessel und Absetzen in der Montagehalle. Entfernung des gesamten Ölinhaltes aus dem Kessel und Reinigung des Kessels. Beseitigung der Schlammablagerungen am Kesselboden.

γ) Kontrolle sämtlicher Jochbolzen am Kern auf festen Sitz und Eisenschluß. Kontrolle der Steuerwiderstände, soweit vorhanden.

δ) Kontrolle der Wicklungen am Kern. Kontrolle der Abstützungen, Verspannungen, Pressringe usw. Kontrolle der Isolation auf gute Beschaffenheit, Kontrolle der Anschlüsse.

ε) Reinigung des Eisenkernes mit Wicklung und Abspülung mit warmen Öl.

ζ) Wenn sich der Kern bei trockener Witterung nicht länger als 8 Stunden an der Luft befindet, kann er ohne Trocknung in den bereits mit gereinigtem und gefiltertem Öl gefüllten Kessel gesetzt werden. Wenn kleinere Reparaturen erforderlich sind, kann sich dieser Vorgang an verschiedenen Tagen zwei- bis dreimal wiederholen, sonst ist eine Trocknung des Eisenkernes mit Wicklung erforderlich. Hierbei ist zu beachten, daß die Spannbolzen unmittelbar nach Beendigung des Trocknungsvorganges nachzuziehen sind. Arbeiten schnell durchführen und warmen Kern in mit sauberem Öl gefüllten Kessel setzen.

Bei Trocknung im doppelter Asbestzelt werden etwa folgende elektrische Spezialöfen benötigt:

bis N_N 500 kVA	. . .	3 bis 4 Öfen
1000 kVA	. . .	5 bis 6 Öfen
3000 kVA	. . .	8 bis 10 Öfen
5000 kVA	. . .	12 bis 14 Öfen
10000 kVA	. . .	15 bis 16 Öfen
20000 kVA	. . .	18 bis 20 Öfen
30000 kVA	. . .	25 bis 28 Öfen

Abb. 208. Wellenhulse von der Stopfbuchse einer Ölumlaufpumpe. Oben: Starker Verschleiß der Wellenhulse durch Verwendung einer ungeeigneten Packung. Bei der Ausfuhrung von planmaßigen Revisionsarbeiten festgestellt. Unten: Wellenhulse in unbeschadigtem Zustand.

Man verwendet hierzu Öfen für Drehstromanschluß $\triangle/\curlywedge/220/380$ V mit einer Nennleistung von 3000 Watt.

Der Trocknungsvorgang kann 4 bis 5 Tage dauern. Während der Trocknung die Temperatur an etwa 10 Stellen mit elektrischem Fernthermometer überwachen.

η) Kontrolle sämtlicher Durchführungsisolatoren, Reinigung sämtlicher Dichtflächen, wenn erforderlich, Erneuerung der Dichtungen.

ϑ) Schließen des Transformators, Schrägstellung etwa 10 bis 25% und Evakuierung von der höchsten Stelle aus. Entnahme von Ölproben vor und nach der Evakuierung. Dauer der Evakuierung etwa 24 Stunden. Unterdruck entsprechend Kesselkonstruktion bis etwa 30 mm WS. Rücktransport des Transformators nach der Transformatorenzelle.

ι) Ablassen des Öles aus der Kühlanlage, Reinigung der Rohre und Absperrschieber und, wenn erforderlich, Dichtungen erneuern. Filtrierung des Öles der Kühlanlage, Einfüllung und Vermischung mit dem Transformatorenöl. Alle Ölräume gründlich entlüften. Sämtliche Absperrschieber für den Ölumlauf und Ölausdehnung öffnen. Vor und nach der Vermischung Ölprobe entnehmen. Die letzte Ölprobe gilt hierbei für schluß der großen Revision und ist auch chemisch zu untersuchen.

$\varkappa$) Große Reinigung der gesamten Transformatoranlage, wenn erforderlich, Anstricherneuerung an Leitungen, Eisenkonstruktionen und am Kessel.

λ) Reinigung des Ausdehnungsgefäßes, des Schauglases sowie der Rohrleitung zum Transformator einschließlich Buchholz-Relais. Kontrolle des Schwimmers im Ausdehnungsgefäß auf Schwimmfähigkeit, Kontrolle der Entlüftungsrohre und des Sicherheitsrohres. Nach Beendigung sämtlicher Arbeiten alle Anschlüsse kontrollieren. Transformator prüfen durch Hochfahren.

b) *Stufenregler:* Kontrolle des Stufen-, Wende- oder Grobwählers, Prüfung sämtlicher Kontakte auf festen Sitz und Federung, Prüfung der mechanischen Teile durch Probeschaltungen, Kontrolle sämtlicher Schraubverbindungen und Lötstellen sowie Abstützungen der Leitungen. Über Kontrolle der Lastschalter siehe jährliche Revision.

c) *Drehregler:* Öffnung des Drehreglers. Ausfahren des Läufers und Kontrolle und Reinigung sämtlicher Wicklungen, Kontrolle der Blechpakete vom Ständer und Läufer, Kontrolle der Kühlkanäle, Reinigung und Kontrolle des Ventilators und des Fliehkraftschalters des Ventilators für die Warnung. Kontrolle der Verschlußklappen. Wenn erforderlich, Lackierung der Wicklungen und Anstricherneuerung. Siehe sonstige Arbeiten unter jährlicher Revision.

d) *Kühler, Pumpen und Ventilatoren.* α) Demontage der Kühlerelemente (Abb. 207), Auseinanderbau der Segmente, Reinigung der Kühlrippen, Durchspülen der Kühlrohre mit Öl, Reinigung der Kammern, Erneuerung der Dichtungen, Nachwalzung eventuell undichter Walzstellen. Bei Wasserkühlern sinngemäß verfahren.

β) Zerlegung der Getriebe, Vorgelege und sonstiger Antriebe, gründliche Reinigung und Nachprüfung aller beweglichen Teile, wenn erforderlich, Ausrichtung der Wellen und Auswechslung der Lager, ebenfalls Erneuerung der Getriebeöle.

γ) Auseinanderbau der Vetilatoren, allgemeine Reinigung, Kontrolle der Lagerstellen, wenn erforderlich, Auswechseln der Lager. Auseinanderbau der Kühlwasserpumpen. Arbeiten wie unter δ).

δ) Auseinanderbau der Ölumlaufpumpe (Abb. 208), Kontrolle des Luftspaltes zwischen Laufrad und Gehäuse, allgemeine Reinigung, Kontrolle der Lager, wenn notwendig, Auswechslung, Erneuerung der Dichtungen, Feststellung des Axialschubes, Nachprüfung der Axiallager. Nachprüfung der Druckentlastung des Laufrades, Kontrolle und Nachprüfung der Manometer, Thermometer, Mengenmesser, Differentialmanometer, Strömungswächter usw. Nach Zusammenbau Probelauf vornehmen.

B. Behandlung der Isolieröle im Betrieb.

1. Die Isolieröle. Neben der Fähigkeit des Öles, in Transformatoren und Schaltern sowie in anderen elektrischen Apparaten eine hervorragende Isolation herbeizuführen, besitzt es noch eine vorzügliche Kühlwirkung. Bei Öltransformatoren wird die Verlustwärme vom Eisenkern und Wicklung durch das Öl abgeführt. Bei Schaltern wird durch die Kühl- und Isolierwirkung der elektrische Lichtbogen zum Löschen gebracht.

Die Isolieröle sind mineralischer Herkunft und werden durch Destillation aus Rohöl gewonnen und einem Raffinationsprozeß unterworfen.

Das neue Öl muß frei von Mineralsäure und Alkali sowie frei von Wasser sein. Die Öle dürfen keine Verunreinigungen enthalten.

Für die Beurteilung des Öles sind zwei Größen maßgebend:

1. *Isolationswert:* wird dargestellt durch den Wassergehalt und gemessen als Durchschlagsfestigkeit in kV/cm durch die elektrische Kontrolle.

2. *Alterungswert:* wird dargestellt durch den Verschlammungszustand und gemessen als Säure- und Verseifungszahl in mg KOH (Kaliumhydroxyd) durch die chemische Kontrolle.

Die Überwachung dieser beiden Bestimmungsgrößen des Isolieröles hat im Betrieb in regelmäßigen Zeitabständen zu erfolgen, um nachteilige Einwirkungen auf die einzelnen Betriebsmittel zu vermeiden.

2. Grenzwerte für Isolieröle. a) *Allgemeines.* α) *Spezifisches Gewicht.* Das spezifische Gewicht darf nicht mehr als 0,920 bei +20° C betragen.

Bei Transformatoren und Schaltern, deren Ölinhalt sich auf Temperaturen unter 0° C abkühlen kann, soll Öl mit einem spezifischen Gewicht von nicht mehr als 0,895 bei +20° C verwendet werden; hierdurch soll erreicht werden, daß etwa sich bildendes Eis am Kesselboden bleibt.

β) *Stockpunkt.* Der Stockpunkt des Öles darf nicht höher als —15° C sein. Bei Schaltern, deren Kessel von der Außenluft umspült werden und keine besondere Heizvorrichtung haben, darf der Stockpunkt des zu verwendenden Öles nicht höher als —40° C sein.

γ) *Zähigkeit.* Die Zähigkeit des Öles darf bei +20° C nicht über 8 E und bei —5° C nicht über 50 E sein.

Bei Schaltern, deren Kessel von der Außenluft umspült werden und keine besondere Heizvorrichtung haben, darf die Zähigkeit des verwendeten Öles bei +20° C nicht über 8 E und bei —30° C nicht über 500 E sein.

δ) *Flammpunkt.* Der Flammpunkt, im offenen Tiegel bestimmt, darf nicht unter +145° C liegen.

b) *Betriebsöle.* Für die in Betrieb befindlichen Öle gelten folgende Grenzwerte:

Säurezahl	bis 0,60 mg KOH
Verseifungszahl	bis 1,50 mg KOH
Durchschlagsfestigkeit	nicht unter 80,00 kV/cm

Werden diese Werte über- bzw. unterschritten, so muß das Öl gereinigt bzw. erneuert werden.

Die Durchschlagsfestigkeit des getrockneten oder zum Nachfüllen und Einfüllen vorbereiteten Öles soll 125 kV/cm nicht unterschreiten.

c) *Regenerate.* Das Öl muß folgenden Bedingungen genügen:

Säurezahl . . .	0,03 mg KOH
Verseifungszahl .	0,12 mg KOH

Das Öl wird allgemein ungetrocknet gelagert.

Als Untersuchungsfehler bei der chemischen Prüfung gilt

Toleranz für Säurezahl	= 0,01 mg KOH
Toleranz für Verseifungszahl .	= 0,02 mg KOH

d) *Neuöle.* Die Säurezahl darf bei neuem Öl den Wert von 0,05 mg KOH nicht übersteigen, bei im Gerät angeliefertem Öl sind Werte bis 0,08 mg KOH noch zulässig.

Die Verseifungszahl darf bei neuem Öl den Wert von 0,15 mg KOH nicht übersteigen; bei im Gerät angeliefertem Öl sind Werte bis 0,20 mg KOH noch zulässig.

Der Gehalt an Asche darf bei neuem Öl 0,01% nicht übersteigen.

α) *Garantieklausel für Neuöle.*

1. Die chemische Kontrolle hat während der Garantiezeit vierteljährlich zu erfolgen.
2. Die Garantiezeit beträgt 20000 Einfüllstunden.
3. Bei Ablauf der Garantie darf die Säurezahl nicht höher als 0,20 mg KOH und die Verseifungszahl nicht höher als 0,20 mg KOH sein.
4. Es ist nur eine normale Alterung zulässig.
5. Ausscheidungen bzw. Trübungen des Öles, herrührend von Isolierstoffen, Fasern, Farbe, Lack, Kitt usw., dürfen in dem Neuöl nicht vorhanden sein.

β) *Garantieklausel für Öle, die von den Firmen in Apparaten geliefert wurden.*

1. Garantiezeit beträgt gleich Apparatgarantiezeit.
2. Eigenschaften vor erster Inbetriebsetzung:

Durchschlagsfestigkeit mindestens .	125 kV/cm
Säurezahl nicht über	0,03 mg KOH
Verseifungszahl nicht über.	0,15 mg KOH

Das Öl muß klar und frei von Fasern sein.

3. Eigenschaften am Ende der Garantiezeit:

Durchschlagsfestigkeit nicht unter . .	80 kV/cm	
	1 Jahr	2 Jahre Garantiezeit
Säurezahl nicht über . . .	0,06	0,15 mg KOH
Verseifungszahl nicht über.	0,30	0,45 mg KOH

Die Alterungsprüfung erfolgt nach der Methode von Baader.

e) *Überwachnng der Isolieröle für Transformatoren.* Für die Überwachung der Isolieröle für Transformatoren im Betrieb durch die Entnahme von Ölproben gelten folgende Vorschriften.

Bei Lastschaltern, bei denen das Öl stark verrußt, ist die Probe für die chemische und elektrische Untersuchung nach der Filtrierung zu nehmen, wenn nicht überhaupt eine Auswechslung notwendig geworden ist.

Die Reinigung der Kessel von Transformatoren und Ölschaltern bei entfernter Ölfüllung hat alle 10 bis 16 Jahre trotz guter Ölresultate zu erfolgen.

Tabelle 31. *Vorschriften für die Überwachung der Isolieröle im Betrieb.*

Betriebsmittel	Chemische und elektrische Untersuchung durch Öllaboratorium	Elektrische Untersuchung mit Ölprufgerat an Ort und Stelle
1. Transformatoren, Regeltransformatoren und Drosselspulen		
a) bis 30 kV	einmal jährlich	einmal jährlich
b) über 30 kV . . .	zweimal jährlich	zweimal jährlich
2. Erdschlußspulen		
a) bis 30 kV	einmal alle 3 Jahre	einmal jährlich
b) über 30 kV . . .	einmal alle 2 Jahre	einmal jährlich
3. Lastschalter und getrennte Wählerkessel der Regeltransformatoren	einmal jährlich	einmal jährlich
4. Strom- und Spannungswandler		
a) bis 30 kV . . .	einmal alle 3 Jahre	keine
b) über 30 kV . . .	einmal alle 2 Jahre	keine

3. Entnahme von Ölproben. Die Ölproben werden von außer Betrieb befindlichen Betriebsmitteln zur Überwachung des Ölzustandes entnommen. Zur Entnahme von Ölproben werden besonders gesäuberte und getrocknete Glasflaschen mit eingeschliffenem Stopfen, in hölzernen Behältern gelagert, verwendet.

Die Ölproben sind an einer Zapfstelle am unteren Teil des Transformators zu entnehmen. In Sonderfällen kann man bei größeren Transformatoren auch in Dreiviertelhöhe die Probe entnehmen, um ein Bild über die Beschaffenheit des Öles in höheren Schichten zu erhalten. Man wird dabei häufig finden, daß das Öl, das vom Boden des Transformators entnommen worden ist, schlechtere Eigenschaften aufweist, da Schmutz und Wasser sich nach unten absetzen. Ist das Öl unten schlecht, so braucht man manchmal nur einen Teil des Öles abzulassen, um bessere Resultate zu erzielen. Zum Nachfüllen wird gutes Öl verwendet.

Bei Transformatoren darf die Probeentnahme niemals am Ausdehnungsgefäß erfolgen.

Bei der Entnahme der Ölprobe ist folgendes genauestens zu beachten:

Die Zapfstelle, Ölventil, Hahn oder Schieber müssen an den von außen zugänglichen Stellen, die vom ausfließenden Öl berührt werden, einwandfrei gesäubert sein.

Die ersten 2 Liter der Entnahme dienen zum Durchspülen des Ölaustrittes und müssen in einem sauberen Behälter beiseite gestellt werden. Dann füllt man aus der Zapfstelle die Ölprobenflasche halb, setzt den Stopfen auf und schwenkt sie, ohne zu schütteln, mit dem Öl durch. Das Öl wird dann ebenfalls beiseite getan. Man wiederholt diesen Vorgang des Hin- und Herschwenkens mit neu abgezapftem Öl noch zweimal. Daraufhin wird die Flasche gefüllt und als gültige Ölprobe, mit Anhängezettel versehen, sofort in den hierfür vorgesehenen hölzernen Behältern gesetzt. Der Inhalt solcher Probeflaschen beträgt $^1/_2$ Liter.

Das beiseitegestellte Spülöl kann, falls es nicht sichtlich verschmutzt ist, wieder eingefüllt werden. Nach Möglichkeit soll das Öl aus der Zapfstelle direkt in die Ölprobeflasche gelangen, nur in Ausnahmefällen, wenn die Flasche nicht unter der Zapfstelle Platz hat, darf ein flaches Gefäß verwendet werden. Dieses Gefäß muß jedoch peinlich sauber sein, um die Beeinflussung der Ölprobe zu vermeiden.

Bei jeder Ölprobe soll man bedenken, daß schon die geringsten Feuchtigkeitsspuren, selbst Feuchtigkeitsgehalt der Luft und wenige Fasern von einem Lappen genügen, um den Isolationswert der Ölprobe ungünstig herabzusetzen. In diesem Falle würde das Resultat der Ölprobe schlechter sein als der Ölzustand im Betriebsmittel selbst.

Das Öl darf nicht im warmen Zustand aus Transformatoren entnommen werden, da warmes Öl stark zur Feuchtigkeitsaufnahme neigt. Das Öl soll nach Möglichkeit dieselbe Temperatur wie die Außenluft aufweisen. Die Transformatoren sollen deshalb zur Ölprobenentnahme abgeschaltet und möglichst tief, mittels der Ölkühlanlage, abgekühlt werden. Bei Ölselbstkühlung muß mit der Entnahme der Ölprobe gewartet werden, bis der Abkühlungsprozeß nach erfolgter Abschaltung annahernd beendet ist, denn heißes Öl von z. B. 60° C bei etwa 15° C Außentemperatur entnommen, ergibt ein schlechtes Resultat bei der Durchschlagsprobe.

4. Prüfung der Probe auf Durchschlagsfestigkeit. Die Temperatur des zu untersuchenden Öles soll zu Beginn der Prüfung etwa 20° bis 25° C betragen.

Die Temperatur des entnommenen Öles wird meist tiefer liegen und muß deshalb durch Erwärmen auf vorstehenden Wert gebracht werden.

Die Elektroden und das Prüfgefäß sind vor jeder Versuchsreihe mit einem Lederlappen blank zu reiben und mit mechanisch gereinigter Luft von anhaftendem Wasser zu befreien. Der gereinigte Apparat ist vor dem Versuch möglichst mit einem Teil des zu untersuchenden Öles auszuspülen. Der Abstand der Elektroden ist vor jedem Versuch mit der bei jeder Prüfanlage vorhandenen Lehre zu kontrollieren.

Beim Eingießen des Öles in das Gefäß sind Luftblasen nach Möglichkeit zu vermeiden. Man läßt das Öl an der Glaswand des schräg gehaltenen Gefäßes herunterlaufen.

Das in das Ölgefäß eingefüllte zur Prüfung bestimmte Öl muß vor Beginn der Prüfung mindestens 10 bis 15 Minuten ruhig stehen, so daß die beim Eingießen eventuell doch noch entstandenen Luftblasen entweichen können.

Das Hochregulieren der Prüfspannung soll je Versuch in einer Zeit von 20 sec vollzogen werden. Im ganzen sind je Probe 6 Durchschlagsversuche vorzunehmen. Das Ergebnis des ersten Versuches darf zur Beurteilung des Durchschlagswertes nicht herangezogen werden. Maßgebend ist der Mittelwert der letzten 5 Durchschläge.

Beispiel für die Durchschlagsprobe für Isolieröle:

1. Versuch	100 kV/cm	(bleibt unberücksichtigt)
2. Versuch	105 kV/cm	
3. Versuch	110 kV/cm	
4. Versuch	112 kV/cm	
5. Versuch	114 kV/cm	
6. Versuch	116 kV/cm	
Zusammen:	557 kV/cm	

Mittelwert 557 : 5 = 114,4 kV/cm.

Nach jedem Durchschlag ist das Öl in dem Prüfgefaß mit einem reinen trockenen Glasstäbchen umzurühren.

Wasser vermag nur bis zu 23 kV/cm die Durchschlagsfestigkeit des Öles zu schwächen. Bei steigendem Wassergehalt fällt das Wasser in Tropfenform aus und sammelt sich am Boden des Gefäßes.

5. Kennzeichnung der Isolieröle und Gefäße. Um ein unnötiges Verschmutzen von Isolierölen, aber auch der Ölfässer und Kannen zu vermeiden und dadurch eine wirtschaftliche Ölhaltung zu ermöglichen, sollen alle Gefäße nur ihrer Bestimmung entsprechend verwendet werden. Zu diesem Zweck ist es vorteilhaft, alle Fässer und Kannen mit farbigen Ringen nach folgender Einteilung zu kennzeichnen.

Grüner Ring:	für ungebrauchtes, getrocknetes Neuöl.
Gelber Ring:	für gereinigtes, entsauertes und vom Schlamm befreites Regenerat.
Blauer Ring:	Für Schmutzöl, also für ein Öl, das verschmutzt und versäuert ist oder Brandgeruch hat.
Roter Ring:	Für stark verschmutztes Öl, zur Ausschlachtung bestimmt.

6. Ölhaltung. Zum Abfüllen von Ölen, die ohne Aufarbeitung unmittelbar wieder für gleiche oder andere Zwecke verwendet werden sollen, müssen getrocknete Ölfässer benutzt werden. Um Wassereintritt nach Auffüllung der Fässer zu vermeiden, sind die festverschlossenen Spundlöcher nach unten zu drehen. Hierbei muß aber gewährleistet sein, daß die Verschlüsse auch einwandfrei dichthalten.

Bei Bedarf von Neuöl oder Regenerat ist stets getrocknetes Öl zu beziehen, falls nicht eine Trocknung an Ort und Stelle mittels Vacuumkochmaschine, Zentrifuge oder Filterpresse vorgenommen werden kann.

Das getrocknete Öl, in entsprechenden Gefäßen gelagert, ist zur alsbaldigen Verwendung bestimmt, da es die Eigenschaft hat, unbenutzt nach einigen Wochen schon seinen guten Isolationswert zu verlieren. Aus diesem Grunde sollen an Ort und Stelle nur geringe Ölmengen lagern, die zum Nachfüllen von Transformatoren und Ölschaltern unbedingt erforderlich sind.

Das Nachfüllen der Transformatoren mit Öl hat stets über die Ausdehnungsgefäße durch die hierfür vorgesehenen Füllrohre zu erfolgen.

Niemals darf das Öl durch Filterpressen von unten in den Transformator gedrückt werden, da in diesem Fall die Wicklungen von Luftbläschen durchsetzt werden können.

Die Menge der Nachfüllung richtet sich nach dem Ölstand, der zweckmäßigerweise in Temperatur geeicht wird. Und zwar ist die Füllung entsprechend der Höhe der bestehenden Öltemperatur, mittels einer Tauchhülse dicht unterhalb des Deckels, am besten durch ein Quecksilber-Feder-Fernthermometer gemessen, vorzunehmen.

Bei der Sammlung von Altöl muß darauf geachtet werden, daß Schmieröl niemals mit den Isolierölen in Berührung kommt.

Anhang.

a) *Widerstands-, Spannungs- und Belastungswinkel des Transformators.*

Bezeichnung	Zeichen	Berechnung
Kurzschlußwinkel bei symmetrischem Strom	α	$\operatorname{arc\,cos} \frac{u_R}{u_K} = \operatorname{arc\,cos} \frac{V_{Cu\,N}\%}{u_K}$
Leerlaufwinkel	β	$\operatorname{arc\,cos} \frac{I_v}{I_0} = \operatorname{arc\,cos} \frac{V_{Fe}\%}{I_0\%}$
Kurzschlußwinkel bei Sternpunktstrom	γ	$\operatorname{arc\,cos} \frac{V_0}{U_0 I_l}$
Winkeldrehung der Spannungen	ϑ	$\operatorname{arc\,sin} \frac{u_q}{100}$
Phasenverschiebungswinkel		
primär	φ_1	$\approx \varphi_2 + \vartheta$
sekundär	φ_2	gegeben durch die Belastung

b) *Magnetische Flüsse des Transformators.*

Bezeichnung	Zeichen	Bemerkungen
Kraftfluß	Φ	Erzeugt durch Magnetisierungsstrom, Mittel der Energieübertragung
Streufluß	Φ_S	Durch die räumliche Differenz der Belastungsdurchflutungen bzw. der Durchflutungen im Kurzschluß oder im Leerlauf erzeugt
Luftfluß	Φ_l	Erzeugt durch gleichphasige Ströme bei Dreischenkeltransformatoren
Eisenfluß	Φ_e	Erzeugt durch gleichphasige Ströme bei Transformatoren mit freiem Eisenrückschluß

c) *Thermische Größen des Transformators.*

Bezeichnung	Zeichen	DIN-Norm °C	Bemerkungen
Übertemperatur zur Zeit t während der Belastung	ϑ	—	Erwärmung
Übertemperatur für Dauerbelastung mit Nennlast N_N, Beharrungsübertemperatur	ϑ_N	70	Grenzerwärmung für Wicklungen der Isolationsklasse A_0
		60	Grenzerwärmung für Öl
Grenztemperatur für Dauerbelastung mit Nennlast N_N	ϑ_D	105	Grenztemperatur für Wicklungen der Isolationsklasse A_0
		95	Grenztemperatur für Öl
Übertemperaturen für Dauerbelastung mit der Last N_1 bzw. N_2, Beharrungsübertemperaturen	ϑ_{N1} bzw. ϑ_{N2}	—	Erwärmung $\frac{\vartheta_{N_1}}{\vartheta_{N_2}} = \left(\frac{N_1}{N_2}\right)^2$
Temperatur zur Zeit t während Kurzschlußbelastung mit Dauerkurzschlußstrom I_K .	ϑ_K	—	Temperatur
Grenztemperatur für Kurzschlußbelastung mit dem Dauerkurzschlußstrom I_K .	ϑ_G	250	Grenztemperatur für Kupferwicklungen
		165 bis 220	Grenztemperatur für Aluminiumwicklungen
Aus Widerstandszunahme errechnete Übertemperatur für Dauerbelastung mit der Last N_R, Beharrungsübertemperatur	ϑ_R	—	Erwärmung, Ist $N_R \neq N_N$ dann durch Rechnung ϑ_N nach $\vartheta_N = \vartheta_R \left(\frac{N_N}{N_R}\right)^2$ ermitteln[1]

d) *Thermische Größen der Kurzschlußdrosselspulen.*

Bezeichnung	Zeichen	DIN-Norm °C	Bemerkungen
Übertemperatur für Kurzschlußbelastung mit dem Dauerkurzschlußstrom I_K' .	ϑ_g	180	Grenzerwärmung
Übertemperatur für Dauerbelastung mit Nennlast I_N .	ϑ_r	aus Widerstandszunahme, bei Dauerbelastung, errechnet	Erwärmung

[1] Die Olerwärmäng ist proportional den Gesamtverlusten nach $\vartheta_N = \vartheta_{R\,\ddot{O}l}$ $(V_{ges}/V_{ges\,R})$ umzurechnen. $\vartheta_{R\,\ddot{O}l}$ = Beharrungsölübertemperatur bei N_R und $V_{ges\,R}$ = Gesamtverluste bei N_R.

e) *Spannungen des Transformators (Werte in Volt).*

Bezeichnung	Zeichen	Bemerkungen
Oberspannung, Unterspannung	U, u	in Leerlauf,
Nennprimär-, Nennsekundärspannung	U_{N1}, U_{N2}	in Leerlauf,
Primär-, Sekundärspannung	U_1, U_2	im Nennbetrieb,
Primar- bzw. Sekundarspannung	U_{L1} bzw. U_{L2}	in Leerlauf
Primar- bzw. Sekundarspannung	U_{b1} bzw. U_{b2}	in Belastung
Kurzschlußspannung primär, sekundär	U_{K1}, U_{K2}	gemessen in Volt
Kurzschlußspannung	u_K	in % $u_K = \frac{U_{K1}}{U_{N1}} \cdot 100$
Spannungsänderung	u_φ	in %
Längsspannungsverlust	u_l	in %
Querspannungsverlust	u_q	in %
Relativer ohmscher Spannungsverlust	u_R	in %
Streuspannung	u_S	in %
Windungsspannung	U_n	
Verlagerungsspannung bzw. Sternpunktspannung	U_0	
Kurzschlußspannung bezogen auf Eigen- bzw. Durchgangsleistung	u_{KE} bzw. u_{KD}	in %
Fiktive Kurzschlußspannung	U'_K	gerechnet in Volt
Zusatzspannung bzw. Spannung der Regelwicklung	U_Z	u_Z in %
Stufenspannung	u	
Spannung der Hauptwicklung	U_m	
Spannungsverlust des Transformators oder einer Leitung	Δu	
Spannungsverlust des Primär- bzw. Sekundärnetzes	Δu_1 bzw. Δu_2	
Potential der Regelwicklung (Spannung zwischen Erdpunkt und Wicklung)	U_{Zp}	
Anfangsspannung einer Leitung (auch ankommende Spannung)	U_a	
Endspannung einer Leitung (auch abgehende Spannung)	U_e	
Längszusatzspannung des Längsreglers	U_l	
Querzusatzspannung des Querreglers	U_q	
Zusatzspannung am Anfang bzw. Ende einer Leitung	U_{Za} bzw. U_{Ze}	
Vergrößerung von U_l bzw. U_q im Kreis	U_{lKr} bzw. U_{qKr}	
Scheitelwert der Spannung	U_{Sch}	
Überspannung	$U_ü$	
Scheitelwert der Überspannung	$U_{ü\,Sch}$	
Dreiphasige Spannungen	U_{UV}, U_{VW}, U_{WU}, U_{uv}, U_{vw}, U_{wu}	
Dreiphasige Sternspannungen	U_U. U_V, U_W U_u, U_v, U_w	
Dreiphasige Netzspannungen	U_{RS} U_{ST} U_{TR}	
Dreiphasige Netzsternspannungen	U_R, U_S, U_T	

f) *Spannungen der Kurzschlußdrosselspulen.*

Bezeichnung	Zeichen	Bemerkungen
Spannung an der Drossel bei Nenndurchgangsstrom I_N	U_x	in Volt
Reaktanzspannung	u_x	in %
Angenäherter Spannungsverlust	u_φ	in %

g) *Ströme des Transformators* (*Werte in Ampere*).

Bezeichnung	Zeichen	Bemerkungen
Belastungsstrom	I	
Primär-Sekundär-Strom	I_1, I_2	
Nennstrom	I_N	
Nennprimär-Nennsekundär-Strom .	I_{N1}, I_{N2}	
Magnetisierungsstrom (Blindkomponente des Leerlaufstromes) . . .	I_μ	$I_\mu \approx I_0$
Verluststrom, Wirkkomponente des Leerlaufstromes entsprechend Eisenverluste	I_v	
Verluststrom, Wirkkomponente des Kurzschlußstromes entsprechend Kupferverluste	I_v	
Leerlaufstrom	I_0	$I_0 = I_\mu \hat{+} I_v$
Blindstrom	I_B	
Wirkstrom	I_W	
Dauerkurzschlußstrom	I_K	Effektivwert, $I_K = I_B \hat{+} I_v$
Stoßkurzschlußstrom	I_S	Amplitudenwert der ersten Amplitude
Relativer Magnetisierungsstrom . .	$I_{\mu r}$	$I_{\mu r} = I_\mu / I_N$
Magnetisierungsströme in den drei Phasen des Drehstromes	$I_{\mu 1}$, $I_{\mu 2}$, $I_{\mu 3}$	
Magnetisierungsstrom im Nulleiter .	$I_{\mu 0}$	
Belastungsströme in den drei Phasen des Drehstromes	I_U, I_V, I_W	
Nulleiterstrom, Sternpunktleiterstrom	I_0	
Nenn-Löschspulenstrom	I_L	
Tatsächlicher Löschspulenstrom . .	I_l	
Innerer-Strom	I_ι	
Nenn-Innerer-Strom	$I_{N\iota}$	
Ausgleichstrom	I_a	
Kreisstrom	I_{Kr}	
Wirkstrom, Blindstrom durch U_q .	I_{Wq}, I_{Bq}	
Wirkstrom, Blindstrom durch U_l .	I_{Wl}, I_{Bl}	
Kapazitäts-Verschiebungsstrom . .	I_c	
Erdschlußstrom	I_e	
Kurzschlußstrom, bezogen auf Eigen- bzw. Durchgangsleistung	I_{KE} bzw. I_{KD}	
Zeitwert des Leerlaufstromes. . . .	i_0	
Zeitwert des Magnetisierungsstromes	i_μ	Blindkomponente des Leerlaufstromes
Wattkomponente des Leerlaufstromes zur Deckung der Hysteresisverluste, Zeitwert	i_h	
Linienströme, dreiphasig	I_R, I_S, I_T,	
Phasenströme bei Sternschaltung . .	I_U, I_V, I_W, I_u, I_v, I_u	
Phasenströme bei Dreieckschaltung .	I_{UV}, I_{VW}, I_{WU} $I_{u\iota}$, $I_{\iota w}$, I_{wu},	

h) *Leistungen des Transformators.*

Bezeichnung	Zeichen	Berechnung
Wirkleistung	N_W	$U I \sqrt{3} \cos\varphi\, 10^{-3}$ kW
Blindleistung	N_B	$U I \sqrt{3} \sin\varphi\, 10^{-3}$ kVar
Scheinleistung	N	$U I \sqrt{3} \cdot 10^{-3}$ kVA
Nennleistung, Nennscheinleistung	N_N	$U_{N2} I_{N2} \sqrt{3} \cdot 10^{-3}$ kVA
Abgegebene Scheinleistung im Nennbetrieb	N_n	$U_2 I_{N2} \sqrt{3} \cdot 10^{-3}$ kVA
Abgabe	N_{W2}	$N_N \cos\varphi_2 \left(1 - \frac{u_\varphi}{100}\right)$ kW
Aufnahme	N_{W1}	$N_{W2} + V_{ges}$ kW
Blindleistung für Streufelder	N_{BS}	kVar
Blindleistung für Magnetisierung	$N_{B\mu}$	$I_{\mu r} N_N$ kVar
Löschspulen-Nennleistung	N_L	kVA
Leistung der einzelnen Wicklungen bei Dreiwicklungstransformator	N_1, N_2, N_3	kVA
Abteilungsleistungen	N_{I}, N_{II}	VA
Eigenleistung	N_E	$U_Z I \sqrt{3}$ VA
Durchgangsleistung, aufgenommene Leistung	N_D	$U I \sqrt{3}$ VA
Eigenleistung Zusatztransformator	N_{EZ}	VA oder kVA
Eigenleistung Spartransformator	N_{ES}	VA oder kVA
Scheinbare Leistung	N_{Sch}	VA oder kVA
Eigenleistung Erregertransformator	N_{EE}	VA oder kVA
Durchgangsleistung Erregertransformator	N_{DE}	VA oder kVA
Teilleistungen	N_{W1}, N_{W2}	kW
bei parallelen Leitungen	N_{B1}, N_{B2}	kVar
Nennleistungen einzelner Transformatoren	N_{N1}, N_{N2}, N_{N2}	kVA
Belastung der einzelnen Transformatoren bzw. verschiedene Belastungen des Transformators	N_1, N_2, N_3	kVA
Leerlaufleistung	N_0	$U I_0 \sqrt{3} \cdot 10^{-3}$ kVA
Belastung im Dauererwärmungsversuch	N_R	kVA
Stufenleistung	N_{St}	in kVA (n_{St} in %)
Nennleistung irgendeines Tranformators	N_{NX}	kVA
Anzahl der Transformatoren	n	

i) *Leistungen der Kurzschlußdrosselspulen.*

Bezeichnung	Zeichen	Berechnung
Drehstrom-Durchgangsleistung	N_d	$U_N I_N \sqrt{3} \cdot 10^{-3}$ kVA U_N = Spannung vor der Drossel
Drehstrom-Eigenleistung Blindleistung für Drossel in kVar	N_e	$I_N^2 X \cdot 3 \cdot 10^{-3} = U_N I_N \sqrt{3} \frac{u_x}{100} 10^{-3}$ kVA weil $X = \frac{u_x U_N / \sqrt{3}}{100 I_N}$ ist wird folglich $N_e = N_d \frac{u_x}{100}$ kVA

j) *Widerstände des Transformators (Werte in Ohm).*

Bezeichnung	Zeichen	Berechnung
Gleichstromwiderstand einer Phase, oberspannungsseitig	r_1 [1]	r_{W1} stets größer als r_1
Gleichstromwiderstand einer Phase, unterspannungsseitig	r_2	r_{W2} stets größer als r_2
Auf der Oberspannungsseite bezogener Gleichstromwiderstand einer Phase (Ober- und Unterspannung)	R_1	Gesamtwiderst. $= 3\,R_1$ Ohm
Wechselstromwiderstand einer Phase, oberspannungsseitig	r_{W1} [1]	$r_{W1} = \frac{R_{W1}}{2}$
Wechselstromwiderstand einer Phase, unterspannungsseitig	r_{W2}	$r_{W2} = \frac{R_{W1}}{2} \cdot \frac{1}{u^2}$
Auf der Oberspannungsseite bezogener Wechselstromwiderstand (Oberspannung und Unterspannung) . .	R_{W1} [1]	
Streureaktanz einer Phase, oberspannungsseitig	ωL_{S1} [1]	$\omega L_{S1} = \frac{X_S}{2}$
Streureaktanz einer Phase, unterspannungsseitig	ωL_{S2}	$\omega L_{S2} = \frac{X_S}{2} \cdot \frac{1}{u^2}$
Streureaktanz einer Phase, bezogen auf der Oberspannungsseite (Oberspannung und Unterspannung) .	$\omega L_S = X_S$ [1]	Kurzschlußreakt. je Phase
Kurzschlußimpedanz einer Phase, bezogen auf der Oberspannungsseite (Ober- und Unterspannung) . . .	Z_K	$Z_K^2 = R_{W1}^2 + X_S^2$
Leerlaufreaktanz	$\omega L_0 = X_0$	
Wechselstromwiderstand der Gesamttertiärwicklung (alle drei Phasen) .	r_{W3}	
Jochreaktanz.	$\omega L_0 = X_0$	
Löschspulenreaktanz	$\omega L_L = X_L$	
Belastungs-Impedanzen, an die Spannung U_{uv}, U_{vw}, U_{wu} angeschlossen	Z_{uv}, Z_{vw}, Z_{wu}	Bezeichnung für R oder X erfolgt entsprechend.
Belastungs-Impedanzen, an die Spannung U_{RS}, U_{ST}, U_{TR} angeschlossen.	Z_{RS}, Z_{ST}, Z_{TR}	
Belastungs-Impedanzen, an die Spannung U_u, U_v, U_w angeschlossen .	Z_u, Z_v, Z_w	
Belastungs-Impedanzen, an die Spannung U_U, U_V, U_W angeschlossen .	Z_U, Z_V, Z_W	

[1] Sinngemäß auch allgemein verwendet. R_{W1} wird auch als Gesamtwechselstromwiderstand je Phase oder $3\,R_{W1}$ als Gesamtwiderstand mal Wirbelstromfaktor und L_S als Gesamtstreuinduktivität je Phase bezeichnet.

Literaturverzeichnis.

Bücher.

ARNOLD, E.: Die Wechselstromtechnik. 2. Bd.: E. ARNOLD u. J. L. LA COUR: Die Transformatoren. Berlin 1910, Springer.

VIDMAR, M.: Die Transformatoren. Berlin 1925, Springer.

BIERMANNS, J.: Überströme in Hochspannungsanlagen. Berlin 1926, Springer.

VIDMAR, M.: Der Transformator in Betrieb. Berlin 1927, Springer.

LIWSCHITZ: Elektrische Maschinen. Berlin 1928, Springer.

RICHTER, R.: Elektrische Maschinen. 3. Bd.: Die Transformatoren. Berlin 1932, Springer.

RÜDENBERG, R.: Elektrische Schaltvorgänge. Berlin 1933, Springer.

LA COUR, J. L., u. K. FAYE-HANSEN: Die Transformatoren. Berlin 1936, Springer.

KEHSE, W.: Die Hochspannungstechnik der Transformatoren, Isolatoren und Durchführungen. Stuttgart 1937. Frank'sche Verlagsbuchhandlung.

BÖLTE, K., u. R. KÜCHLER: Transformatoren mit Stufenregelung unter Last. München und Berlin 1938, Oldenbourg.

SCHAFER, W.: Transformatoren. Sammlung Göschen. Berlin 1939.

FRÜHAUF, G.: Überspannungen und Überspannungsschutz. Sammlung Göschen. Berlin 1939.

Zeitschriften.

KAPP, G.: Über die Vorausbestimmung des Spannungsabfalles bei Transformatoren. ETZ 1895, S. 260.

PETERSEN, W.: Überströme und Überspannungen in Netzen mit hohem Erdschlußstrom. ETZ 1916, S. 129.

PETERSEN, W.: Die Begrenzung des Erdschlußstromes und die Unterdrückung des Erdschlußlichtbogens durch die Erdschlußspule. ETZ 1919, S. 5 u. 17.

KÜCHLER, R.: Die Kurzschlußfestigkeit von Spar- und Zusatztransformatoren. ETZ 1926, S. 440.

GHISLER, G.: Kurzschlußkräfte an Wandler und Transformatoren. ETZ 1928, S. 1727.

FALK, L.: Kurzschlußspannung und Spannungsabfall in Dreiwicklungstransformatoren. ETZ 1928, S. 1209.

Siemens-Schuckertwerke: Spannungsregelung unter Last mittels Transformatoren mit Anzapfungen. Siemens-Jb. 1929, S. 228.

BOLL, G.: Der Quertransformator zur Leistungsregelung in Ringnetzen. BBC-Nachr. 1930, S. 304.

JANSEN, B.: Spannungsregelung mit Stufentransformatoren in den Netzen der Überlandwerke. Elektrizitätswirtsch. 1930, S. 162.

GROSS, E.: Über Ringnetze und Beeinflussung ihrer Stromverteilung. Elektrotechn. u. Masch.-Bau 1931, S. 513.

LANGREHR, H.: Resonanzüberspannungen an Petersen-Spulen. AEG-Mitt. 1931, H. 6.

KÜCHLER, R.: Thermische Kurzschlußbeanspruchung von Transf. Hochsp. Forschung und Praxis 1931, S. 89.

BOLTE, K.: Regeleinrichtungen für Anzapftransformatoren. ETZ 1932, S. 525.

LANGREHR, H.: Verteilung von Einphasenlasten. AEG-Mitt. 1932, H. 2.

BIHARI, E.: Nullpunktbelastung von Stern-Stern-geschalteten Transformatoren. ETZ 1932, S. 1175.

SCHMIDT, W.: Der Quertransformator als Spannungsregler in Leitungsringen. Siemens-Z. 1932, S. 132.

HUETER, E.: Transformatoren als Oberwellenerzeuger. ETZ 1933, S. 747.

BOLLMANN, W.: Die Kompensation des Erdschlußstromes in Mittelspannungsnetzen. BBC-Nachr. 1933, S. 54.

KÜCHLER, R.: Transformatoren für Spannungsregelung unter Last. ETZ 1934, S. 1054 u. 1075.

BOLLMANN, W.: Der Anschluß von Erdschlußlöschspulen. BBC-Nachr. 1934, H. 3.

BOLLMANN, W.: Lüftung von Transformatorenräumen. BBC-Nachr. 1934, S. 59.

FREIBERGER, H.: Überschläge in Schaltanlagen beim Abschalten von Transformatoren. VDE-Fachberichte 1935.

SCHWAIGER, M.: Das Regeln von Transformatoren mit Langsam- und Schnellschaltung. VDE-Fachberichte 1935.

BUCH, R., u. E. HUETER: Über Transformatoren mit annähernd sinusförmigem Magnetisierungsstrom. ETZ 1935, S. 933.

WERNICKE, W.: Die Entwicklung im Bau von Transformatoren. VDI 1936, S. 1055.

THIESSEN, W.: Spannungsregelung mit Leistungstransformatoren. ETZ 1936, S. 113.

FRÜHAUF, G.: Nullpunktüberspannungen an Transformatoren und ihre Bekämpfung. VDE-Fachberichte 1936.

SCHARSTEIN, E.: Bekämpfung von Oberwellen in ausgedehnten Netzen. ETZ 1937, H. 27.

BIERMANNS, I.: Fortschritte im Transformatorenbau. ETZ 1937, S. 622 und 687.

BÖLTE, K.: Selbsttätiger relaisloser Niederspannungsregler. AEG-Mitt. 1937 S. 74.

JANSEN, B.: 10 Jahre Regeltransformatoren mit Jansen-Schaltern. ETZ 1937, S. 874.

WILSHAUS, W.: Der Relonetzregler. Elektrizitätswirtsch. 1937, S. 447.

JANSEN, B.: Das Zusammenarbeiten von Energieflußsteuerung, Spannungsregelung und Netzschutz. Elektrizitätswirtsch. 1937, S. 443.

JANSEN, B.: Spannungs- und Leistungsregelung in vermaschten Mittelspannungsnetzen. Elektrizitätswirtsch. 1937, S. 828.

PRINZ, H.: Thermisches Verhalten von Öltransformatoren bei Klemmenkurzschlüssen. Wiss. Veröff. Siemens-Werk. 17, 1938, H. 3.

SCHWAIGER, M.: Großtransformatoren mit Stufenregeleinrichtung. ETZ 1938, S. 281.

VIDMAR, M.: Eigenheiten des dreiphasigen Transformators. Elektrotechn. u. Masch.-Bau 1940, H. 45 und 46.

RÖSCH, H.: Lastverteilung bei Transformatoren in Parallelbetrieb. El. u. M. 59, 1941, S. 37.

MANGOLD, R.: Transformatorenschaltungen und ihre Eigenschaften. AEG-Mitt. 1941, H. 7 und 8.

BORNITZ, E.: Spannungsregelung und Lastausgleich durch Regeltransformatoren. Elektrotechn. u. Masch.-Bau 1942, H. 11.

VAN GASTEL, A.: Schaltgruppen der Dreiphasentransformatoren. Bull. schweiz. elektrotechn. Ver. 1942, S. 465.

KNAACK, W.: Darstellung von Erwärmungsvorgängen bei Transformatoren an Hand eines elektrischen Ersatzschaltbildes. Elektrotechn. u. Masch.-Bau 1943, S. 416.

WEBER, H.: Belastung von Transformatoren nach der Wicklungstemperatur. Elektrizitätswirtsch. 1944, H. 9.

KYSER, K. H.: Berechnung der Lastverteilung auf Transformatoren in Parallellauf. Die Technik 1946, Nr. 5.

GOTTER, G.: Die Wärmeübergangszahl von Transformatorenöl. Elektrotechnik 1947, H. 6.

ANDÉ, F.: Wirtschaftliche Fahrweise von Transformatoren. ETZ 1948, H. 11.

HÖFER, R.: Frequenzabhängiges Verhalten von Transformatoren. Elektrotechnik 1948, Nr. 2.

MÜLLER, J.: Bau und Betrieb von Transformatoren. Elektrotechn. u. Masch.-Bau 1948, H. 7 und 8.

SCHRANK, W.: Erdungen in Transformatorenstationen. ETZ 1949, H. 2.

ENDRES, W.: Das 220/110 kV-Umspannwerk Remptendorf. Elektrotechnik 1949, H. 9.

Sachverzeichnis.

GPSR Compliance

The European Union's (EU) General Product Safety Regulation (GPSR) is a set of rules that requires consumer products to be safe and our obligations to ensure this.

If you have any concerns about our products, you can contact us on ProductSafety@springernature.com

In case Publisher is established outside the EU, the EU authorized representative is:

Springer Nature Customer Service Center GmbH
Europaplatz 3
69115 Heidelberg, Germany

Batch number: 10682323

Printed by Printforce, the Netherlands